大师设计之
经典创意细部节点

奚亮 编

图书在版编目（CIP）数据

大师设计之经典创意细部节点 / 奚亮编. -- 天津 : 天津大学出版社, 2013.9

ISBN 978-7-5618-4806-7

Ⅰ. ①大… Ⅱ. ①奚… Ⅲ. ①室内装饰设计－图集 Ⅳ. ①TU238-64

中国版本图书馆CIP数据核字(2013)第223967号

总 编 辑　上海颂春文化传播有限公司
主　　编　奚　亮
责任编辑　郝永丽
美术编辑　孙筱晔

出版发行　天津大学出版社
出 版 人　杨欢
地　　址　天津市卫津路92号天津大学内（邮编：300072）
电　　话　发行部 022-27403647
网　　址　publish.tju.edu.cn
印　　刷　深圳市新视线印务有限公司
经　　销　全国各地新华书店
开　　本　230 mm×300 mm
印　　张　17
字　　数　195千
版　　次　2014年6月第1版
印　　次　2014年6月第1次
定　　价　280.00元

目录

商业

008 新竹玻璃博物馆
010 台湾工艺产业50年展
014 台北国际陶瓷博览会
022 家具展示会
024 PPG
026 广州HCG平台
034 广州HCG展架
038 墙面展柜
040 圆柱展柜
042 中岛
044 新浦江城售楼处
048 中和售楼处
052 华远莱太售楼处
056 欧亚中心
060 上海天若云舒
064 商店设计
068 商店设计2
070 JUST
072 武汉银嘉数码生活馆灯
074 武汉银嘉数码生活馆展架灯
076 FLAMME西餐厅入口推拉门
078 FLAMME西餐厅吧台
080 辛普劳北京FLAMME餐厅钢琴区
082 洲际酒店全日餐厅
084 洲际酒店浦东墙
088 Disco
090 easyoga前立面
092 easyoga后立面
094 easyoga服务台
096 easyoga柜子
098 娜鲁湾酒店服务台
102 娜鲁湾酒店天花百叶
108 娜鲁湾公寓标准层休息区
110 娜鲁湾公寓大堂服务台
112 娜鲁湾公寓大堂百叶
114 娜鲁湾公寓定制灯具
116 灵山会所
120 灵山精舍
122 洲际酒店泳池
126 大厅扭转造型节点

128　餐厅包厢区
129　餐厅公共用餐区
134　大院会所副厅
136　大院会所穿堂
138　服务台造型细部
140　麦乐迪朝外店柱子造型
142　旋转造型细部
144　上海工厂办公楼
148　上海私人办公室
154　私人办公室
160　私人办公室2
162　私人办公室3
164　LWMA上海
172　灵山廊厅
176　灵山门厅
180　灵山圣坛
182　灵山塔厅
186　台大医院景观喷泉

住宅

190　私人住宅1
192　私人住宅2
196　私人住宅3
200　私人住宅4
204　私人住宅5
210　私人住宅6
214　私人住宅7
216　私人会所
234　北京公馆大堂
238　钓鱼台E2
240　九间堂C4样板房
244　昆仑公寓百叶墙
246　昆仑公寓电视背景墙
248　娜鲁湾公寓样板房Ⅰ户型
250　娜鲁湾公寓样板房Ⅱ户型
252　青晨涵璧湾
256　捷丝旅
260　杨公馆室内楼梯
264　杨公馆中庭天桥
268　杨公馆酒窖
270　公司简介

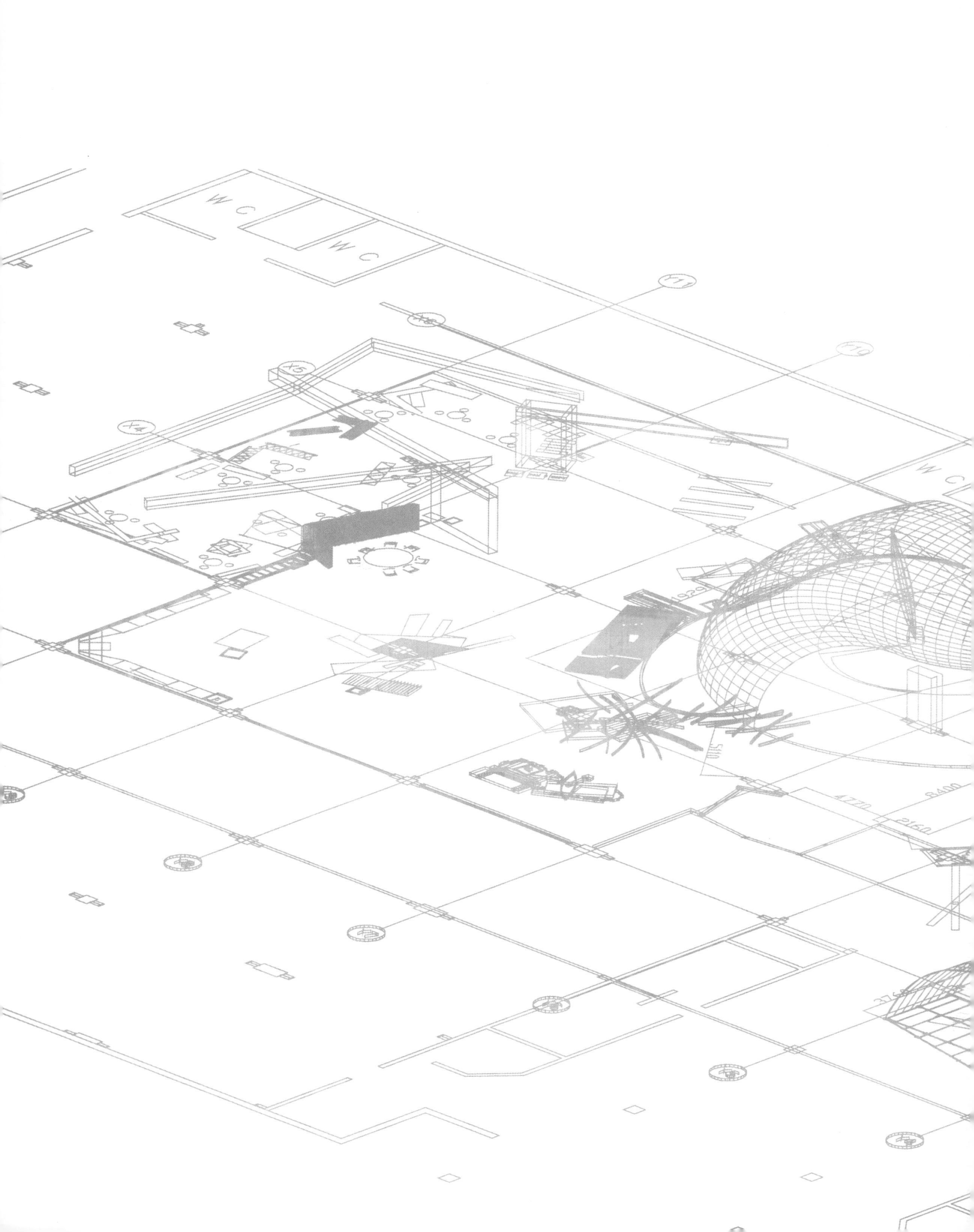

商业

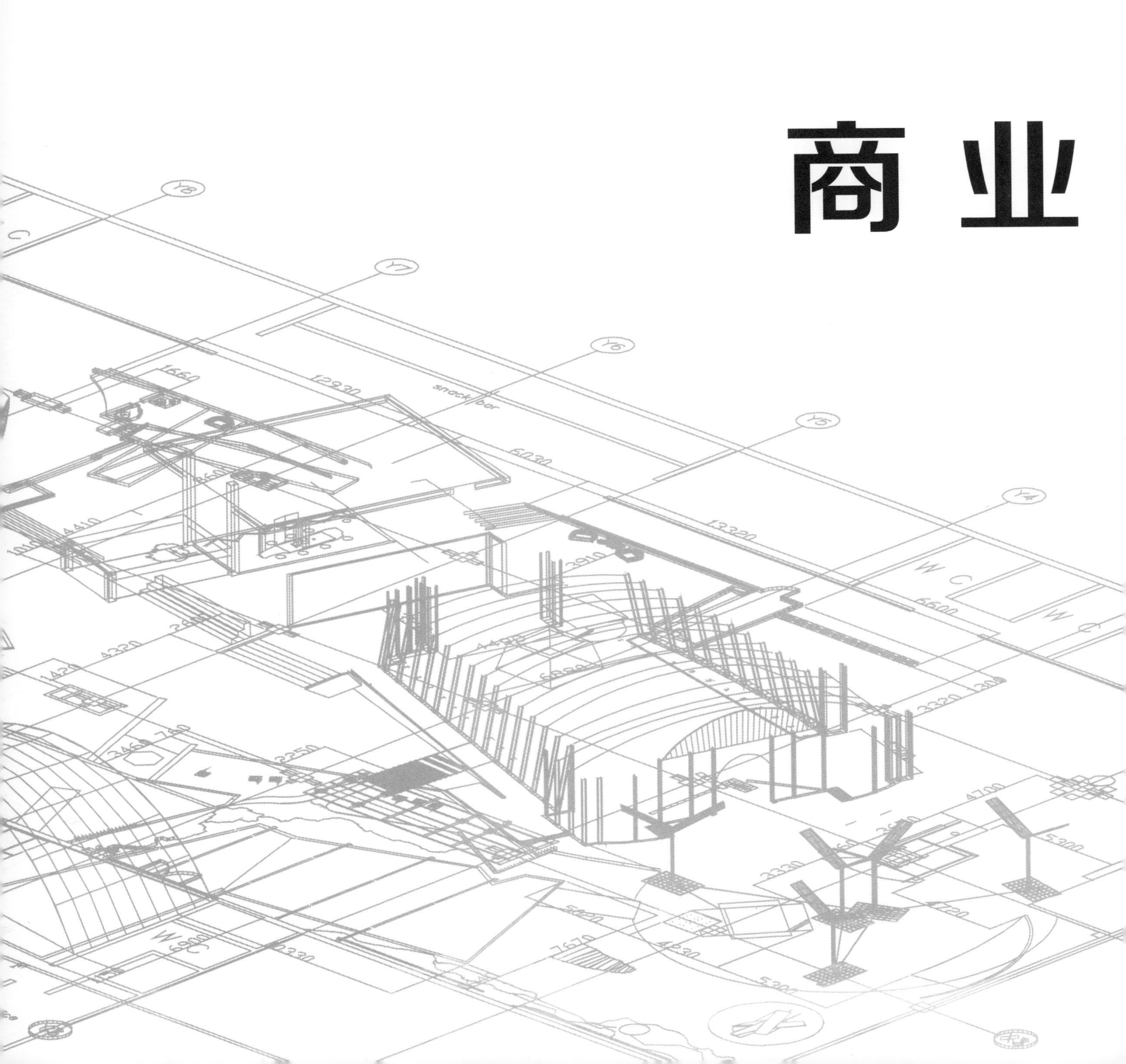

新竹玻璃博物馆

设　计：季铁生
工程地点：台湾新竹
客户需求：博物馆每档展期一般为3~6个月，展柜内容需要经常更新（以国际交流展为主），
因此变动性要强、展品高度 能够无限制，每档布展期约3天。
方案计划：悬臂架桥原理，4面玻璃可自由拆卸，底座展台分4组，可以改变组合，外包浅灰色透光绒布。

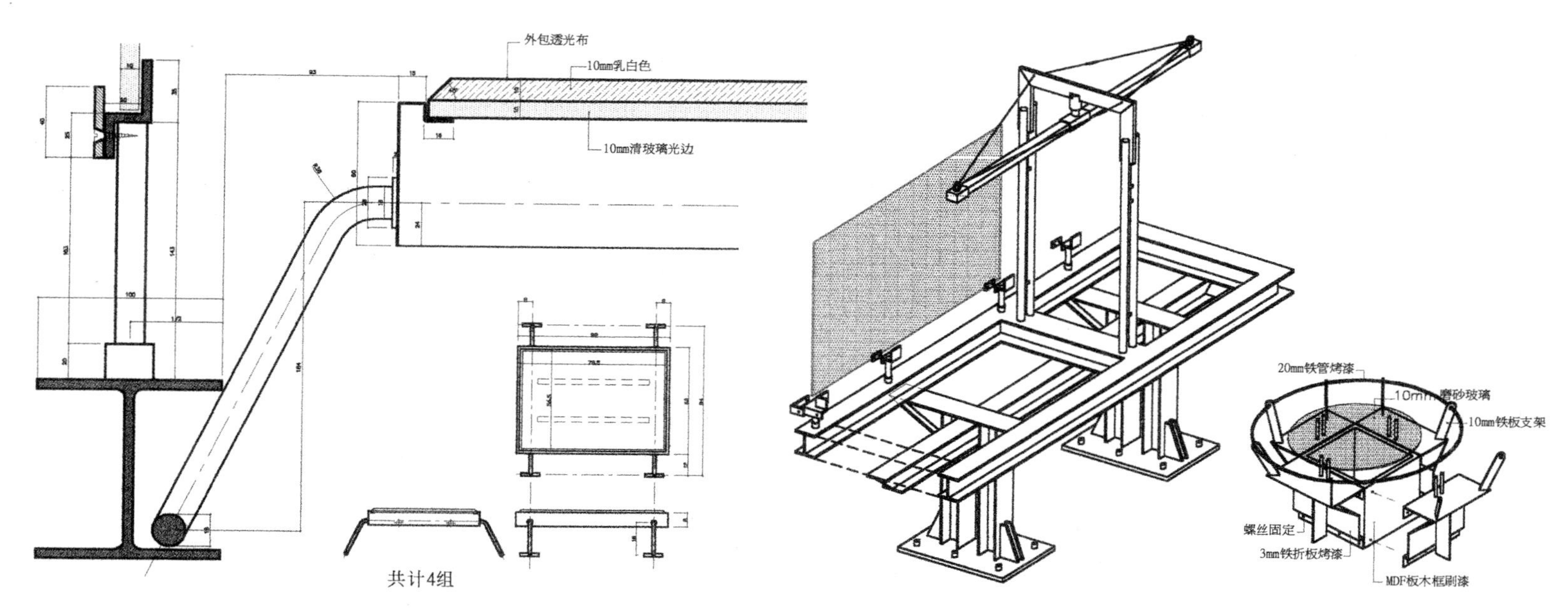

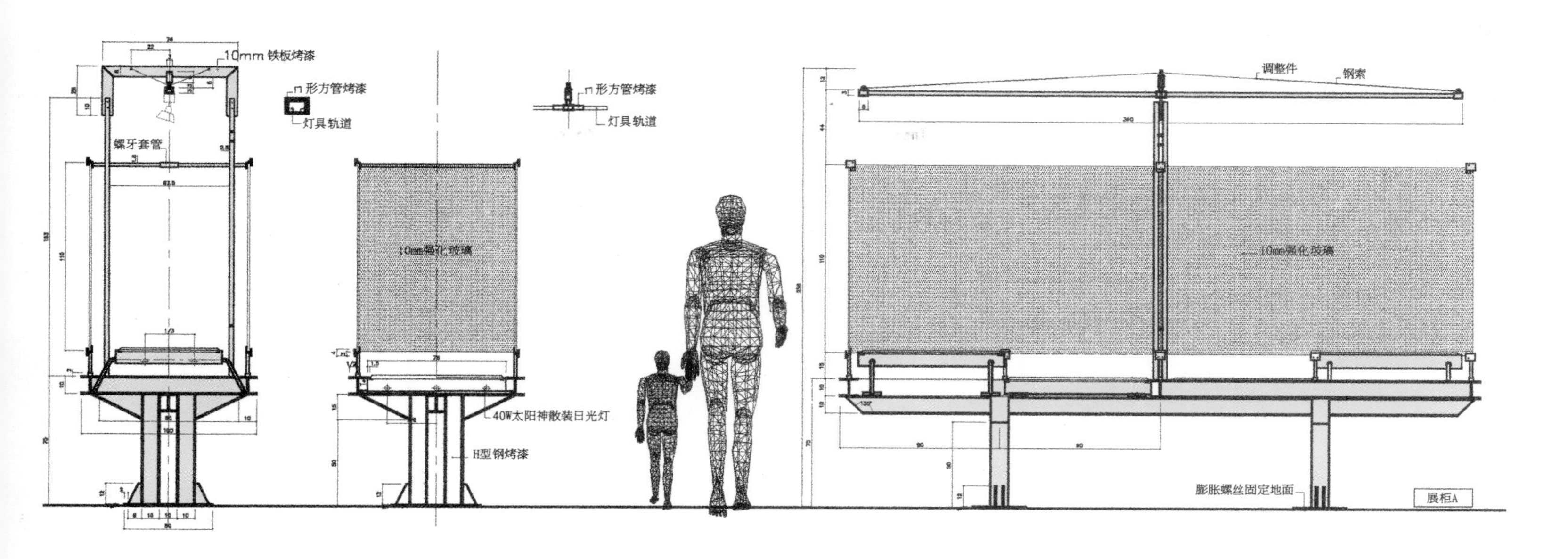
10mm 铁板烤漆
螺牙套管
ㄇ形方管烤漆
灯具轨道
10mm强化玻璃
40W太阳神散装日光灯
H型钢烤漆
调整件
钢索
膨胀螺丝固定地面
展柜A

台湾工艺产业50年展

设　　计：季铁生、柳秋色、喻开芸
工程地点：台湾台北
客户需求：完整呈现台湾手工艺产业50年的发展史。
方案计划：充分运用台湾特有材料、工艺匠师技术等，营造出新的生活空间感，将工艺生活化。

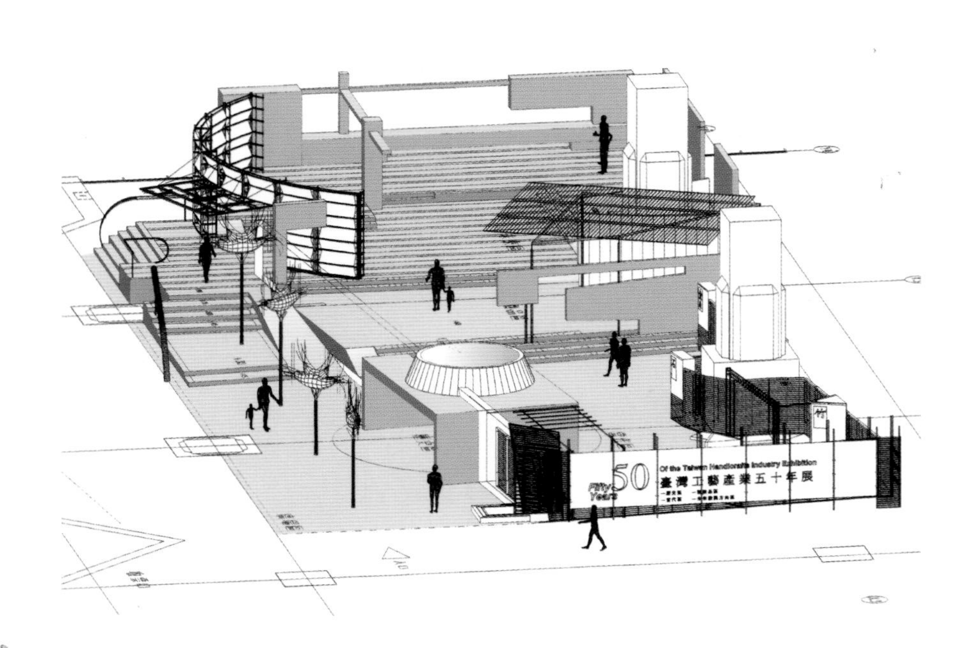

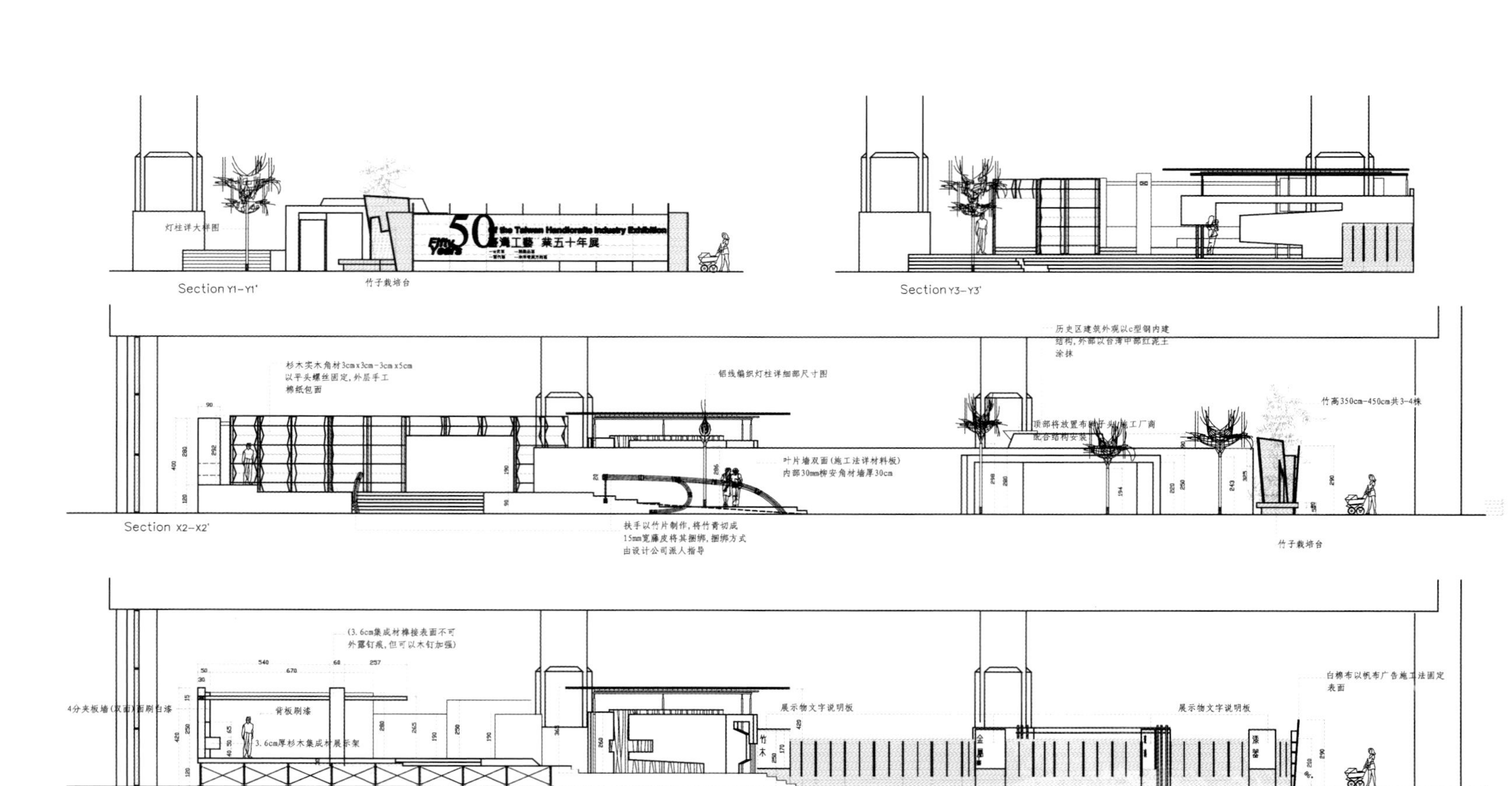

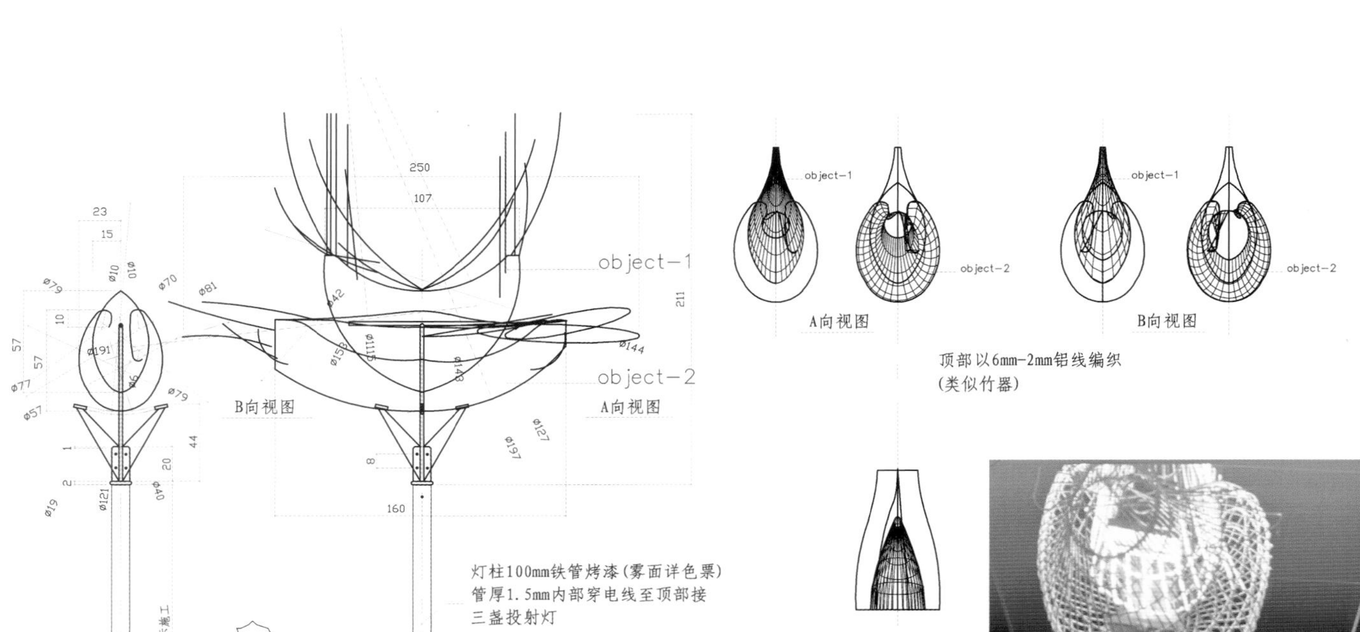

object-1
object-2
B向视图
A向视图
250
107
211
160
A向视图
B向视图
顶部以6mm-2mm铝线编织
(类似竹器)
灯柱100mm铁管烤漆(雾面详色票)
管厚1.5mm内部穿电线至顶部接
三盏投射灯
5mm实心铁板切割
面喷银色锤纹漆
底部地毯下方厚10mm 固定底座

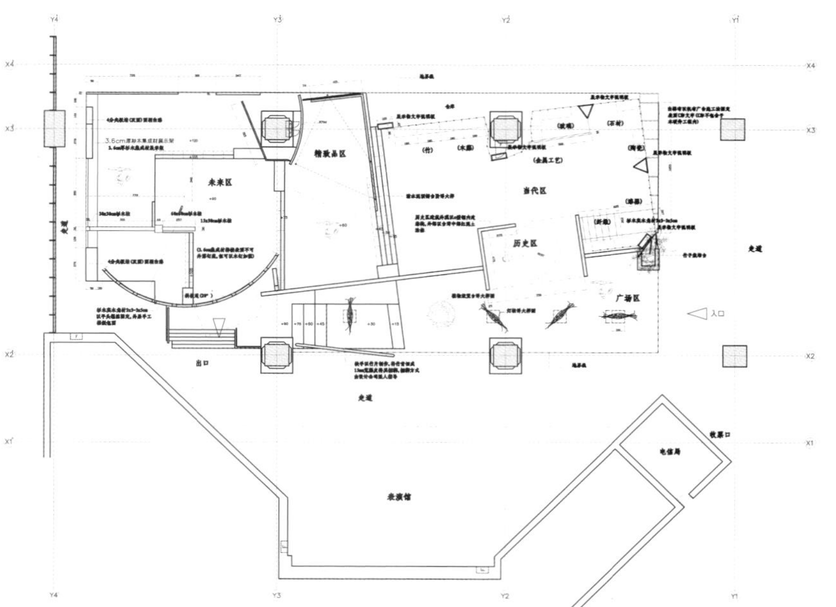

台北国际陶瓷博览会

设　　计：季铁生、卢祥华、喻开芸、蔡正弘
工程地点：台湾台北
客户需求：呈现陶瓷产业流程及发展。
方案计划：现场5 000 m^{2}展场面积，组装施工必须48小时完工，所有项目在台北展出后再移至高雄美术馆展出。

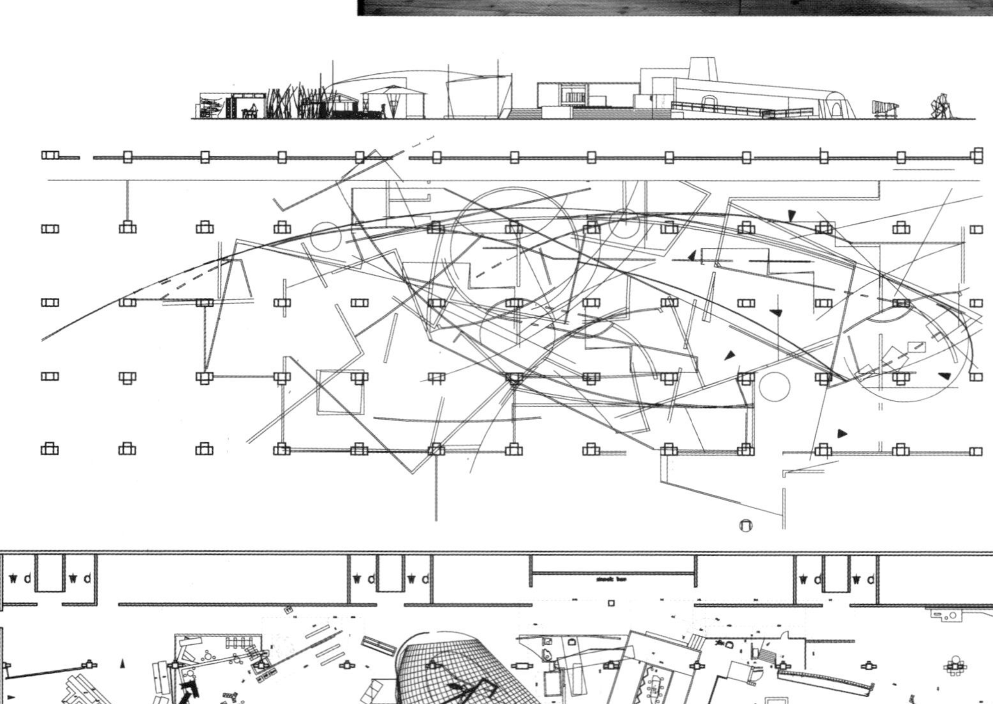

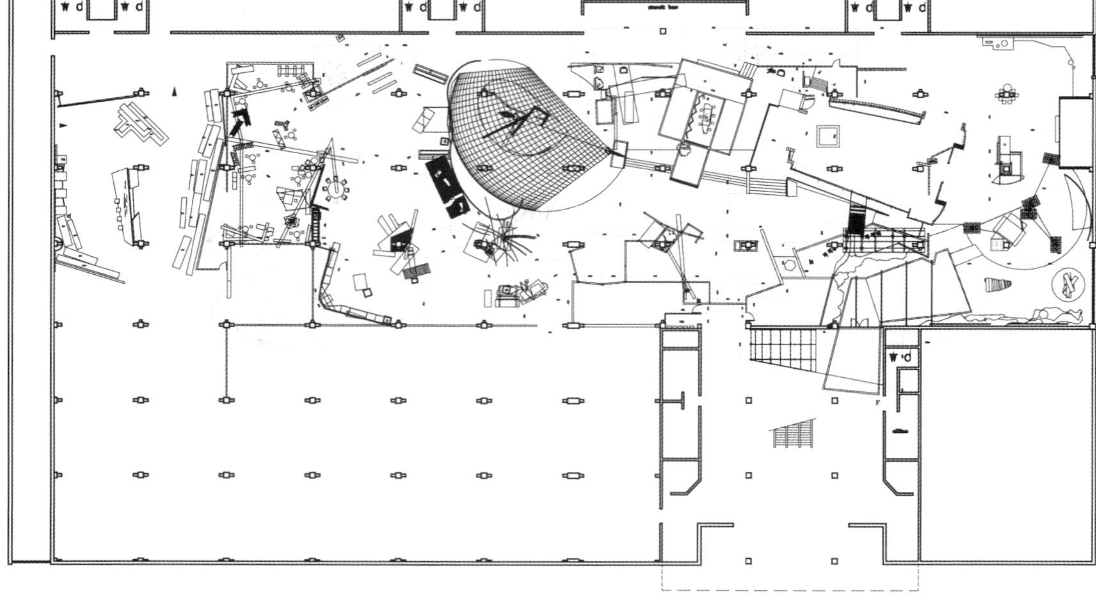

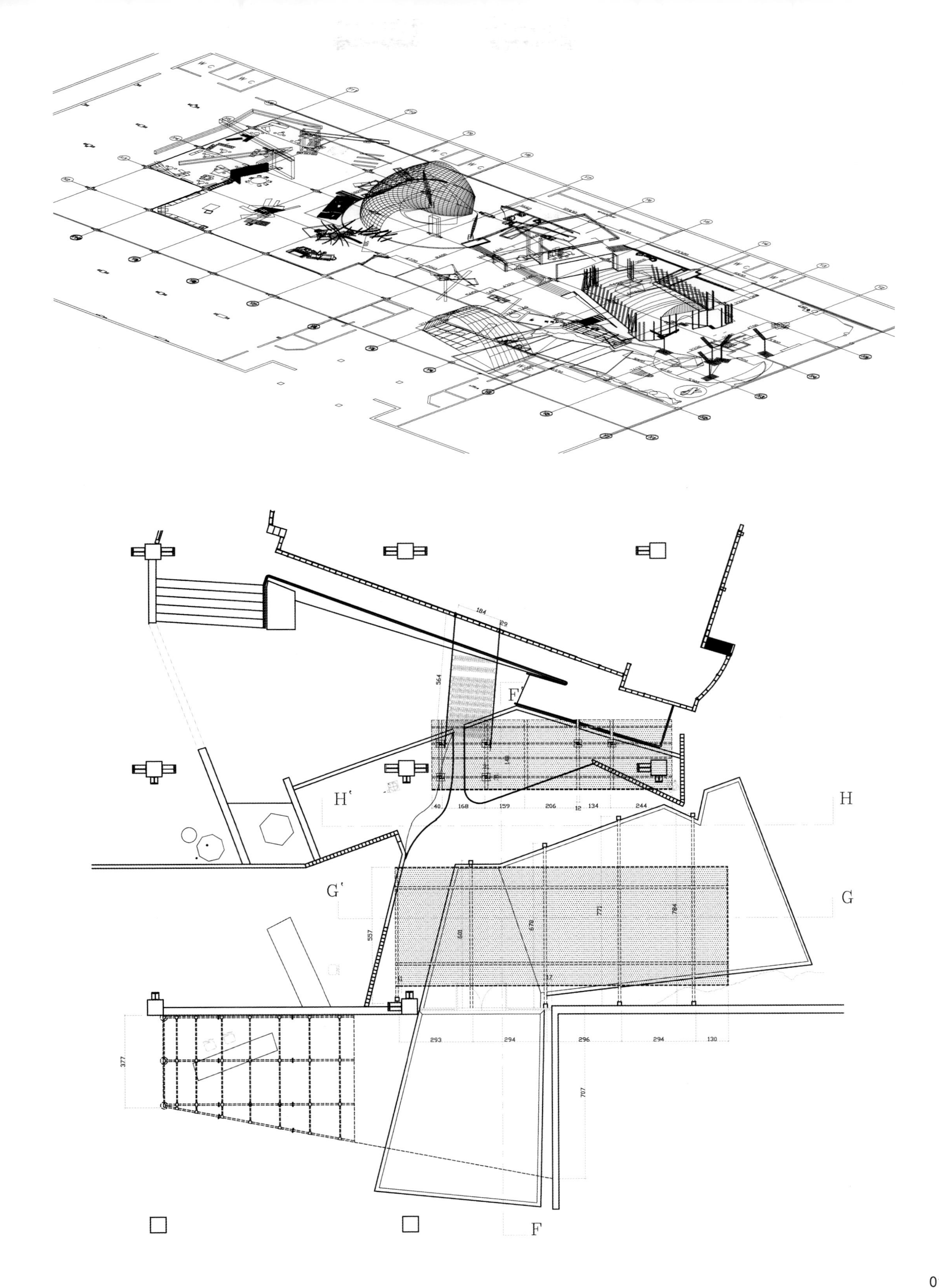

184
29
564
F'
H'
40
168
159
206
12
134
244
H
G'
G
557
377
293
294
296
294
130
707
F

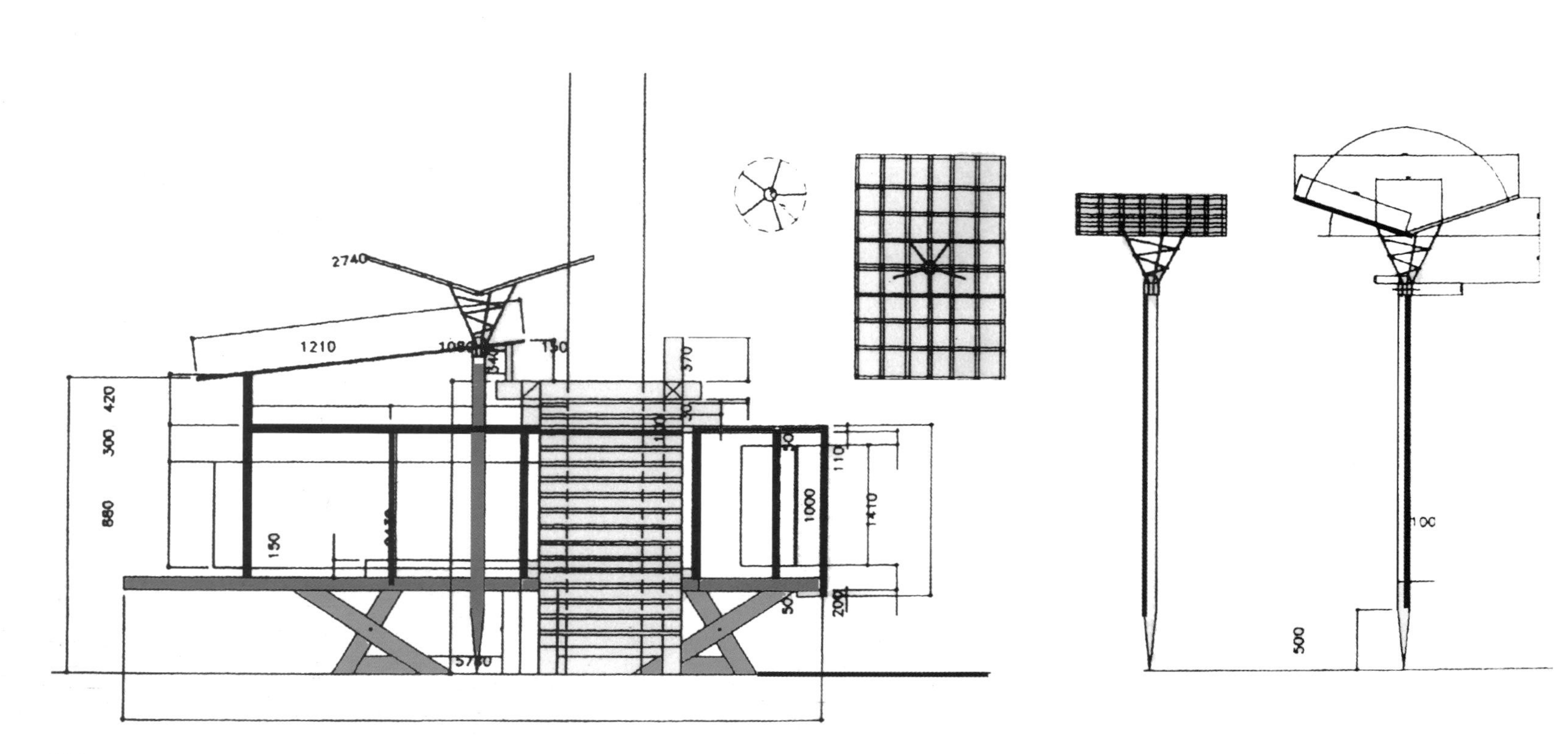

2740
1210
150
370
420
300
880
150
1000
1410
110
50
200
500

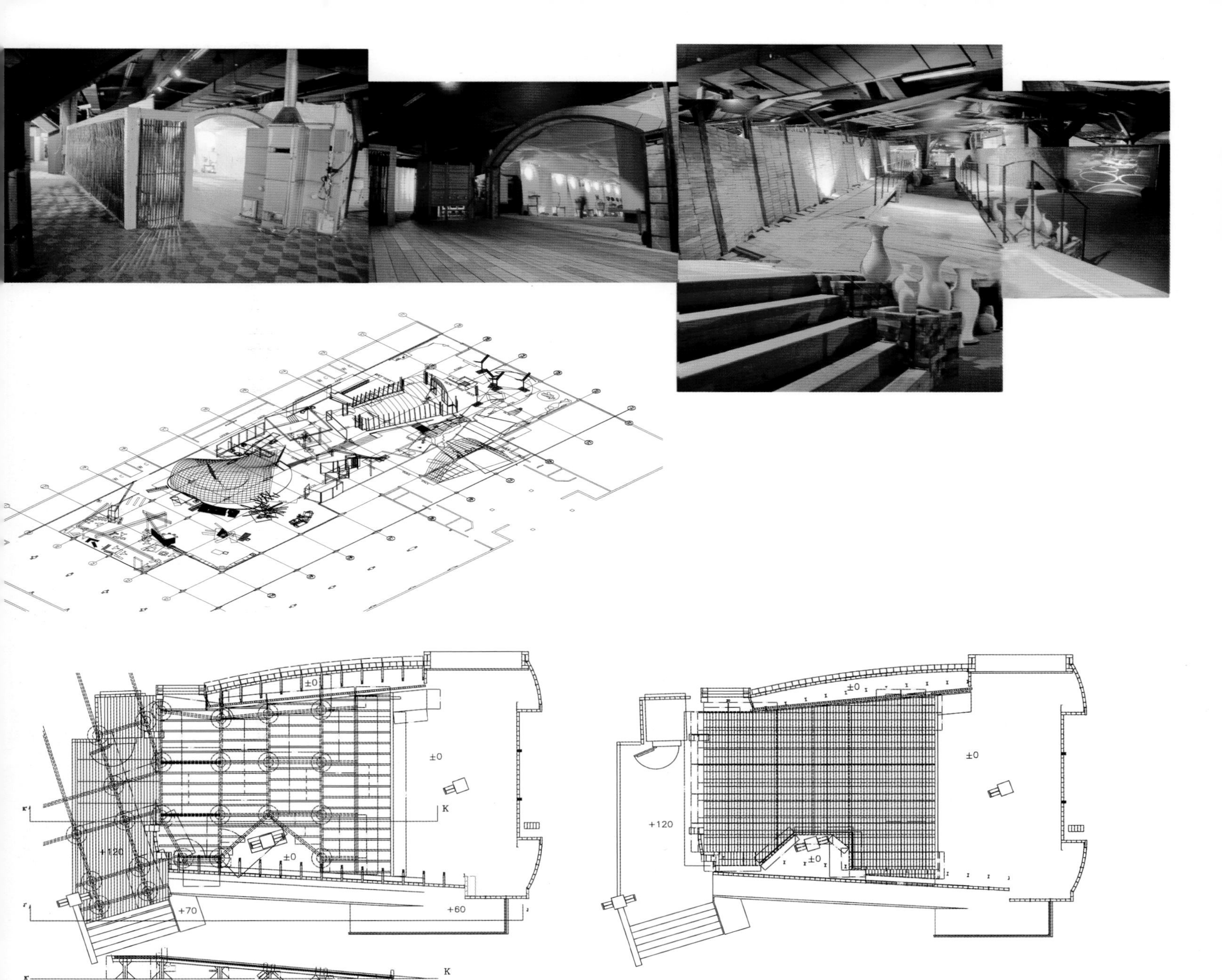
±0
±0
+120
±0
+70
+60
K
K
±0
±0
+120
±0

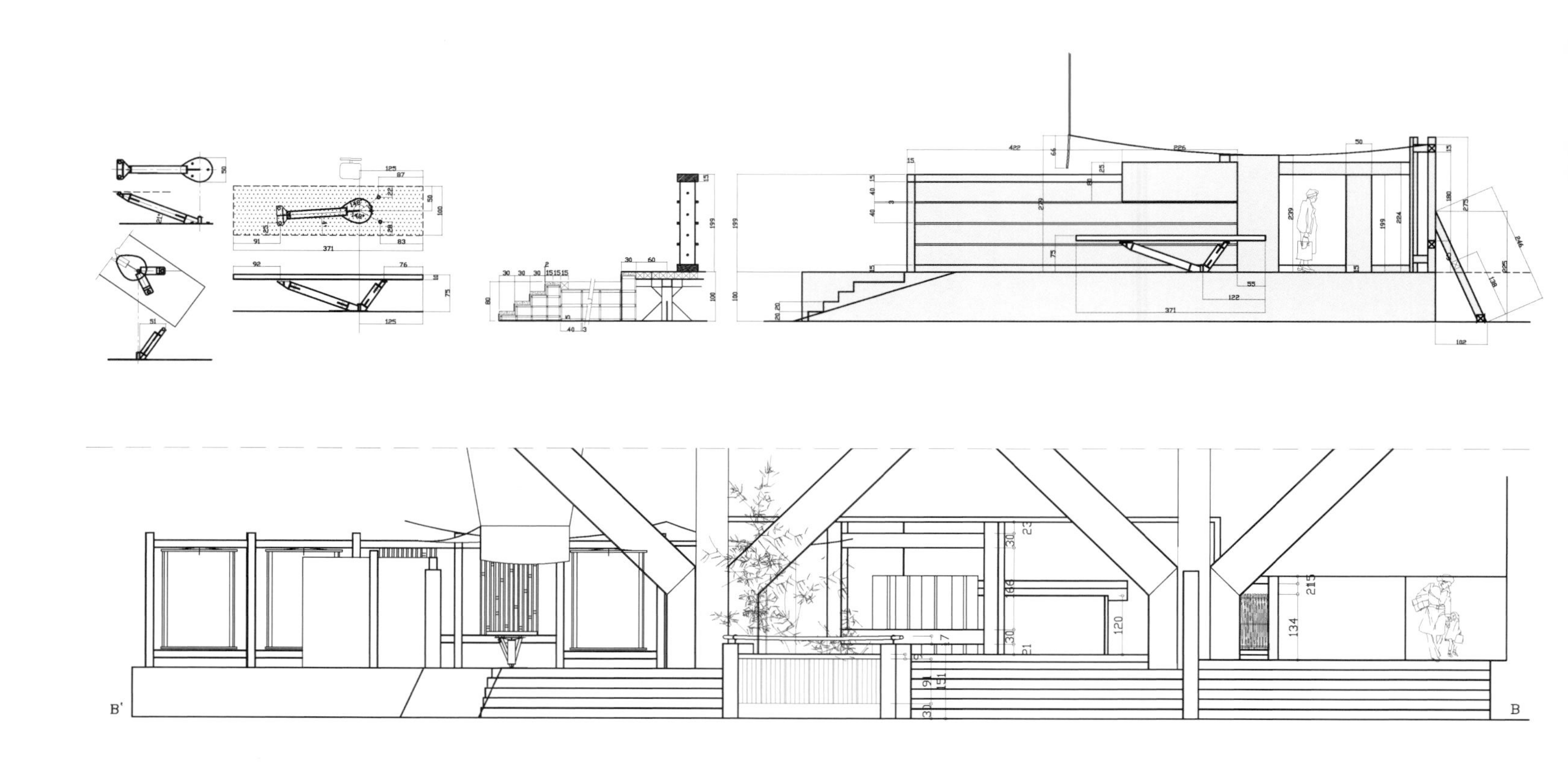
B'
B

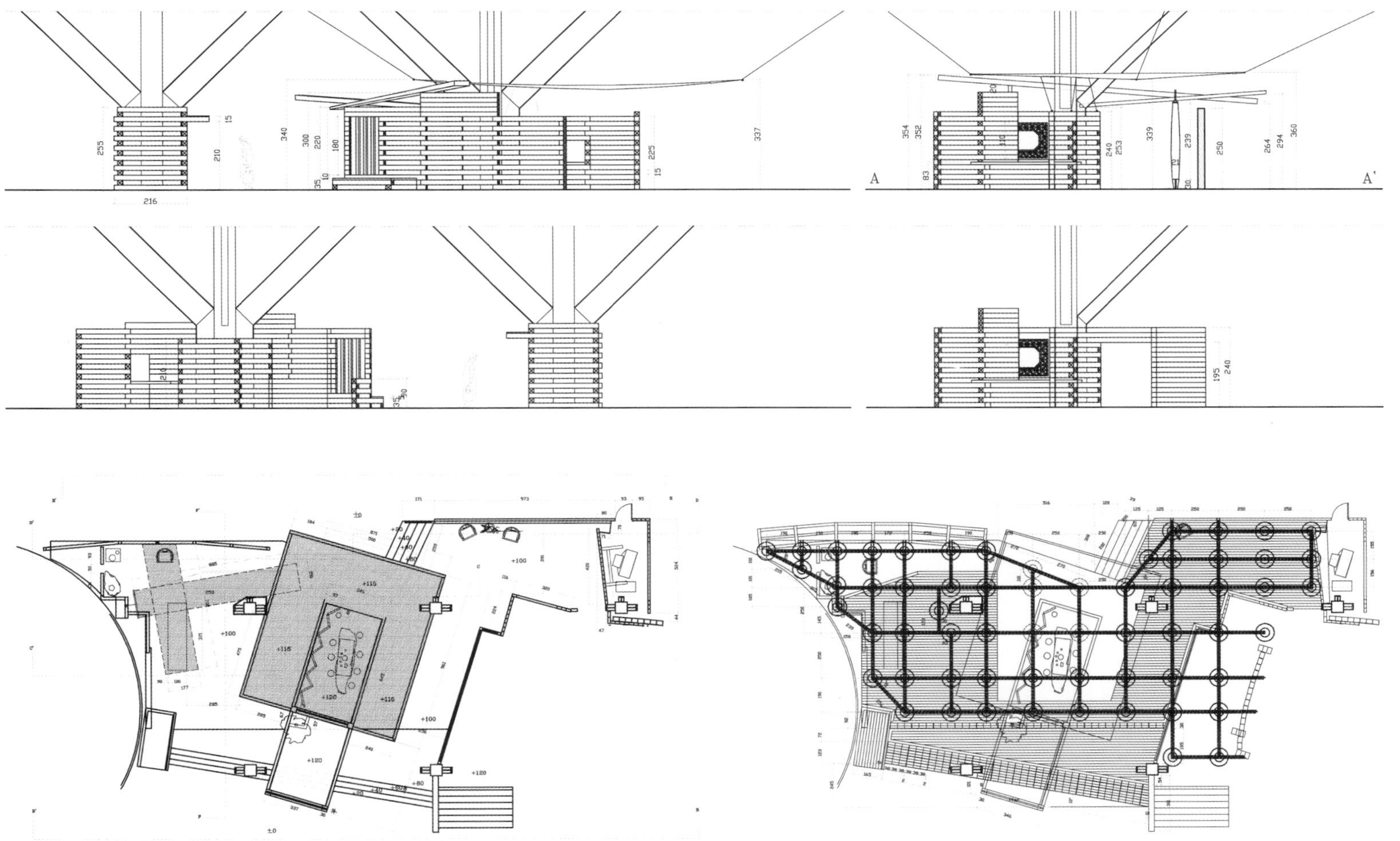

優良廠商館
TIEC

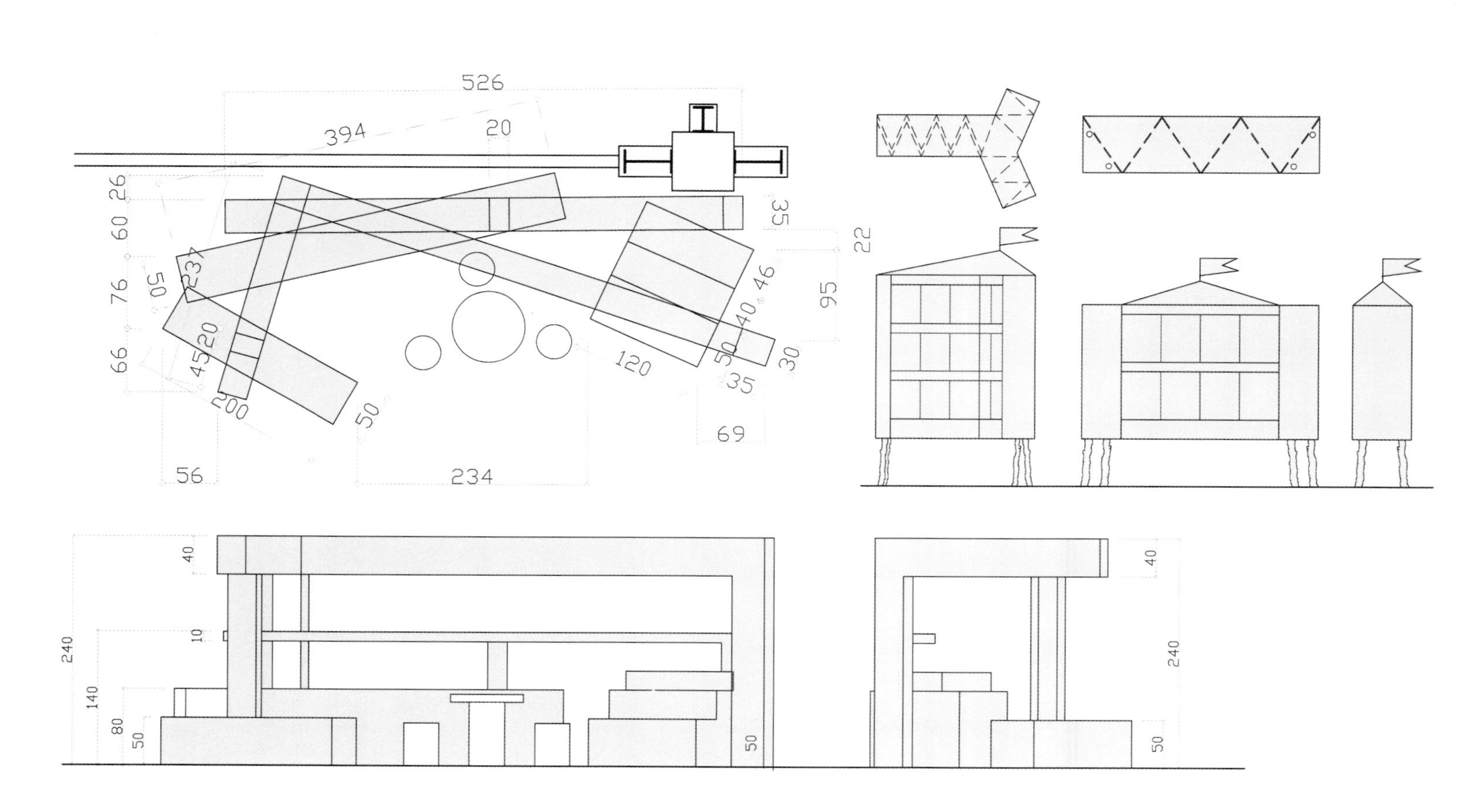
526
394
20
26
60
76
66
237
50
20
45
200
50
35
22
95
46
40
30
50
35
120
69
56
234
40
10
240
140
80
50
50
40
240
50

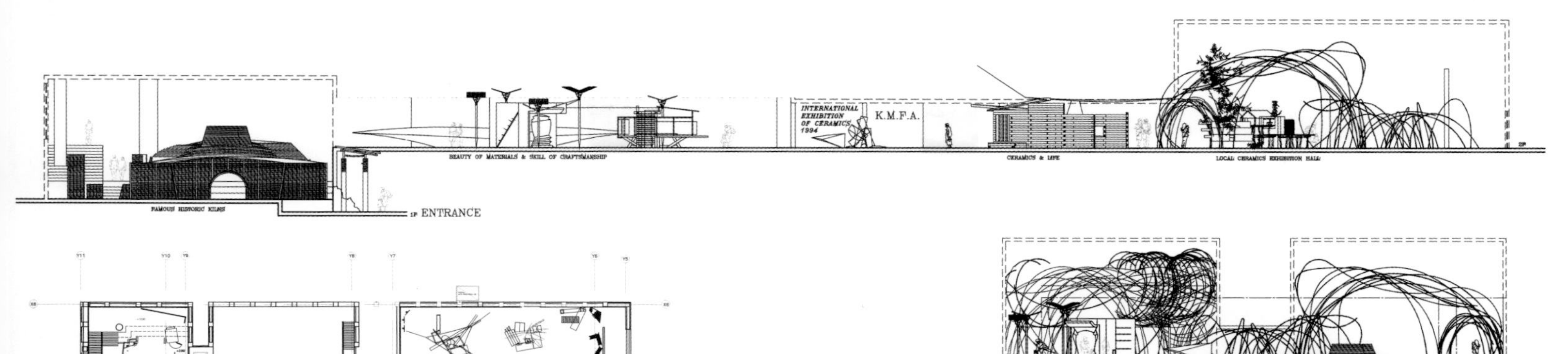
INTERNATIONAL
EXHIBITION
OF CERAMICS
1994
K.M.F.A.
FAMOUS HISTORIC KILNS
1F ENTRANCE
BEAUTY OF MATERIALS & SKILL OF CRAFTSMANSHIP
CERAMICS & LIFE
LOCAL CERAMICS EXHIBITION HALL
2F

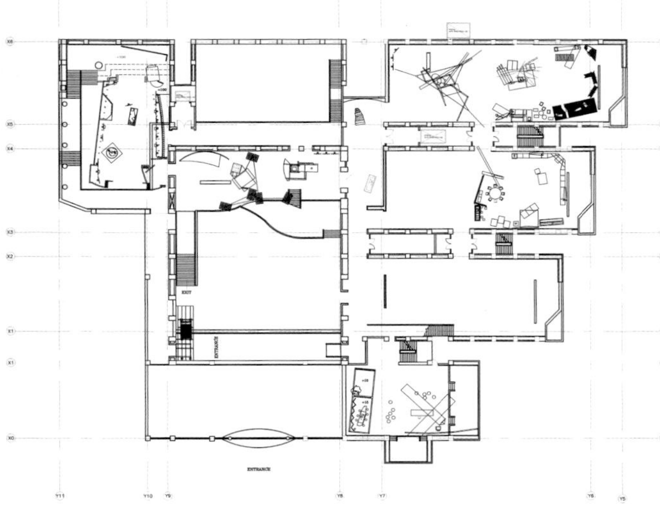

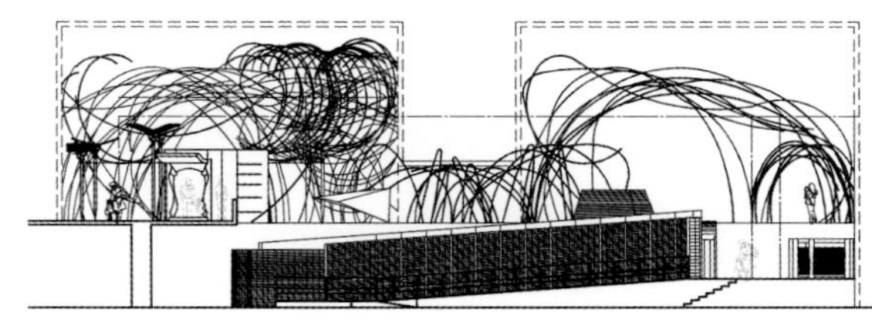

家具展示会

设　　计：季铁生、喻开芸
工程地点：台湾台北
客户需求：现场只展示一套意大利高端办公家具。
方案计划：科技发展，50 000年后的人类社会应该有变种人及各种式样的机器人，
为了提高工作效率可随 意换装身体器官，例如琴师、按摩师……

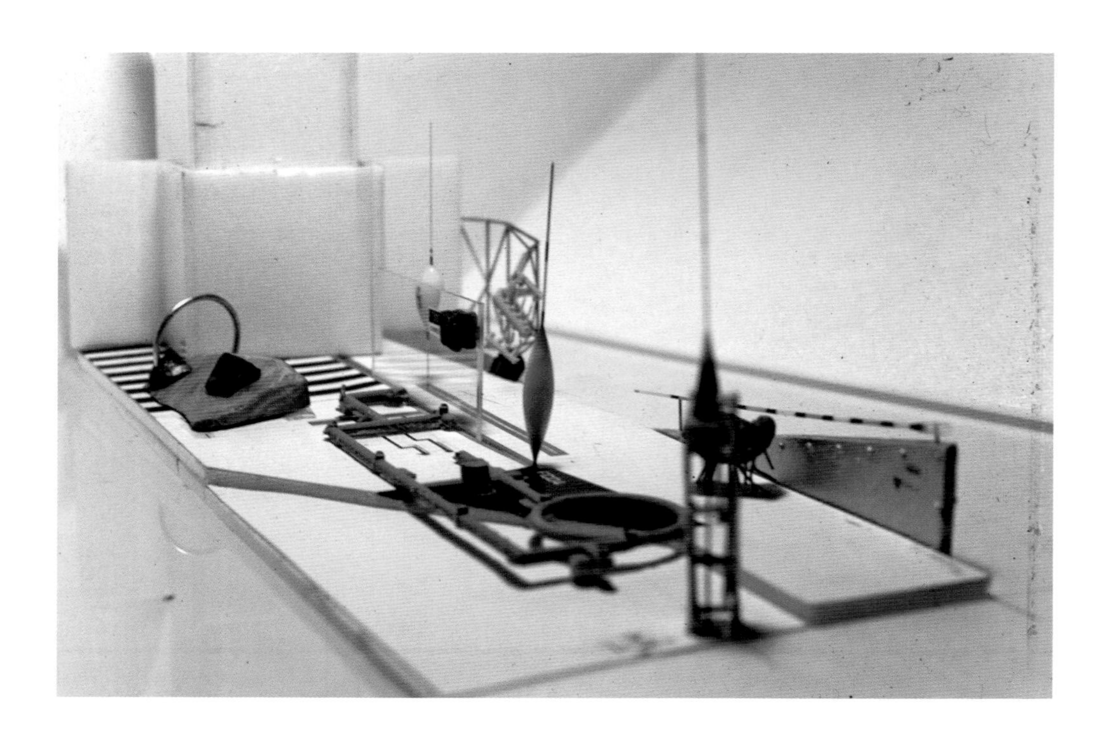

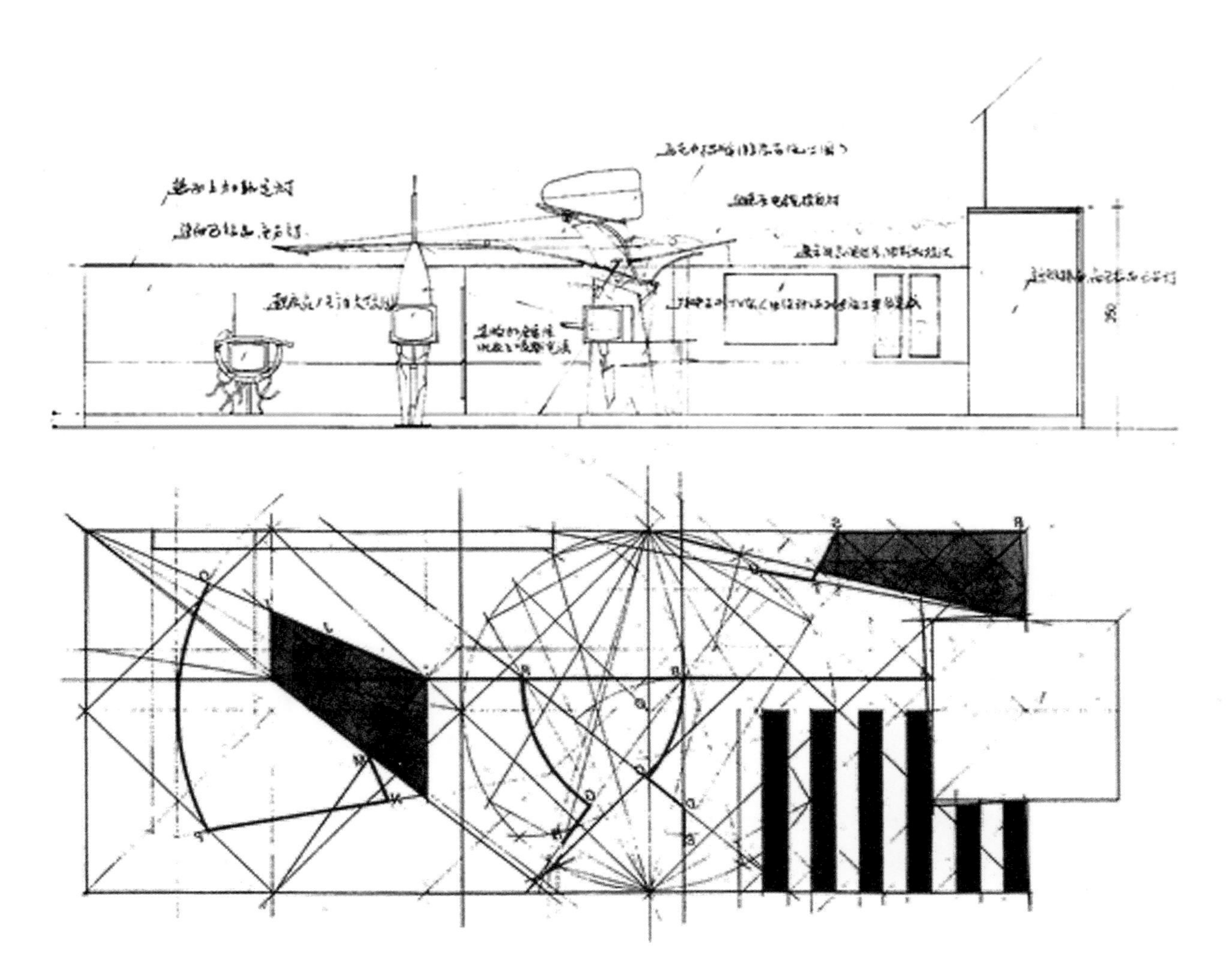

PPG

设　　计：季铁生、伊婕
工程地点：上海
客户需求：旗舰样品展厅。
方案计划：基地2 000 m^2，楼高7 m，架高2层，会议区控制全场。

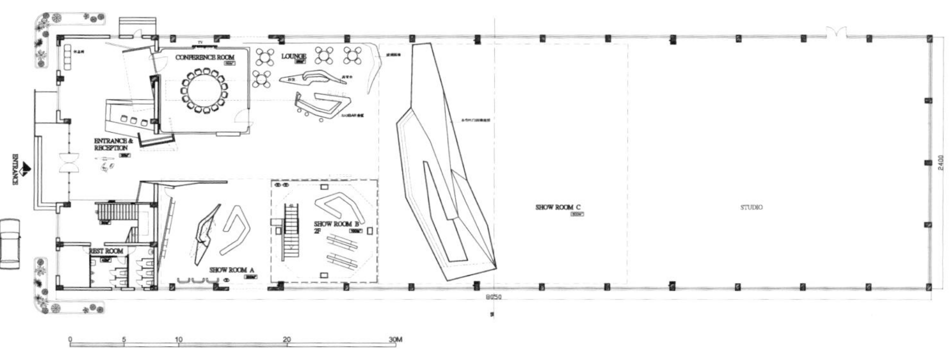

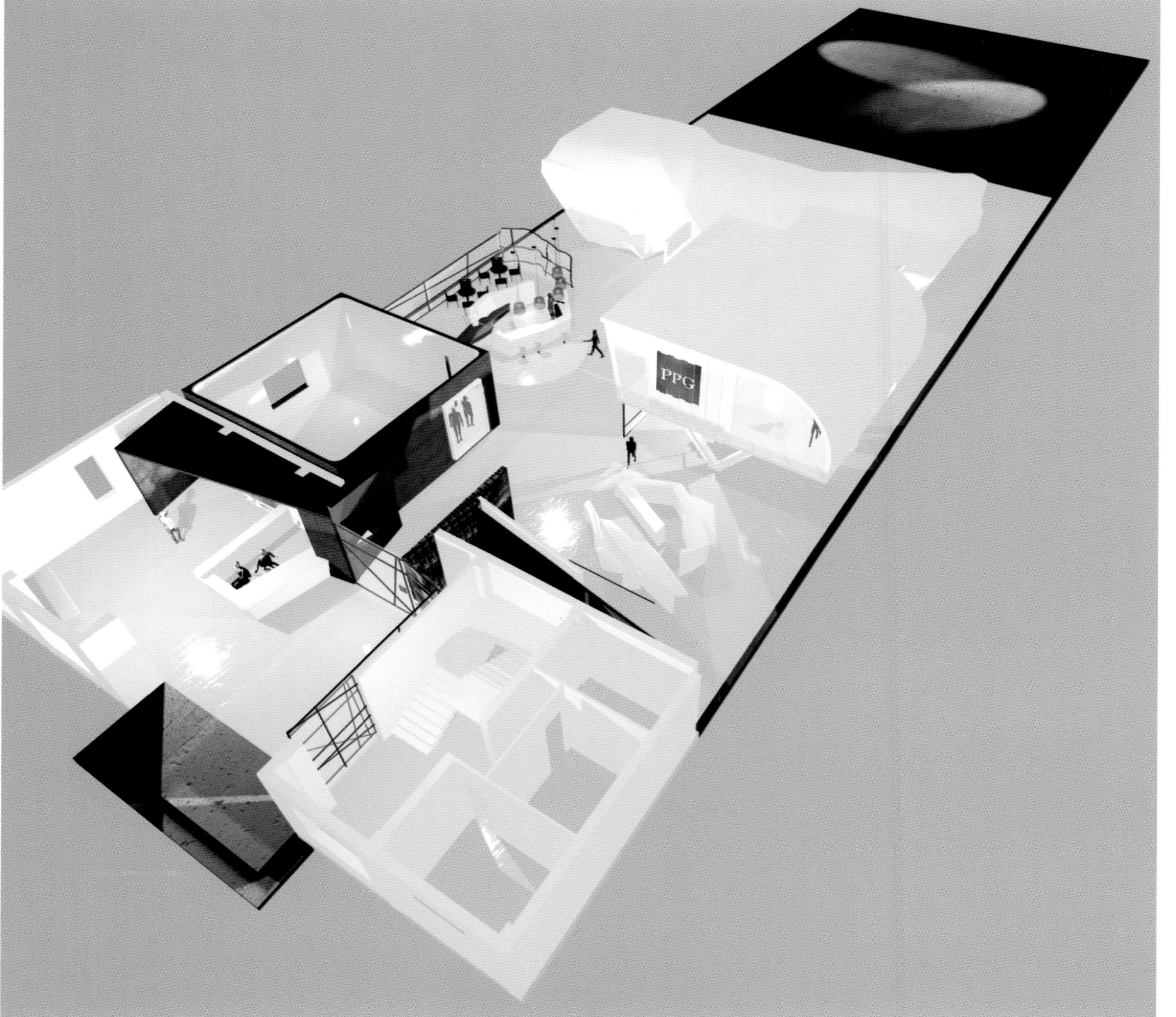

PPG

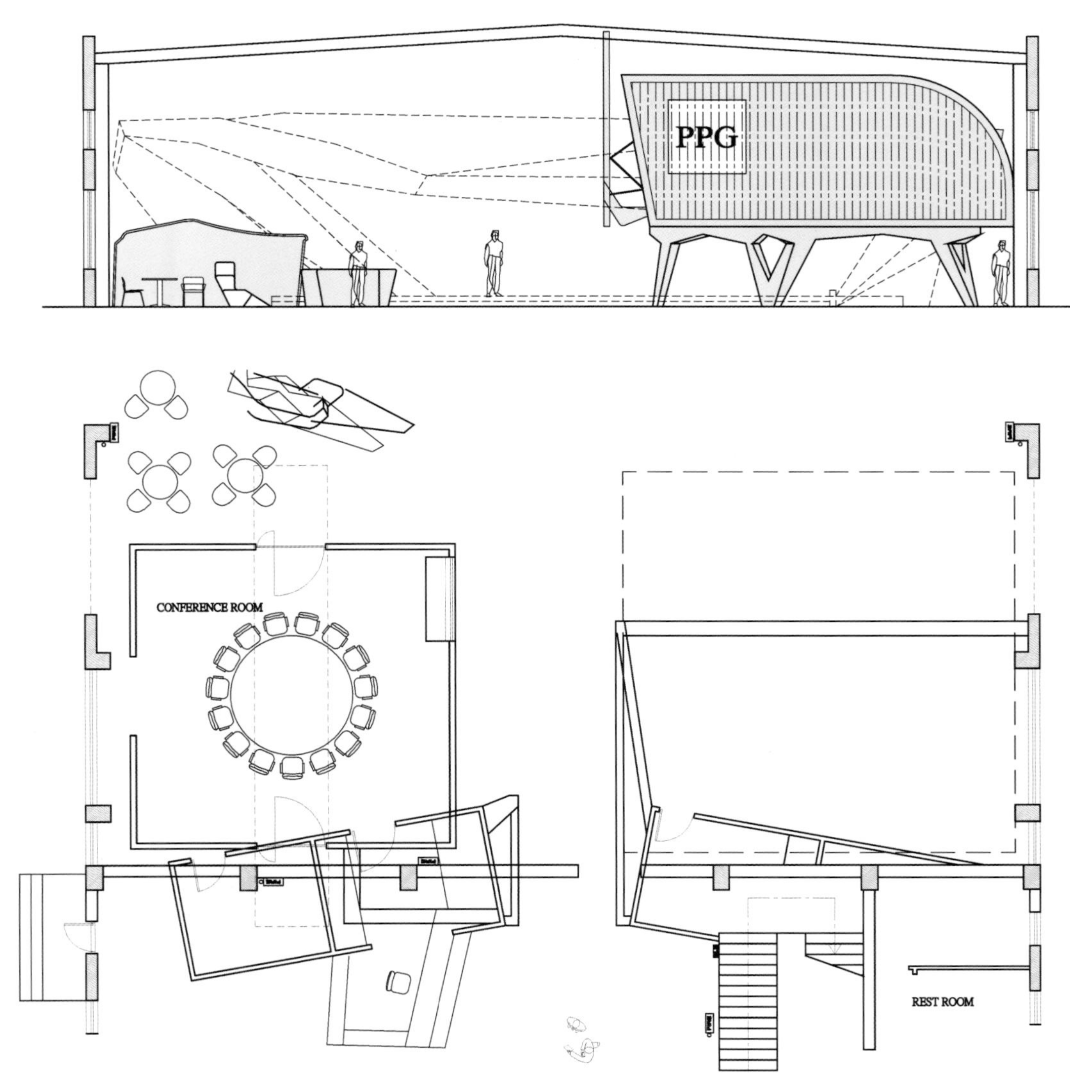
PPG
CONFERENCE ROOM
REST ROOM

广州HCG平台

设　　计：李玮珉建筑师事务所
工程地点：广州和成卫浴广州旗舰店
客户需求：形成一层和二层的转换空间。
缘　　由：突破楼梯的单一功能，结合功能性加强空间体验。
方案计划：用钢结构、冲孔钢板的半通透状态，创造出内外互动的空间层次。

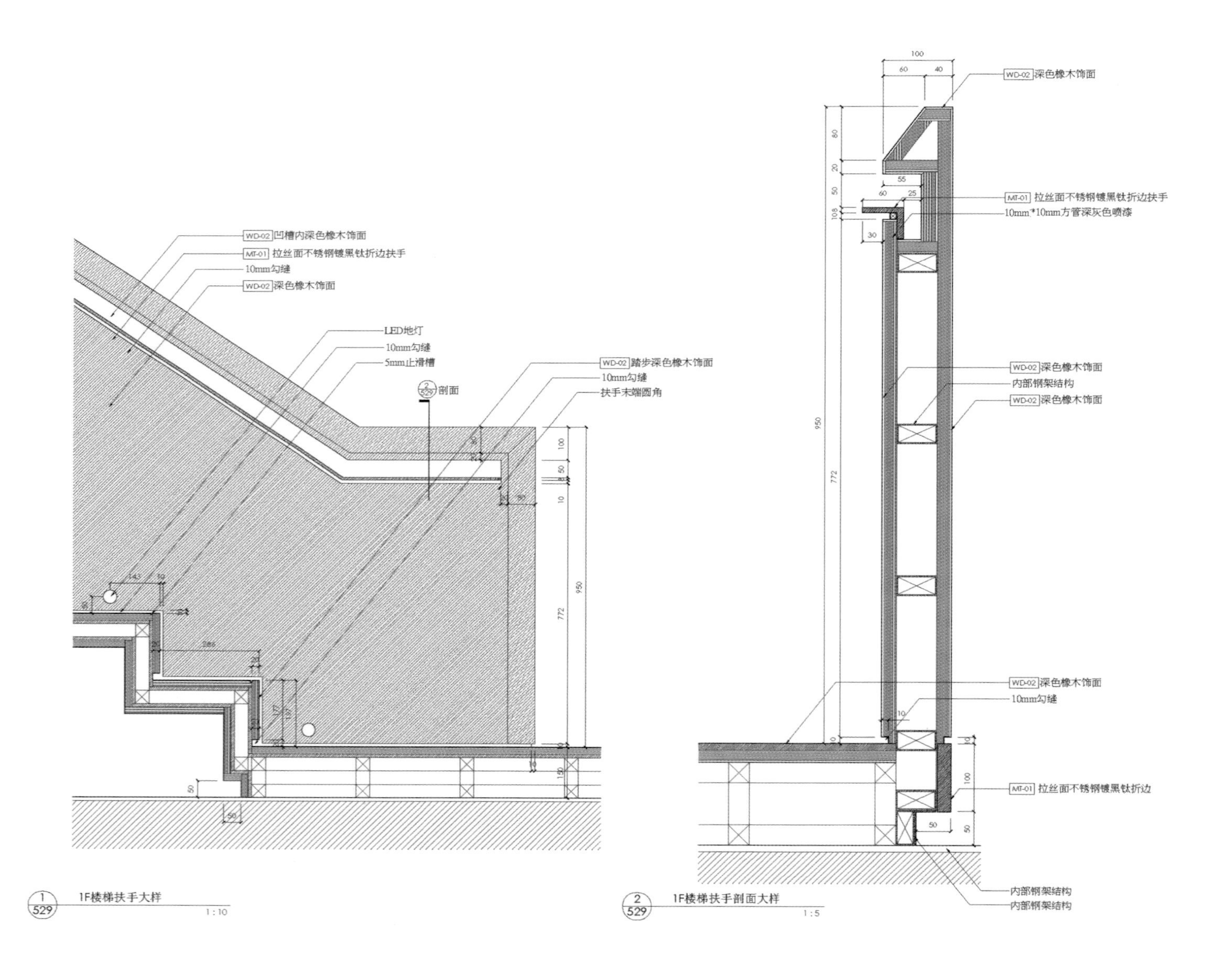

1/529 1F楼梯扶手大样 1:10

2/529 1F楼梯扶手剖面大样 1:5

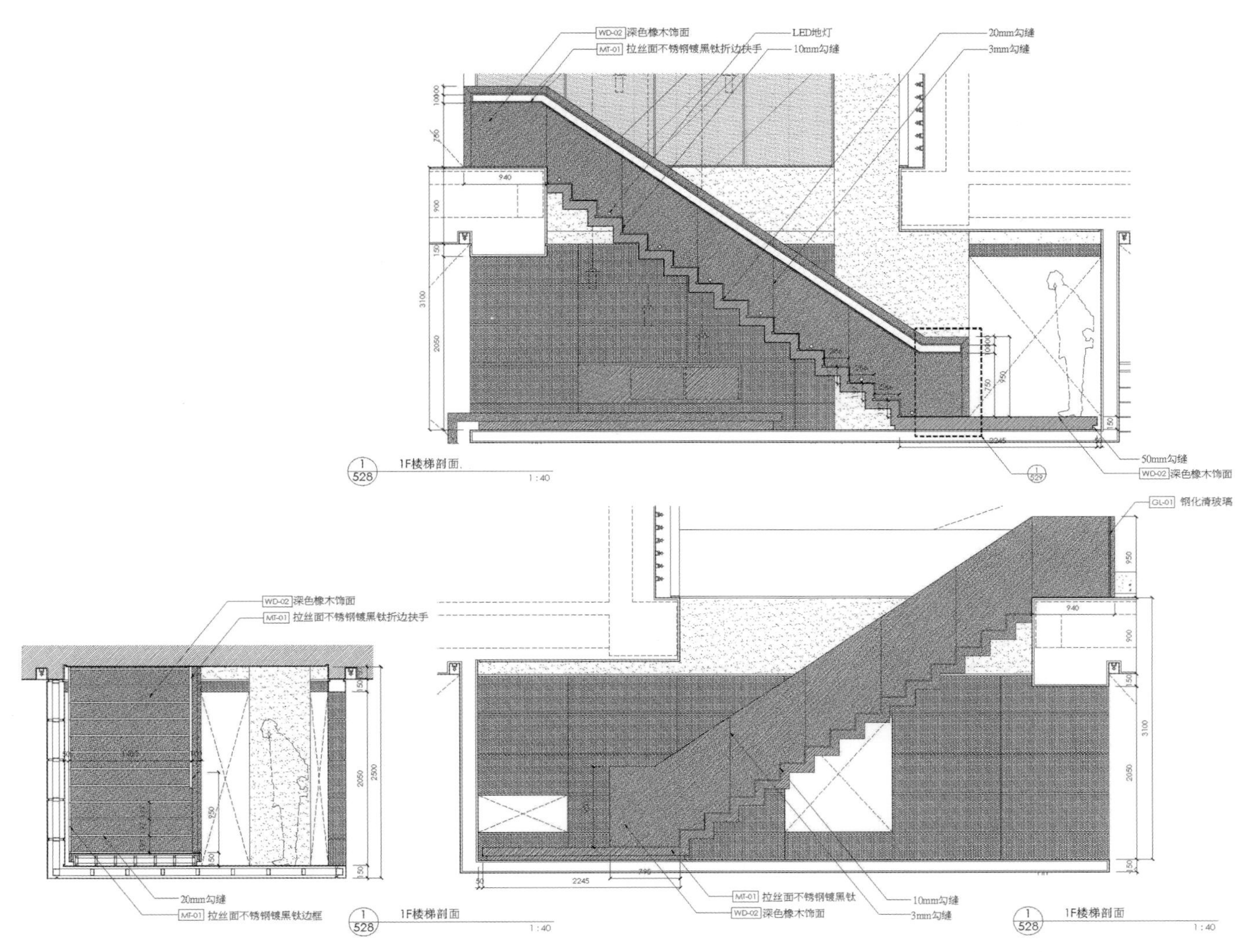
WD-02 深色橡木饰面
MT-01 拉丝面不锈钢镀黑钛折边扶手
LED地灯
10mm勾缝
20mm勾缝
3mm勾缝
50mm勾缝
WD-02 深色橡木饰面
1F楼梯剖面
1:40
GL-01 钢化清玻璃
WD-02 深色橡木饰面
MT-01 拉丝面不锈钢镀黑钛折边扶手
20mm勾缝
MT-01 拉丝面不锈钢镀黑钛边框
1F楼梯剖面
1:40
MT-01 拉丝面不锈钢镀黑钛
WD-02 深色橡木饰面
10mm勾缝
3mm勾缝
1F楼梯剖面
1:40

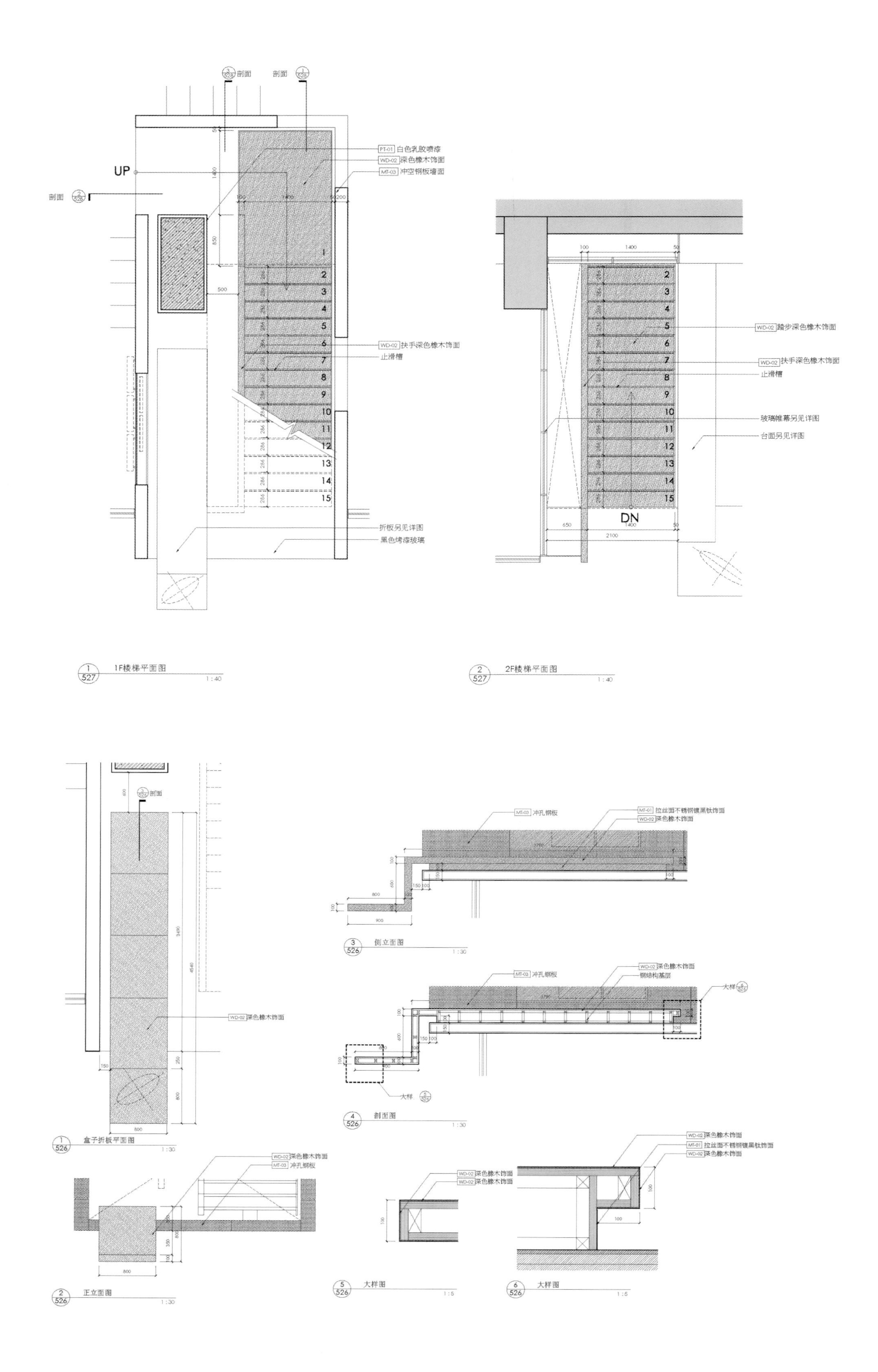

UP
DN
PT-01 白色乳胶喷漆
WD-02 深色橡木饰面
MT-03 冲空钢板墙面
WD-02 扶手深色橡木饰面
止滑槽
折板另见详图
黑色烤漆玻璃
1F楼梯平面图
1 : 40
WD-02 踏步深色橡木饰面
WD-02 扶手深色橡木饰面
止滑槽
玻璃帷幕另见详图
台面另见详图
2F楼梯平面图
1 : 40
WD-02 深色橡木饰面
盒子折板平面图
1 : 30
MT-03 冲孔钢板
MT-01 拉丝面不锈钢镀黑钛饰面
WD-02 深色橡木饰面
侧立面图
1 : 30
MT-03 冲孔钢板
WD-02 深色橡木饰面
钢结构基层
大样
剖面图
1 : 30
WD-02 深色橡木饰面
MT-03 冲孔钢板
正立面图
1 : 30
WD-02 深色橡木饰面
WD-02 深色橡木饰面
大样图
1 : 5
WD-02 深色橡木饰面
MT-01 拉丝面不锈钢镀黑钛饰面
WD-02 深色橡木饰面
大样图
1 : 5

HCG

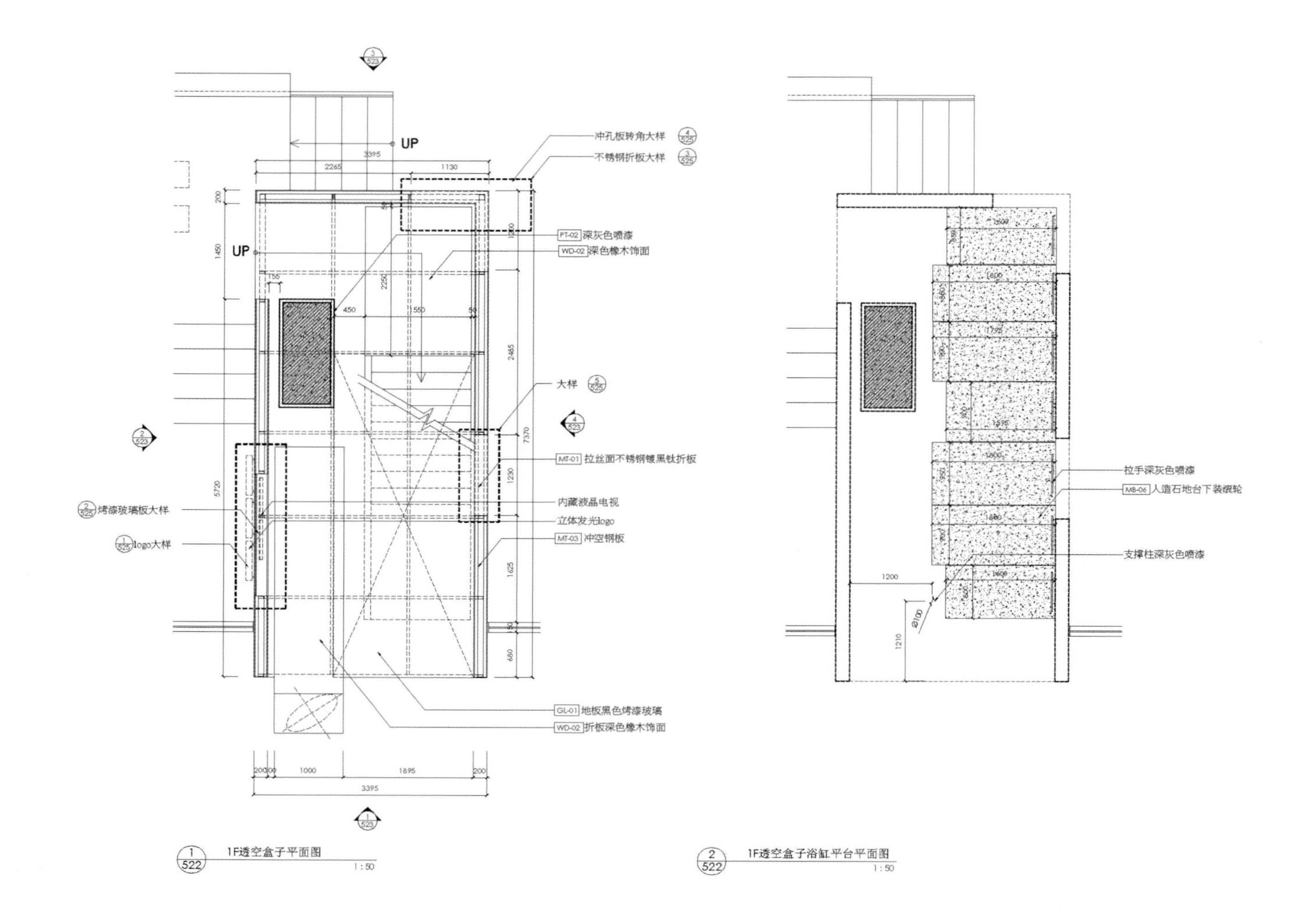

1 522 1F透空盒子平面图 1:50

2 522 1F透空盒子浴缸平台平面图 1:50

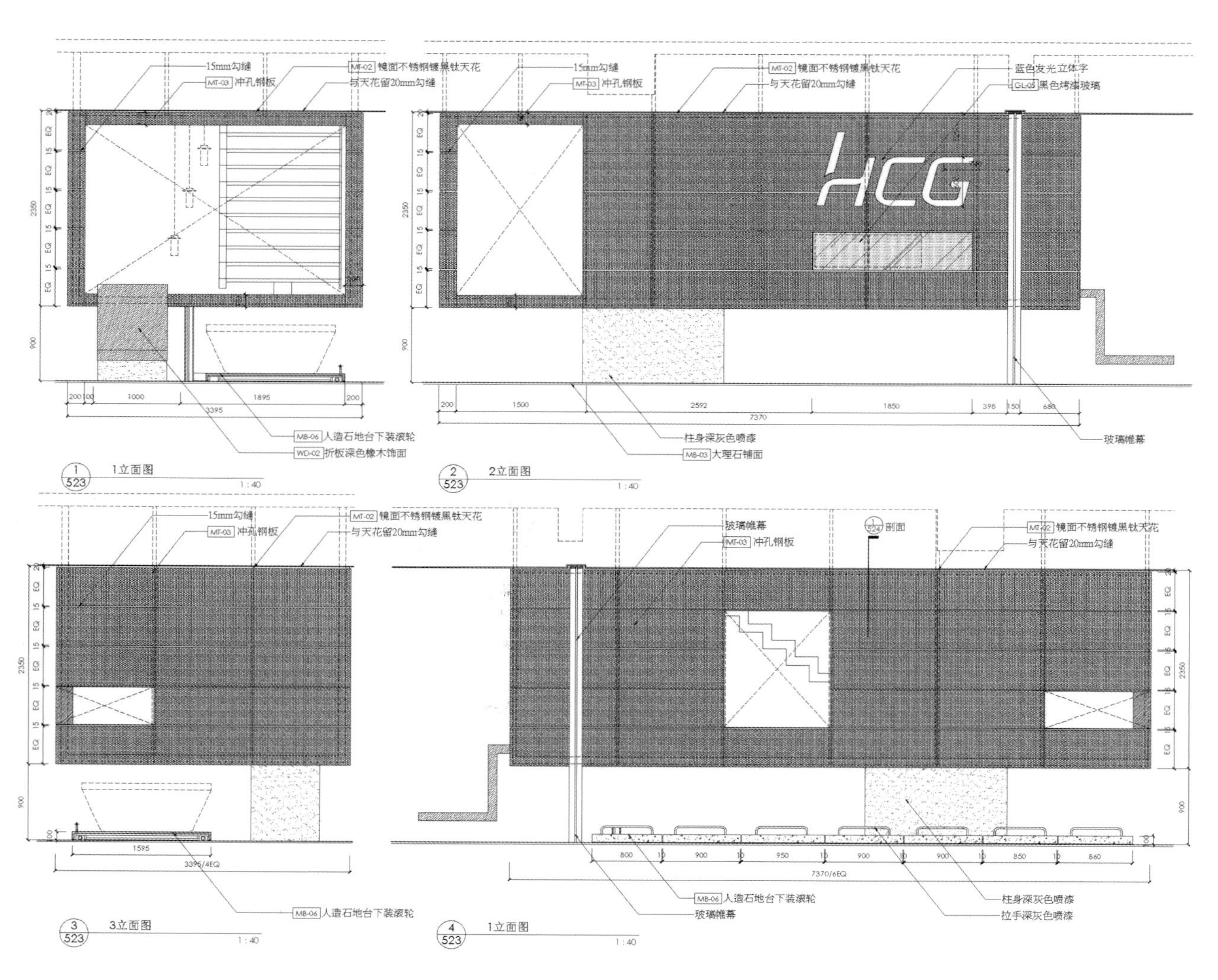

1 523 1立面图 1:40

2 523 2立面图 1:40

3 523 3立面图 1:40

4 523 1立面图 1:40

HCG

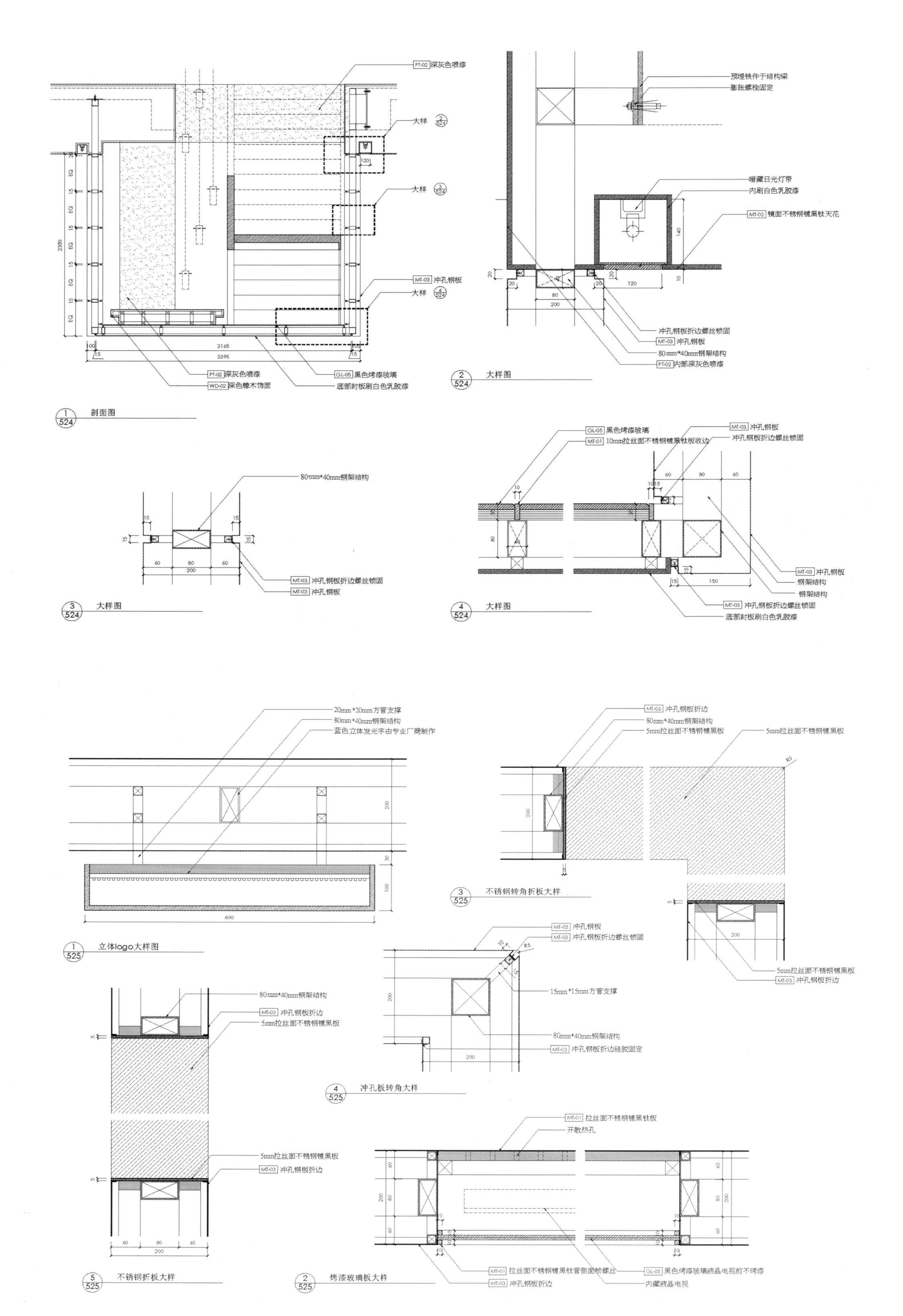

PT-02 深灰色喷漆
大样 2/524
大样 3/524
MT-03 冲孔钢板
大样 4/524
PT-02 深灰色喷漆
WD-02 深色橡木饰面
GL-05 黑色烤漆玻璃
底部封板刷白色乳胶漆
剖面图
预埋铁件于结构梁
膨胀螺栓固定
暗藏日光灯带
内刷白色乳胶漆
MT-02 镜面不锈钢镀黑钛天花
冲孔钢板折边螺丝锁固
MT-03 冲孔钢板
80mm*40mm钢架结构
PT-02 内部深灰色喷漆
大样图
GL-05 黑色烤漆玻璃
MT-01 10mm拉丝面不锈钢镀黑钛板收边
MT-03 冲孔钢板
冲孔钢板折边螺丝锁固
80mm*40mm钢架结构
MT-03 冲孔钢板折边螺丝锁固
MT-03 冲孔钢板
大样图
MT-03 冲孔钢板
钢架结构
钢架结构
MT-03 冲孔钢板折边螺丝锁固
底部封板刷白色乳胶漆
大样图
20mm*20mm方管支撑
80mm*40mm钢架结构
蓝色立体发光字由专业厂商制作
立体logo大样图
MT-03 冲孔钢板折边
80mm*40mm钢架结构
5mm拉丝面不锈钢镀黑板
5mm拉丝面不锈钢镀黑板
不锈钢转角折板大样
5mm拉丝面不锈钢镀黑板
MT-03 冲孔钢板折边
MT-03 冲孔钢板
MT-03 冲孔钢板折边螺丝锁固
15mm*15mm方管支撑
80mm*40mm钢架结构
MT-03 冲孔钢板折边硅胶固定
冲孔板转角大样
80mm*40mm钢架结构
MT-03 冲孔钢板折边
5mm拉丝面不锈钢镀黑板
5mm拉丝面不锈钢镀黑板
MT-03 冲孔钢板折边
不锈钢折板大样
MT-01 拉丝面不锈钢镀黑钛板
开散热孔
MT-01 拉丝面不锈钢镀黑钛管侧面螺丝
GL-05 黑色烤漆玻璃液晶电视前不烤漆
MT-03 冲孔钢板折边
内藏液晶电视
烤漆玻璃板大样

广州HCG展架

设　　计：李玮珉建筑师事务所
工程地点：广州和成卫浴广州旗舰店
客户需求：展示卫浴产品。
缘　　由：用独特的展示方式，使卫浴产品艺术化地陈列。
方案计划：用博物馆的概念，配合拉丝面不锈钢镀黑钛、皮革、白膜胶合玻璃、遮光卷帘等材料，使每种产品以独特的方式展示。

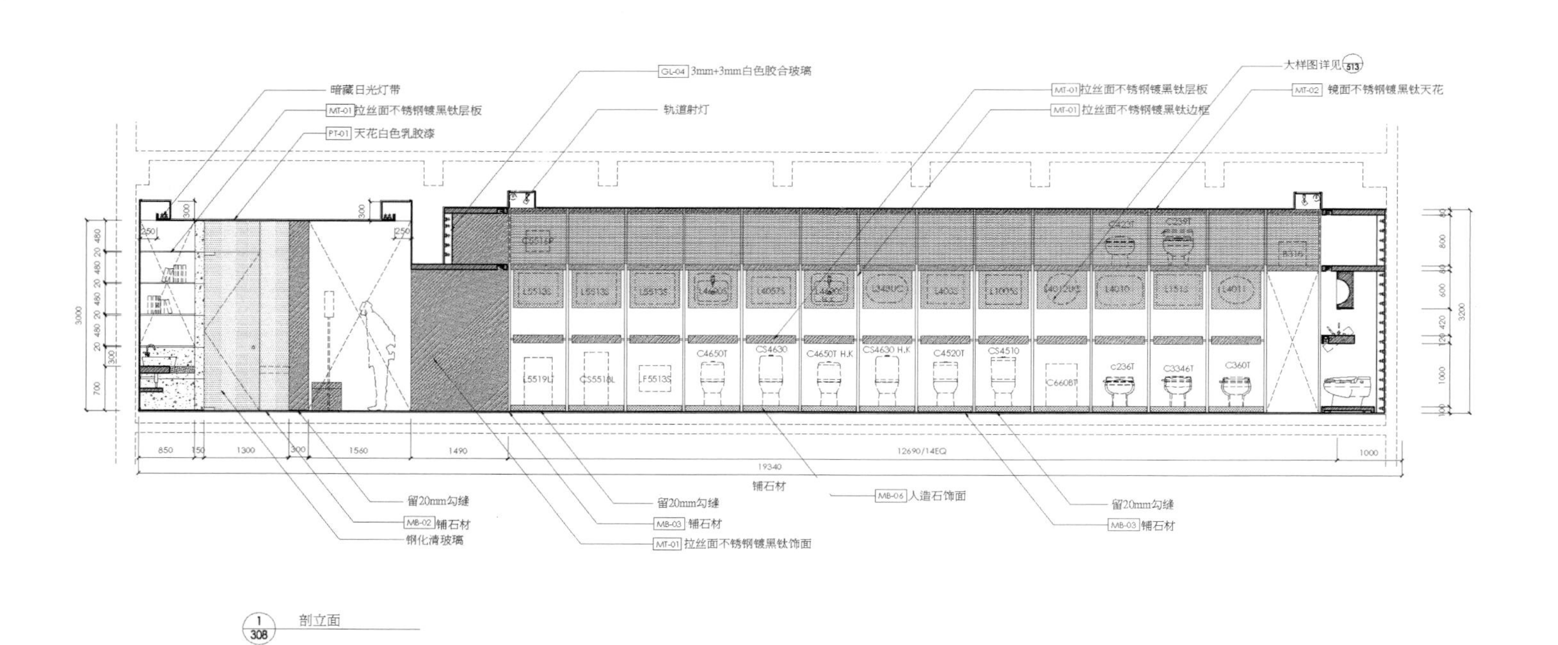

1/308 剖立面

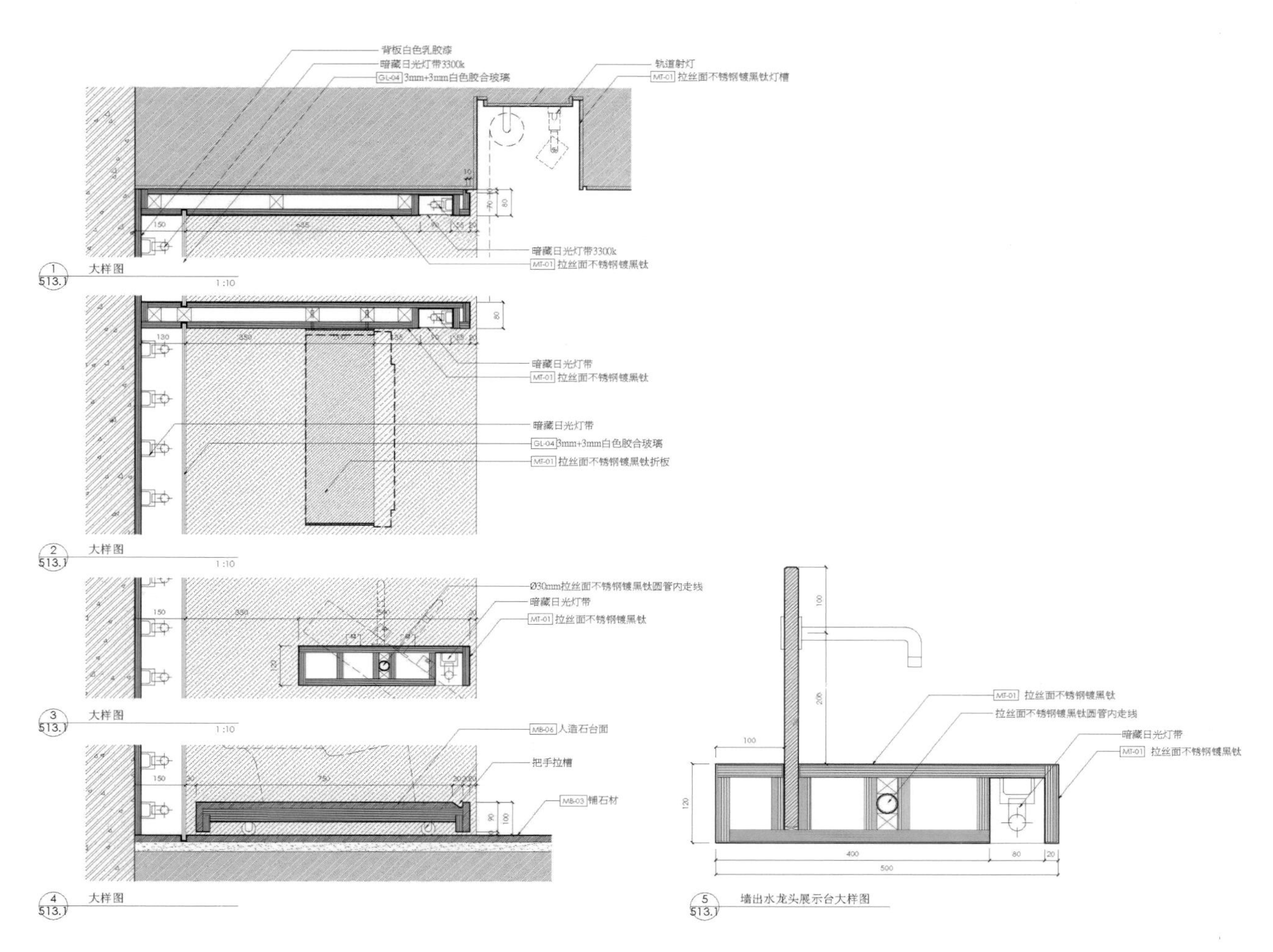
背板白色乳胶漆
暗藏日光灯带3300k
GL-04 3mm+3mm白色胶合玻璃
轨道射灯
MT-01 拉丝面不锈钢镀黑钛灯槽
暗藏日光灯带3300k
MT-01 拉丝面不锈钢镀黑钛
1 513.1 大样图 1:10
暗藏日光灯带
MT-01 拉丝面不锈钢镀黑钛
暗藏日光灯带
GL-04 3mm+3mm白色胶合玻璃
MT-01 拉丝面不锈钢镀黑钛折板
2 513.1 大样图 1:10
Ø30mm拉丝面不锈钢镀黑钛圆管内走线
暗藏日光灯带
MT-01 拉丝面不锈钢镀黑钛
3 513.1 大样图 1:10
MB-06 人造石台面
把手拉槽
MB-03 铺石材
4 513.1 大样图
MT-01 拉丝面不锈钢镀黑钛
拉丝面不锈钢镀黑钛圆管内走线
暗藏日光灯带
MT-01 拉丝面不锈钢镀黑钛
5 513.1 墙出水龙头展示台大样图

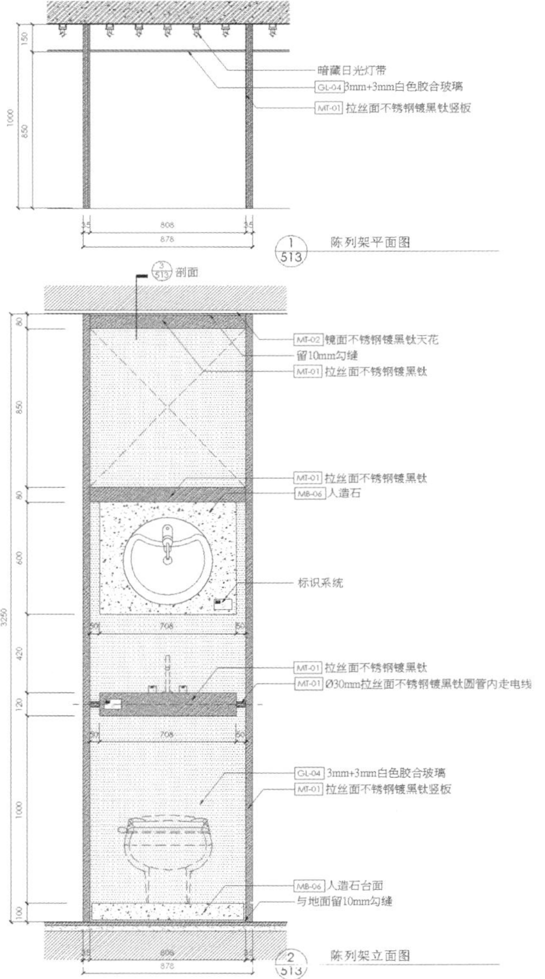
暗藏日光灯带
GL-04 3mm+3mm白色胶合玻璃
MT-01 拉丝面不锈钢镀黑钛竖板
1
513
陈列架平面图
剖面
MT-02 镜面不锈钢镀黑钛天花
留10mm勾缝
MT-01 拉丝面不锈钢镀黑钛
MT-01 拉丝面不锈钢镀黑钛
MB-06 人造石
标识系统
MT-01 拉丝面不锈钢镀黑钛
MT-01 Ø30mm拉丝面不锈钢镀黑钛圆管内走电线
GL-04 3mm+3mm白色胶合玻璃
MT-01 拉丝面不锈钢镀黑钛竖板
MB-06 人造石台面
与地面留10mm勾缝
2
513
陈列架立面图

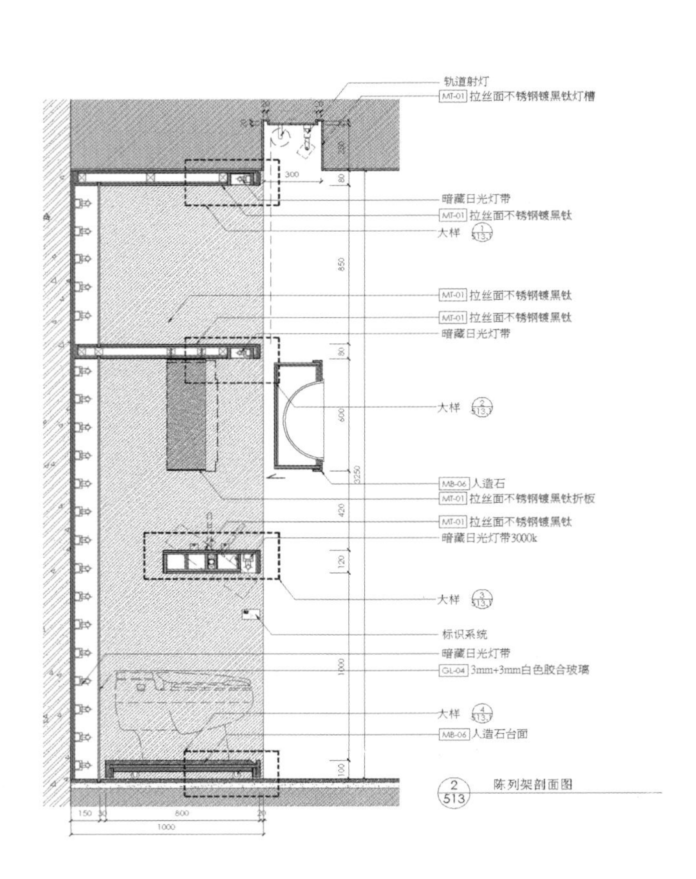
轨道射灯
MT-01 拉丝面不锈钢镀黑钛灯槽
暗藏日光灯带
MT-01 拉丝面不锈钢镀黑钛
大样
MT-01 拉丝面不锈钢镀黑钛
MT-01 拉丝面不锈钢镀黑钛
暗藏日光灯带
大样
MB-06 人造石
MT-01 拉丝面不锈钢镀黑钛折板
MT-01 拉丝面不锈钢镀黑钛
暗藏日光灯带3000k
大样
标识系统
暗藏日光灯带
GL-04 3mm+3mm白色胶合玻璃
大样
MB-06 人造石台面
2
513
陈列架剖面图

墙面展柜

设　　计：李玮珉建筑师事务所
工程地点：台湾台北市松高路
客户需求：饰品展示。
缘　　由：结合空间的展示方式。
方案计划：空间主墙结合展柜设计，并考虑配合透光马赛克、灯光以及使用人员的安全。

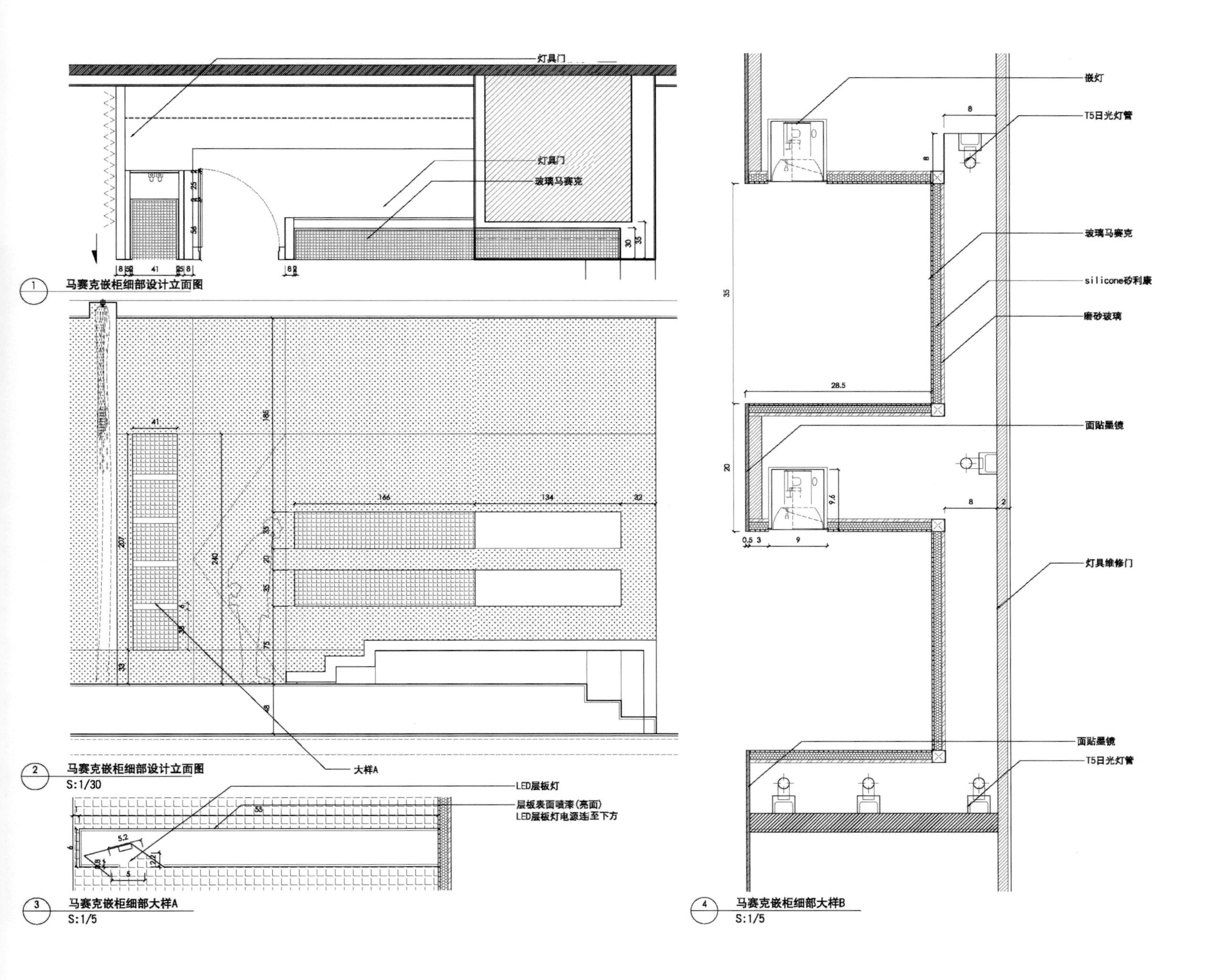
灯具门
灯具门
玻璃马赛克
马赛克嵌柜细部设计立面图
大样A
马赛克嵌柜细部设计立面图
S:1/30
LED层板灯
层板表面喷漆(亮面)
LED层板灯电源连至下方
马赛克嵌柜细部大样A
S:1/5
嵌灯
T5日光灯管
玻璃马赛克
silicone矽利康
磨砂玻璃
面贴墨镜
灯具维修门
面贴墨镜
T5日光灯管
马赛克嵌柜细部大样B
S:1/5

圆柱展柜

设　　计：李玮珉建筑师事务所
工程地点：台湾台北市大安路
客户需求：饰品展示。
缘　　由：结合空间的展示方式。
方案计划：空间圆柱结合展柜设计，并考虑配合灯光以及使用人员的安全。

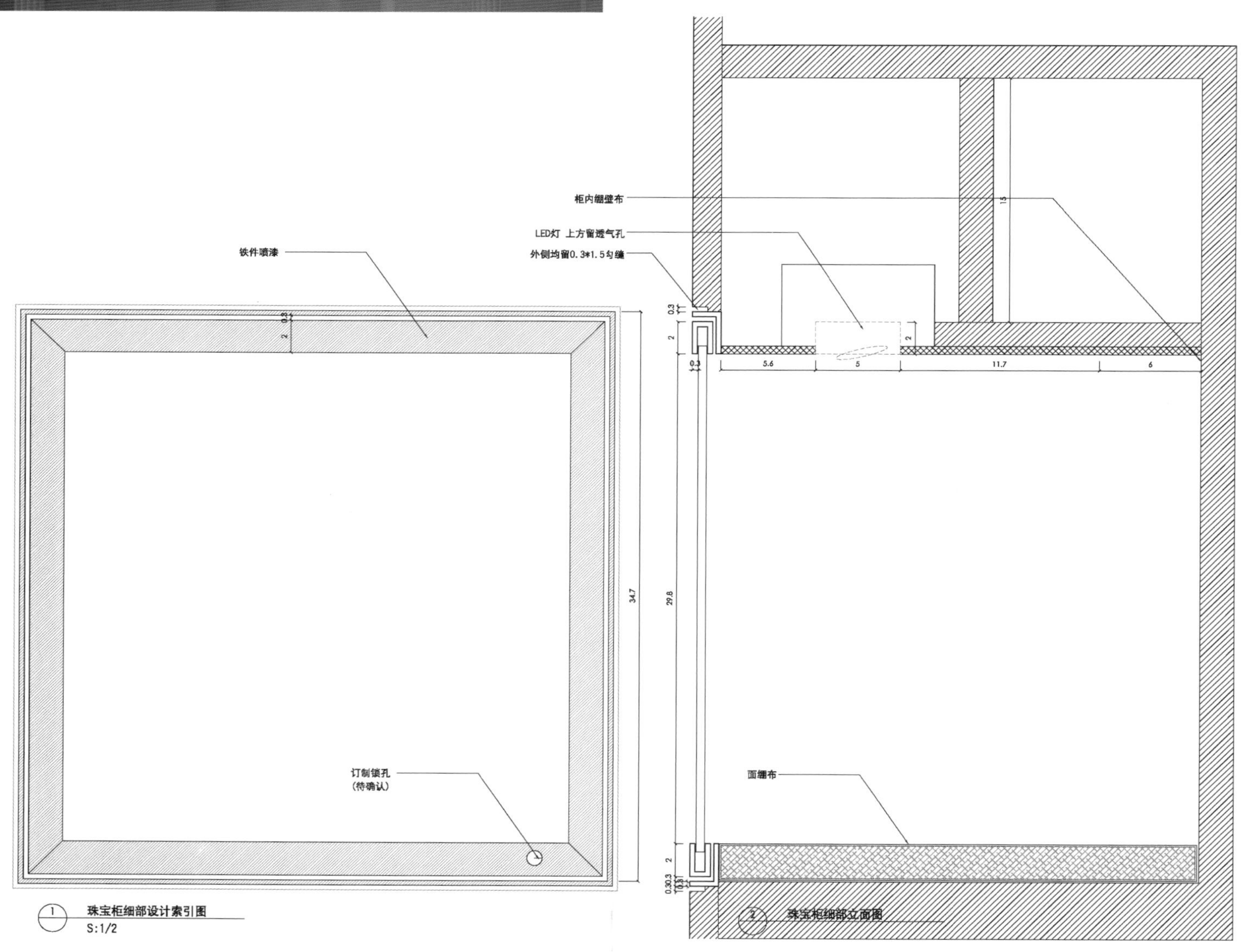

1 珠宝柜细部设计索引图
S:1/2

2 珠宝柜细部立面图

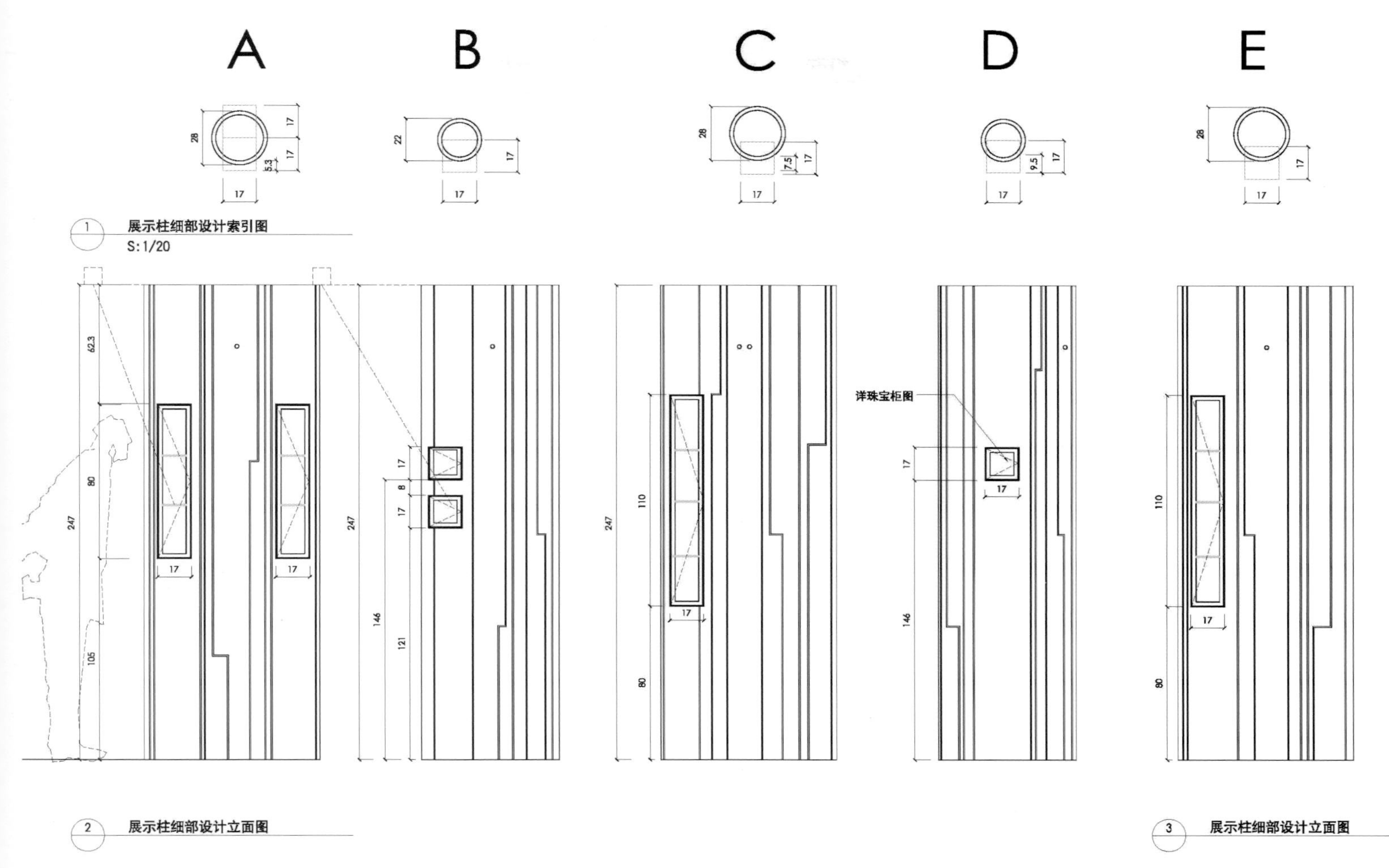
A
B
C
D
E
1 展示柱细部设计索引图
S:1/20
洋珠宝柜图
2 展示柱细部设计立面图
3 展示柱细部设计立面图

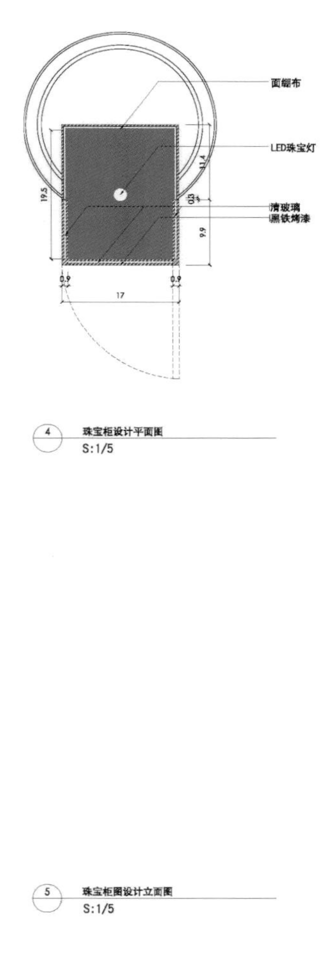
面细布
LED珠宝灯
清玻璃
黑铁烤漆
4 珠宝柜设计平面图
S:1/5
5 珠宝柜图设计立面图
S:1/5

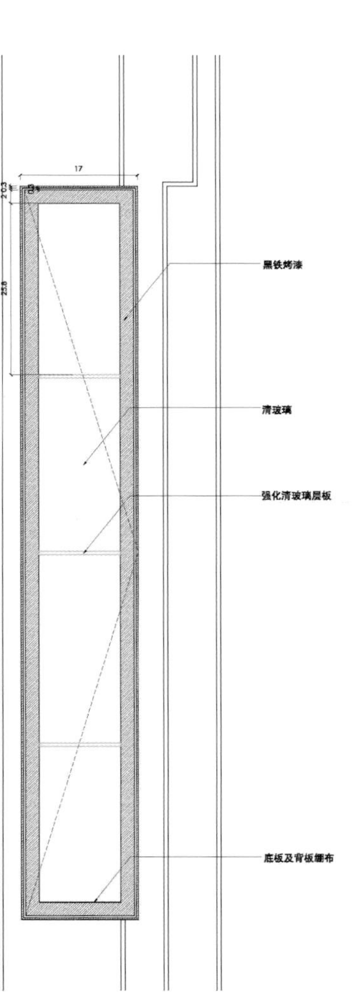
黑铁烤漆
清玻璃
强化清玻璃层板
底板及背板绷布

中岛

设　　计：李玮珉建筑师事务所
工程地点：台湾台北市松高路
客户需求：饰品展示。
缘　　由：结合空间的展示方式。
方案计划：空间主要元素结合展柜，并配合透光亚克力及玻璃、LED灯以及使用人员的安全性进行设计，
　　　　　除了 展示也可作为空间中的伸展台。

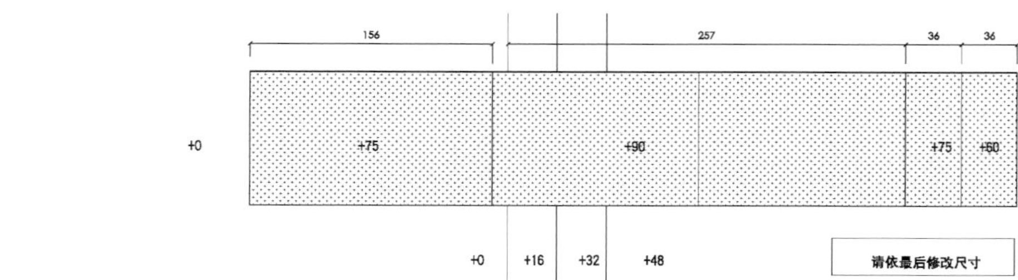

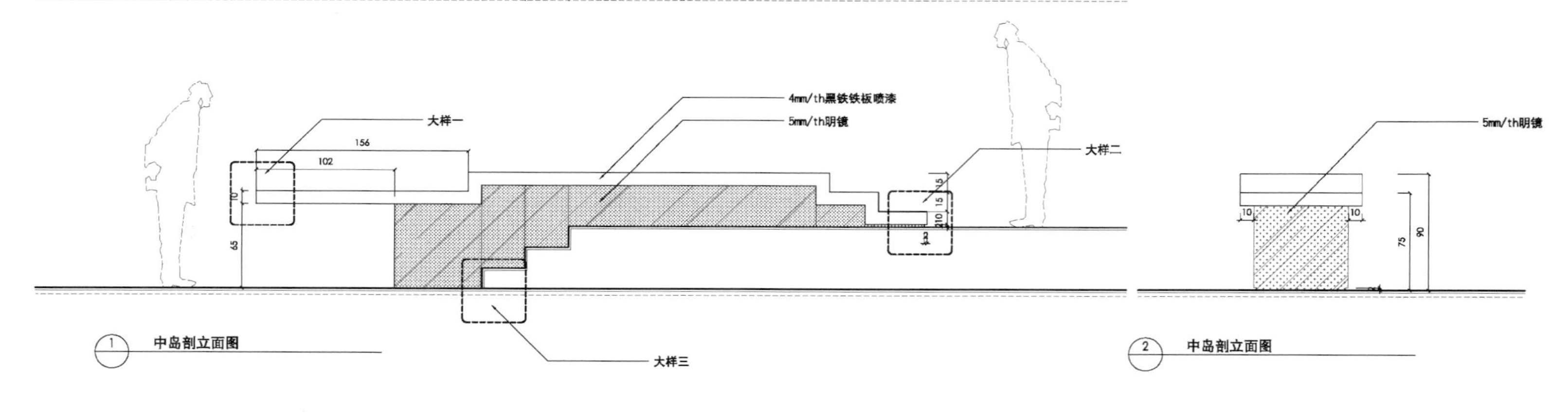

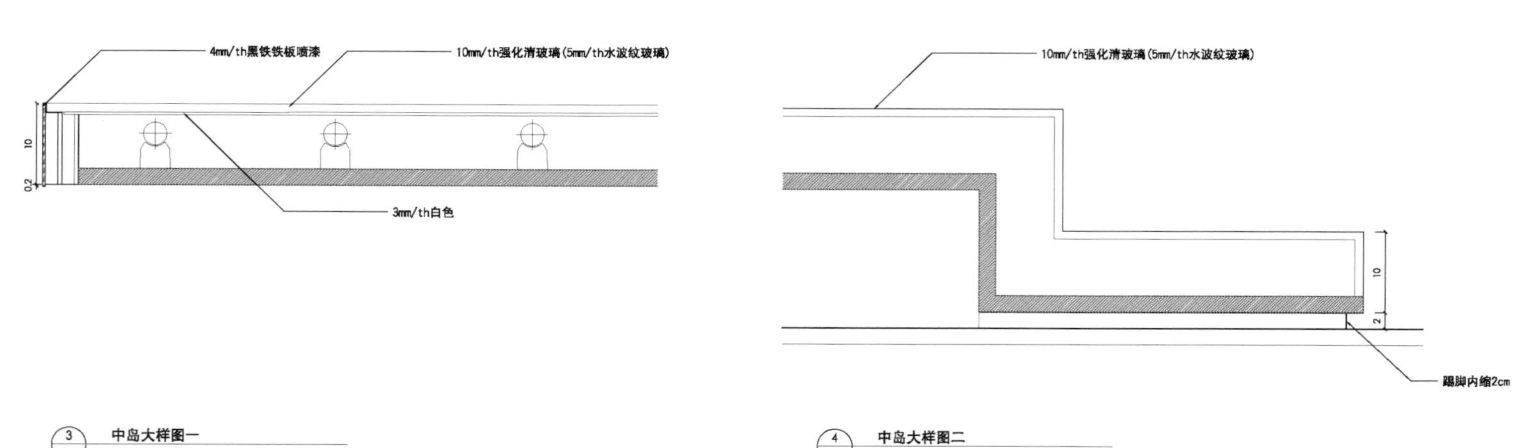

新浦江城售楼处

设　　计：李玮珉建筑师事务所
工程地点：上海浦江镇新浦江城售楼处
客户需求：连接底层与夹层VIP休息室的动线。
方案计划：钢板结构、实木踏板、单边木百叶护栏、不锈钢镀黑钛扶手；楼梯的结构用材及细节处理配合空间的整体要求。

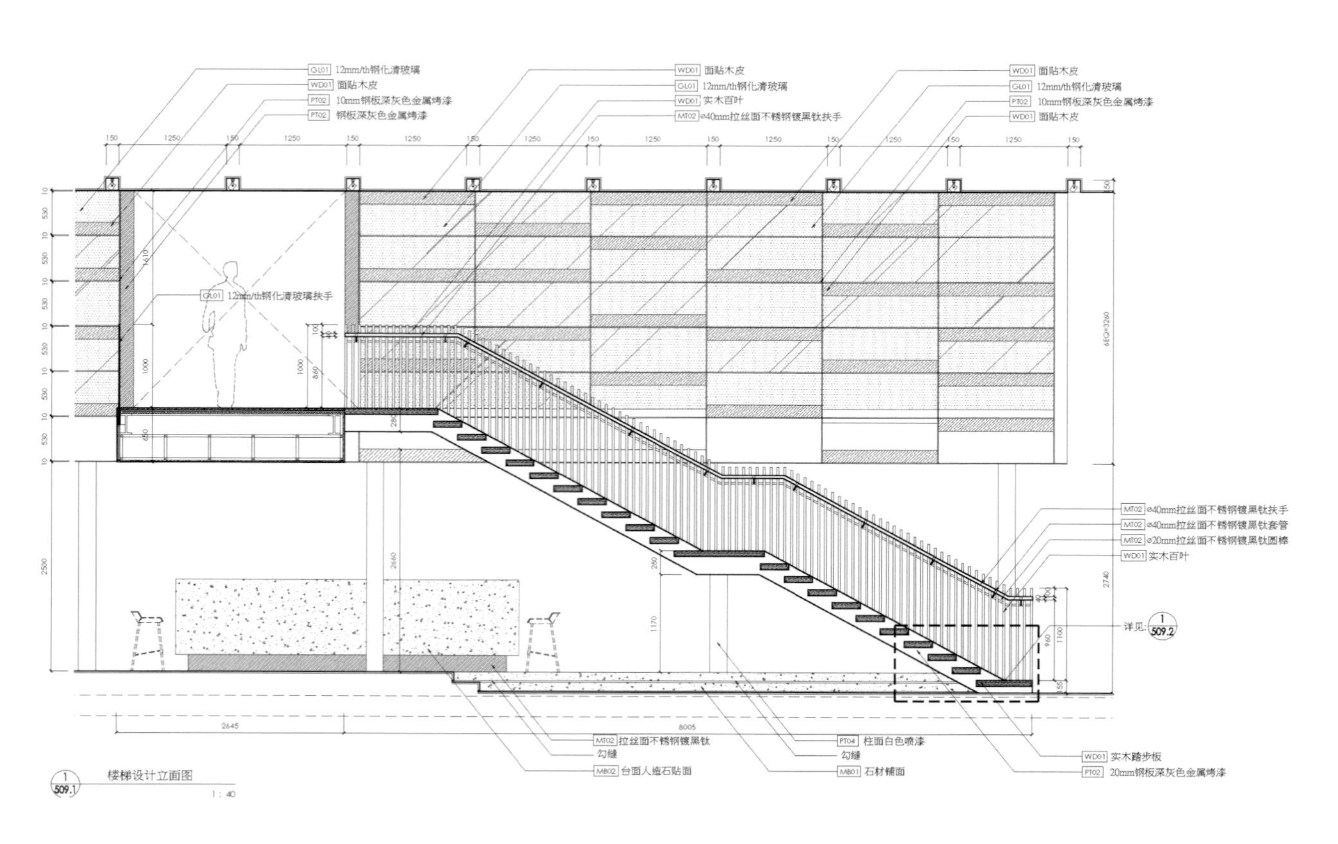

1/509.1 楼梯设计立面图 1:40

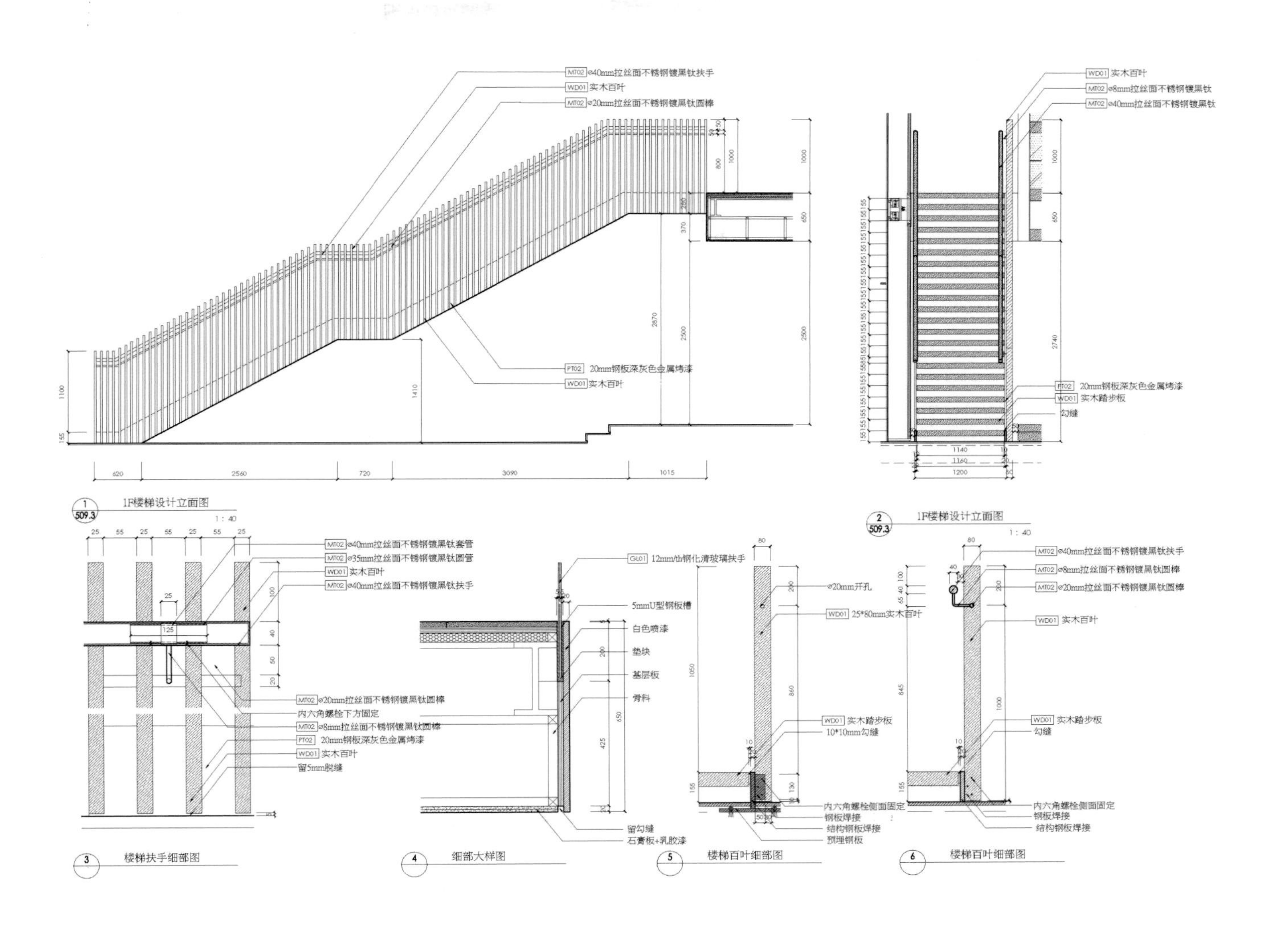

MT02 ⌀40mm拉丝面不锈钢镀黑钛扶手
WD01 实木百叶
MT02 ⌀20mm拉丝面不锈钢镀黑钛圆棒
PT02 20mm钢板深灰色金属烤漆
WD01 实木百叶
1F楼梯设计立面图
1:40
MT02 ⌀8mm拉丝面不锈钢镀黑钛
MT02 ⌀40mm拉丝面不锈钢镀黑钛
PT02 20mm钢板深灰色金属烤漆
WD01 实木踏步板
勾缝
1F楼梯设计立面图
1:40
MT02 ⌀40mm拉丝面不锈钢镀黑钛套管
MT02 ⌀35mm拉丝面不锈钢镀黑钛圆管
WD01 实木百叶
MT02 ⌀40mm拉丝面不锈钢镀黑钛扶手
MT02 ⌀20mm拉丝面不锈钢镀黑钛圆棒
内六角螺栓下方固定
MT02 ⌀8mm拉丝面不锈钢镀黑钛圆棒
PT02 20mm钢板深灰色金属烤漆
WD01 实木百叶
留5mm胶缝
楼梯扶手细部图
GL01 12mm/th钢化清玻璃扶手
5mmU型钢板槽
白色喷漆
垫块
基层板
骨料
留勾缝
石膏板+乳胶漆
细部大样图
⌀20mm开孔
WD01 25*80mm实木百叶
WD01 实木踏步板
10*10mm勾缝
内六角螺栓侧面固定
钢板焊接
结构钢板焊接
预埋钢板
楼梯百叶细部图
MT02 ⌀40mm拉丝面不锈钢镀黑钛扶手
MT02 ⌀8mm拉丝面不锈钢镀黑钛圆棒
MT02 ⌀20mm拉丝面不锈钢镀黑钛圆棒
WD01 实木百叶
WD01 实木踏步板
勾缝
内六角螺栓侧面固定
钢板焊接
结构钢板焊接
楼梯百叶细部图

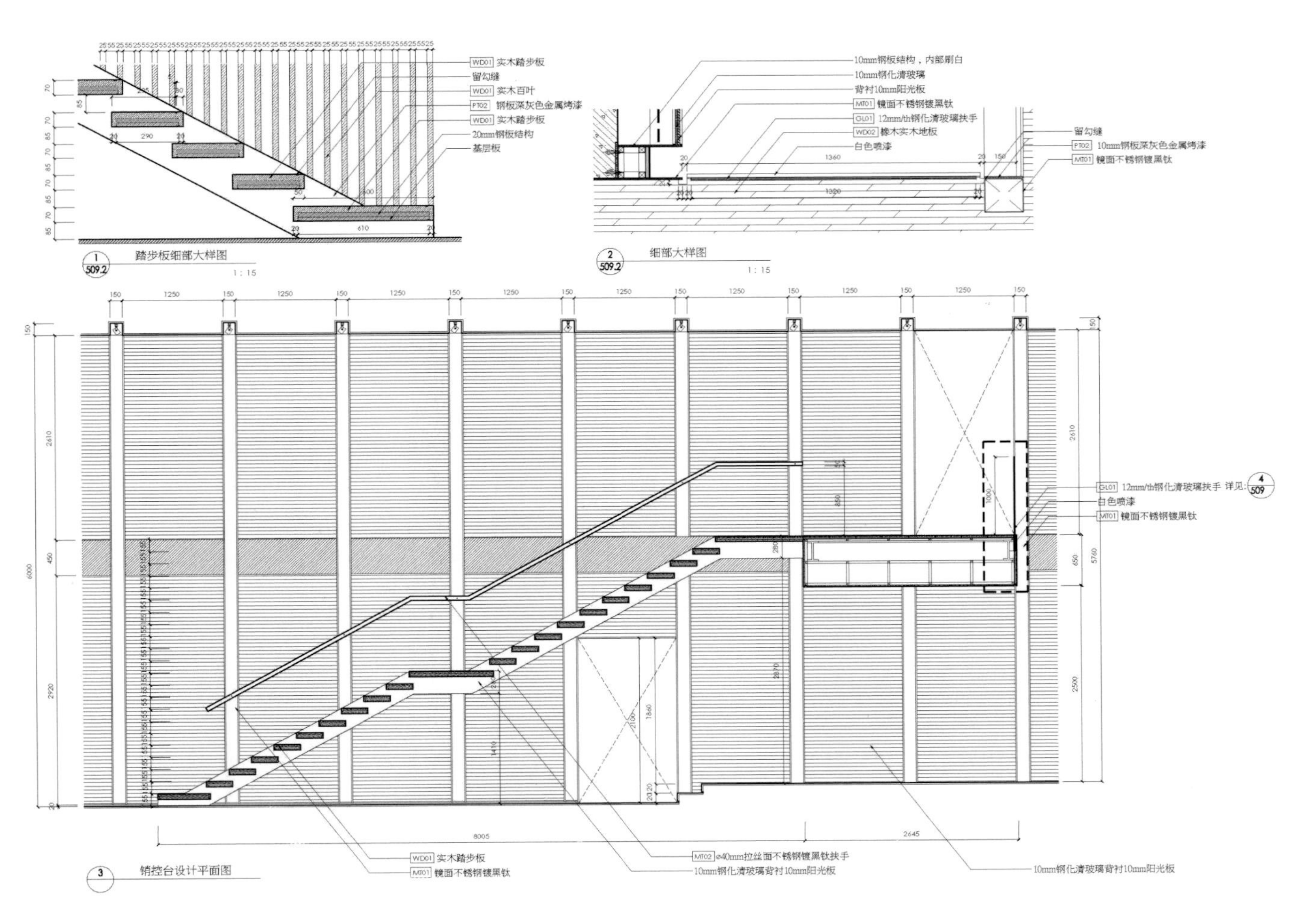

WD01 实木踏步板
留勾缝
WD01 实木百叶
PT02 钢板深灰色金属烤漆
WD01 实木踏步板
20mm钢板结构
基层板
踏步板细部大样图
1:15
10mm钢板结构，内部刷白
10mm钢化清玻璃
背衬10mm阳光板
MT01 镜面不锈钢镀黑钛
GL01 12mm/th钢化清玻璃扶手
WD02 橡木实木地板
白色喷漆
留勾缝
PT02 10mm钢板深灰色金属烤漆
MT01 镜面不锈钢镀黑钛
细部大样图
1:15
GL01 12mm/th钢化清玻璃扶手 详见
白色喷漆
MT01 镜面不锈钢镀黑钛
WD01 实木踏步板
MT01 镜面不锈钢镀黑钛
MT02 ⌀40mm拉丝面不锈钢镀黑钛扶手
10mm钢化清玻璃背衬10mm阳光板
10mm钢化清玻璃背衬10mm阳光板
销控台设计平面图

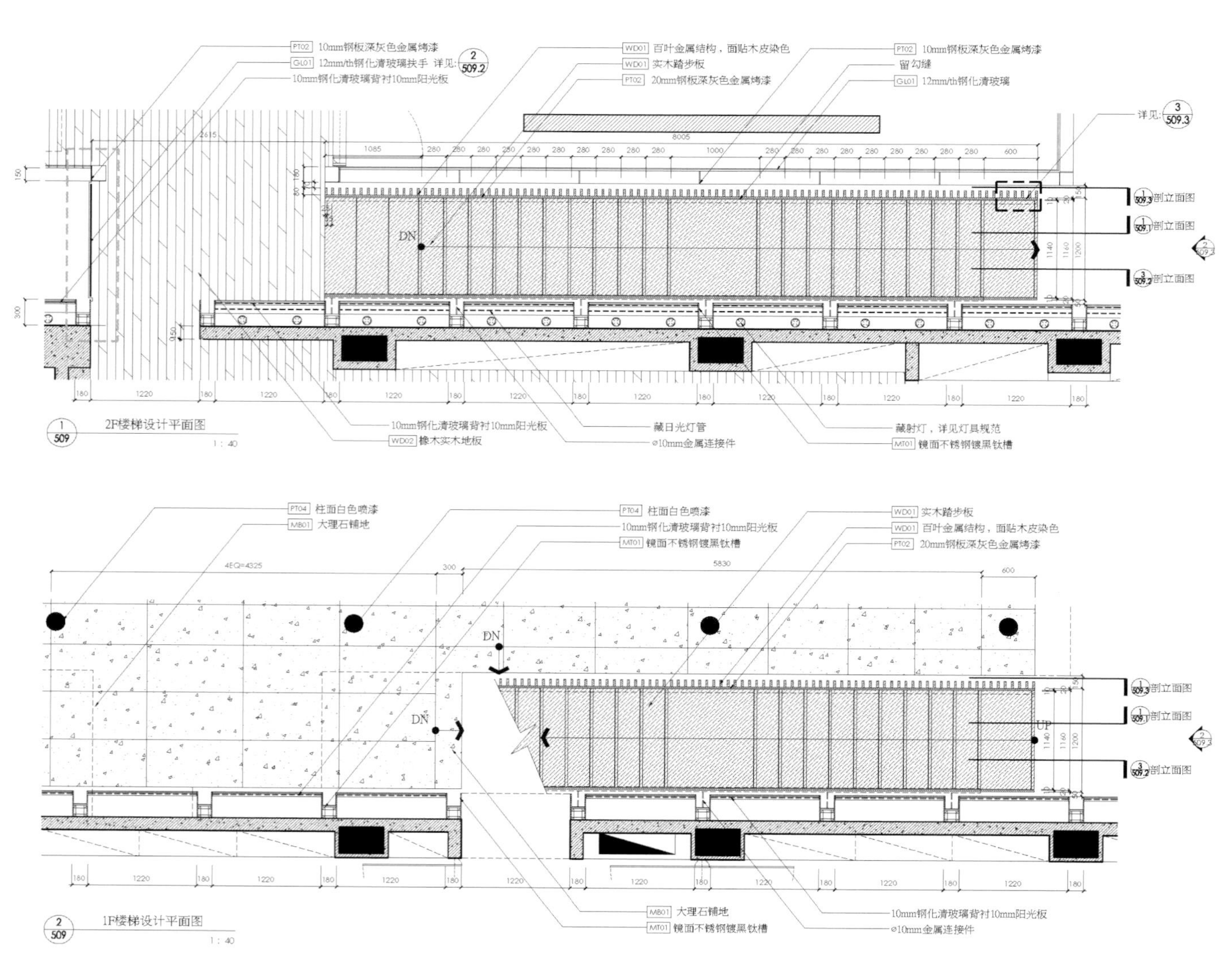

PT02 10mm钢板深灰色金属烤漆
GL01 12mm/th钢化清玻璃扶手 详见: 2/509.2
10mm钢化清玻璃背衬10mm阳光板
WD01 百叶金属结构，面贴木皮染色
WD01 实木踏步板
PT02 20mm钢板深灰色金属烤漆
PT02 10mm钢板深灰色金属烤漆
留勾缝
GL01 12mm/th钢化清玻璃
详见: 3/509.3
DN
10mm钢化清玻璃背衬10mm阳光板
WD02 橡木实木地板
藏日光灯管
ø10mm金属连接件
藏射灯，详见灯具规范
MT01 镜面不锈钢镀黑钛槽
1/509 2F楼梯设计平面图
1 : 40
PT04 柱面白色喷漆
MB01 大理石铺地
PT04 柱面白色喷漆
10mm钢化清玻璃背衬10mm阳光板
MT01 镜面不锈钢镀黑钛槽
WD01 实木踏步板
WD01 百叶金属结构，面贴木皮染色
PT02 20mm钢板深灰色金属烤漆
DN
UP
MB01 大理石铺地
MT01 镜面不锈钢镀黑钛槽
10mm钢化清玻璃背衬10mm阳光板
ø10mm金属连接件
2/509 1F楼梯设计平面图
1 : 40

中和售楼处

设　　计：李玮珉、施彦伯
工程地点：台湾台北市中和售楼处
客户需求：设计简单、与众不同。
缘　　由：临时建筑物，要有耳目一新的视觉震撼，让素净的量体有些不规则的裂缝。
方案计划：以简单的工法呈现出丰富但不复杂的表情。在单一元素下利用角度的变动，让处于室内外空间接口的墙体有了新的定义。

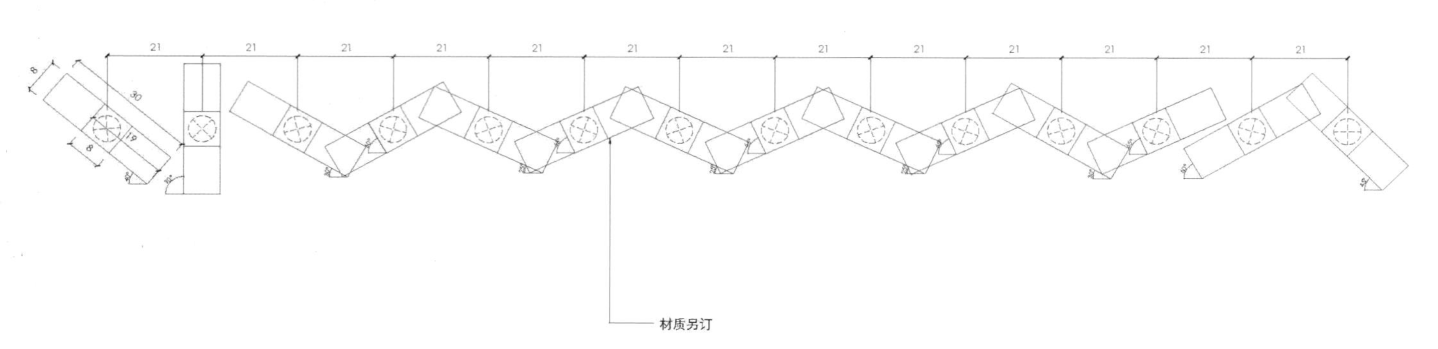

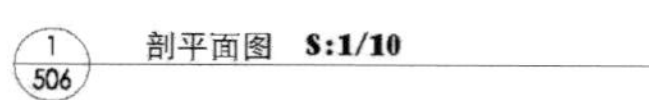
1/506 剖平面图 **S:1/10**

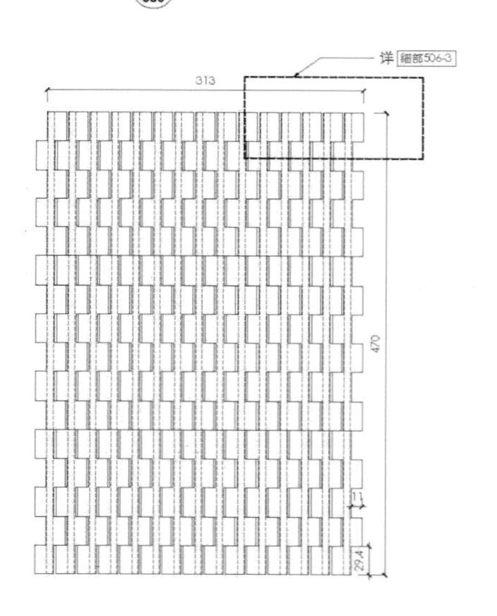

2/506 正立面图 **S:1/50**

3/506 大样图 **S:1/10**

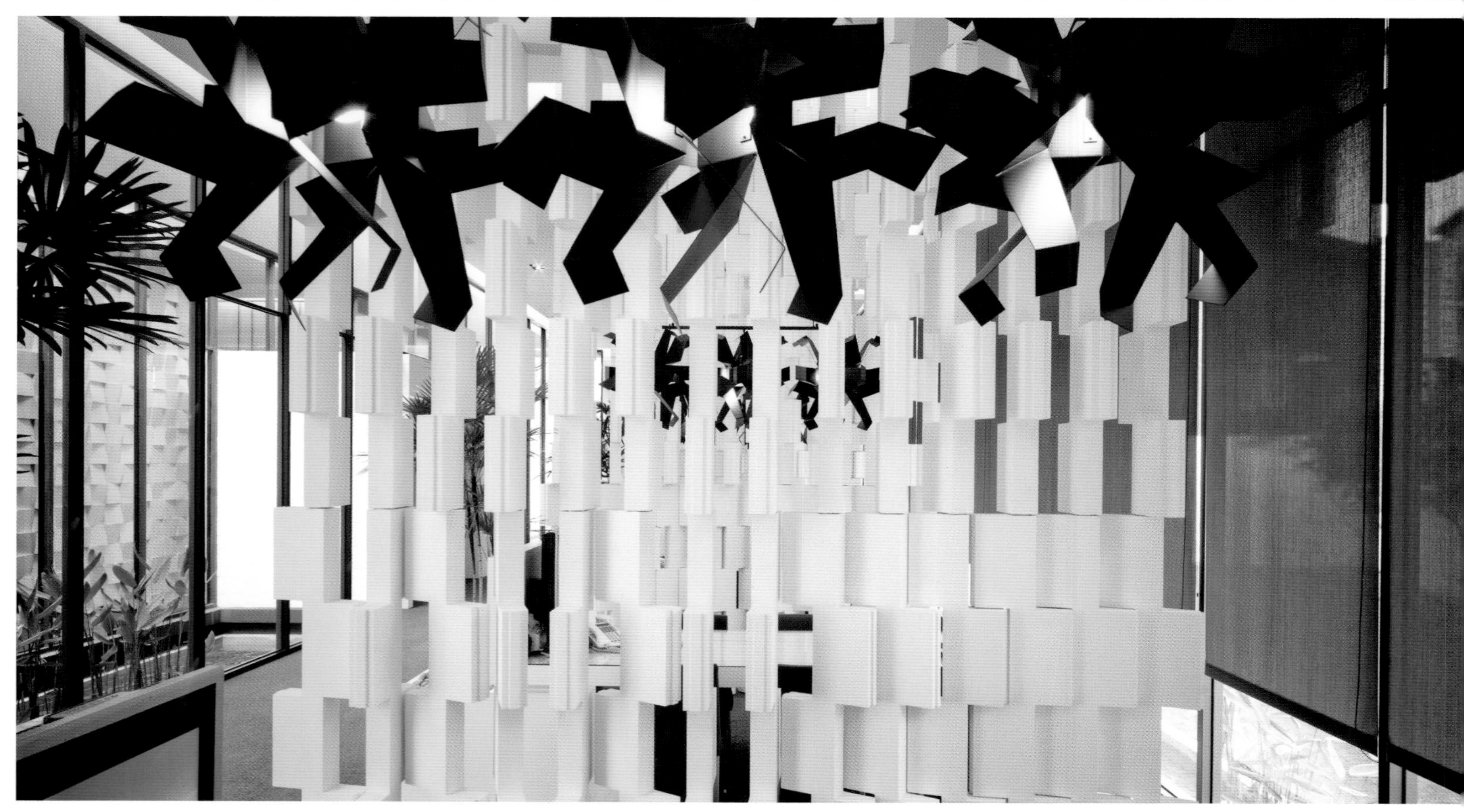

2070

45

1/509 样品屋立面格栅配置图 **S:1/60**

1395

45

2/509 样品屋立面格栅配置图 **S:1/60**

1500

45

3/509 样品屋立面格栅配置图 **S:1/60**

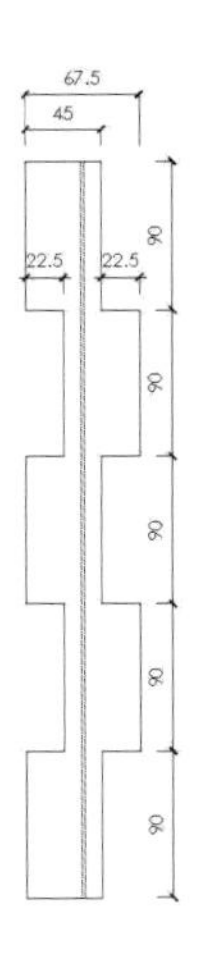

5/509 样品屋立面单元图 **S:1/50**

华远莱太售楼处

设　　计：李玮珉建筑师事务所

客户需求：既分割空间又能利用中庭采光。

缘　　由：划分公共中庭与售楼处。

方案计划：通过白色钢琴烤漆板既变化又有序的韵律排列，配合拉丝面不锈钢镀黑钛饰面框架，使得洽谈区既独立又能跟中庭建立联系。

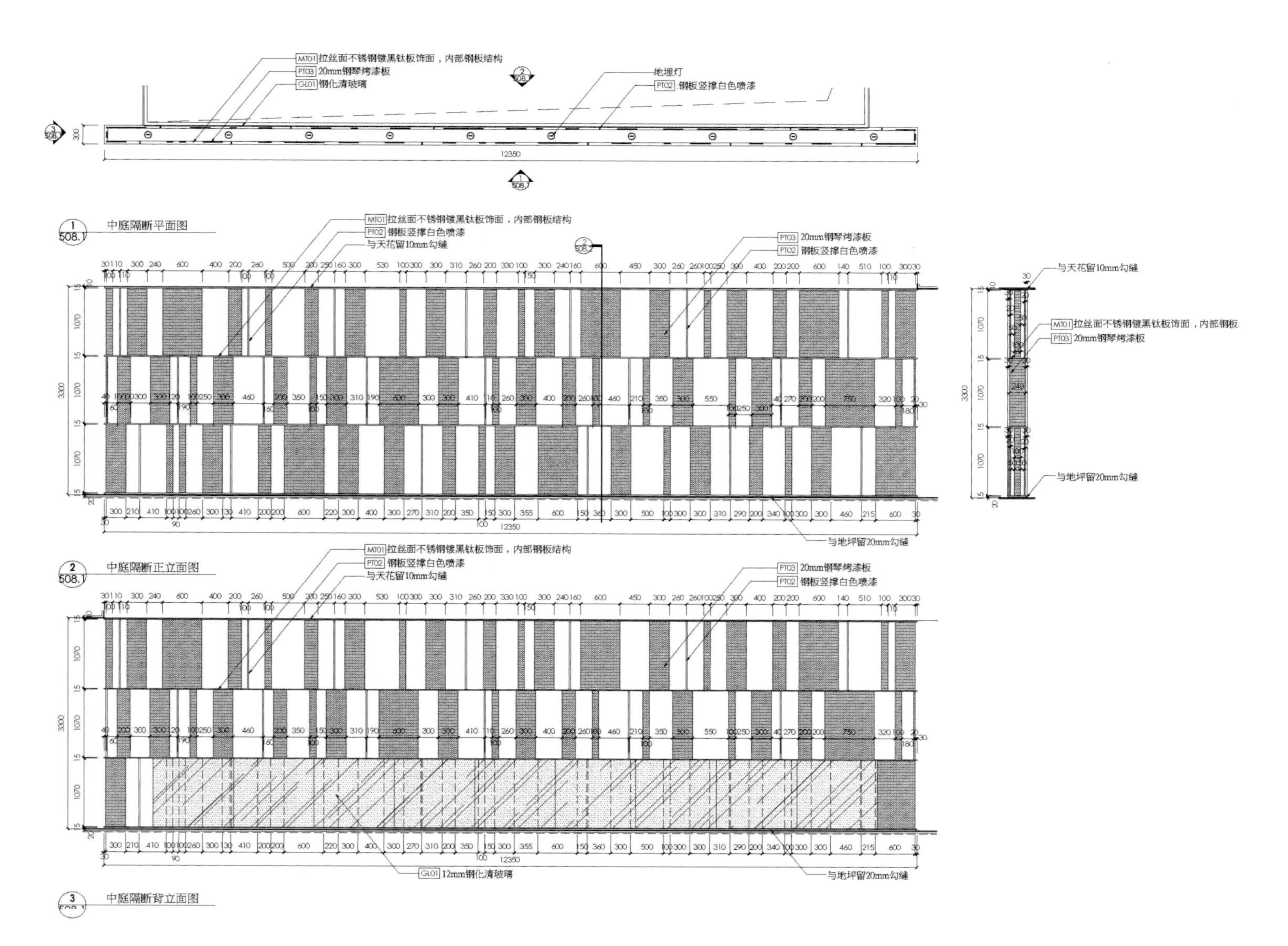

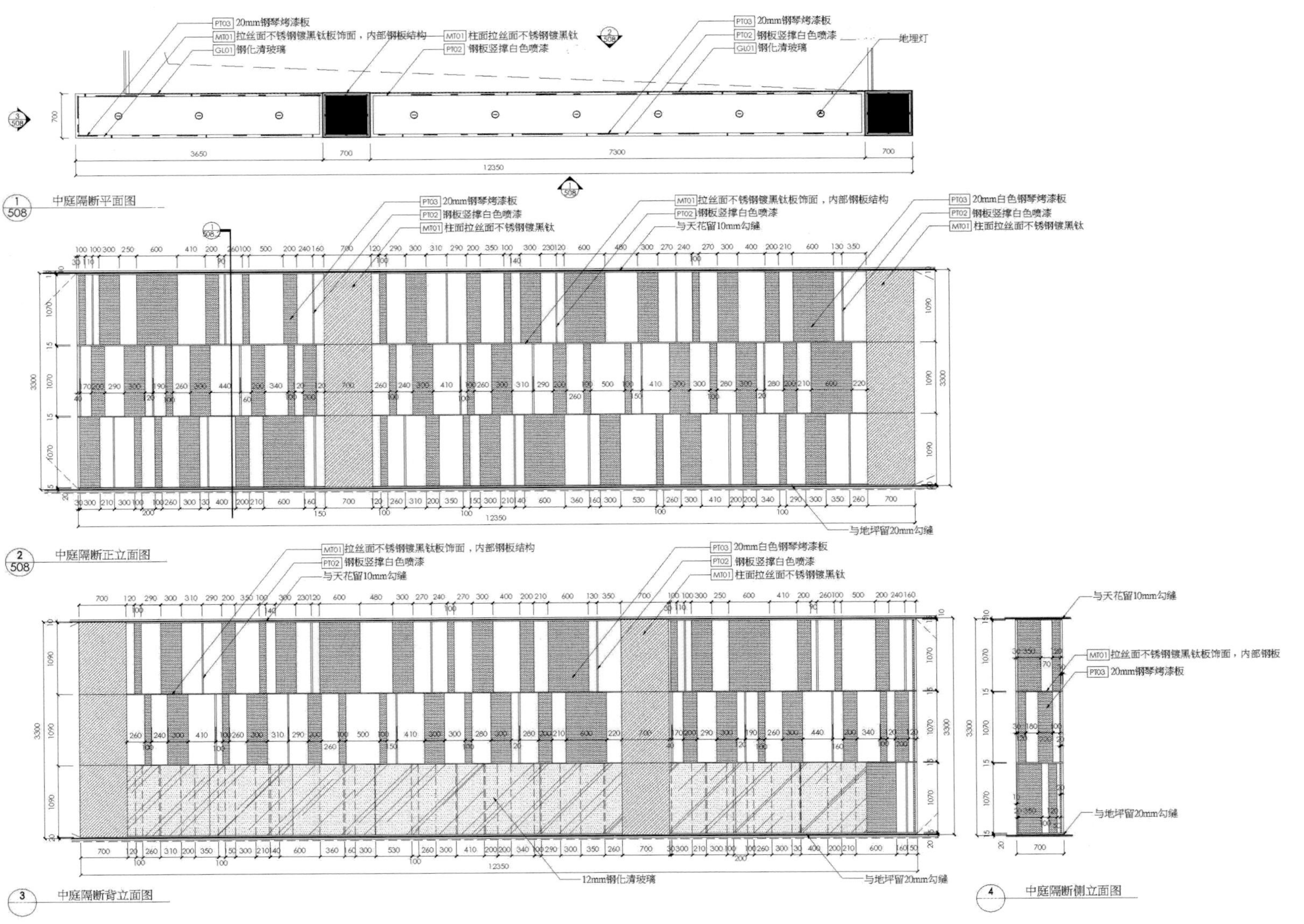
PT03 20mm钢琴烤漆板
MT01 拉丝面不锈钢镀黑钛板饰面，内部钢板结构
GL01 钢化清玻璃
MT01 柱面拉丝面不锈钢镀黑钛
PT02 钢板竖撑白色喷漆
PT03 20mm钢琴烤漆板
PT02 钢板竖撑白色喷漆
GL01 钢化清玻璃
地埋灯
中庭隔断平面图
PT03 20mm钢琴烤漆板
PT02 钢板竖撑白色喷漆
MT01 柱面拉丝面不锈钢镀黑钛
MT01 拉丝面不锈钢镀黑钛板饰面，内部钢板结构
PT02 钢板竖撑白色喷漆
与天花留10mm勾缝
PT03 20mm白色钢琴烤漆板
PT02 钢板竖撑白色喷漆
MT01 柱面拉丝面不锈钢镀黑钛
与地坪留20mm勾缝
中庭隔断正立面图
MT01 拉丝面不锈钢镀黑钛板饰面，内部钢板结构
PT02 钢板竖撑白色喷漆
与天花留10mm勾缝
PT03 20mm白色钢琴烤漆板
PT02 钢板竖撑白色喷漆
MT01 柱面拉丝面不锈钢镀黑钛
12mm钢化清玻璃
与地坪留20mm勾缝
中庭隔断背立面图
与天花留10mm勾缝
MT01 拉丝面不锈钢镀黑钛板饰面，内部钢板
PT03 20mm钢琴烤漆板
与地坪留20mm勾缝
中庭隔断侧立面图

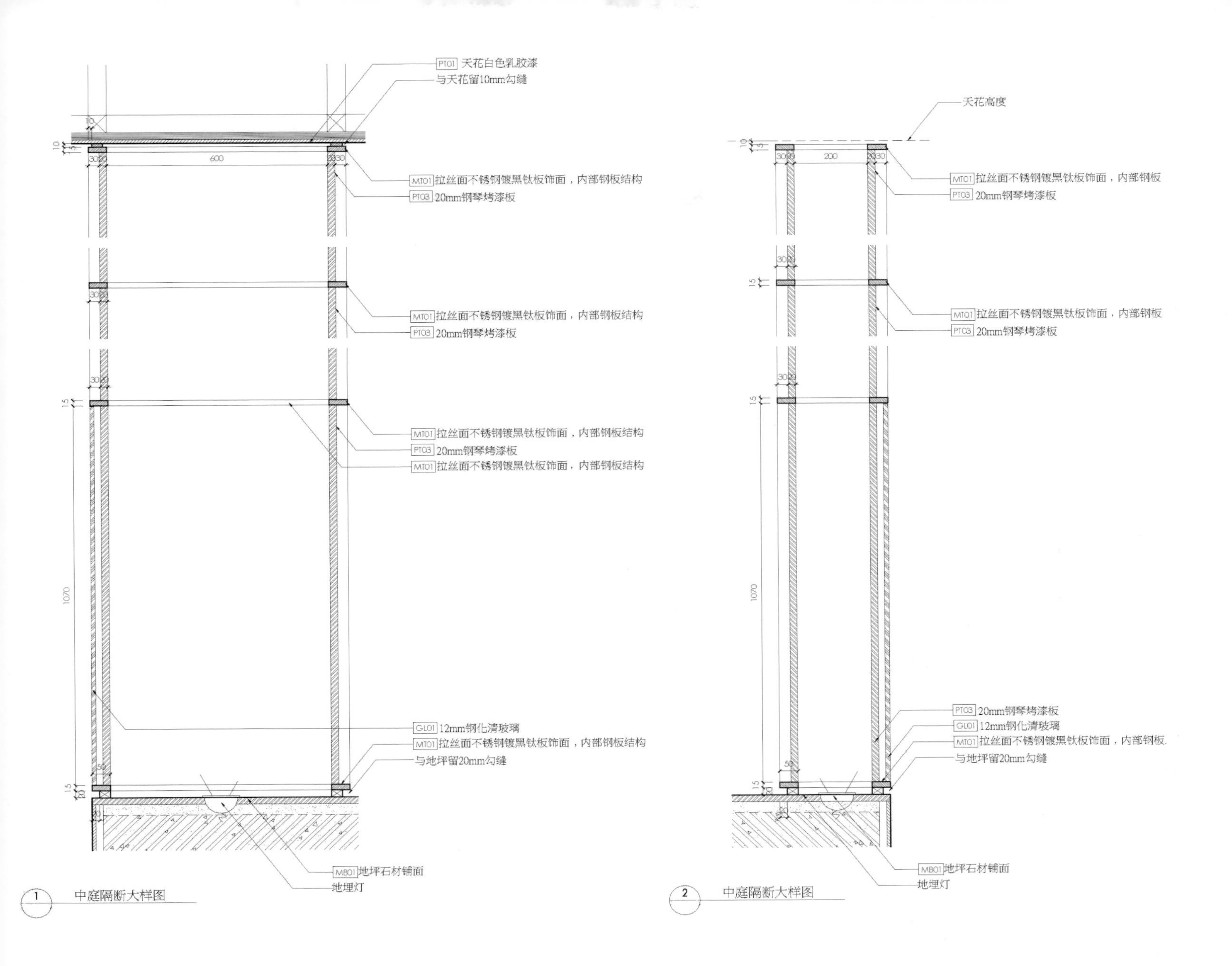
PT01 天花白色乳胶漆
与天花留10mm勾缝
MT01 拉丝面不锈钢镀黑钛板饰面，内部钢板结构
PT03 20mm钢琴烤漆板
MT01 拉丝面不锈钢镀黑钛板饰面，内部钢板结构
PT03 20mm钢琴烤漆板
MT01 拉丝面不锈钢镀黑钛板饰面，内部钢板结构
PT03 20mm钢琴烤漆板
MT01 拉丝面不锈钢镀黑钛板饰面，内部钢板结构
GL01 12mm钢化清玻璃
MT01 拉丝面不锈钢镀黑钛板饰面，内部钢板结构
与地坪留20mm勾缝
MB01 地坪石材铺面
地埋灯
1 中庭隔断大样图
天花高度
MT01 拉丝面不锈钢镀黑钛板饰面，内部钢板
PT03 20mm钢琴烤漆板
MT01 拉丝面不锈钢镀黑钛板饰面，内部钢板
PT03 20mm钢琴烤漆板
PT03 20mm钢琴烤漆板
GL01 12mm钢化清玻璃
MT01 拉丝面不锈钢镀黑钛板饰面，内部钢板
与地坪留20mm勾缝
MB01 地坪石材铺面
地埋灯
2 中庭隔断大样图

欧亚中心

设　　计：李玮珉建筑师事务所

工程地点：青岛中央商务区欧亚中心

客户需求：让一楼空间与三楼空间有自然的衔接与过渡。

缘　　由：大堂部分挑高约15 m，空间开间略显狭隘，中间部分有上下自动扶梯，一楼空间与三楼空间没有连贯性，会让未来的居住办公人员对出入口无法判断。

方案计划：不锈钢从入口一直连通到3楼公共部分，使整个空间具有完整性与连贯性，之后通过定制灯具的选择与安装方式解决15 m高楼层照度与空间的完整性问题。主要用材为雅士白石材、白色夹胶玻璃、不锈钢连接件、定 制灯具；用材及细节处理配合空间的整体要求。

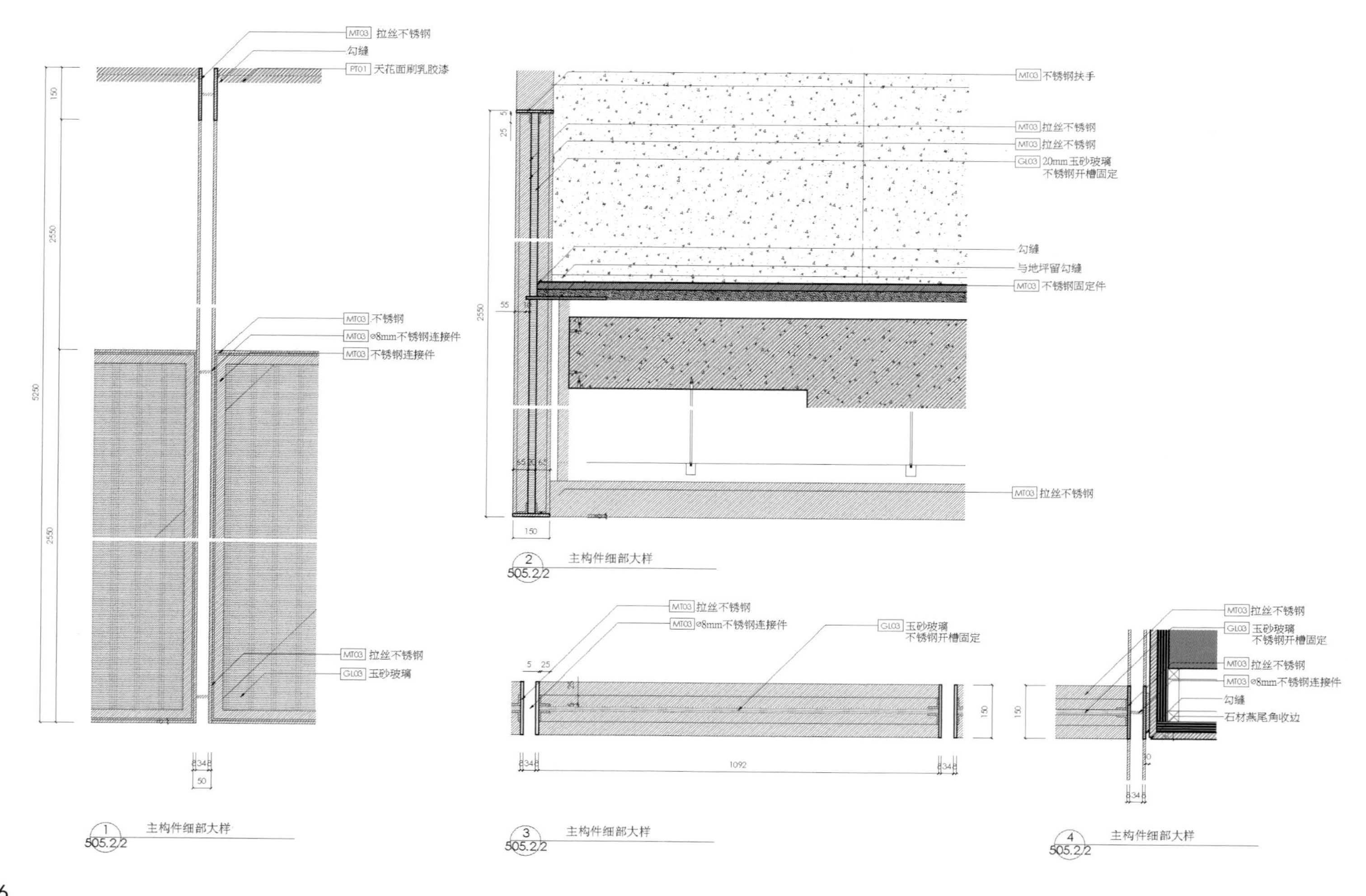

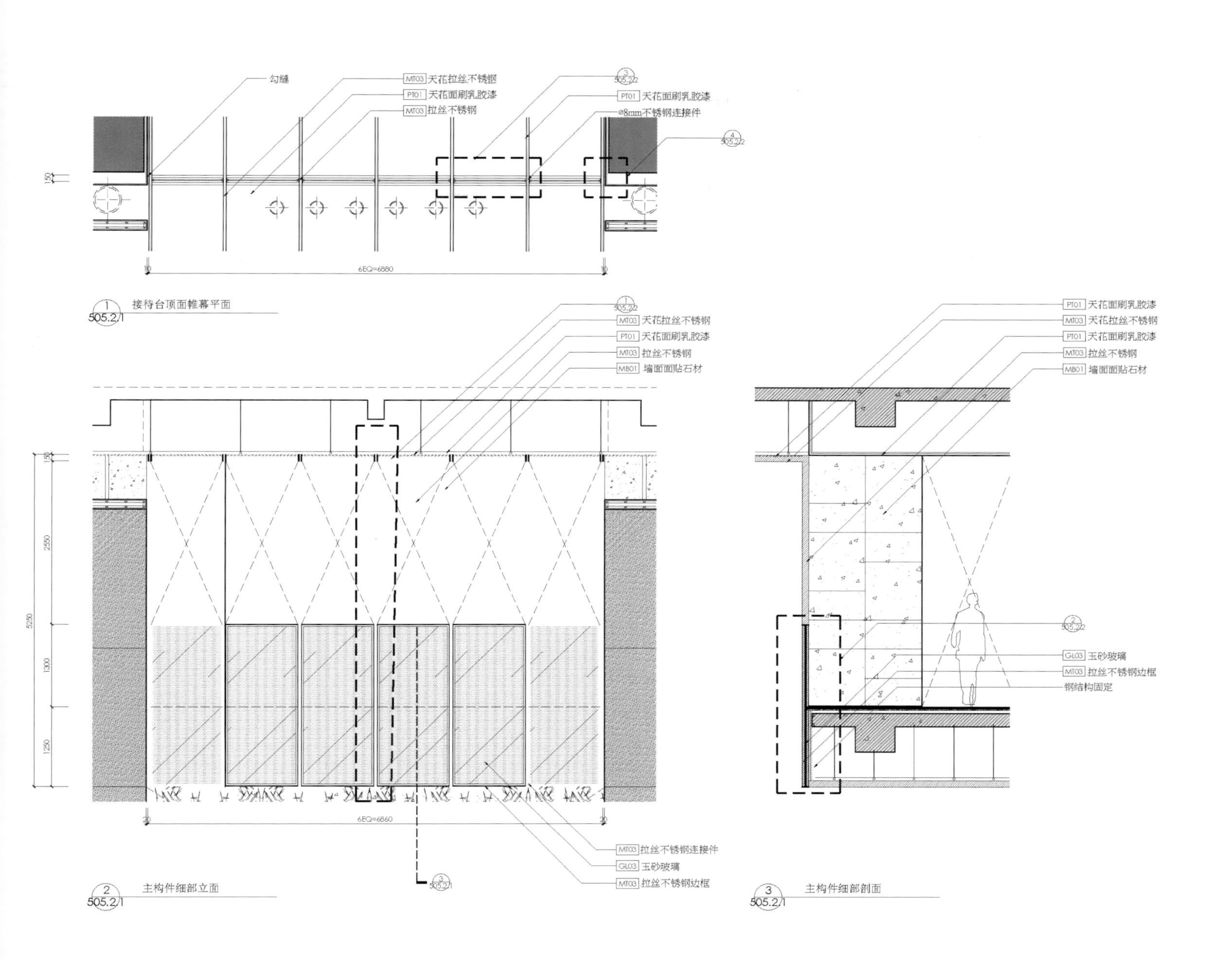
勾缝
MT03 天花拉丝不锈钢
PT01 天花面刷乳胶漆
MT03 拉丝不锈钢
PT01 天花面刷乳胶漆
ø8mm不锈钢连接件
6EQ=6860
接待台顶面帷幕平面
505.2/1
MT03 天花拉丝不锈钢
PT01 天花面刷乳胶漆
MT03 拉丝不锈钢
MB01 墙面面贴石材
PT01 天花面刷乳胶漆
MT03 天花拉丝不锈钢
PT01 天花面刷乳胶漆
MT03 拉丝不锈钢
MB01 墙面面贴石材
GL03 玉砂玻璃
MT03 拉丝不锈钢边框
钢结构固定
5250
2550
1300
1250
6EQ=6860
MT03 拉丝不锈钢连接件
GL03 玉砂玻璃
MT03 拉丝不锈钢边框
主构件细部立面
主构件细部剖面

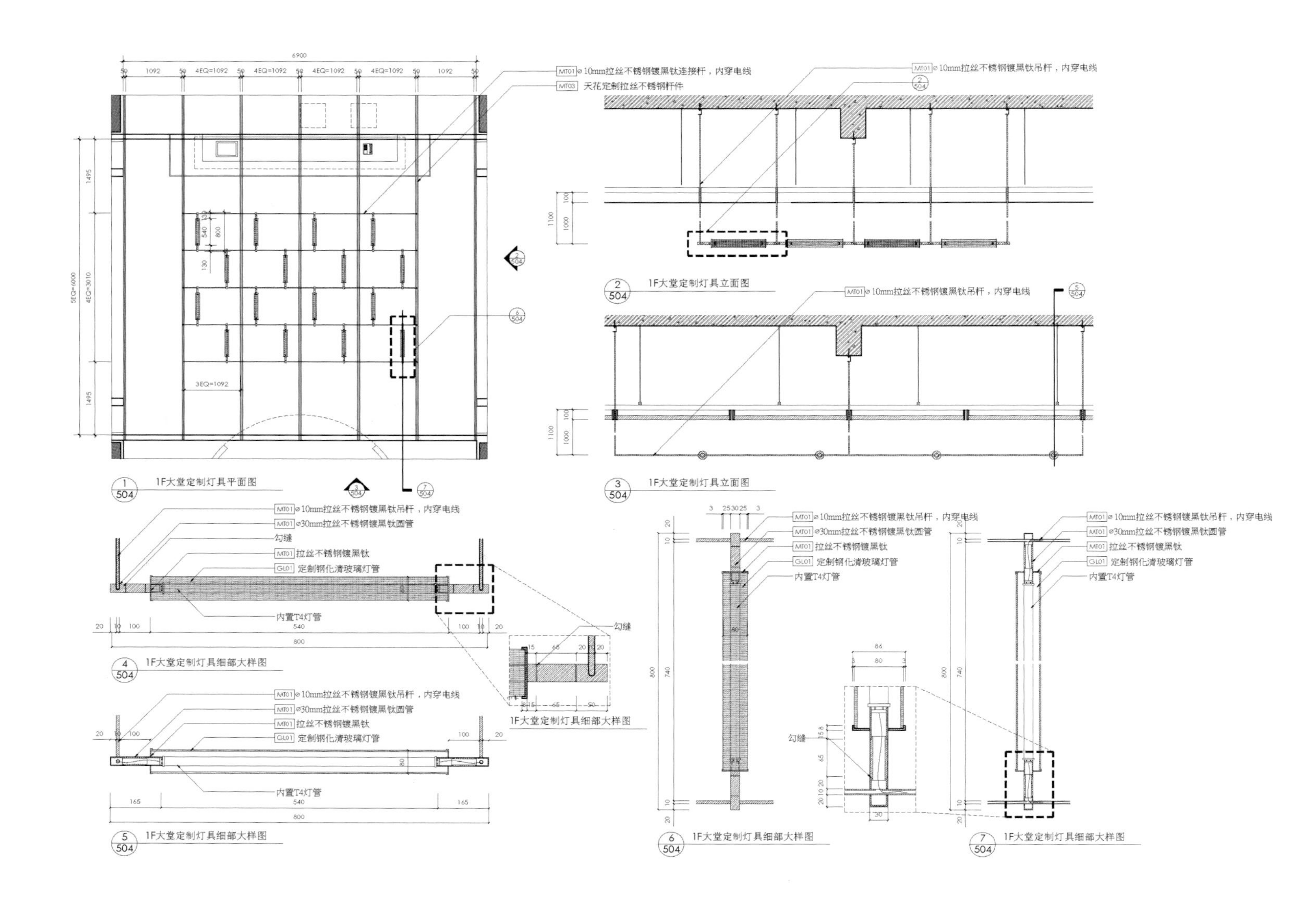
MT01 ⌀10mm拉丝不锈钢镀黑钛连接杆，内穿电线
MT03 天花定制拉丝不锈钢杆件
MT01 ⌀10mm拉丝不锈钢镀黑钛吊杆，内穿电线
1F大堂定制灯具平面图
1F大堂定制灯具立面图
1F大堂定制灯具立面图
MT01 ⌀30mm拉丝不锈钢镀黑钛圆管
勾缝
MT01 拉丝不锈钢镀黑钛
GL01 定制钢化清玻璃灯管
内置T4灯管
1F大堂定制灯具细部大样图
1F大堂定制灯具细部大样图
1F大堂定制灯具细部大样图
1F大堂定制灯具细部大样图
1F大堂定制灯具细部大样图

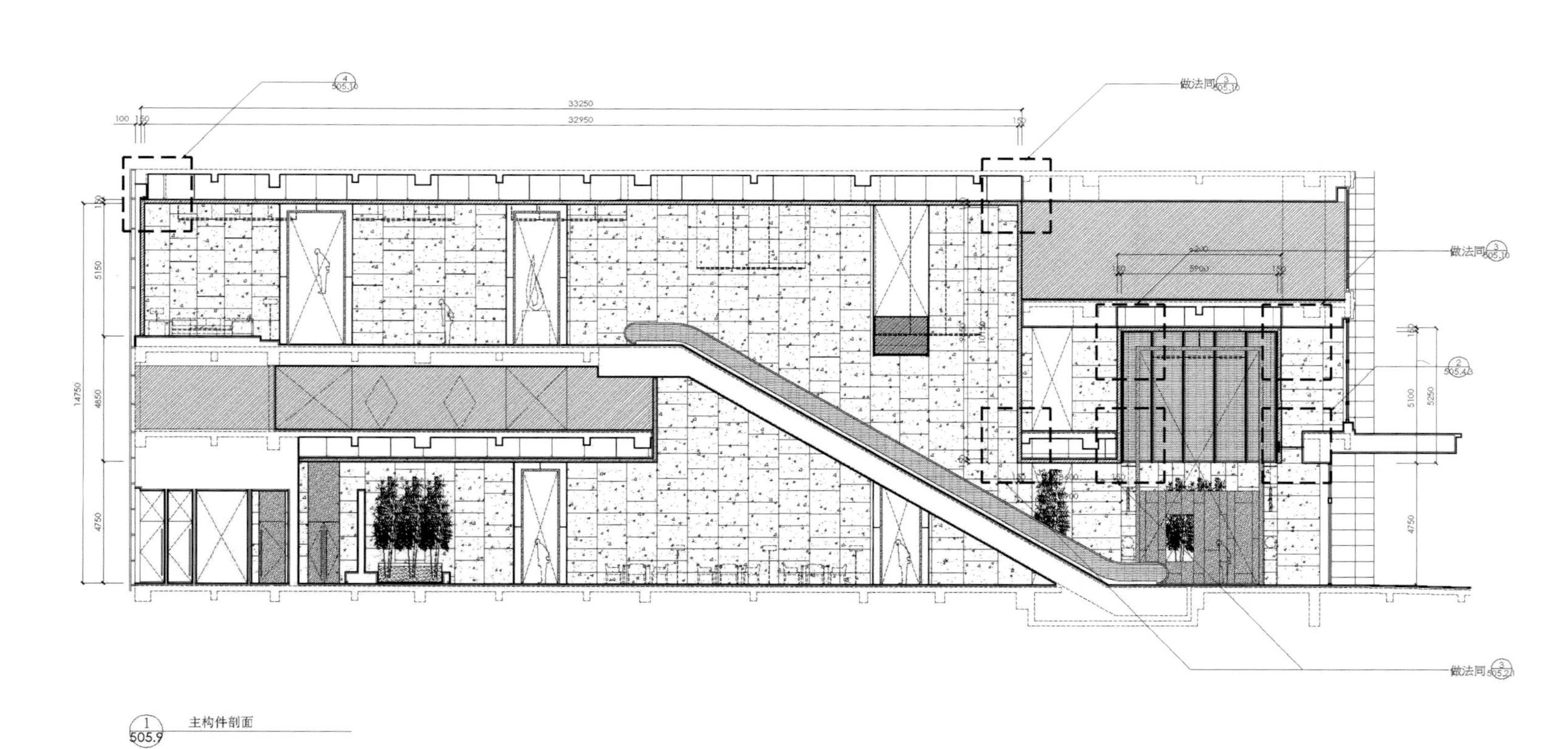
做法同
主构件剖面

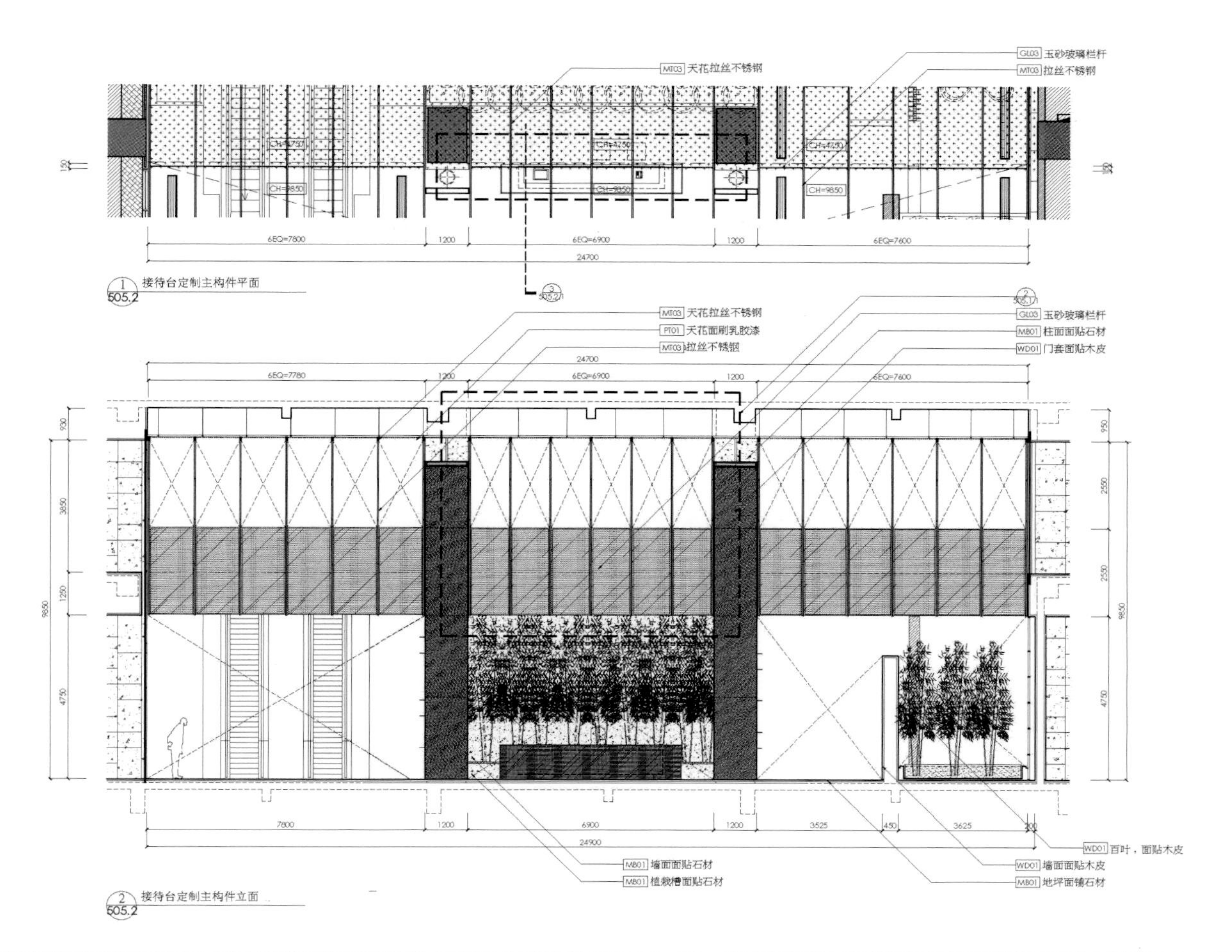
MT03 天花拉丝不锈钢
GL03 玉砂玻璃栏杆
MT03 拉丝不锈钢
6EQ=7800
1200
6EQ=6900
1200
6EQ=7600
24700
1 505.2 接待台定制主构件平面
MT03 天花拉丝不锈钢
PT01 天花面刷乳胶漆
MT03 拉丝不锈钢
GL03 玉砂玻璃栏杆
MB01 柱面面贴石材
WD01 门套面贴木皮
7800
1200
6900
1200
3525
450
3625
200
24900
MB01 墙面面贴石材
MB01 植栽槽面贴石材
WD01 百叶，面贴木皮
WD01 墙面面贴木皮
MB01 地坪面铺石材
2 505.2 接待台定制主构件立面

歐亞中心

上海天若云舒

设　　计：季铁生
工程地点：上海
客户需求：设计师品牌专卖店。
方案计划：大量运用东方虚实美感及白胚实木（上油），让环境色彩亲切自然，长条天花板像宇宙飞船飞过一样，可隐藏各种管线。

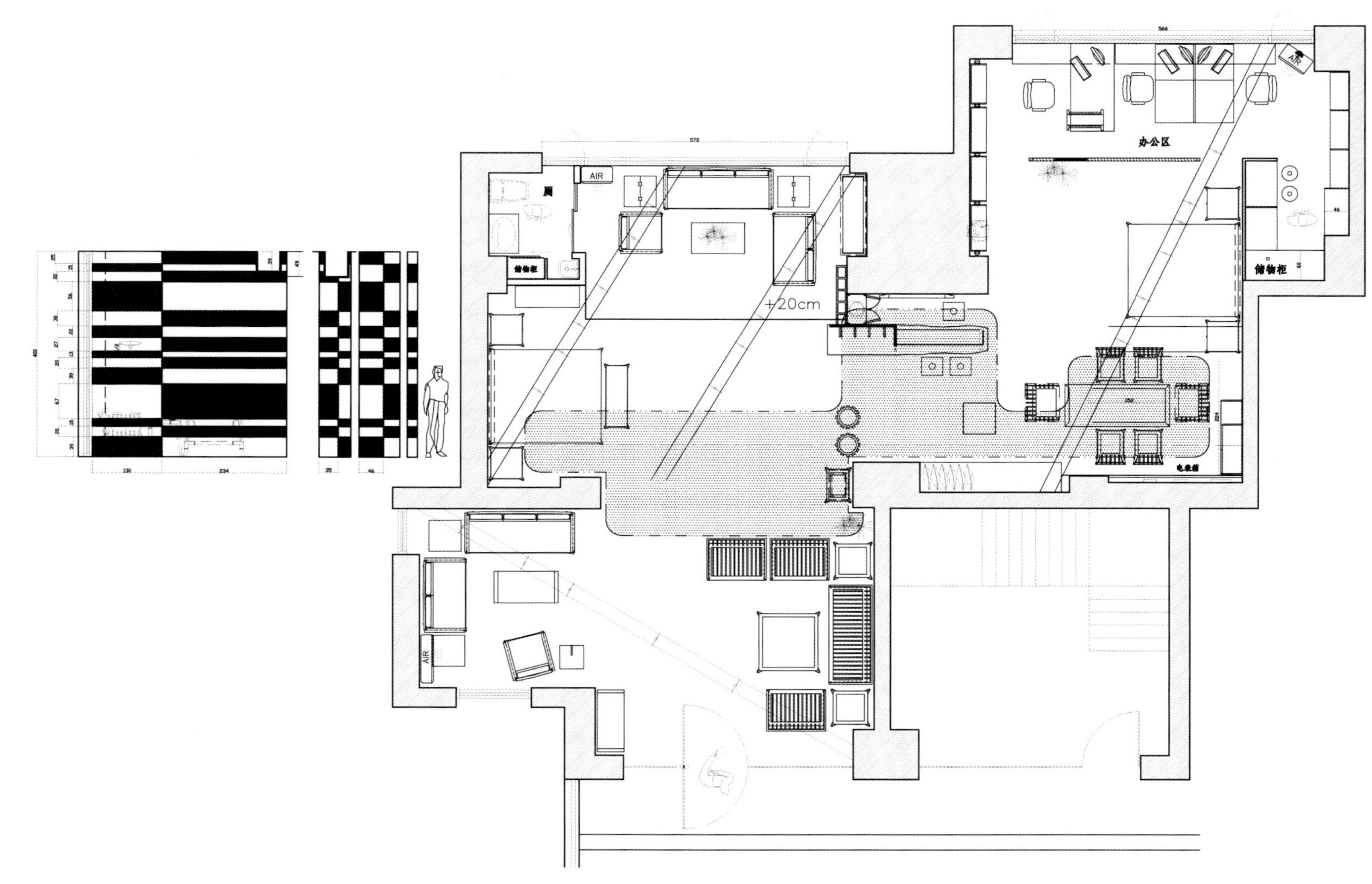

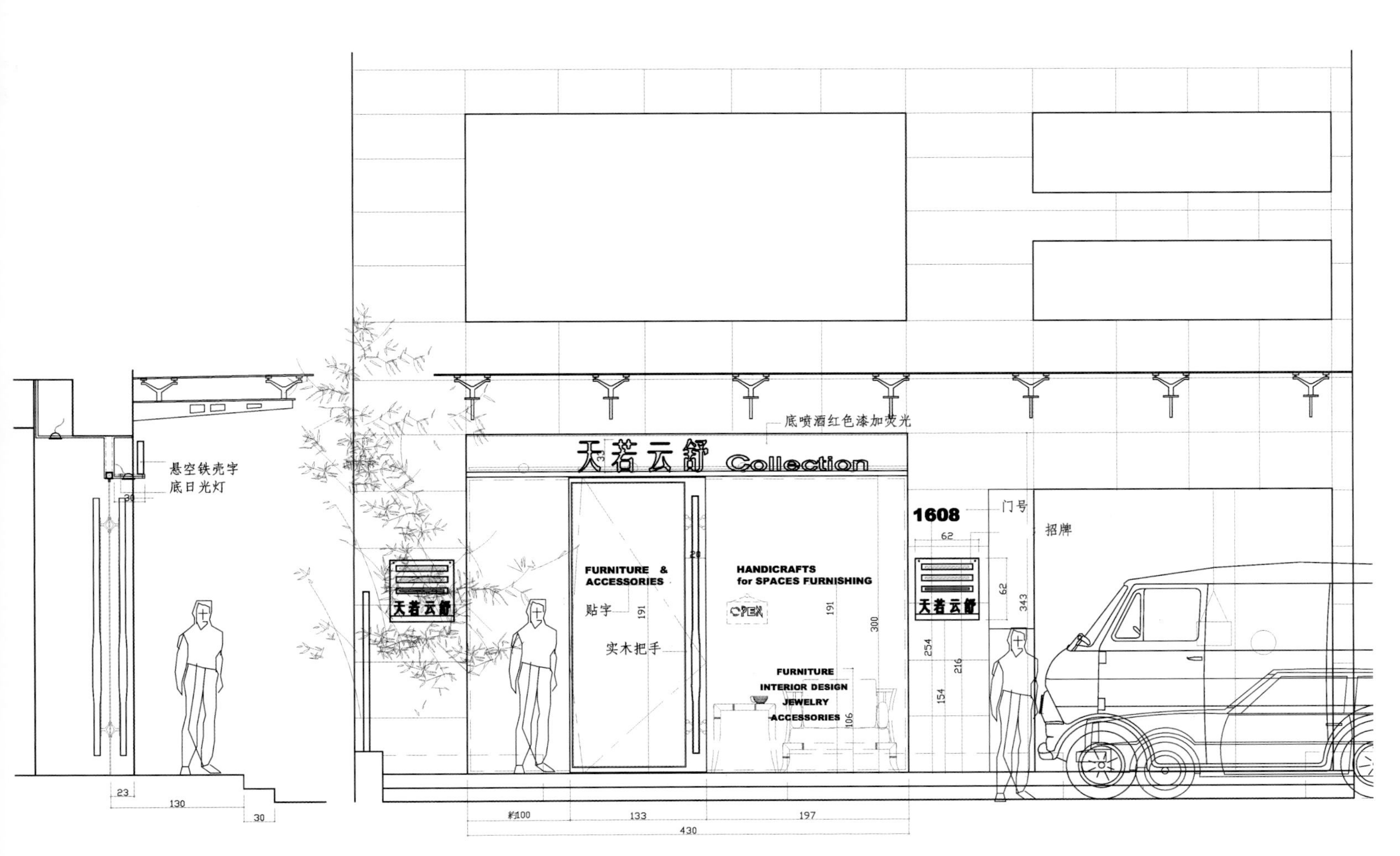
悬空铁壳字
底日光灯
底喷酒红色漆加荧光
天若云舒 Collection
1608
门号
招牌
FURNITURE & ACCESSORIES
HANDICRAFTS for SPACES FURNISHING
贴字
实木把手
FURNITURE
INTERIOR DESIGN
JEWELRY
ACCESSORIES
天若云舒
430
133
197
130

天若云舒 Collection
FURNITURE & ACCESSORIES
HANDICRAFTS for SPACES FURNISHING
1608
延安西路
天若云舒
天若云舒
OPEN

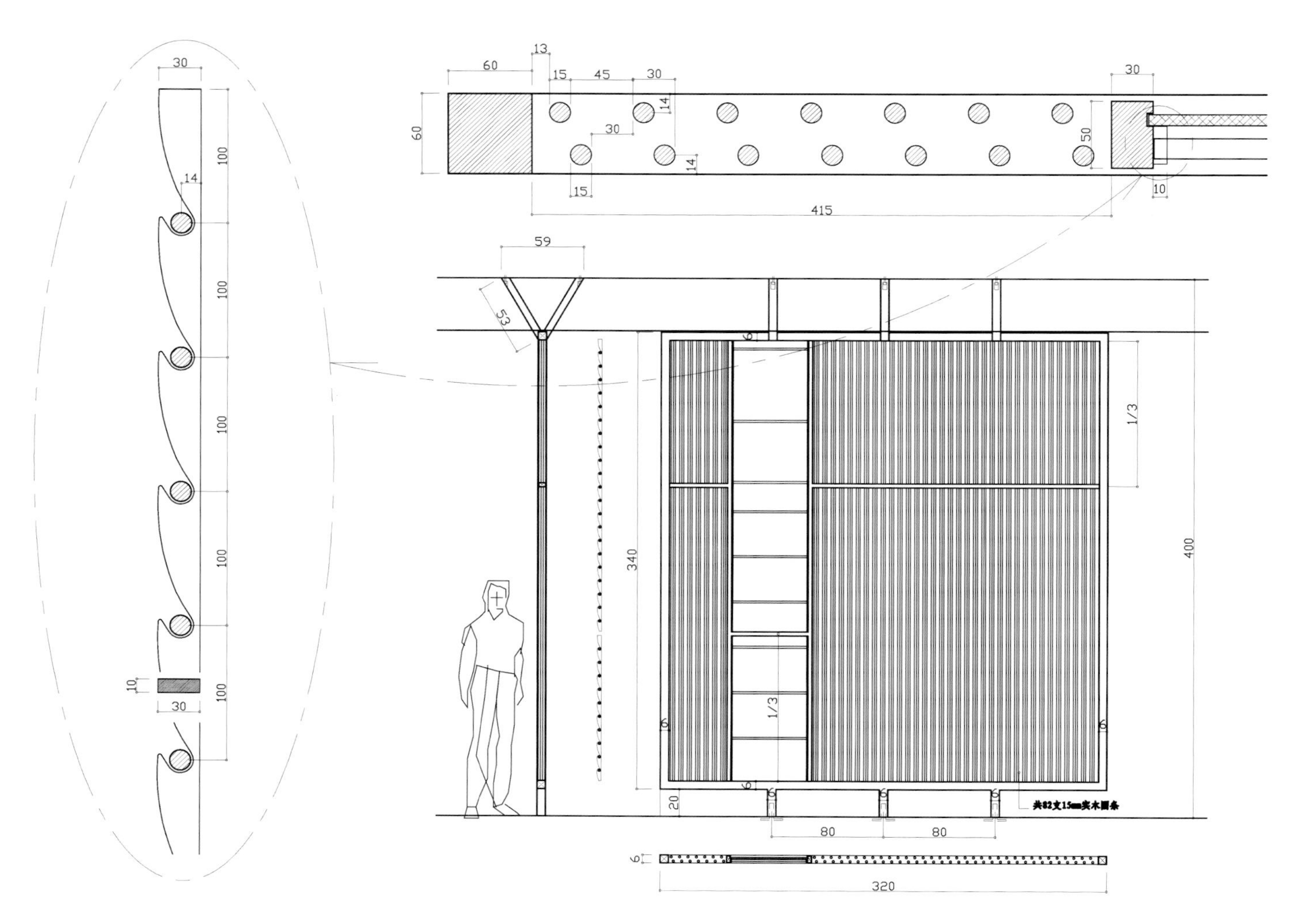
共82支15mm实木圆条

商店设计

设　　计：季铁生、李结冰
客户需求：销售年轻服饰、精品配件。
方案计划：运用工业荧光色PU搭配镜面不锈钢、白沙岩等营造电玩游戏式场景。

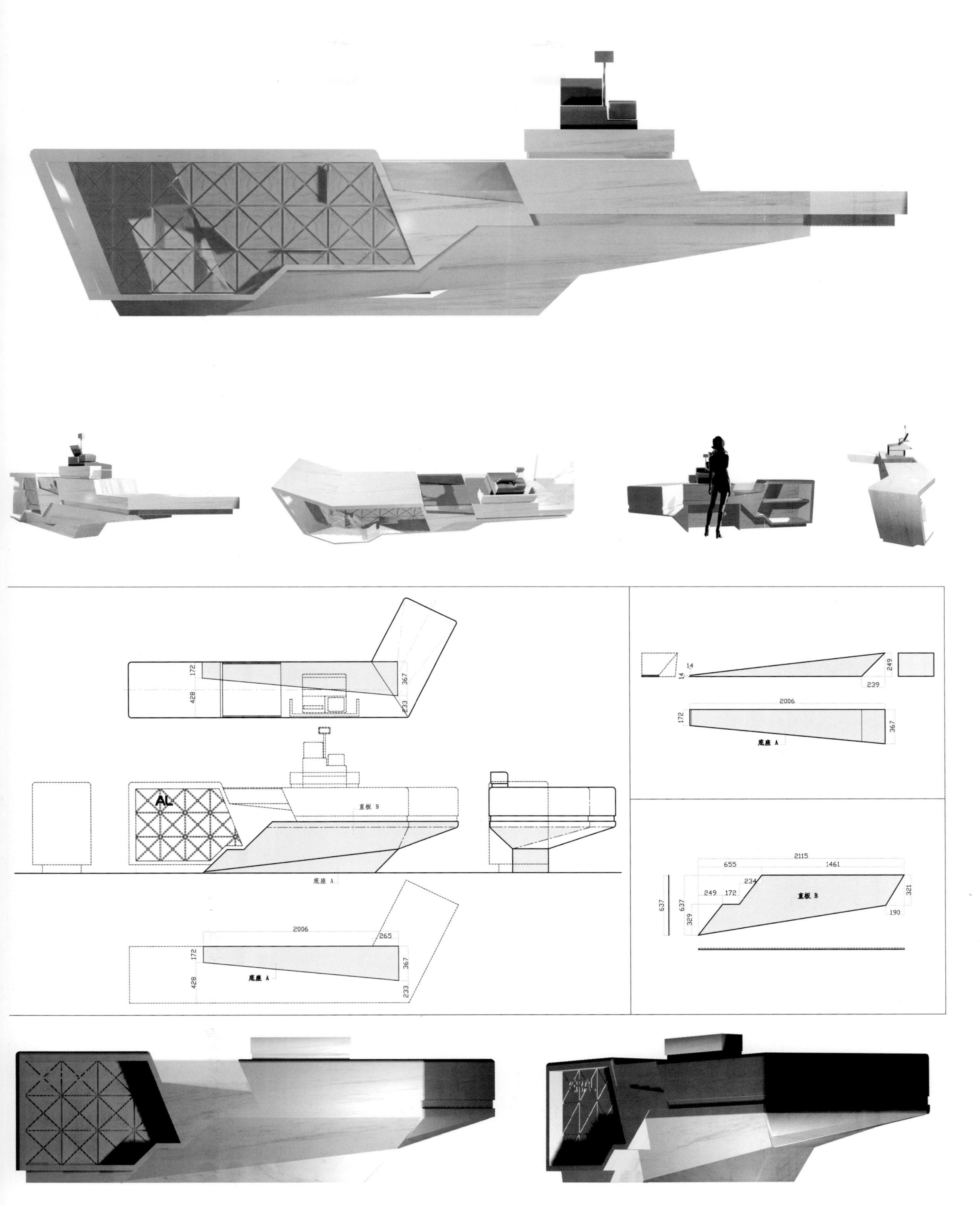
172
428
367
233
AL
直板 B
底座 A
2006
265
14
249
239
2115
655
1461
234
249
172
321
637
329
190

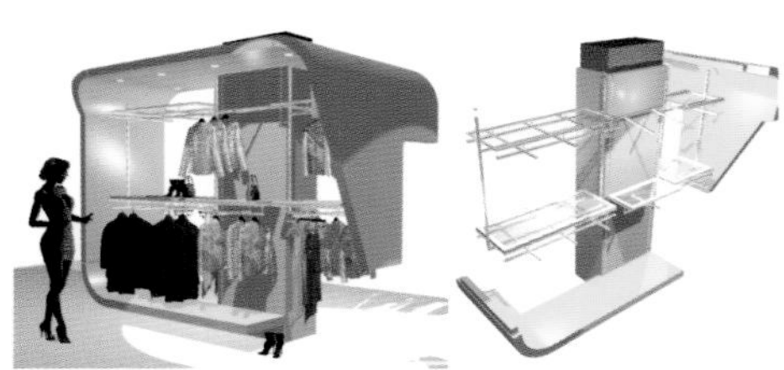
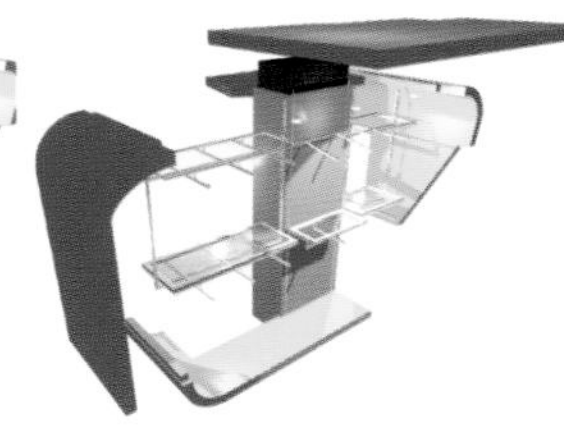
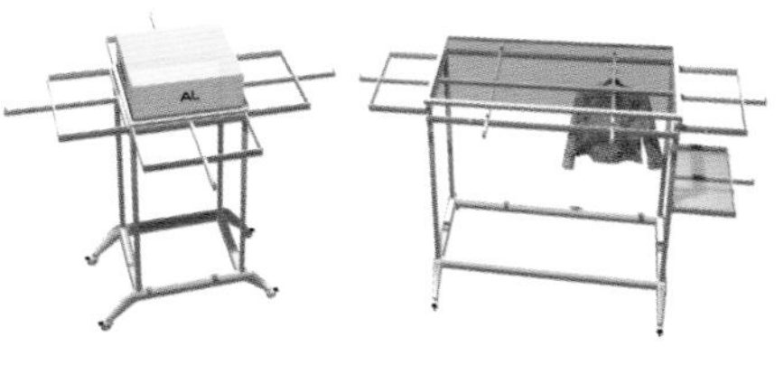
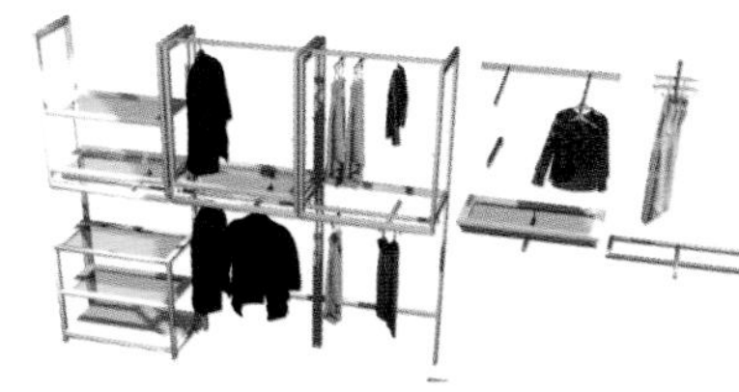

EXHIBITION CENTER
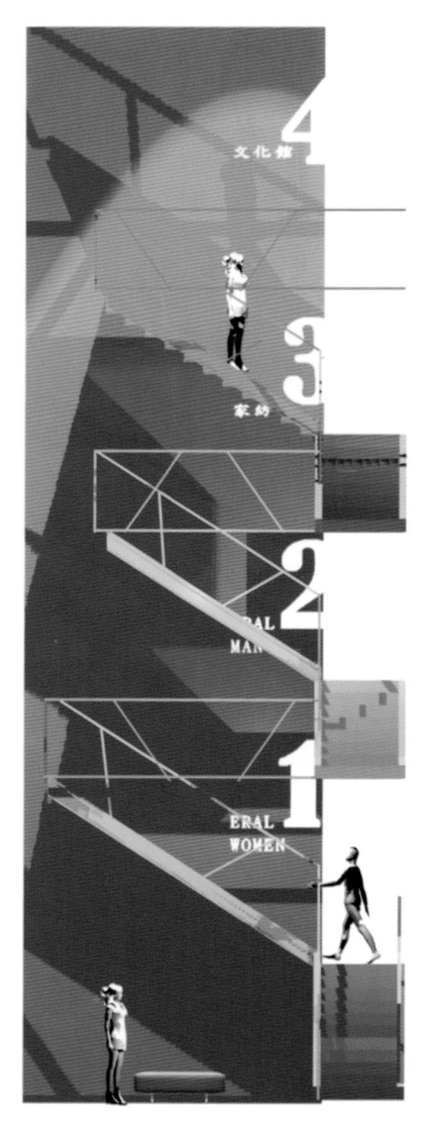
文化館
家纺
ERAL
WOMEN
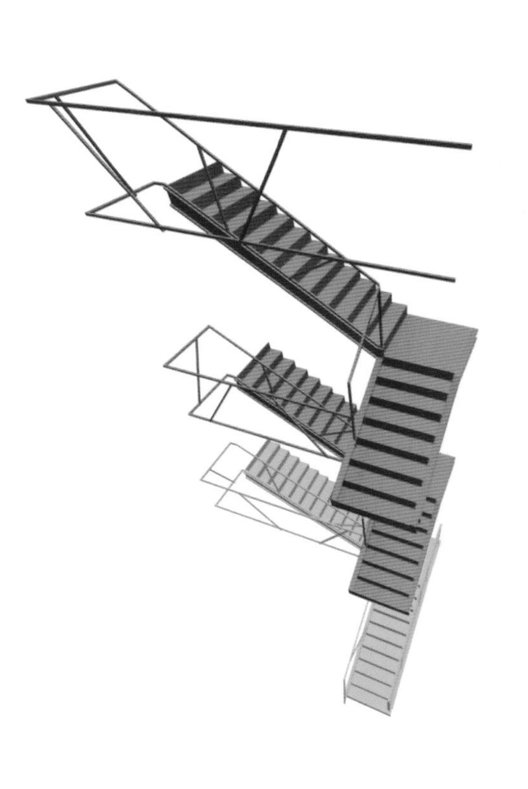

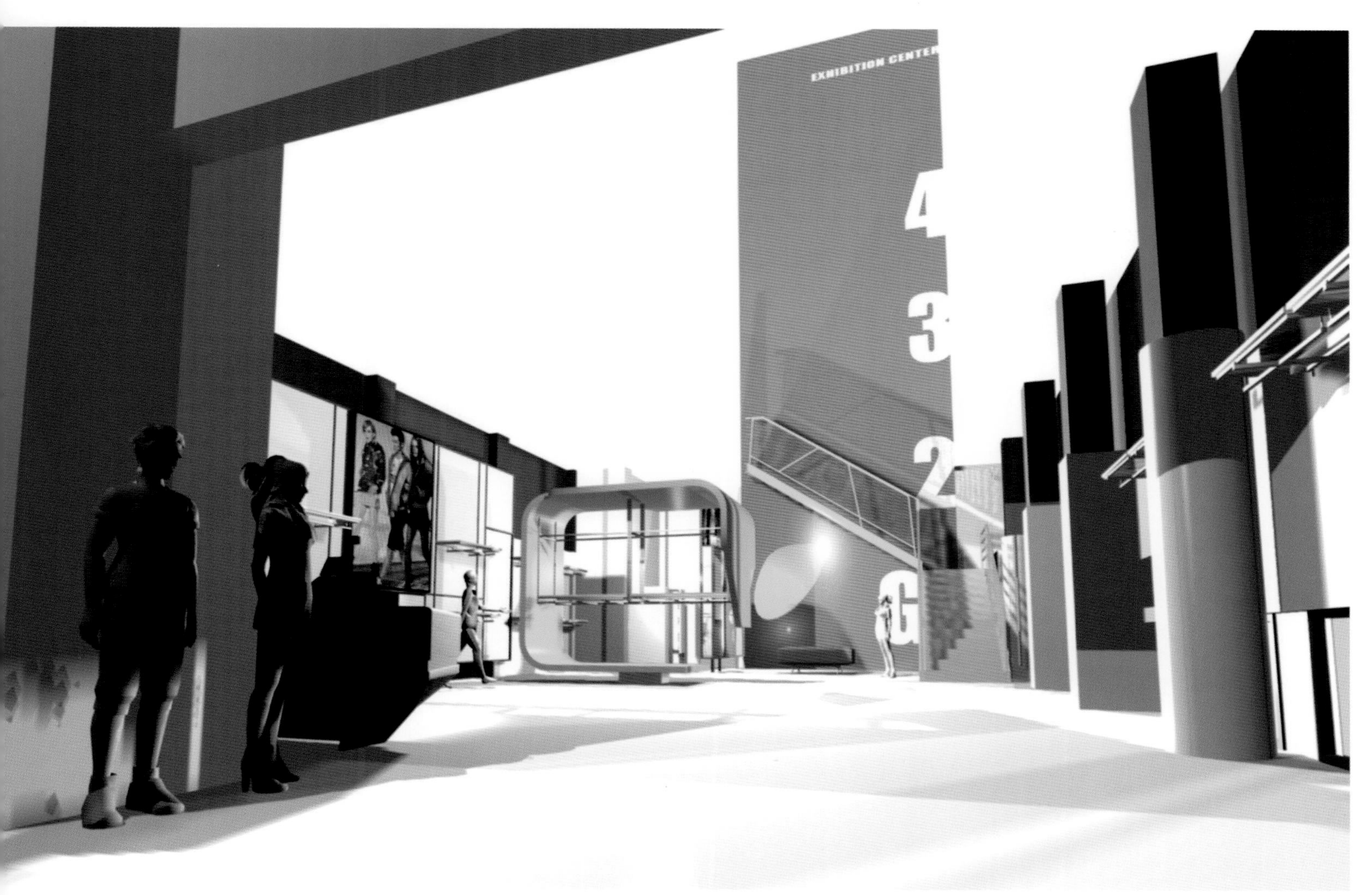
EXHIBITION CENTER
4
3
2
G

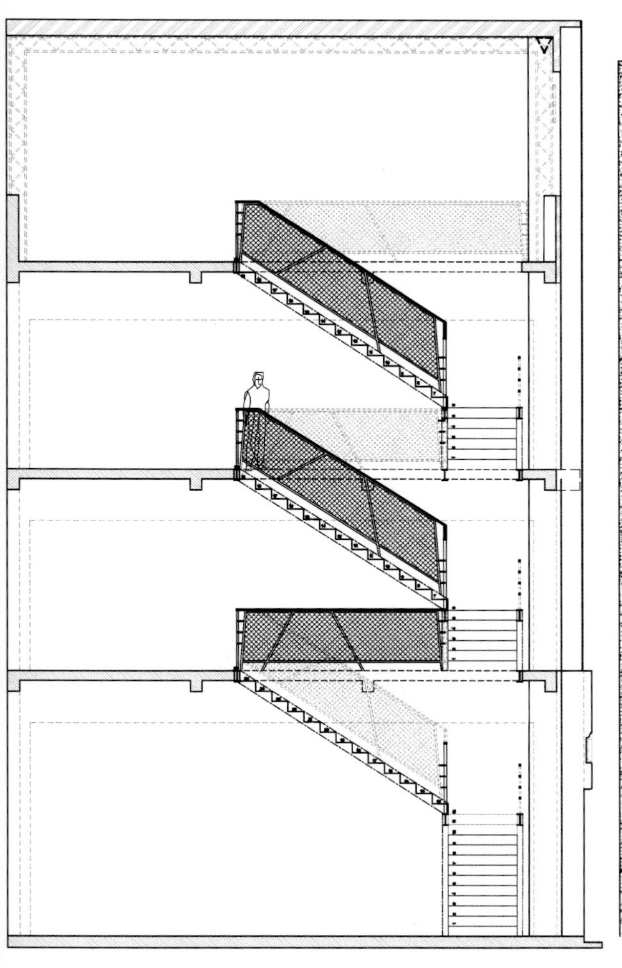

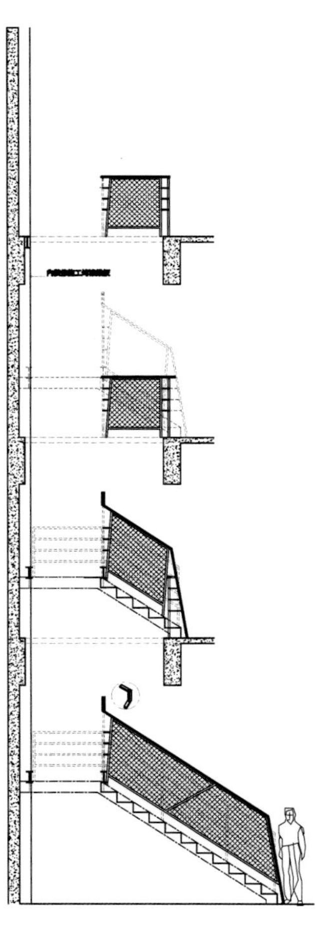

商店设计2

设　　计：季铁生
工程地点：台湾台北
客户需求：能夺人眼球的街头铺面，位于台北市安和路巷内，工程预算不高。
方案计划：空间挑高2层，旧店遗留了基础隔间墙，全部刷白色漆，新增元素喷红色漆（汽车烤漆），
　　　　　挑高区域螺旋造型展示层板如同现代雕刻（层板面上方贴有硬质海绵止滑）。

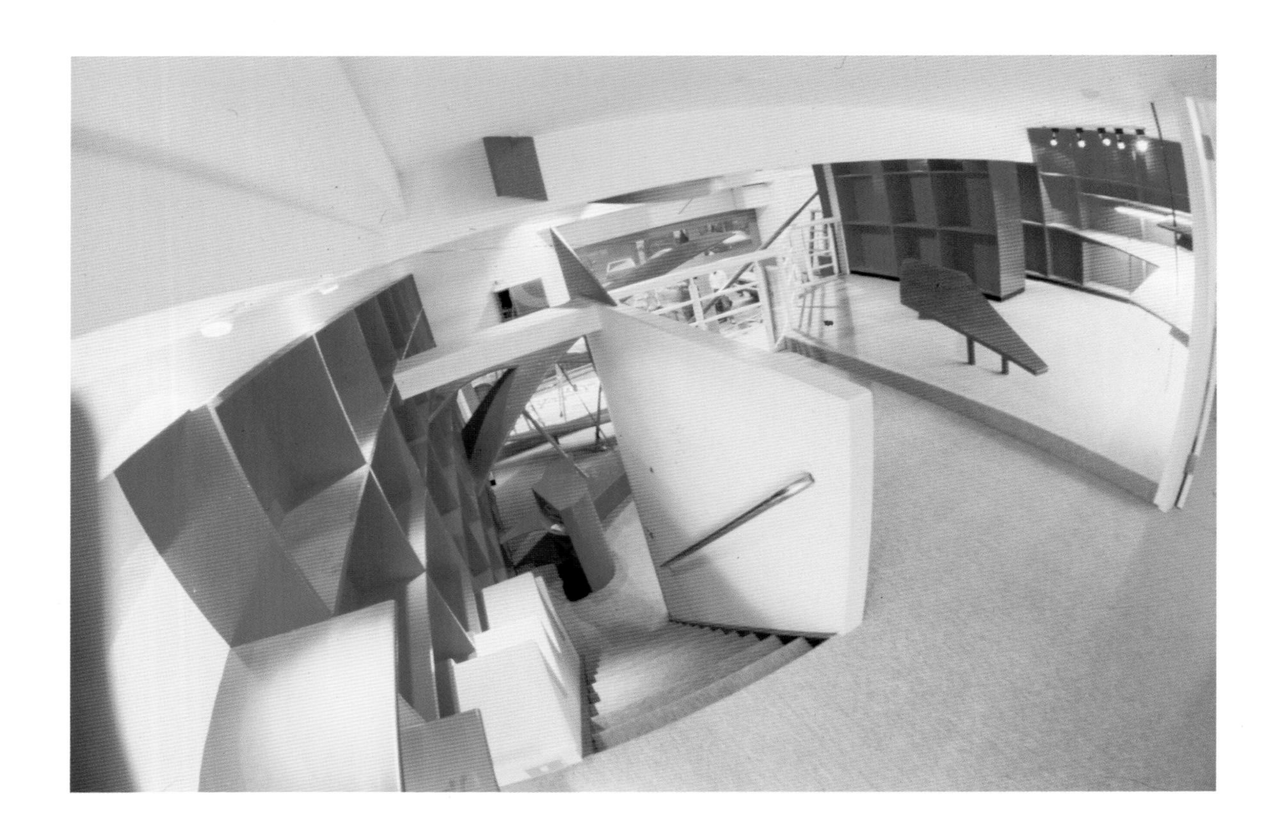

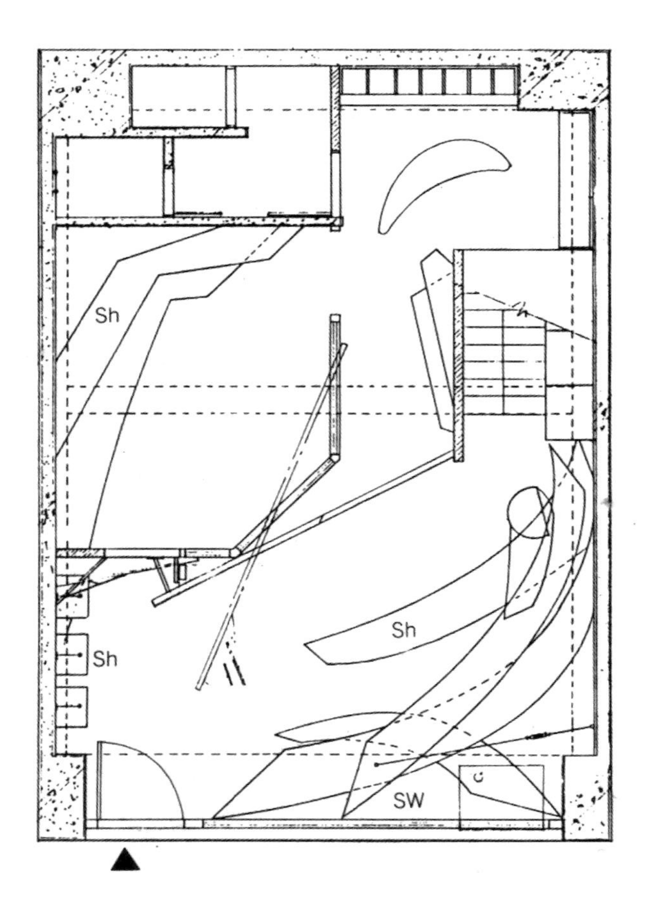

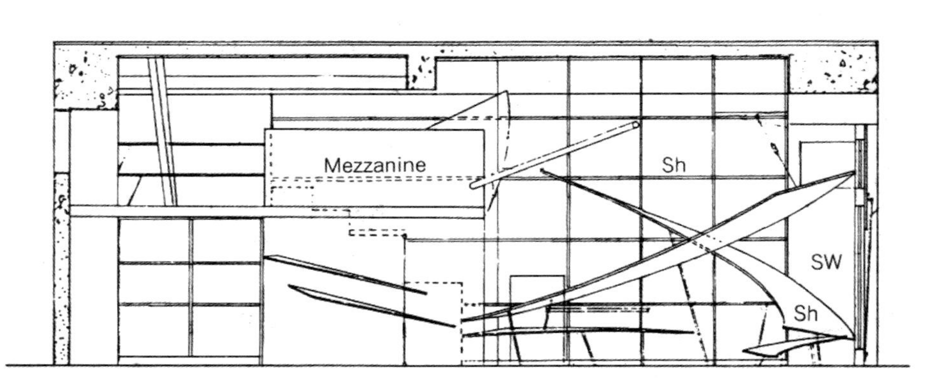

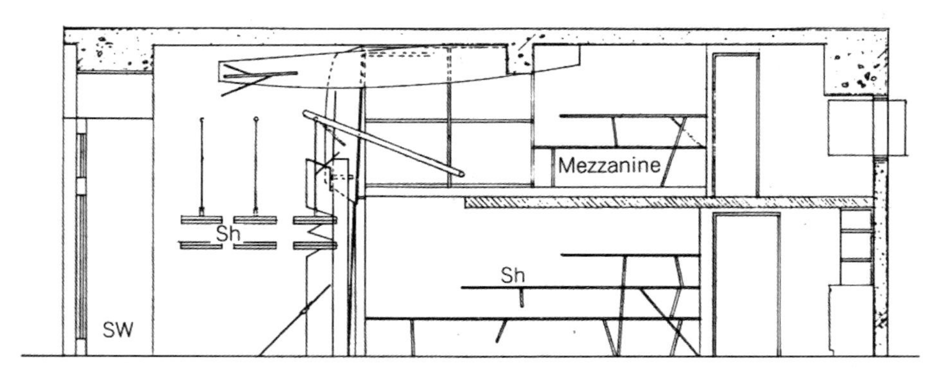

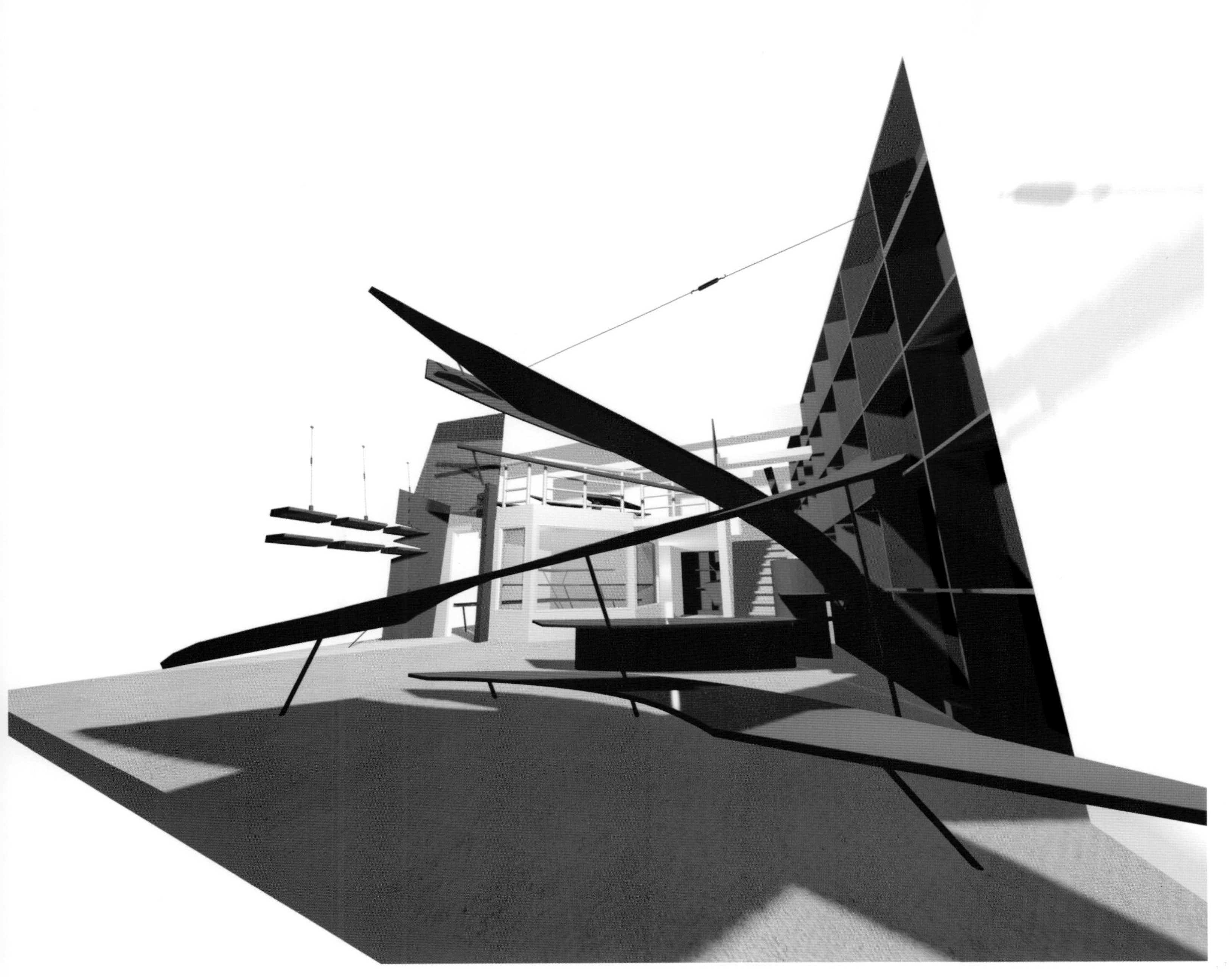

JUST

设　　计：季铁生

工程地点：上海

客户需求：两个个相同品牌的创意店，一个是创意古董家具（翻新重组），另一个是设计服饰店；
　　　　　创意都来自中国元素，空间要相互呼应。

方案计划：将中国传统家具细部放大成结构骨架，嵌入玻璃或花板。

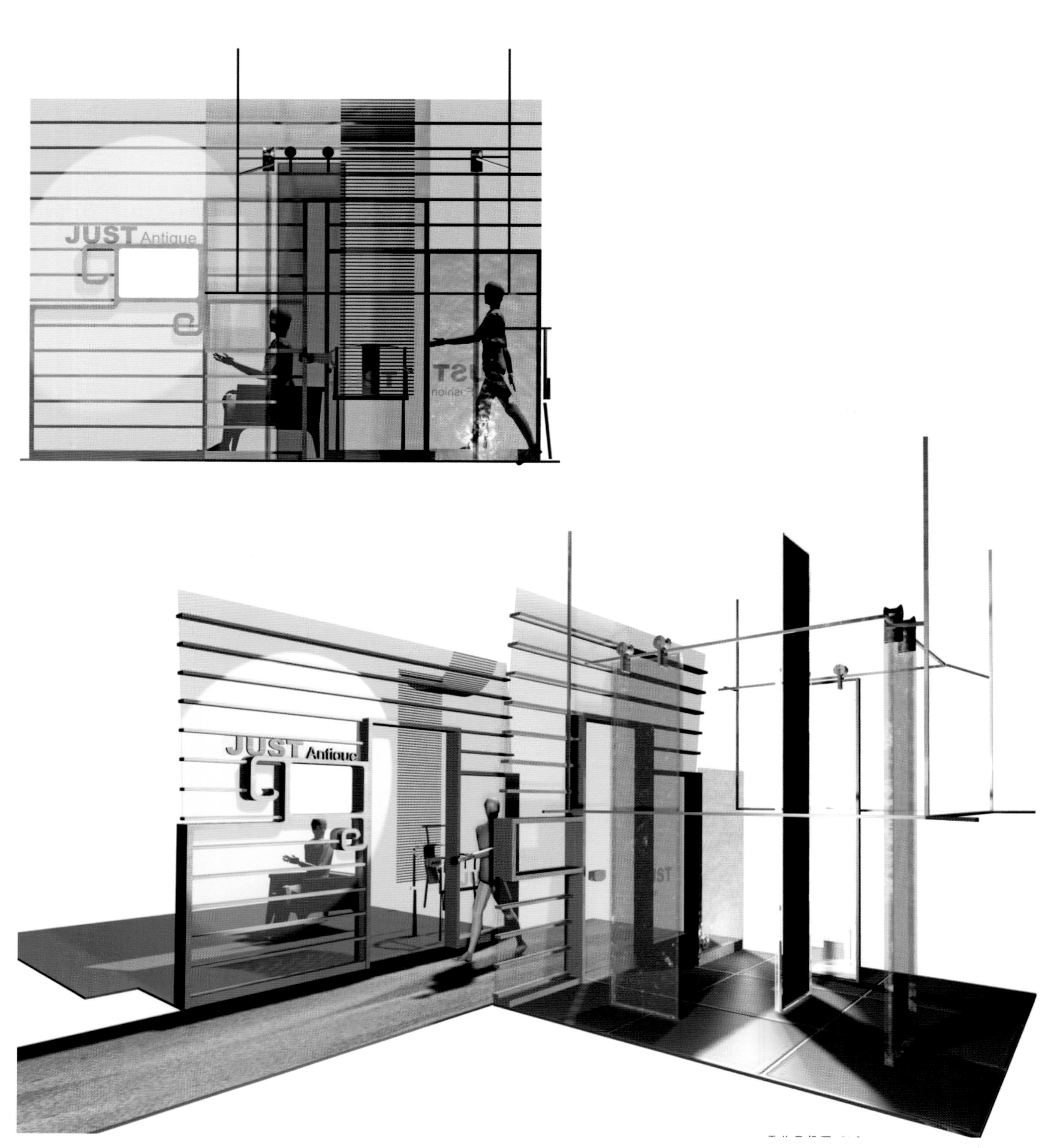

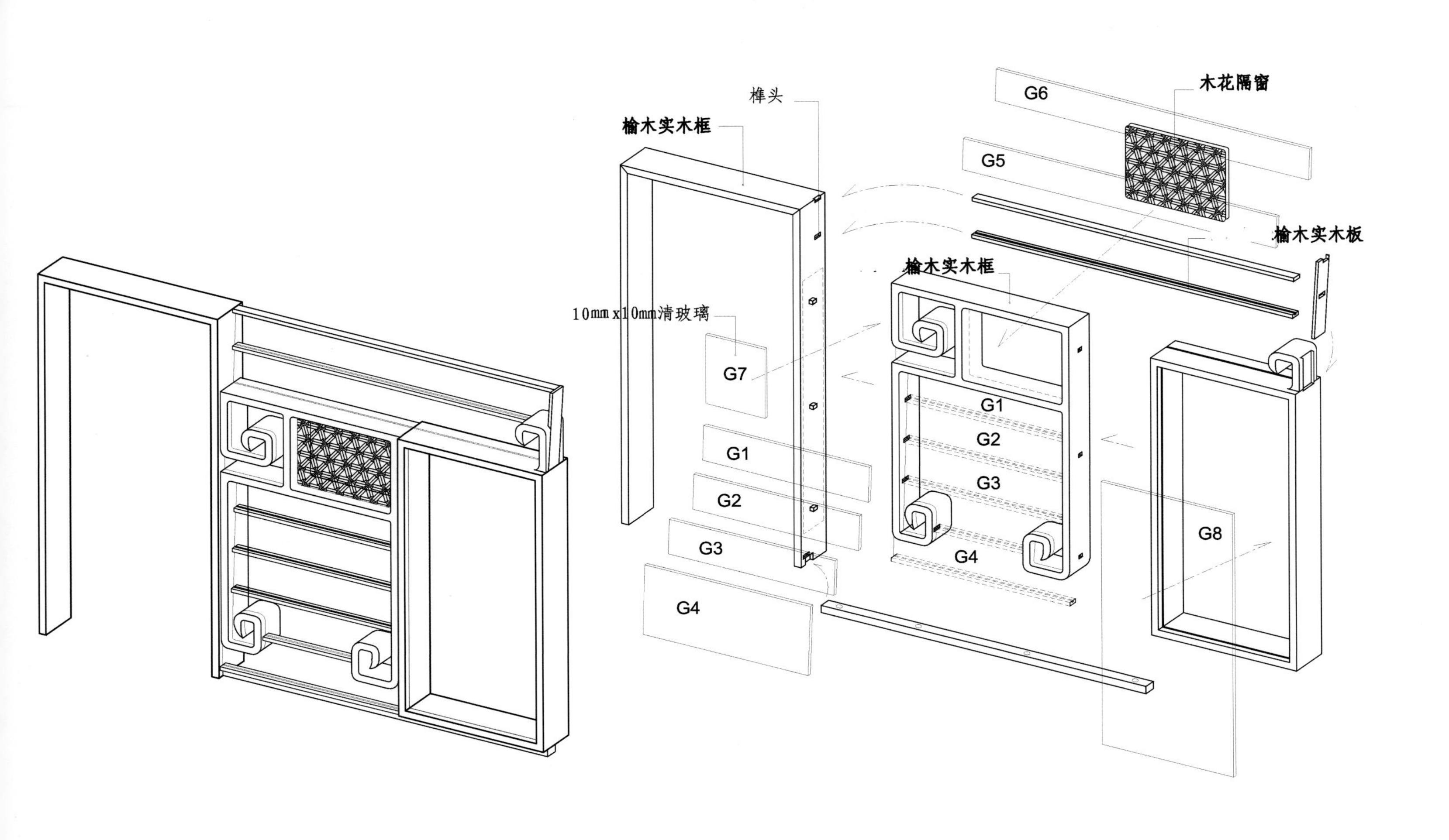

榫头
榆木实木框
10mm x10mm清玻璃
G7
G1
G2
G3
G4
G6
木花隔窗
G5
榆木实木板
榆木实木框
G1
G2
G3
G4
G8

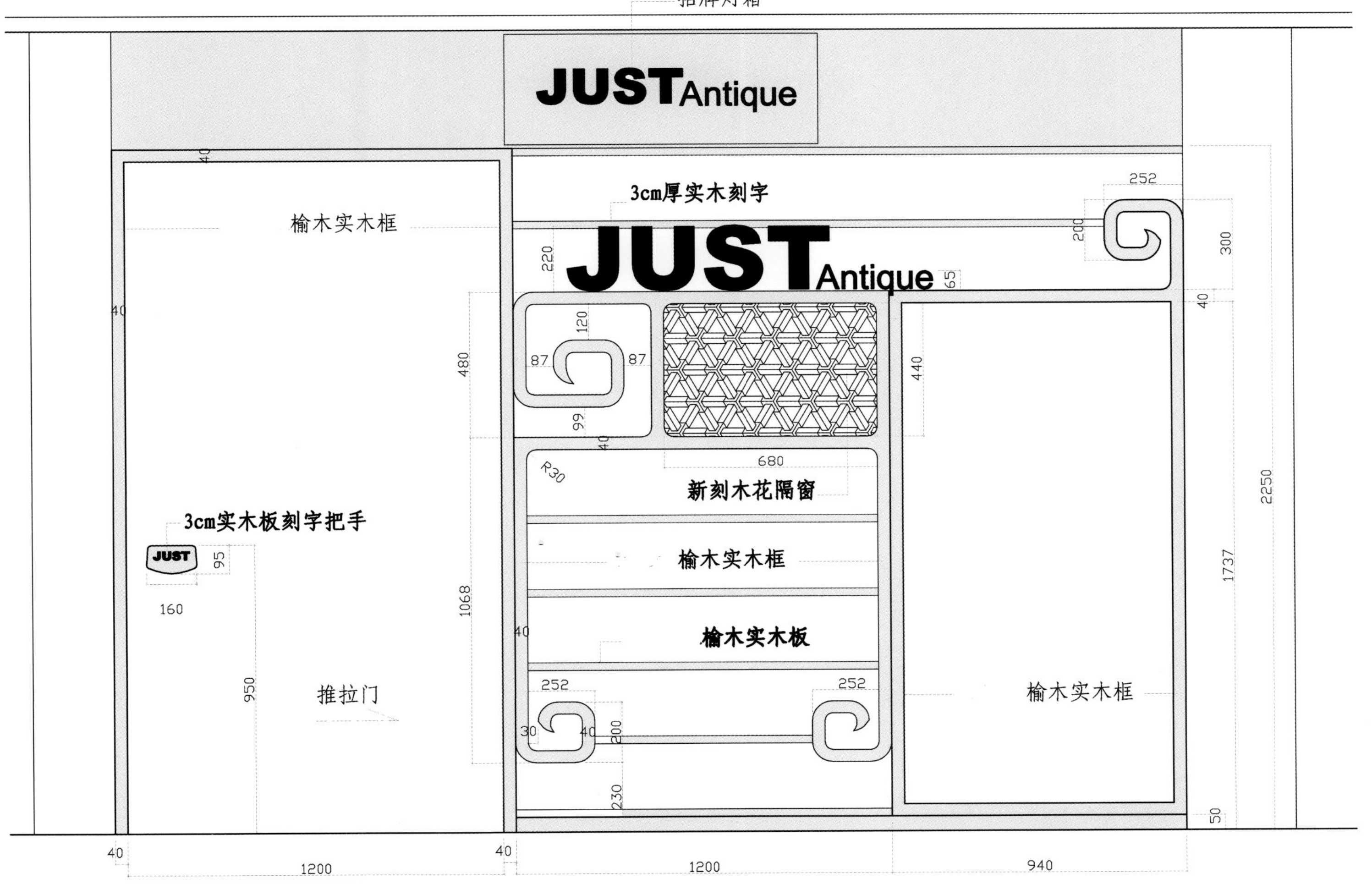

招牌灯箱
JUST Antique
3cm厚实木刻字
JUST Antique
榆木实木框
3cm实木板刻字把手
JUST
推拉门
新刻木花隔窗
榆木实木框
榆木实木板
榆木实木框
1200
1200
940
2250
1737

武汉银嘉数码生活馆灯

设计公司：DCI思亚国际
工程地点：武汉市卓悦广场
客户需求：整体风格要体现“前沿科技时尚”的主题，突出“科技感”与“时尚感”。将目标顾客的需求与品牌文化结合，并通过富有意义及难忘的方式拓展与消费者的关系。
A. 店面空间设计； B. LOGO设计；C. 店外橱窗的陈列。
缘　由：银嘉连锁从事IT零售业务，面对国内行业内众多竞争品牌，为满足维持自身高速成长的需要和应对“3C”及网购所带来的挑战，筹划了银嘉数码生活馆。主要针对国内中产阶级家庭，为其打造一种全新的数码前沿科技时尚文化。采用特色的橱窗设计，独具一格的店面展示，为用户提供全新的体验。
方案计划：通过不同生活场景的营造，把产品的“应用特性”与实际工作、生活有机地结合起来，让消费者充分体验产品的同时，还能享受到银嘉提供的超值服务。馆内销售区域以椭圆形服务吧台为中心，布置了形式新颖的展示道具及造型独特的“树”形展示灯具，并辅以独特的灯光设计，使整个空间视觉非同凡响！

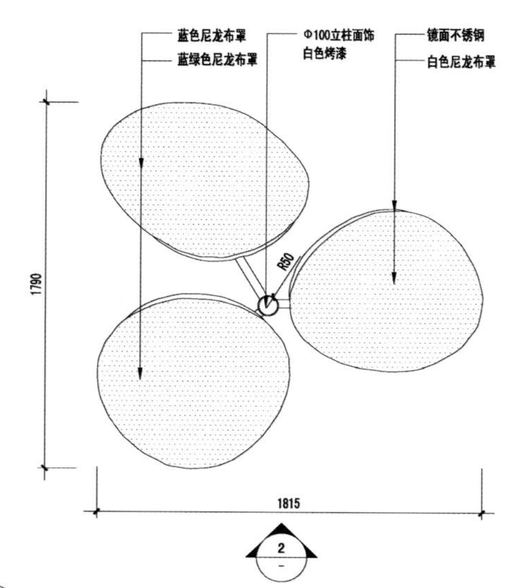

1 武汉银嘉数码专卖展示灯平面图

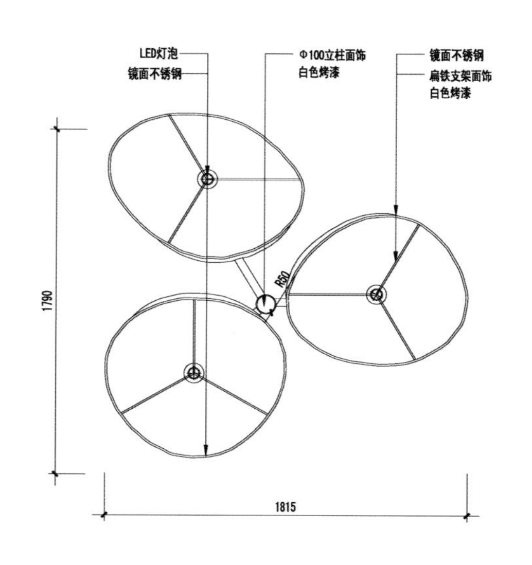

2 武汉银嘉数码专卖展示灯内顶面图

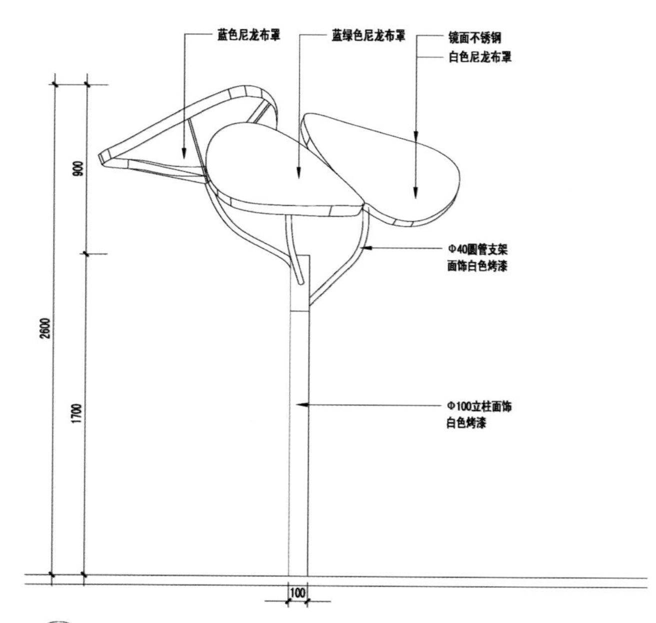

3 武汉银嘉数码专卖展示灯立面图

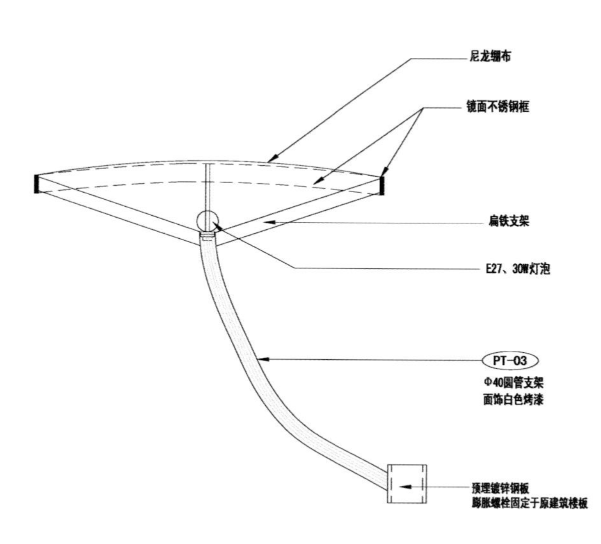

4 武汉银嘉数码专卖展示灯结构图（仅作参考）

配件
Accessories
Linkus
迎客仕
数码时尚,以人为本.
People first,
software second.

武汉银嘉数码生活馆展架灯

设计公司：DCI思亚国际

工程地点：武汉宜昌市卓悦广场

客户需求：整体风格要体现“前沿科技时尚”的主题，突出“科技感”与“时尚感”。将目标顾客的需求与品牌文化结合，并通过富有意义及难忘的方式拓展与消费者的关系。

A. 店面空间设计；B. LOGO设计；C. 店外橱窗的陈列。

源　　由：银嘉连锁从事IT零售业务，面对国内行业内众多竞争品牌，为满足维持自身高速成长的需要和应对“3C”及网购所带来的挑战，筹划了银嘉数码生活馆。主要针对国内中产阶级家庭，为 其打造一种全新的数码前沿科技时尚文化。采用特色的橱窗设计，独具一格的店面展示，为用户提供全新的体验。

方案计划：通过不同的生活场景的营造，把产品的“应用特性”与实际工作、生活有机地结合起来，让消费者充分体验产品的同时，还能享受到银嘉提供的超值服务。馆内销售区域以椭圆形服务吧台为中心，布置了形式新颖的展示道具及造型独特的“树”形展示灯具，并辅以独特的灯光设计，使整个空间视觉非同凡响！

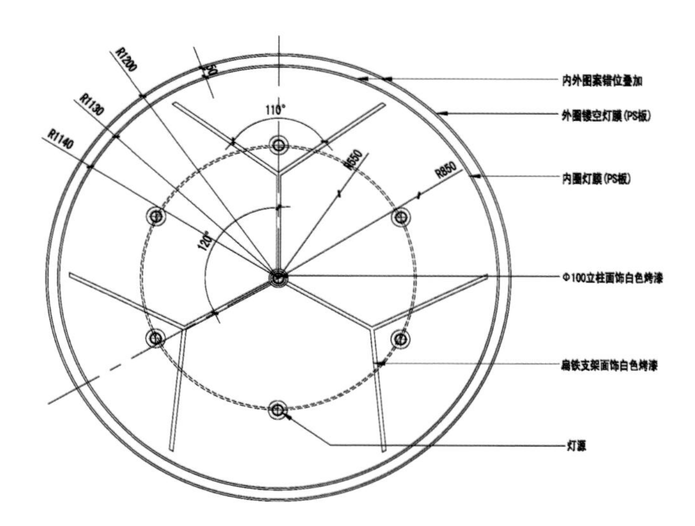

1 武汉银嘉数码专卖店树灯平面图 1:20

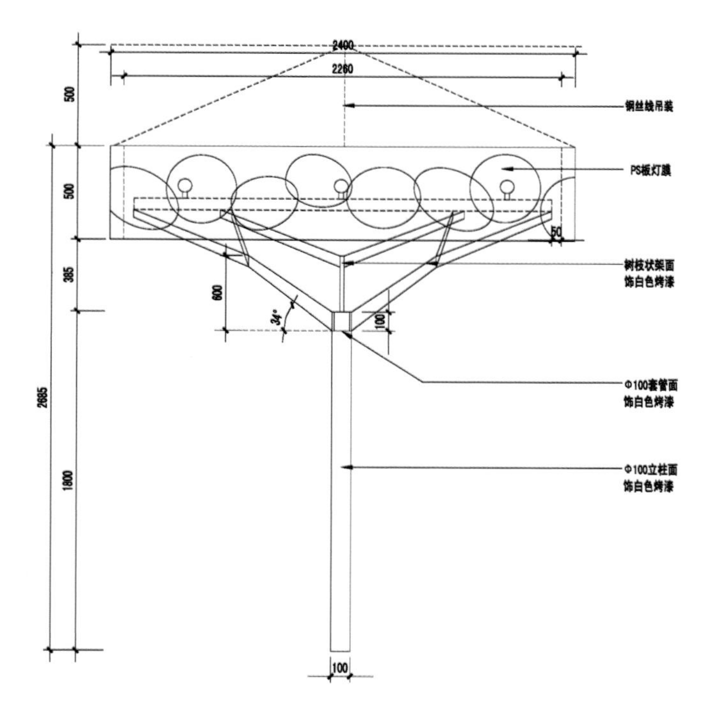

2 武汉银嘉数码专卖店树灯立面图 1:20

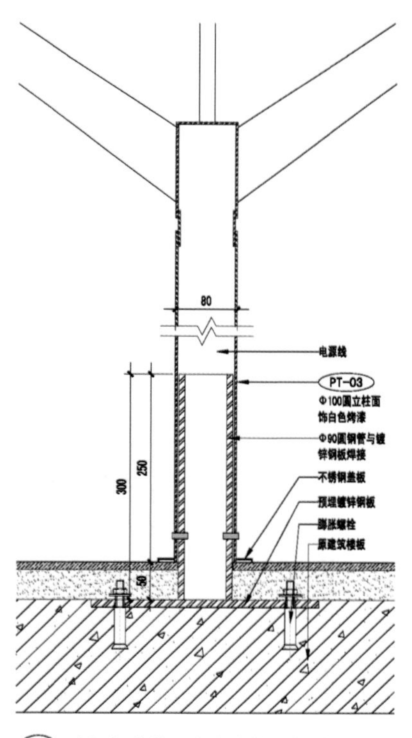

3 武汉银嘉数码专卖店树灯与地面固定详图 1:5

FLAMME北京西餐厅入口推拉门

设　　计：DCI思亚国际
工程地点：北京市朝阳区酒仙桥路18号颐堤港2层L69
客户需求：在中国餐饮界打造一个令人难忘的品牌，并使品牌具有凝聚力。
缘　　由：随着中国消费人群对美食需求的日益提高，美国辛普劳集团利用自身多样化的食品扩大其在中国的市场，通过全新的设计手法，将第二代原型店打造成一个 极具吸引力、现代舒适且中国消费者消费得起的“FLAMME”西 餐厅。
方案计划：本案的构思以消费者“轻松舒适”为原则，功能上满足不同形式的用餐人群，用材采用钢、铁、木、石材、水泥、玻璃等自然环保材料，其朴质的纹理质地，结合餐厅自身的空间形态，诠释了整个设计基调及风格。

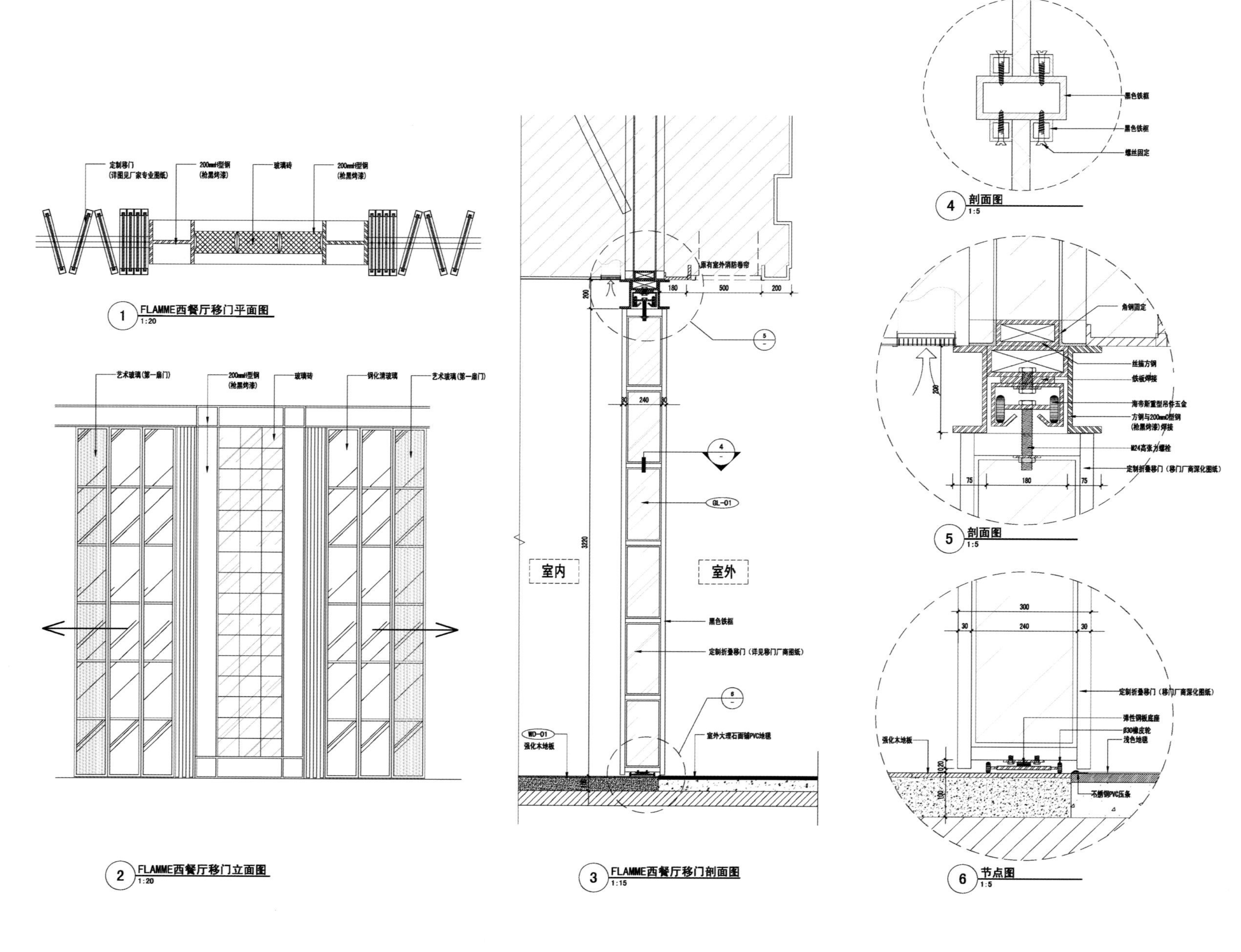

1 FLAMME西餐厅移门平面图 1:20

2 FLAMME西餐厅移门立面图 1:20

3 FLAMME西餐厅移门剖面图 1:15

4 剖面图 1:5

5 剖面图 1:5

6 节点图 1:5

FLAMME西餐厅酒吧台

设　　计：DCI思亚国际
工程地点：北京市朝阳区酒仙桥路18号颐堤港2层L69
客户需求：在中国餐饮界打造一个令人难忘的品牌，并使品牌具有凝聚力。
缘　　由：随着中国消费人群对美食需求的日益提高，美国辛普劳集团利用自身多样化的食品扩大其在中国的市场，通过全新的设计手法，将第二代原型店打造成一个 极具吸引力、现代舒适且中国消费者消费得起的“FLAMME”西餐厅。
方案计划：本案的构思以消费者“轻松舒适”为原则，功能上满足不同形式的用餐人群，用材采用钢、铁、木、石材、水泥、玻璃等自然环保材料，其质朴的纹理质地，结合餐厅自身的空间形态，诠释了整个设计基调及风格。

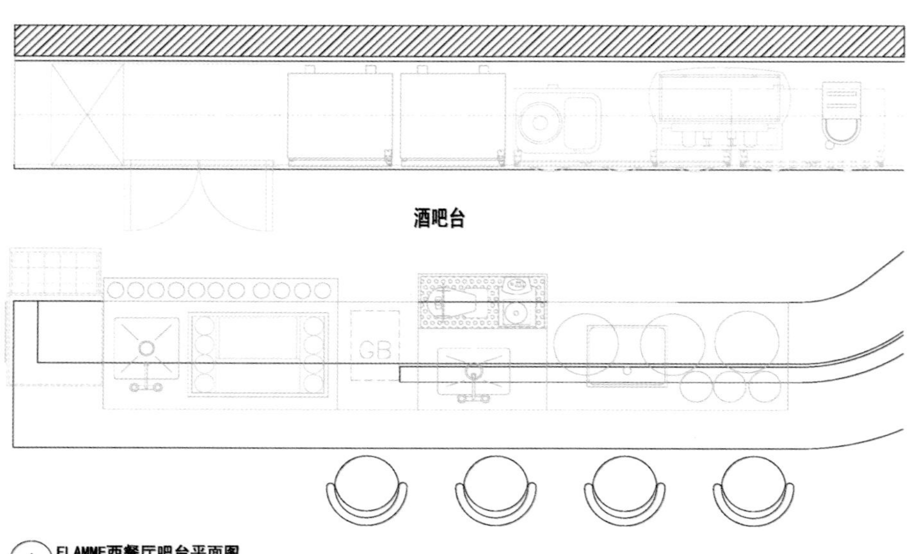

1 FLAMME西餐厅吧台平面图 1:20

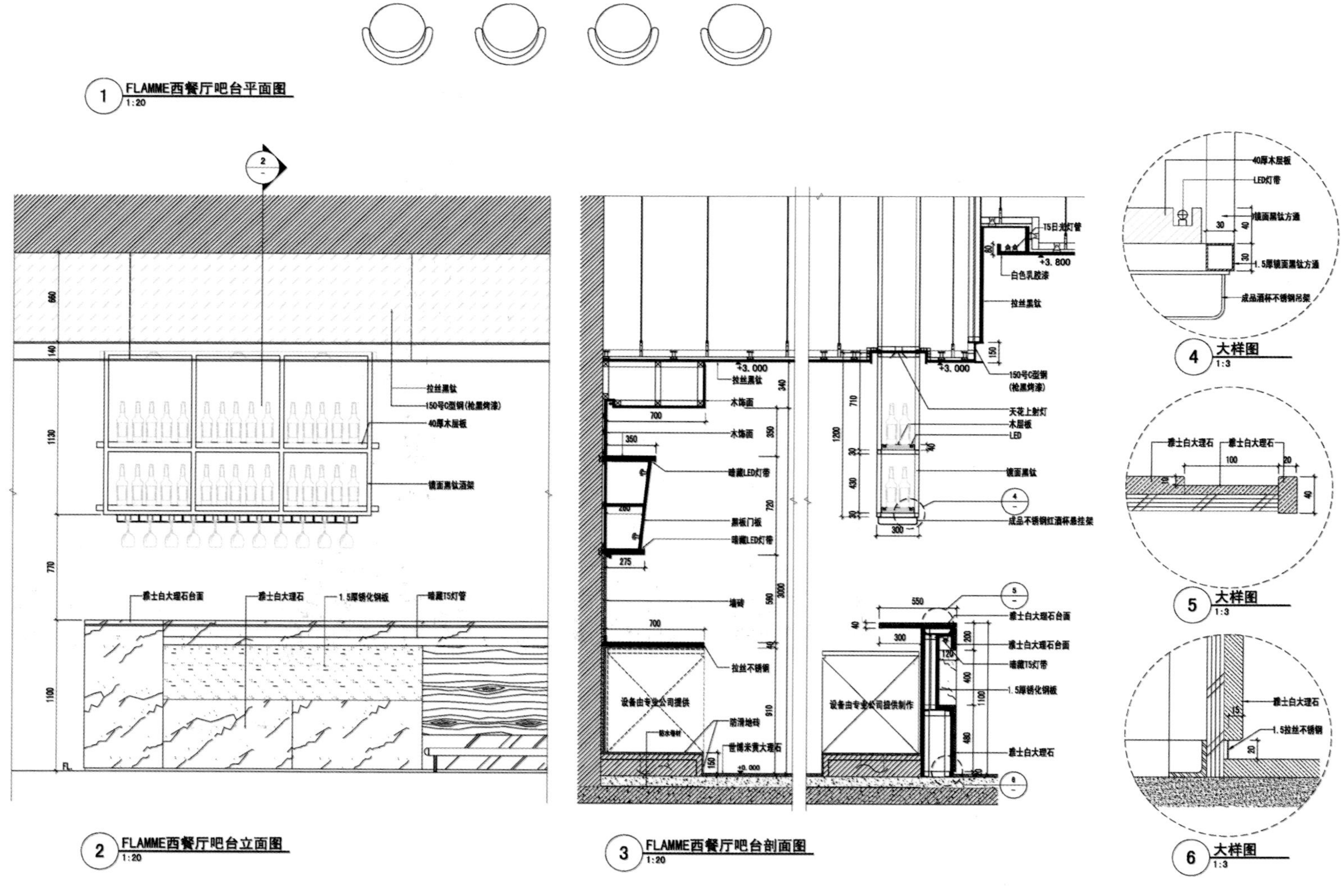

2 FLAMME西餐厅吧台立面图 1:20

3 FLAMME西餐厅吧台剖面图 1:20

4 大样图 1:3

5 大样图 1:3

6 大样图 1:3

FLAMME西餐厅钢琴区

设　　计：DCI思亚国际

工程地点：北京市朝阳区酒仙桥路18号颐堤港2层L69

客户需求：在中国餐饮界打造一个令人难忘的品牌，并使品牌具有凝聚力。

缘　　由：随着中国消费人群对美食需求的日益提高，美国辛普劳集团利用自身多样化的食品扩大其在中国的市场，通过全新的设计手法，将第二代原型店打造成一个 极具吸引力、现代舒适且中国消费者消费得起的“FLAMME”西餐厅。

方案计划：本案的构思以消费者“轻松舒适”为原则，功能上满足不同形式的用餐人群，用材采用钢、铁、木、石材、水泥、玻璃等自然环保材料，其朴质的纹理质地，结合餐厅自身的空间形态，诠释了整个设计基调及风格。

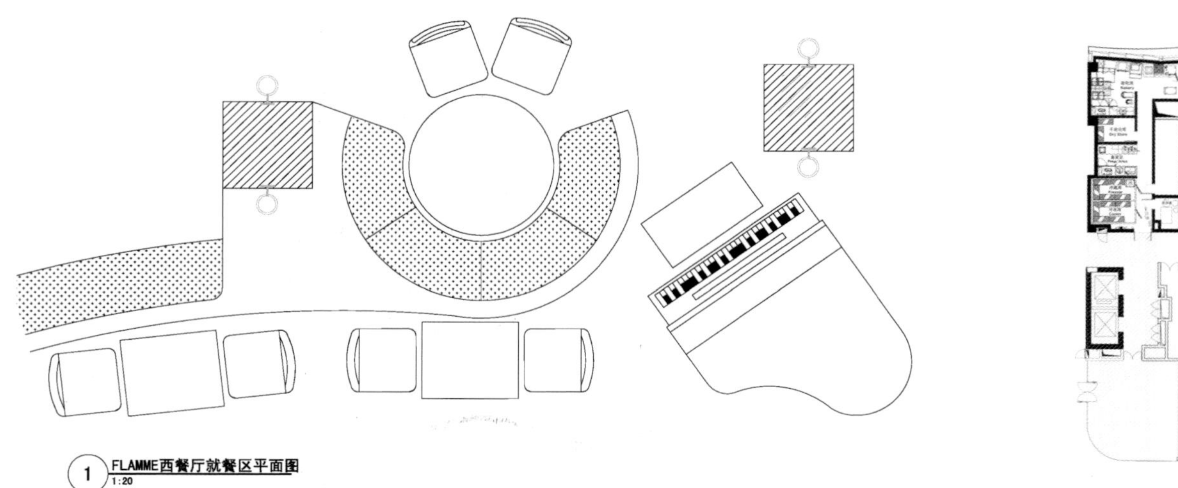

1 FLAMME西餐厅就餐区平面图 1:20

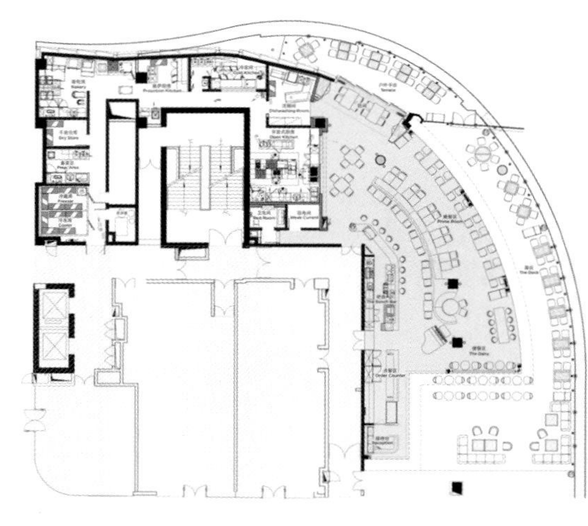

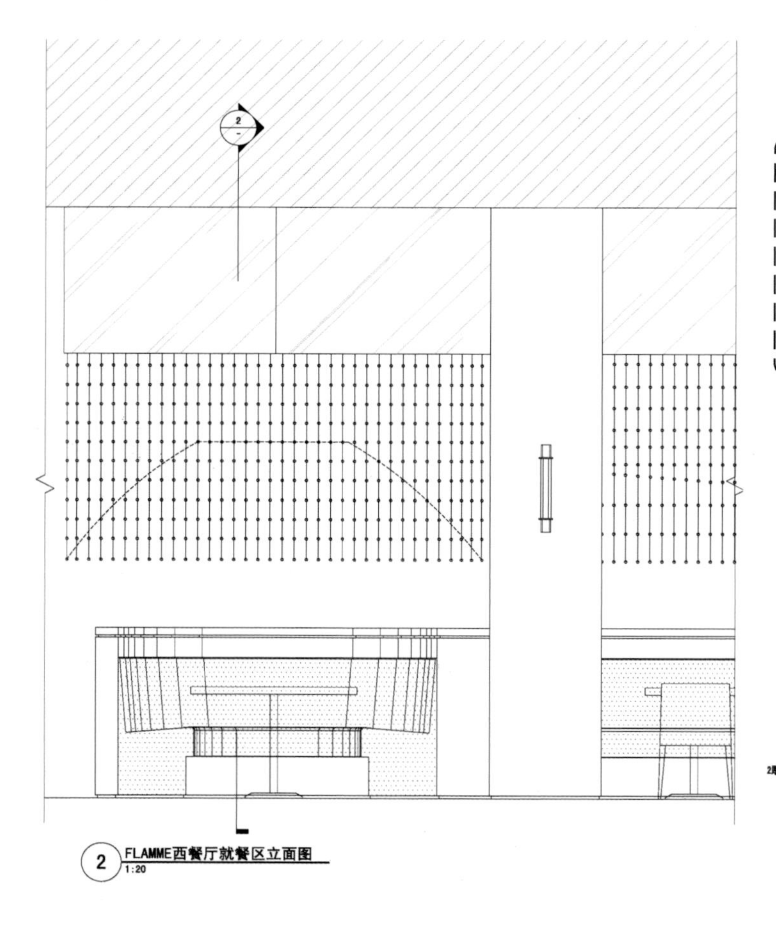

2 FLAMME西餐厅就餐区立面图 1:20

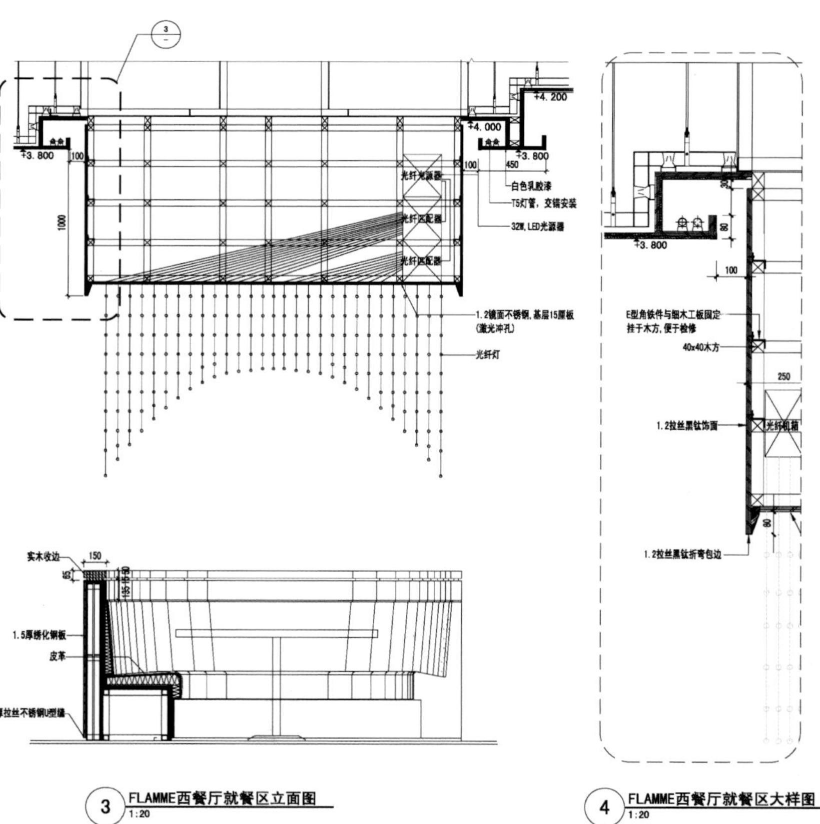

3 FLAMME西餐厅就餐区立面图 1:20

4 FLAMME西餐厅就餐区大样图 1:20

洲际酒店全日餐厅

设　　计：上海HKG建筑咨询有限公司
工程地点：上海世博洲际酒店
客户需求：在符合空间特色的前提下进行空间的分隔。
缘　　由：对空间进行隔断，采用镜面贴膜与玻璃的结合形成即透明又有镜面的效果，并将贴膜分别贴在两层有一定距离的玻璃上，使贴膜之间产生空间感，增强视觉效果。
方案计划：为防止贴膜人为损坏以及便于酒店清洁，需将两层贴膜贴于两层玻璃的中间，为防止日后玻璃之间的空腔内出现积灰，必须对玻璃进行完全真空处理。

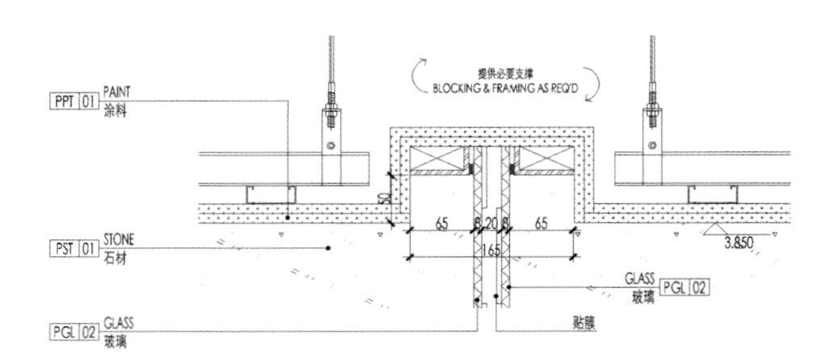

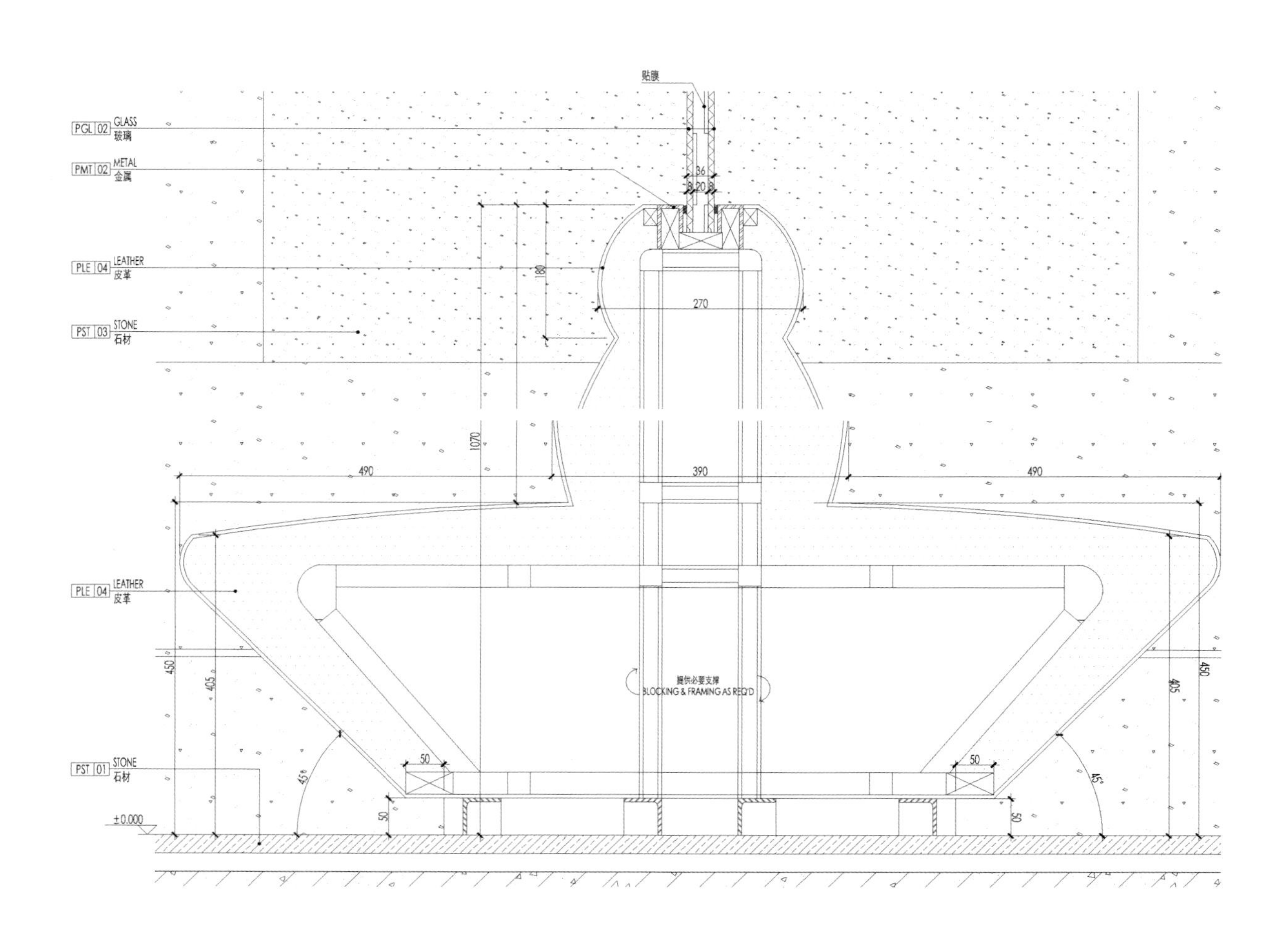

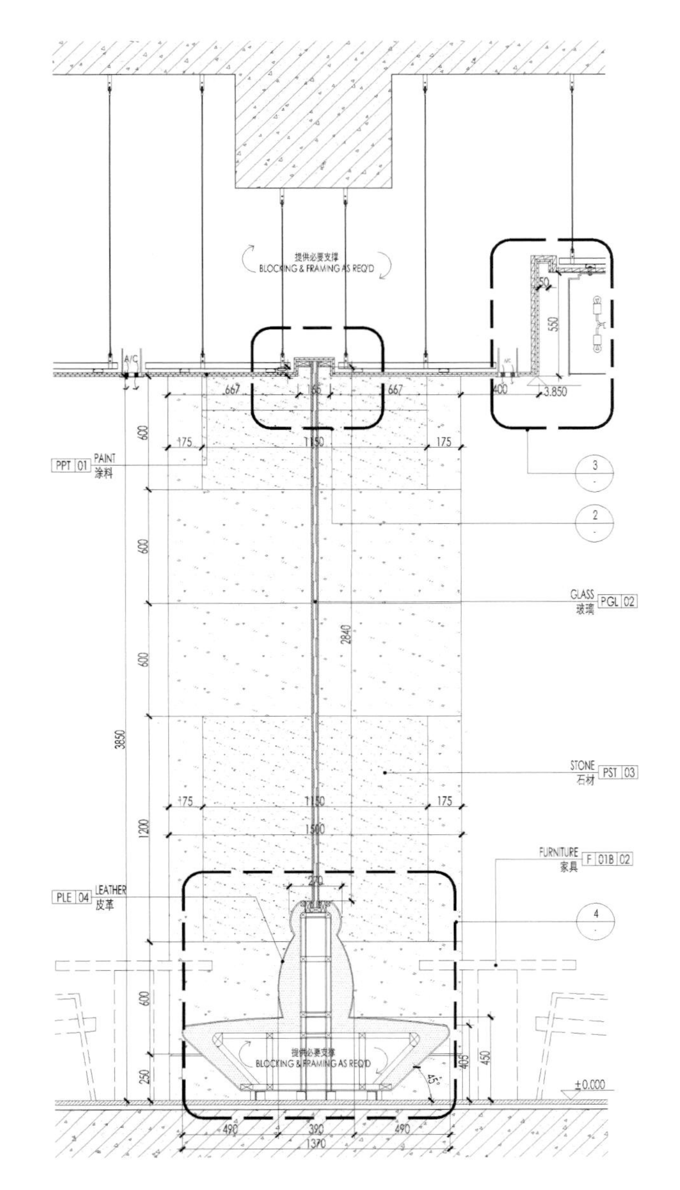

施工时应注意防尘处理，若进入灰尘将无法清洁。

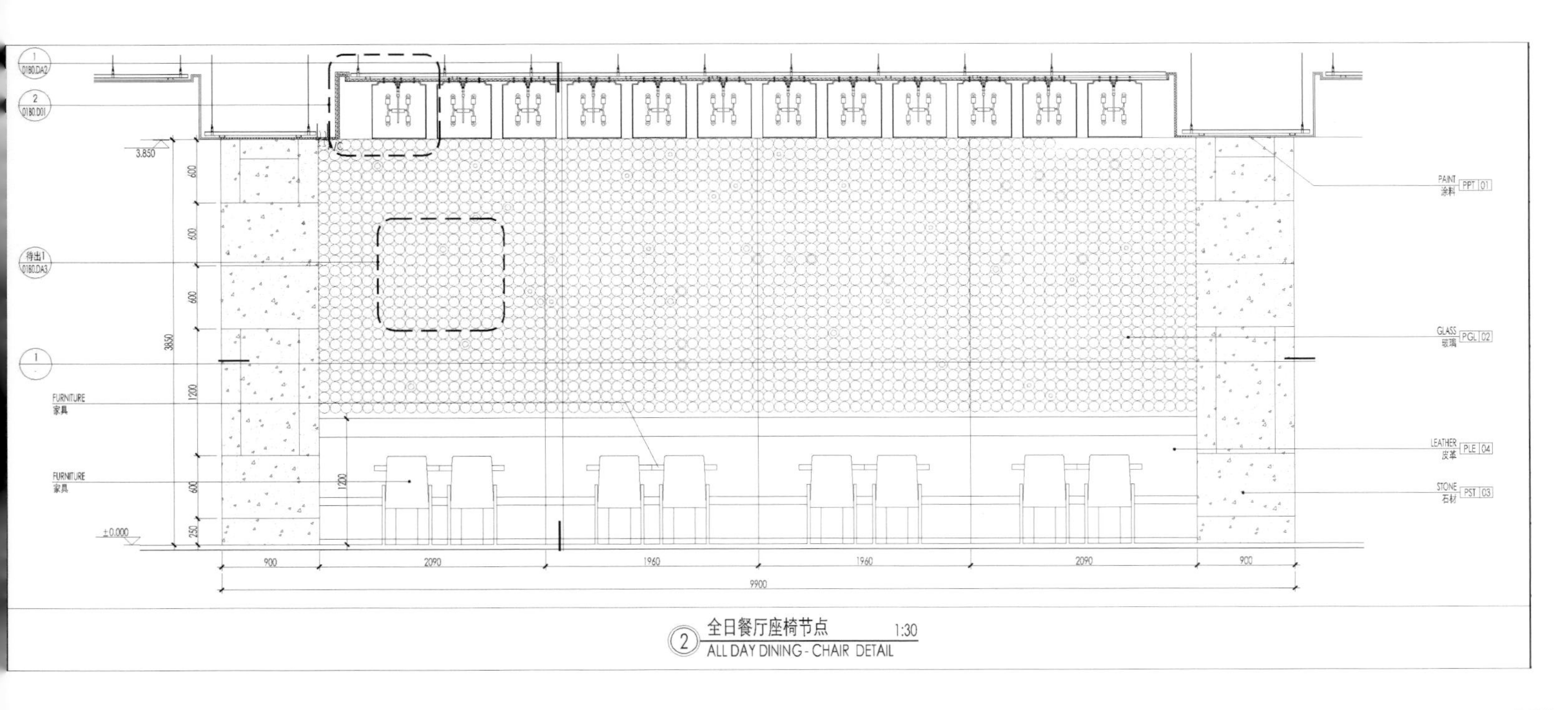

② 全日餐厅座椅节点 1:30
ALL DAY DINING - CHAIR DETAIL

洲际酒店浦东墙

设　　计：上海HKG建筑咨询有限公司
工程地点：上海 世博洲际酒店
客户需求：制作一面具有特色的景观墙。
缘　　由：琉璃墙结构明显，使整体效果不佳，原设计上下两侧灯具做在石材上，但是检修不方便且普通灯具深度较大。
方案计划：采用镜面不锈钢作为主要结构，使整体效果统一，而上下两侧灯具原设计直接安装于石材上，但会出现检修不方便且因原设计灯具款型较大，安装深度不够，最终解决方案为取消安装灯具处的石材，改用黑色镜面不锈钢，灯具也调整为更小型的射灯，并增加灯具数量。

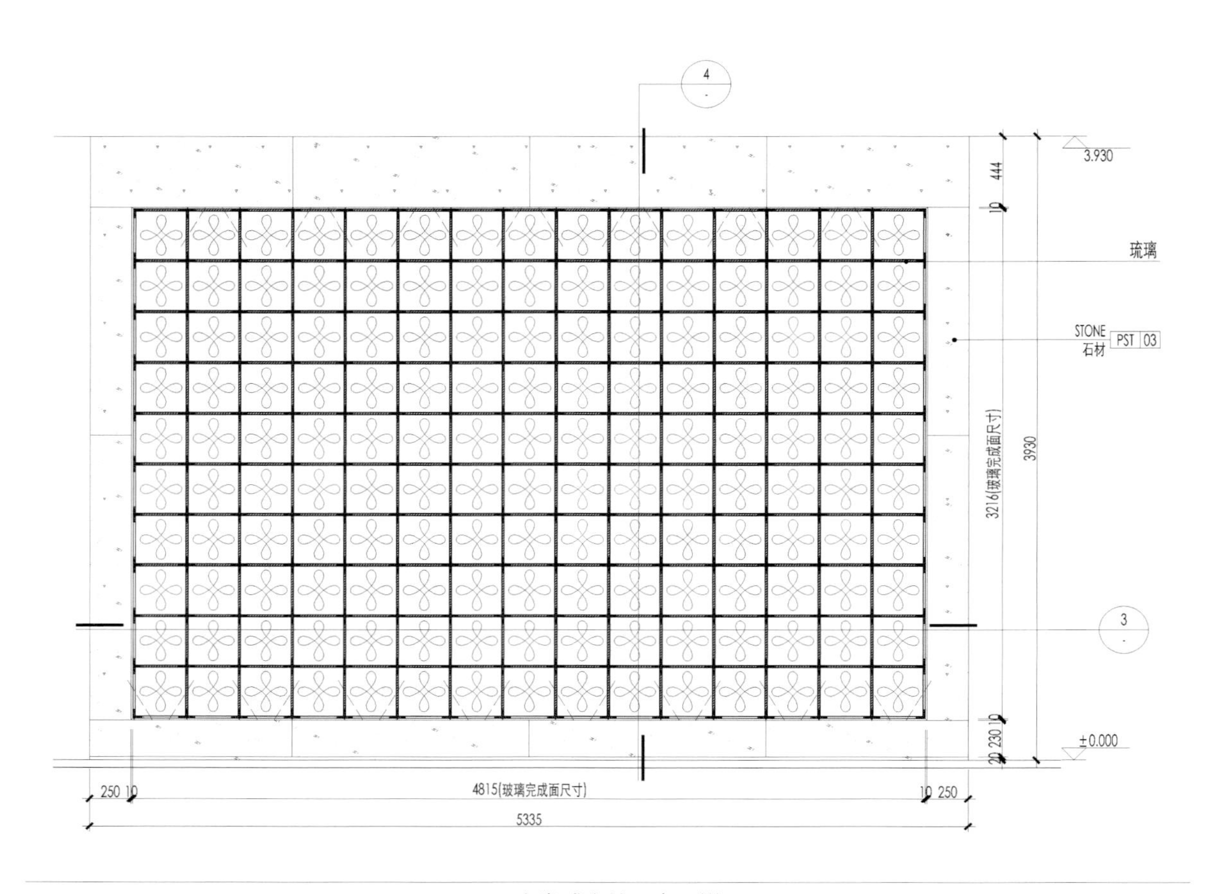

① 一层大堂浦东墙正立面详图 1:30

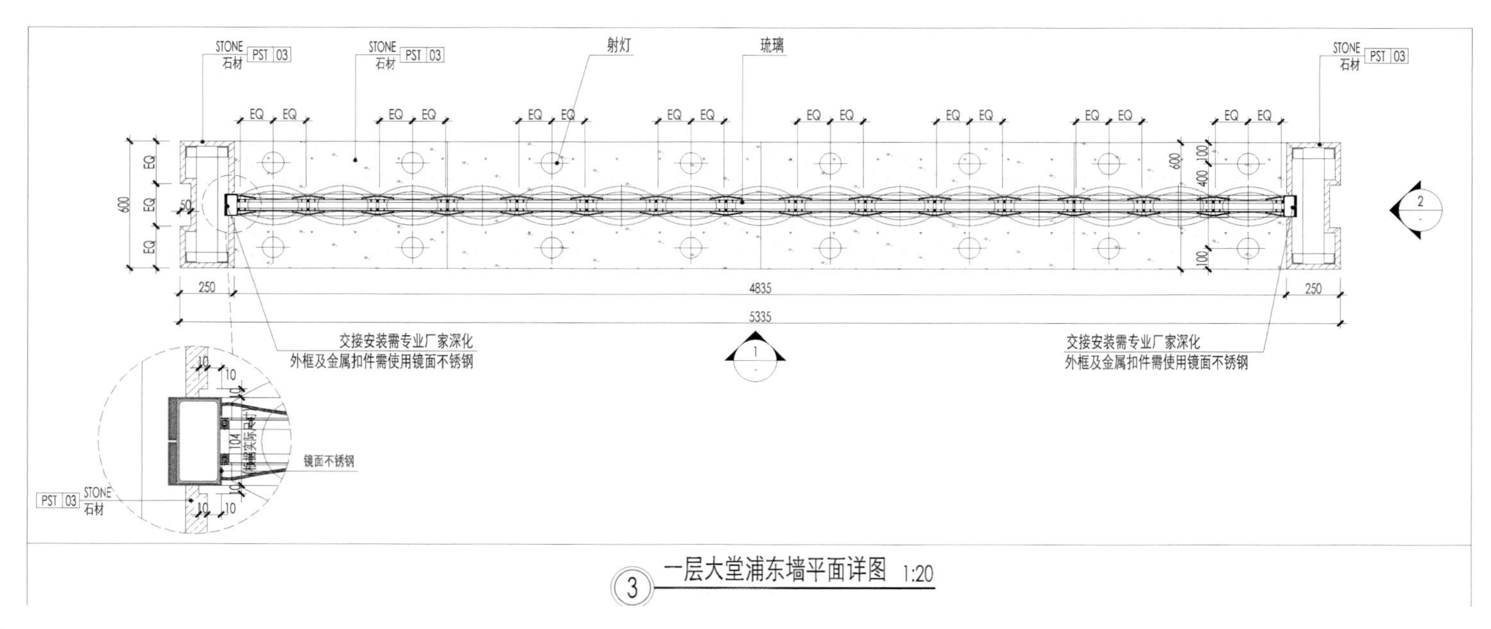

③ 一层大堂浦东墙平面详图 1:20

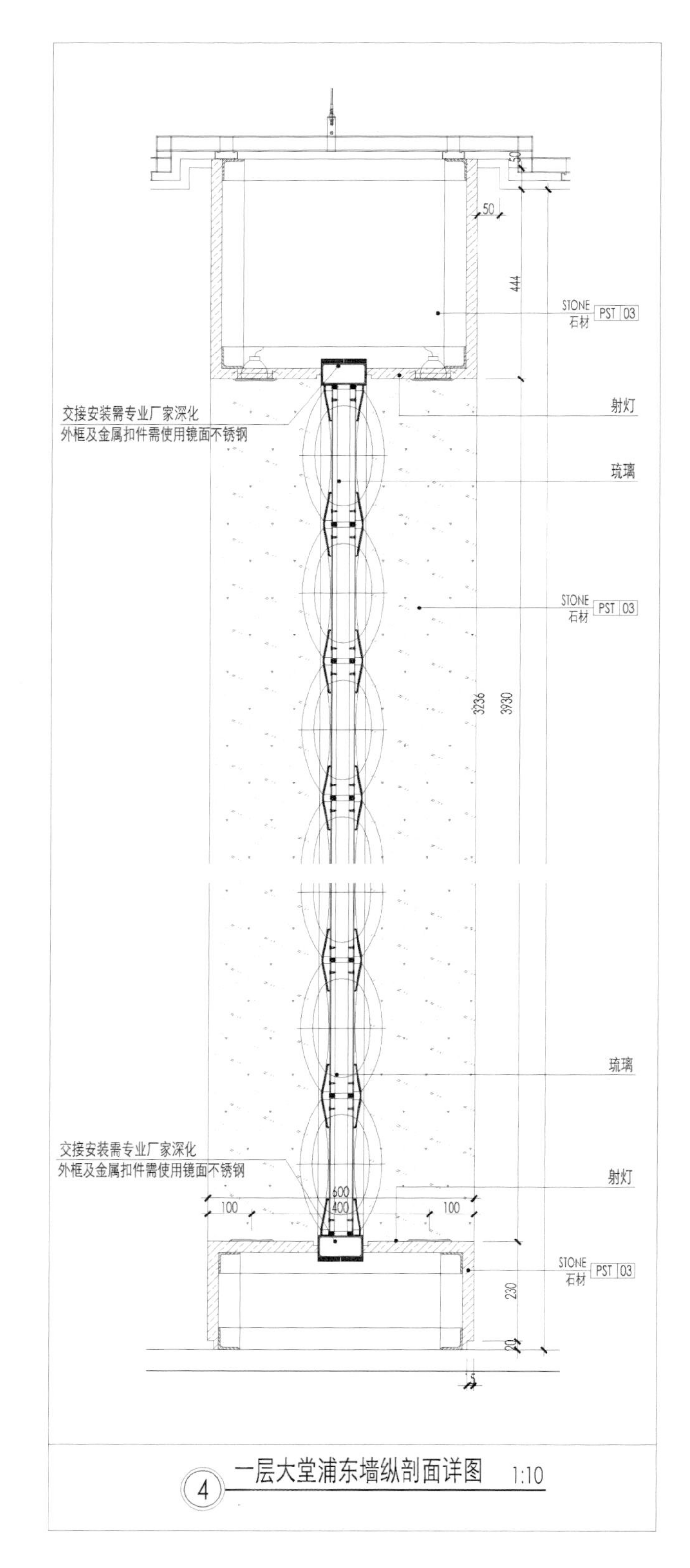
STONE 石材 PST 03
射灯
琉璃
交接安装需专业厂家深化
外框及金属扣件需使用镜面不锈钢
444
50
3236
3930
600
400
100
230
一层大堂浦东墙纵剖面详图 1:10

Disco

设　　计：季铁生、喻开芸
工程地点：台湾台北
客户需求：Disco的设计能有二战欧洲地下避难所的纵情颓废主义。
方案计划：购买废弃车辆及机械设备分解，现场创意组装，设计中的拉丁文字摘自圣经祈祷文。

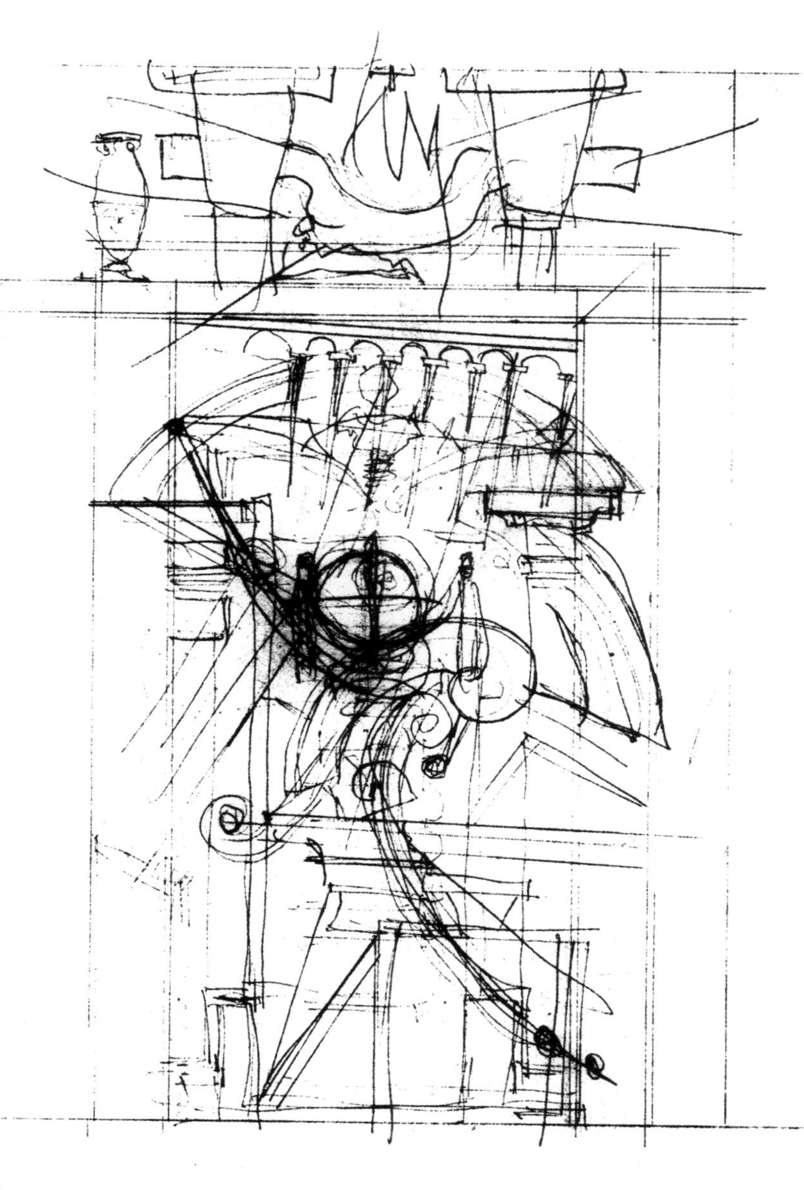

easyoga前立面

设　　计：李玮珉建筑师事务所
工程地点：上海长宁区仙霞路
设计需求：设计简洁、材料朴素、立面独特。
缘　　由：旧建筑物改造，独立于两边现有建筑，具有识别性。
方案计划：一层空间对沿街面开放，满足商业展示功能。二层以素雅的水泥墙为背景，让由“树叶”组成的LOGO以如轻风拂过般的状态定格在立面中，树叶形成的切口内润成绿色，选择某些“叶子”为背后的私密空间提供采光。

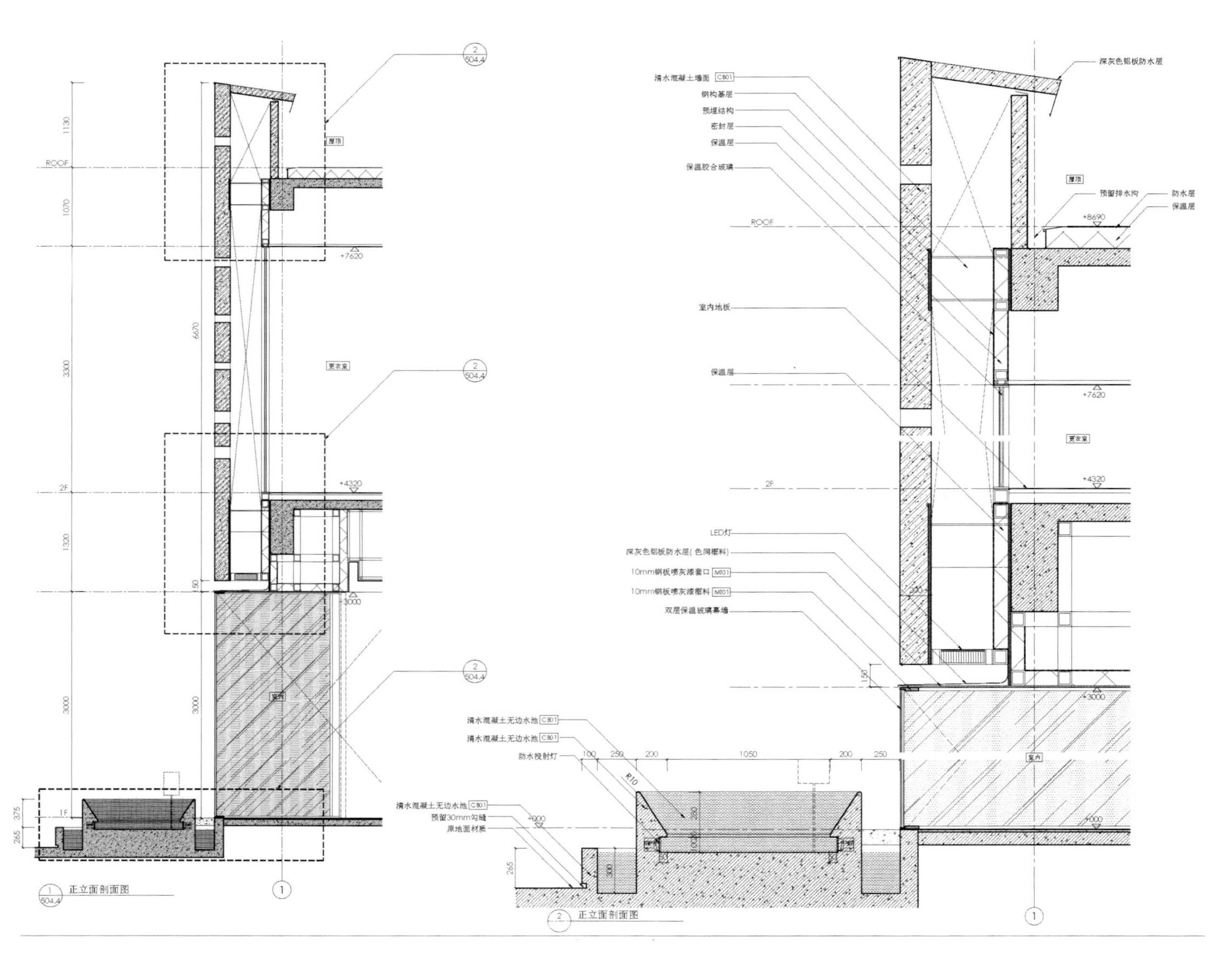

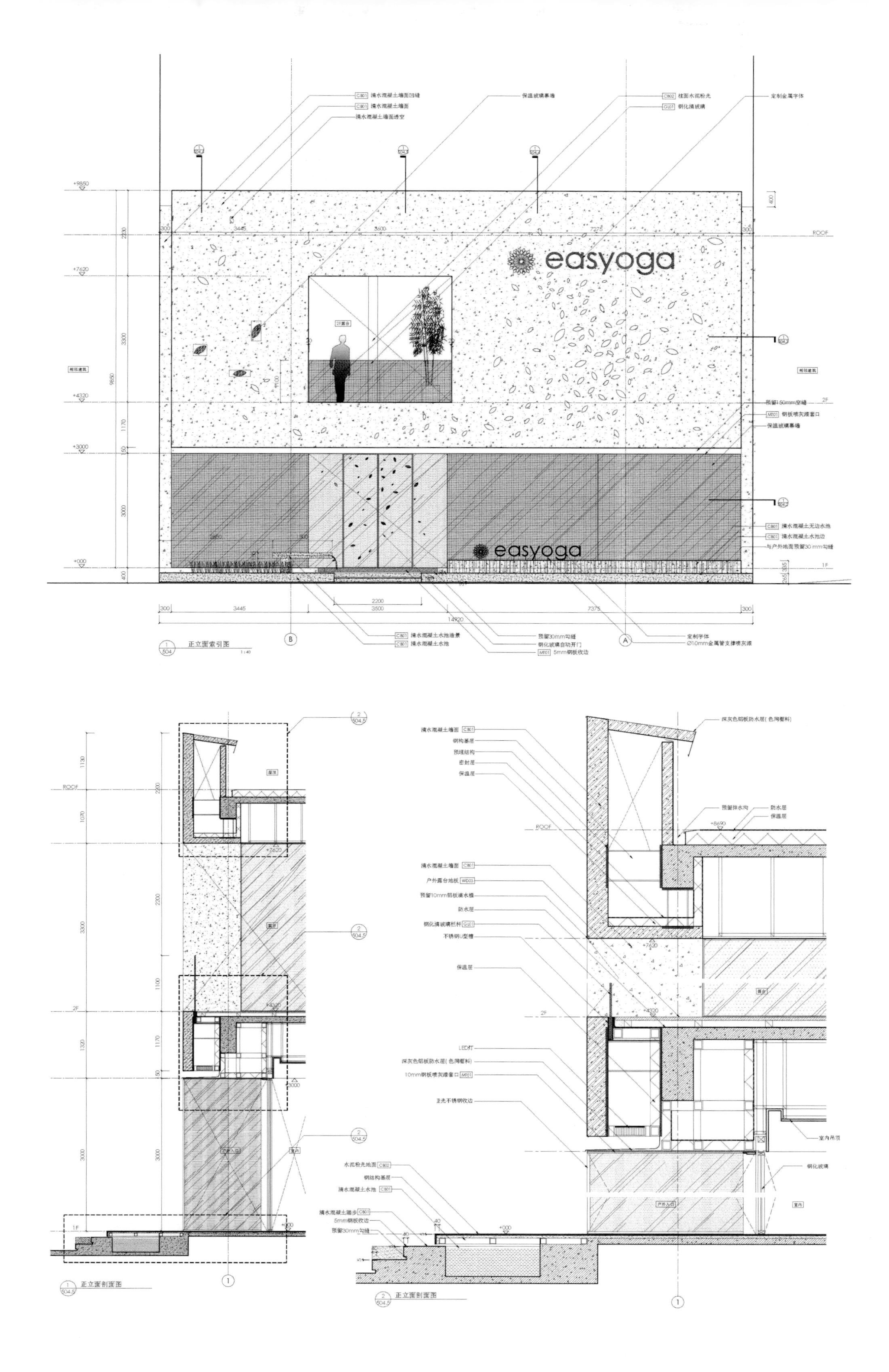

清水混凝土墙面凹缝
清水混凝土墙面
清水混凝土墙面透空
保温玻璃幕墙
柱面水泥粉光
钢化清玻璃
定制金属字体
easyoga
ROOF
2F
1F
预留150mm空缝
钢板喷灰漆窗口
保温玻璃幕墙
清水混凝土无边水池
清水混凝土水池边
与户外地面预留30mm勾缝
easyoga
清水混凝土水池造景
清水混凝土水池
预留30mm勾缝
钢化玻璃自动开门
5mm钢板收边
定制字体
Ø10mm金属管支撑喷灰漆
正立面索引图
深灰色铝板防水层(色同窗料)
清水混凝土墙面
钢构基层
预埋结构
密封层
保温层
预留排水沟
防水层
保温层
户外露台地板
预留10mm铝板滴水槽
防水层
钢化清玻璃栏杆
不锈钢U型槽
保温层
LED灯
深灰色铝板防水层(色同窗料)
10mm钢板喷灰漆窗口
发光不锈钢收边
室内吊顶
钢化玻璃
水泥粉光地面
钢结构基层
清水混凝土水池
清水混凝土踏步
5mm钢板收边
预留30mm勾缝
正立面剖面图
正立面剖面图

easyoga后立面

设　　计：李玮珉建筑师事务所
工程地点：上海长宁区仙霞路
客户需求：瑜伽体验室——有较好的瑜伽体验环境。
缘　　由：通过大面的开口让室内分享后院的绿意。
方案计划：打通二层与庭院之间的墙体，将邻居院里的香樟树纳入室内。嵌入整排木百叶折门，让进入室内的光线得以梳理。天气晴好时可走向户外露台与庭院对话。

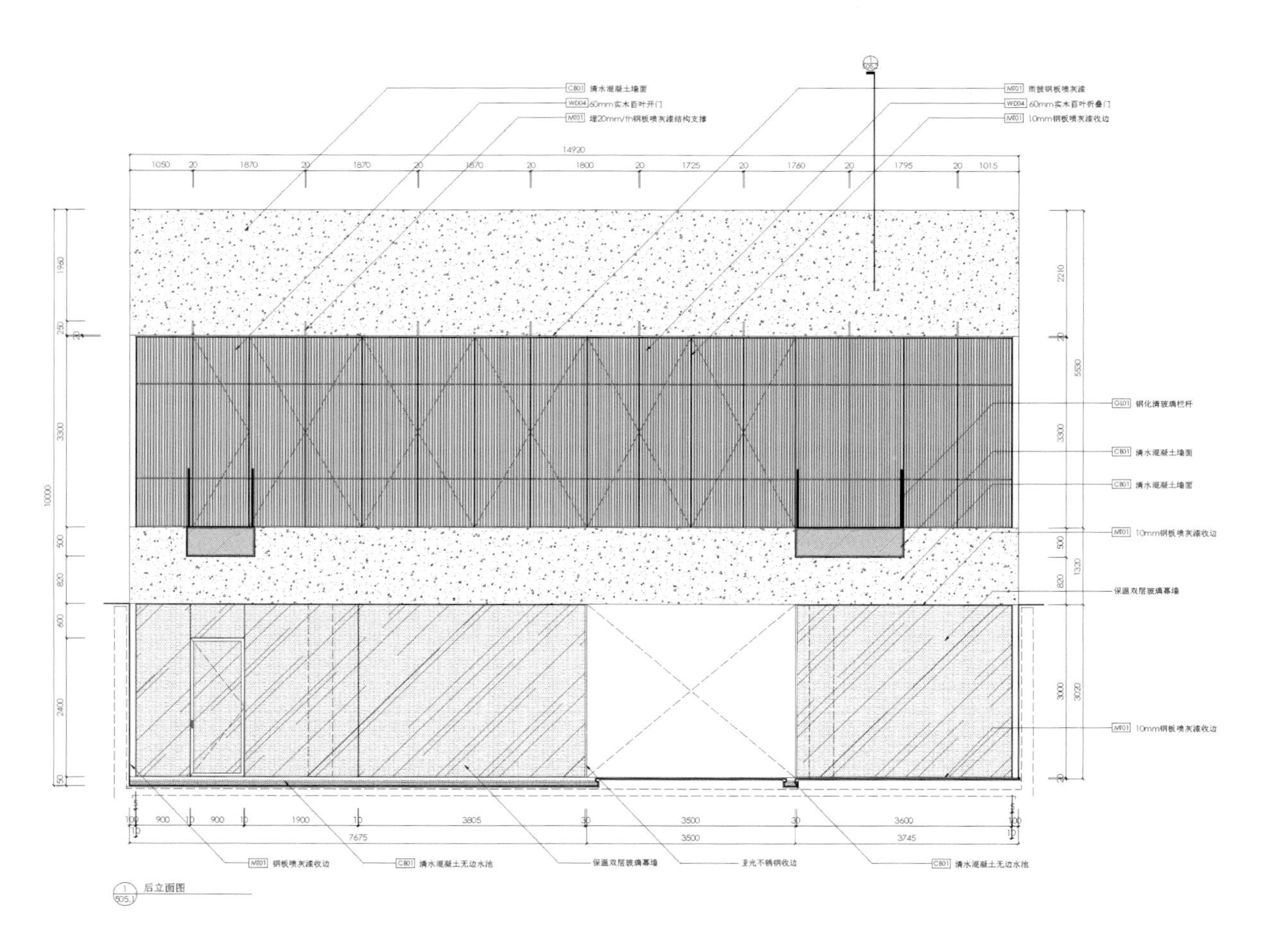

1 505.1 后立面图

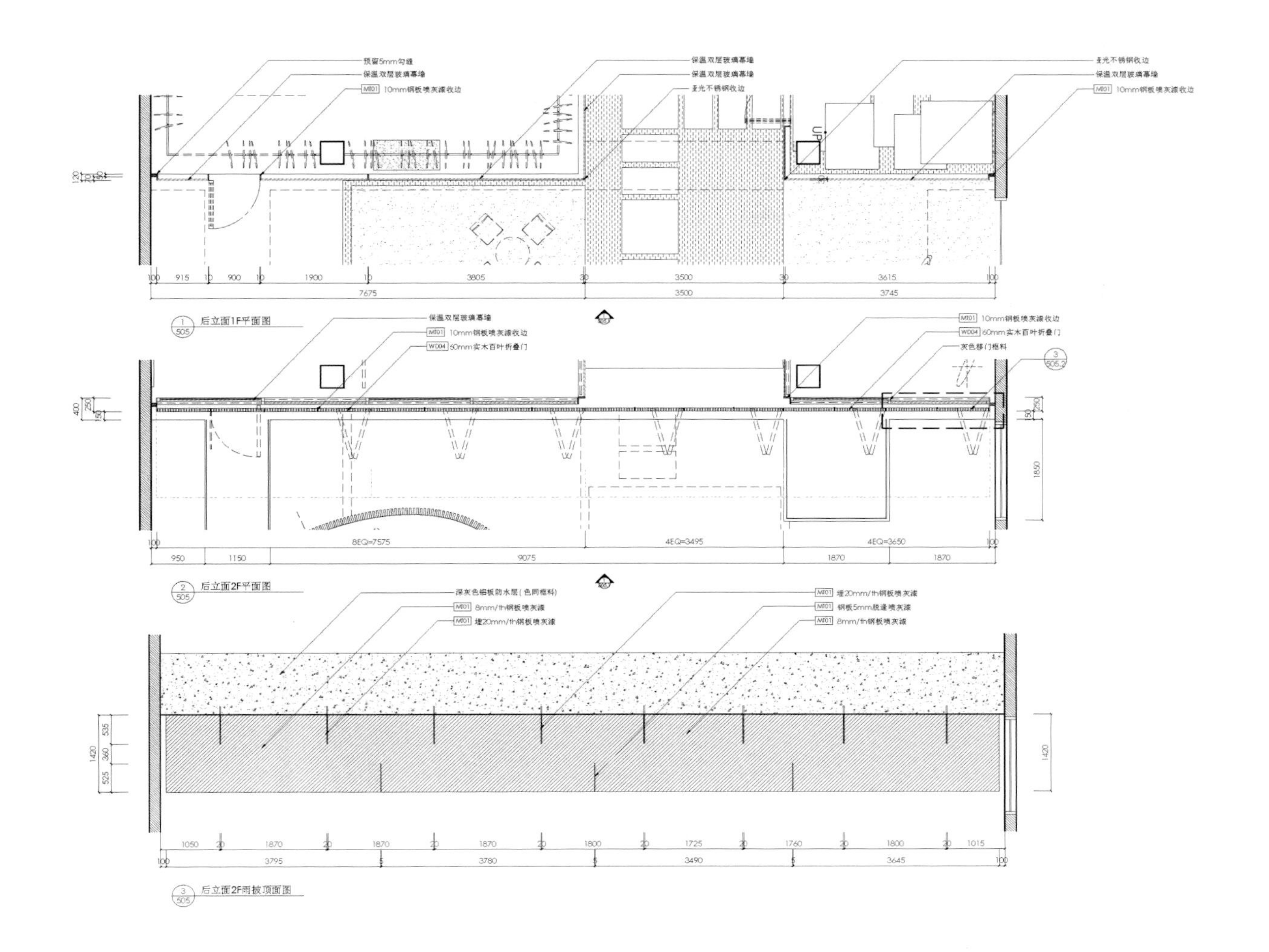

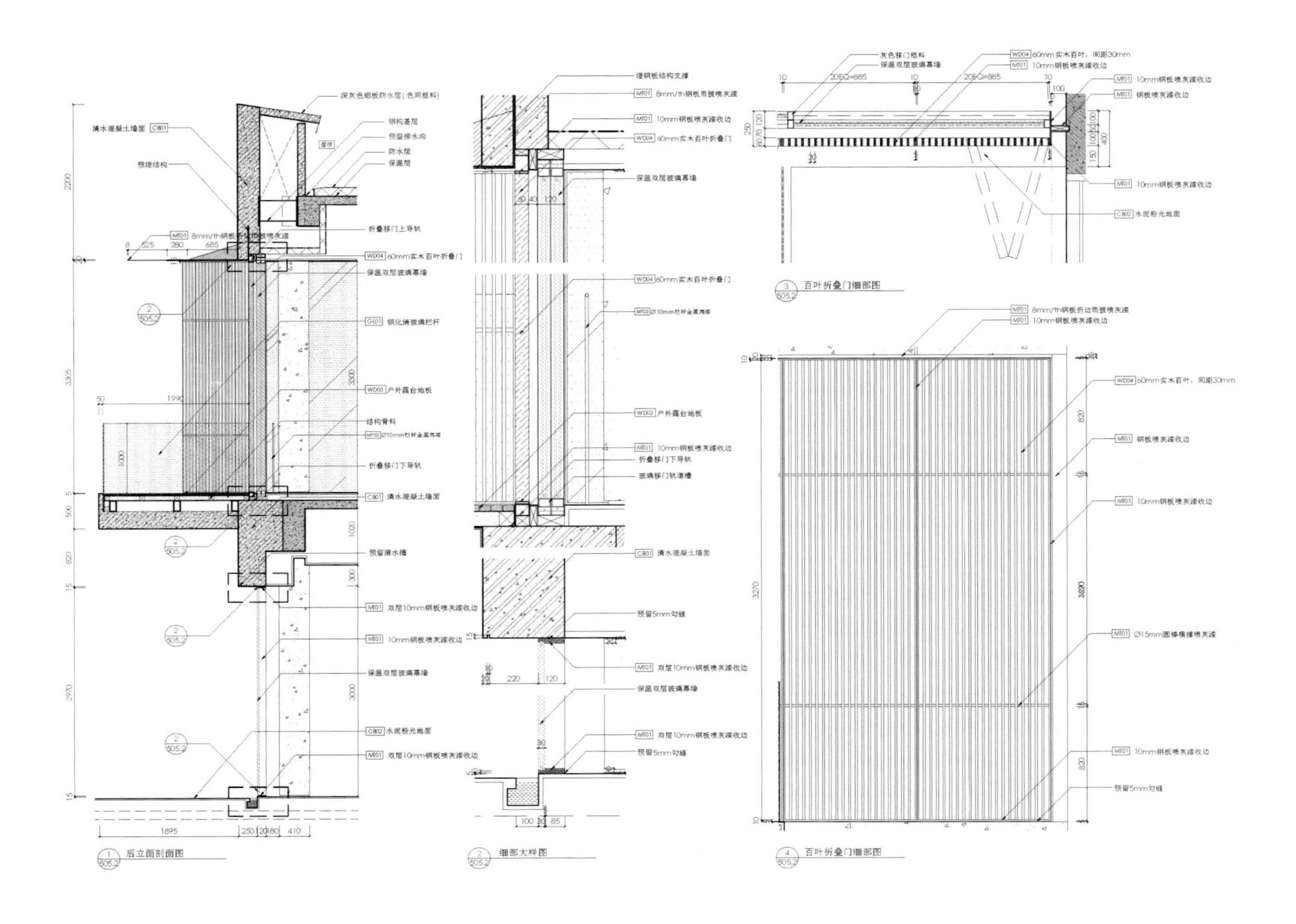

easyoga服务台

设　　计：李玮珉建筑师事务所
工程地点：上海长宁区仙霞路
客户需求：满足店面收银及延伸的吧台功能。
缘　　由：为量体披件金属外衣，通过“裁剪”的方式来满足不同功能需求。
方案计划：木制量体与金属折板结合，通过“剪纸艺术”造型来划分不同的行为区域。例如：收银、包装、等候、寄存、咖啡吧等功能，从而形成与顾客互动的平台。

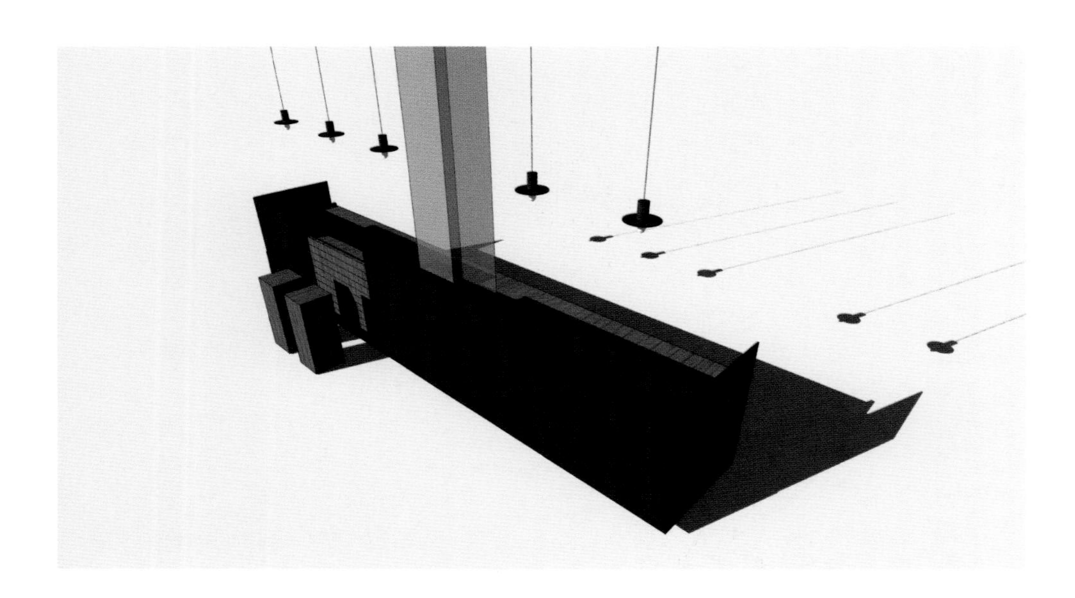

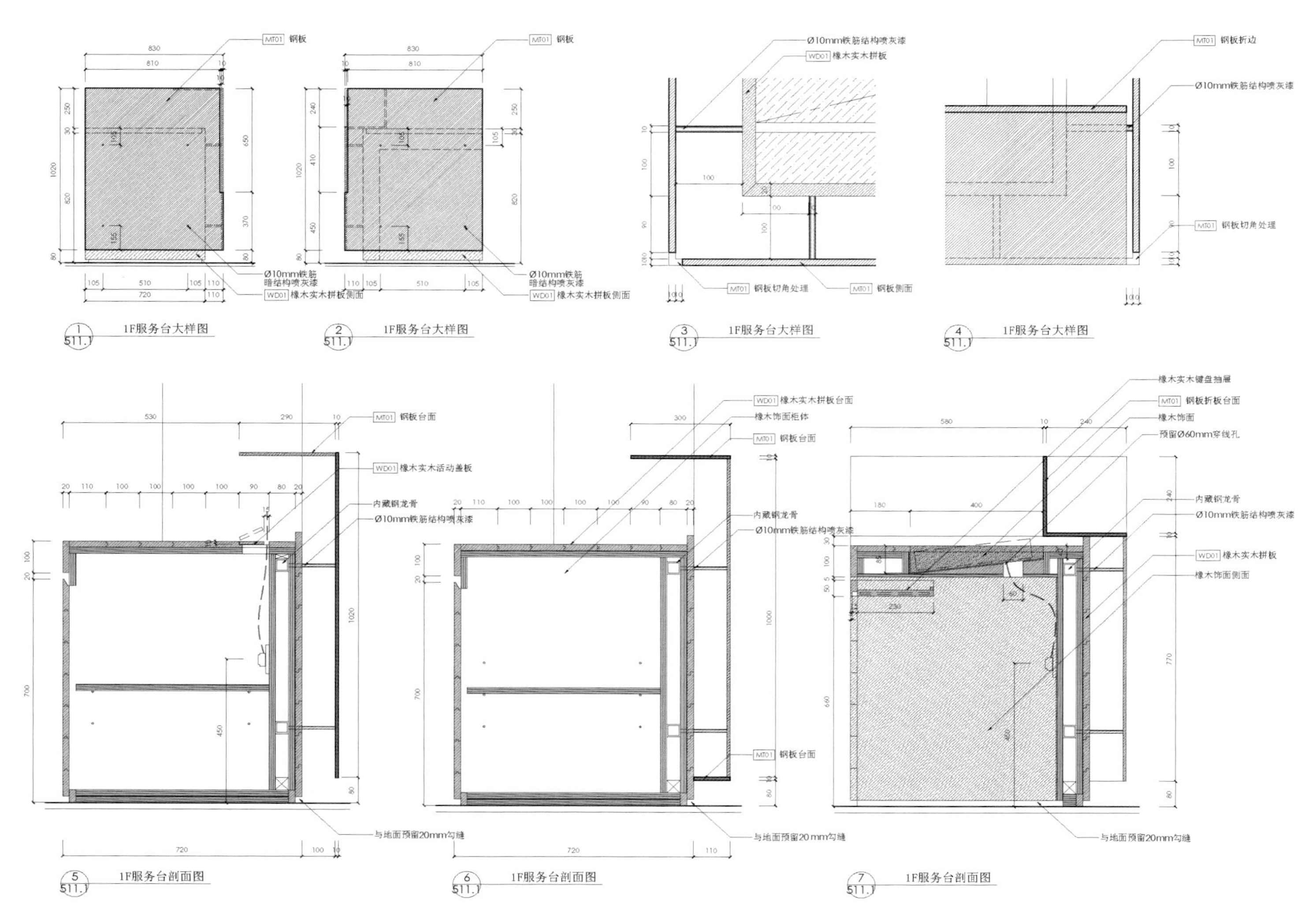

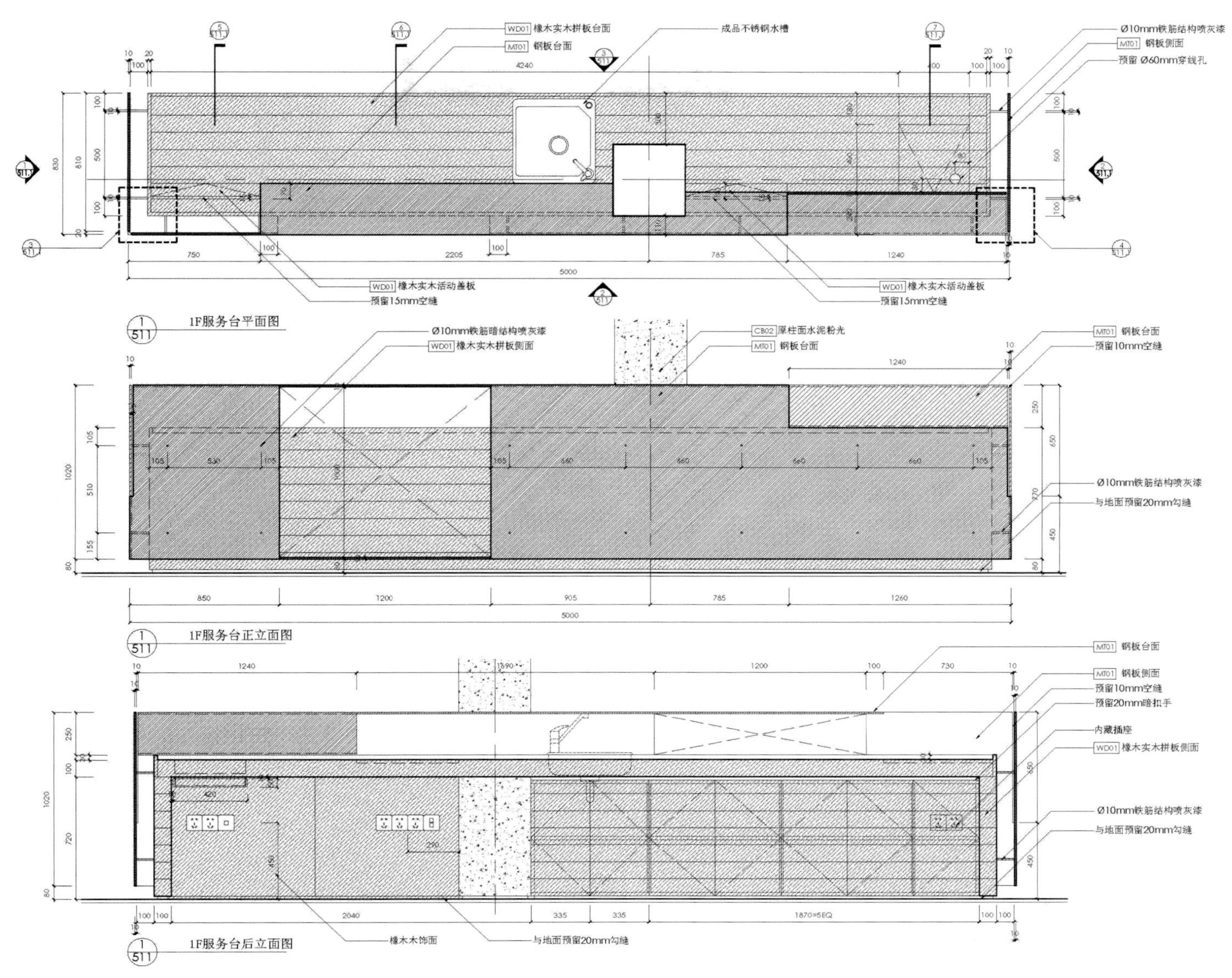
WD01 橡木实木拼板台面
MT01 钢板台面
成品不锈钢水槽
Ø10mm铁筋结构喷灰漆
MT01 钢板侧面
预留 Ø60mm穿线孔
WD01 橡木实木活动盖板
预留15mm空缝
1F服务台平面图
Ø10mm铁筋暗结构喷灰漆
WD01 橡木实木拼板侧面
CB02 原柱面水泥粉光
MT01 钢板台面
预留10mm空缝
与地面预留20mm勾缝
1F服务台正立面图
预留20mm暗扣手
内藏插座
橡木木饰面
1F服务台后立面图

easyoga柜子

设　　计：李玮珉建筑师事务所
工程地点：上海长宁区仙霞路
客户需求：满足店面收银及延伸的吧台功能。
缘　　由：为量体披件金属外衣，通过“裁剪”的方式来满足不同功能需求。
方案计划：储藏大柜运用现代艺术“构成派”组合造型的原理进行设计成门把手，再运用金属冲孔钢板产生虚实交替的设计效果。

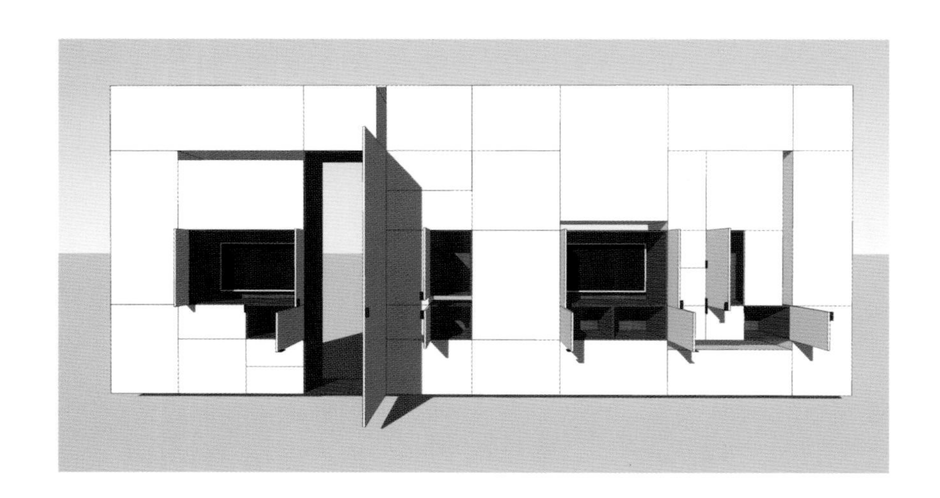

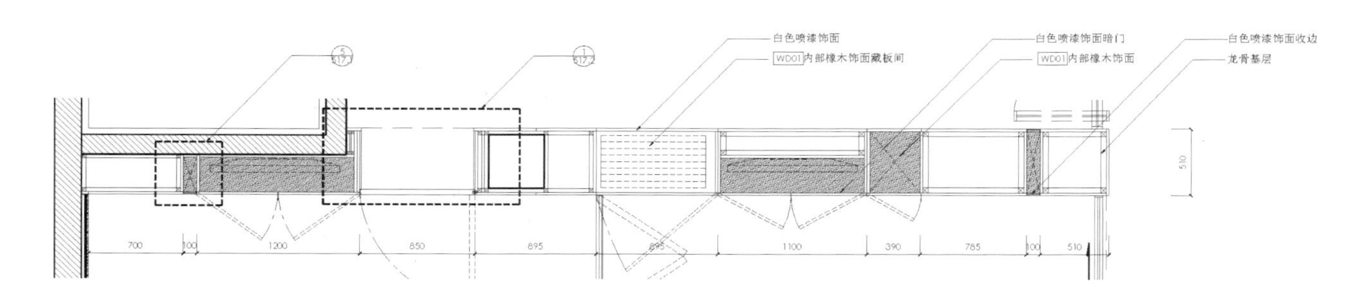

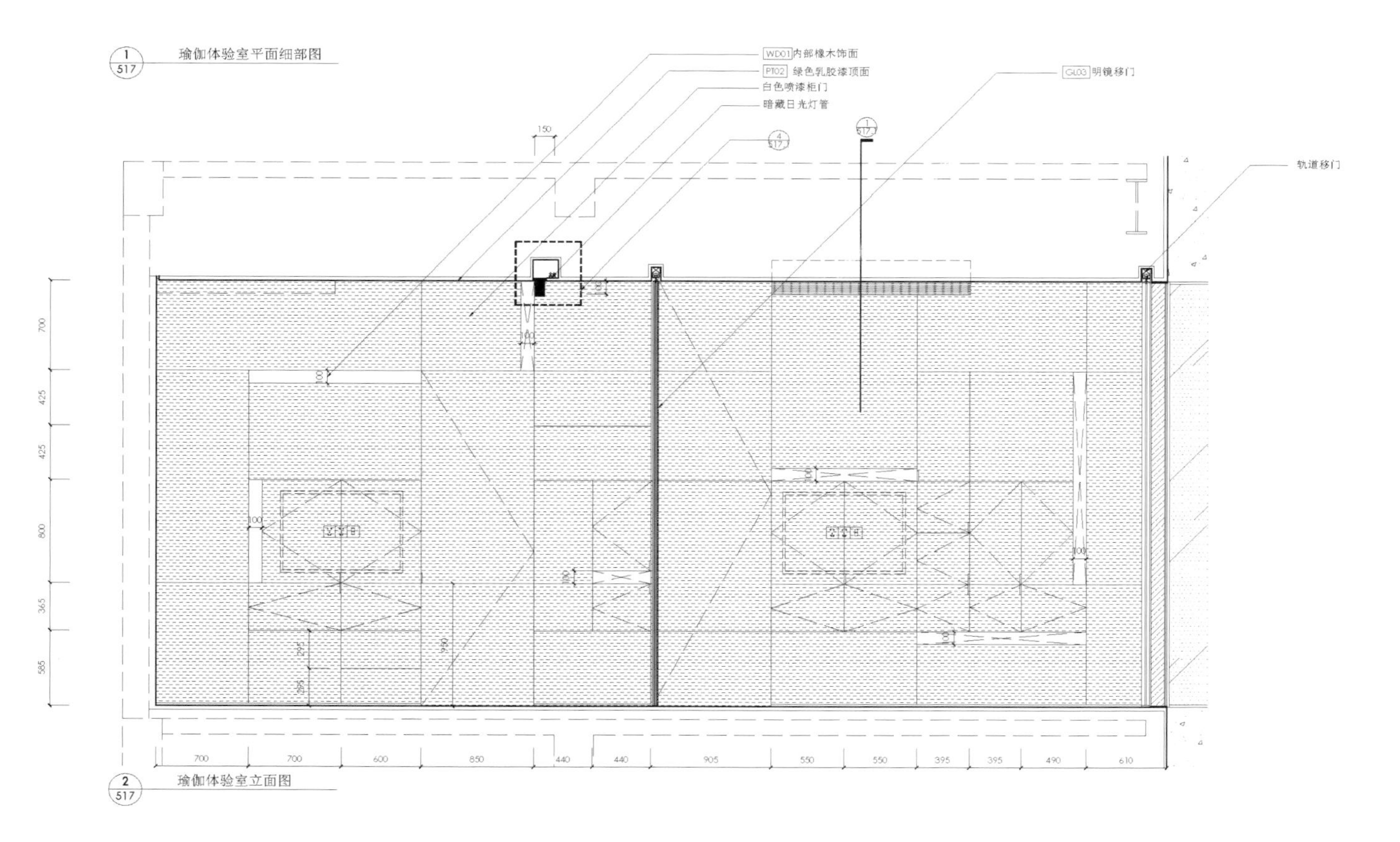

1 517 瑜伽体验室平面细部图

2 517 瑜伽体验室立面图

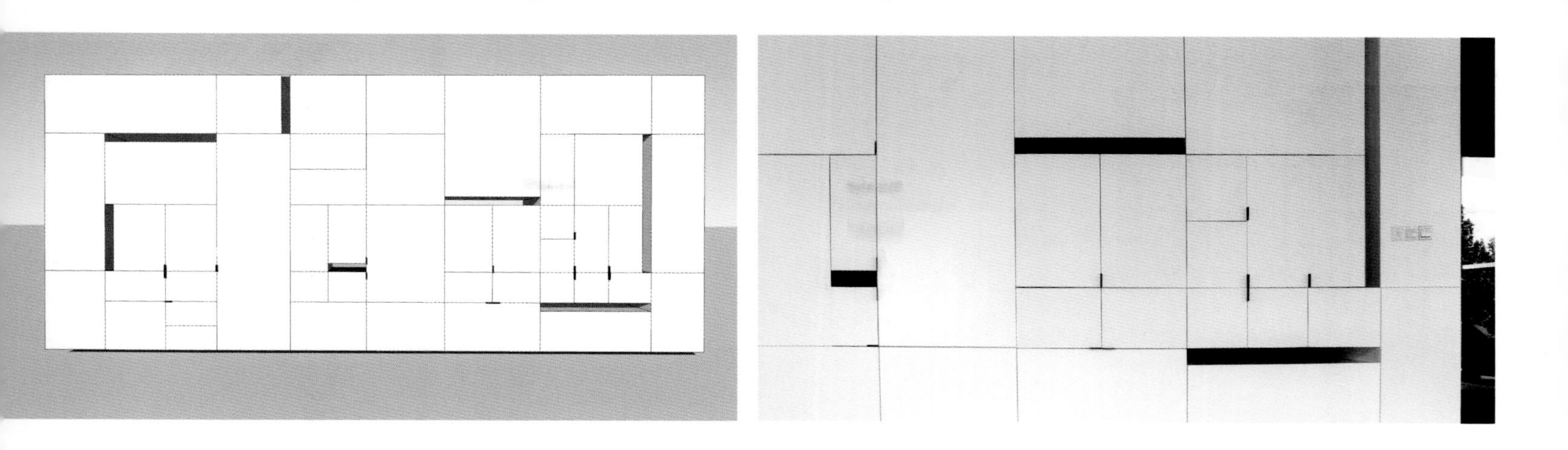

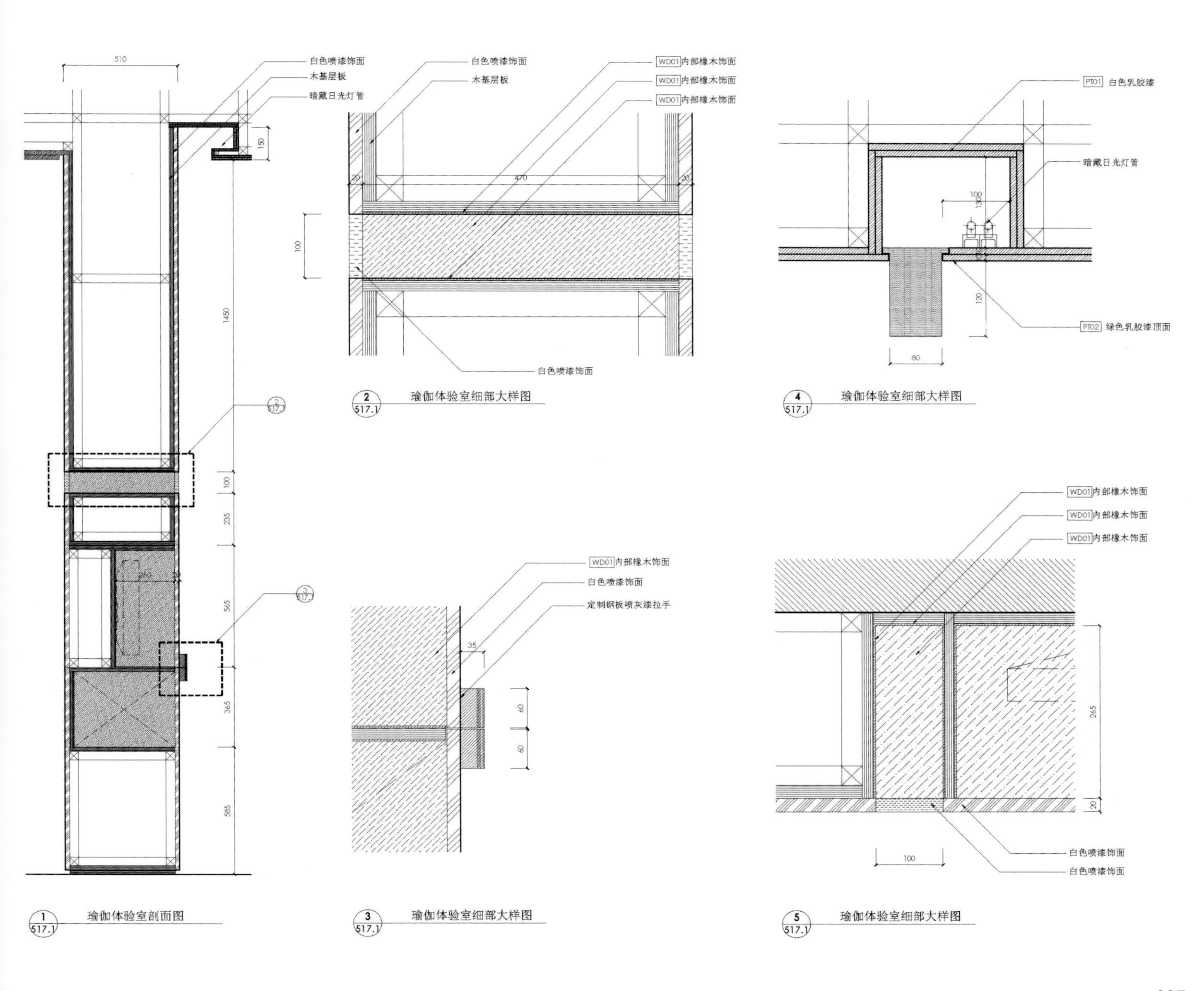

510
白色喷漆饰面
木基层板
暗藏日光灯管
150
1450
100
235
565
365
585
260
1 517.1 瑜伽体验室剖面图
白色喷漆饰面
木基层板
WD01 内部橡木饰面
WD01 内部橡木饰面
WD01 内部橡木饰面
20
470
20
100
白色喷漆饰面
2 517.1 瑜伽体验室细部大样图
PT01 白色乳胶漆
暗藏日光灯管
100
130
120
80
PT02 绿色乳胶漆顶面
4 517.1 瑜伽体验室细部大样图
WD01 内部橡木饰面
白色喷漆饰面
定制钢板喷灰漆拉手
35
60
60
3 517.1 瑜伽体验室细部大样图
WD01 内部橡木饰面
WD01 内部橡木饰面
WD01 内部橡木饰面
265
20
100
白色喷漆饰面
白色喷漆饰面
5 517.1 瑜伽体验室细部大样图

娜鲁湾酒店服务台

设　　计：李玮珉建筑师事务所
工程地点：山东胶南市娜鲁湾大酒店
客户需求：酒店大堂服务台。
方案计划：黑色人造石整体造型，内部抽屉及柜门采用深色铁刀木，拉丝面不锈钢镀黑钛灯具及折板。
用材及细节处理配合空间的整体要求。

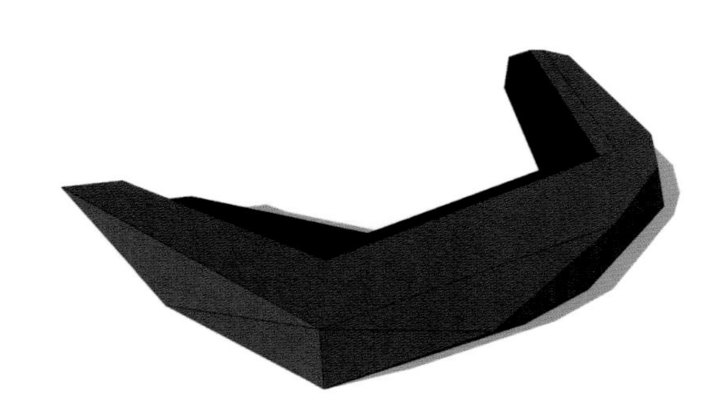

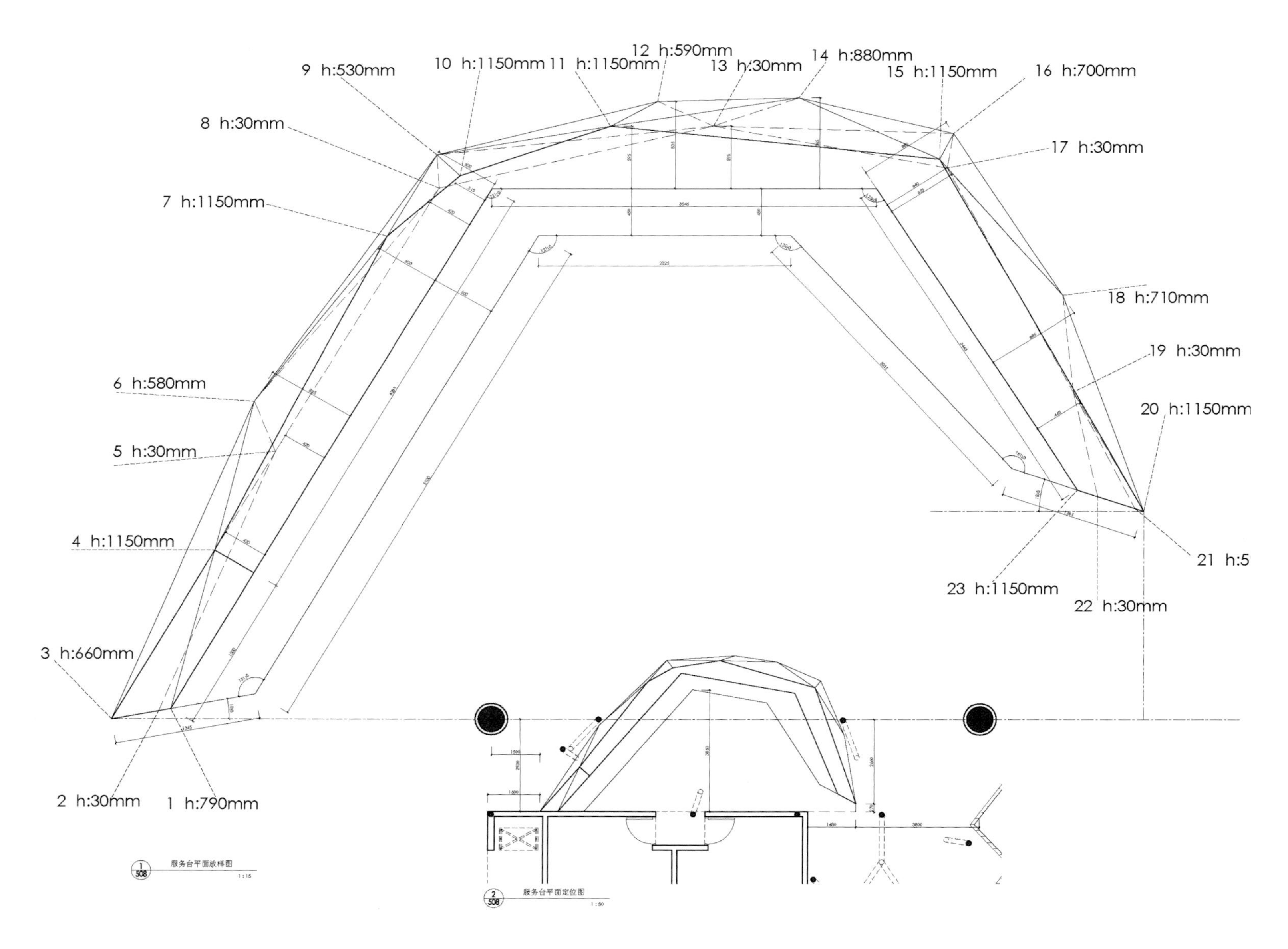

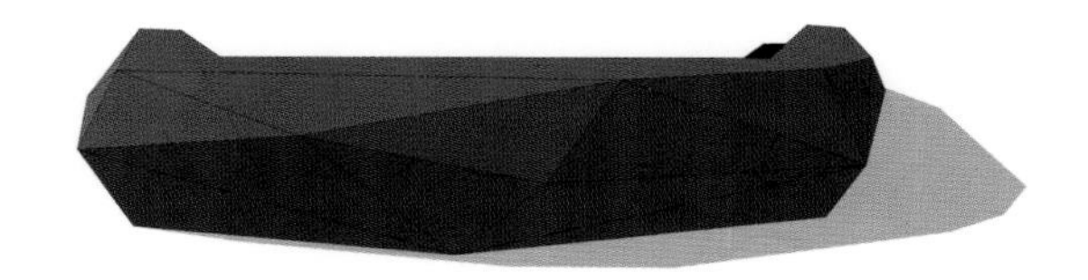

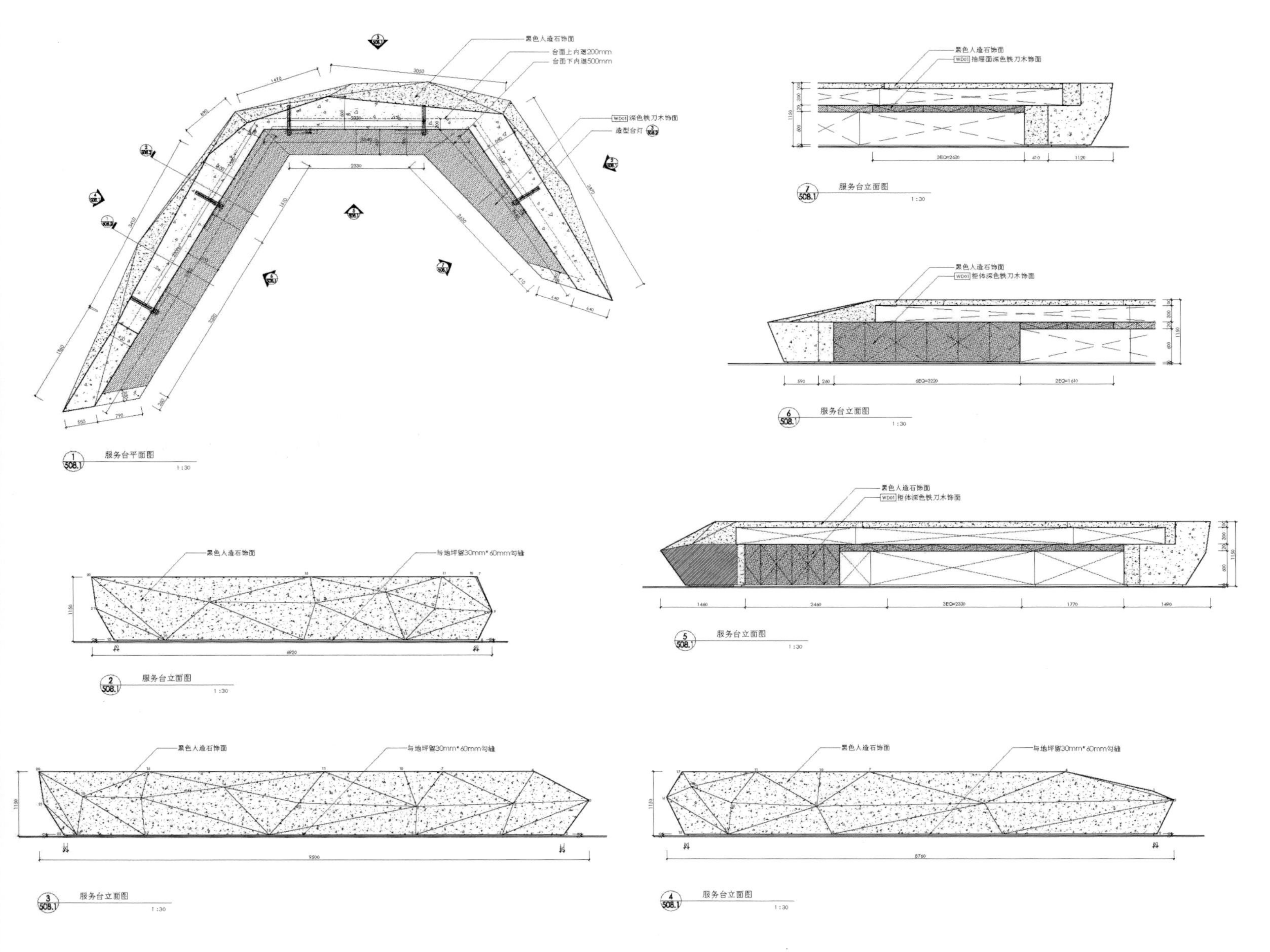
黑色人造石饰面
台面上内退200mm
台面下内退500mm
WD01 深色铁刀木饰面
造型台灯
服务台平面图
1:30
WD01 抽屉面深色铁刀木饰面
服务台立面图
1:30
WD01 柜体深色铁刀木饰面
服务台立面图
1:30
服务台立面图
1:30
与地坪留30mm*60mm勾缝
服务台立面图
1:30
服务台立面图
1:30
服务台立面图
1:30

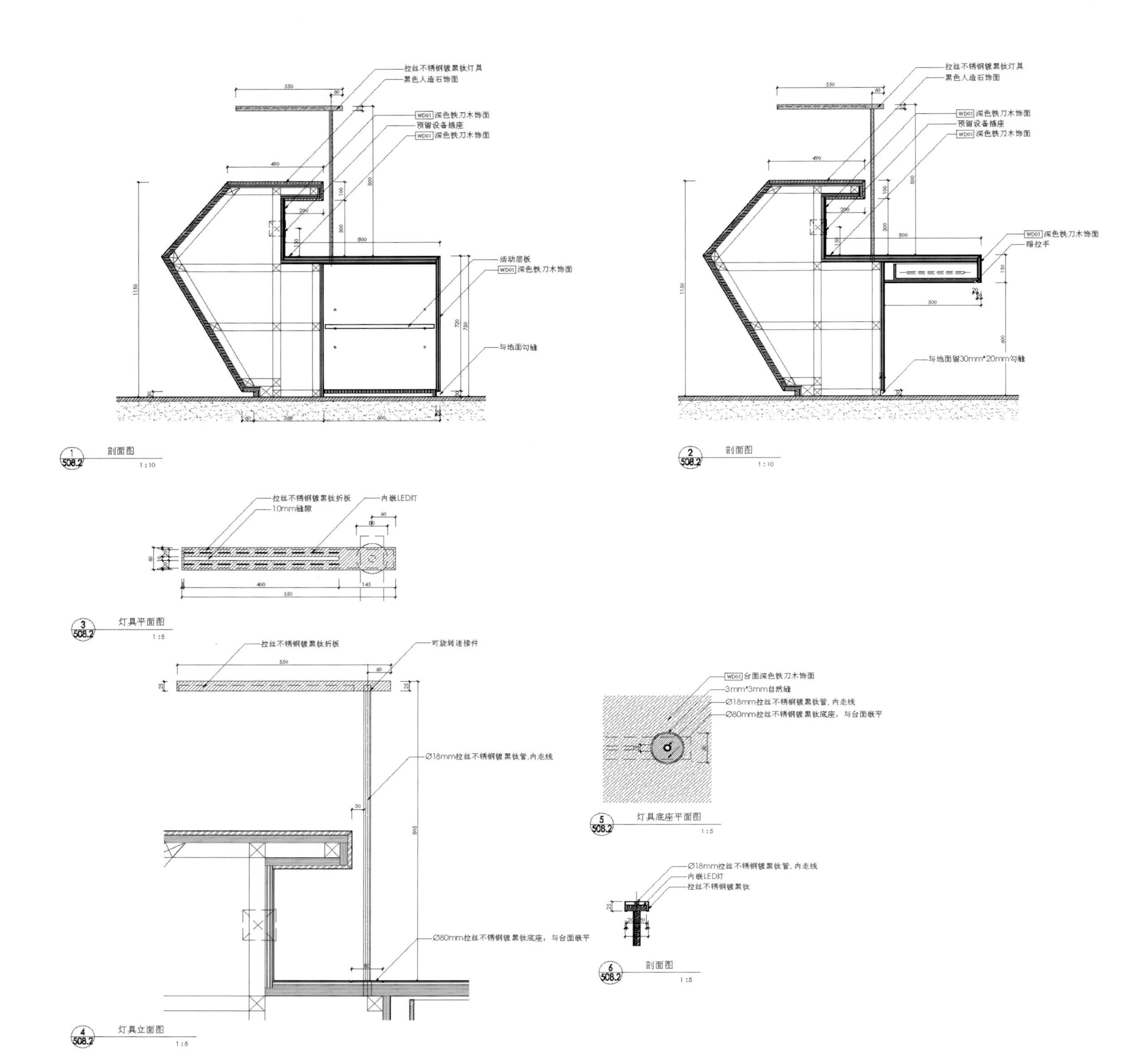
拉丝不锈钢镀黑钛灯具
黑色人造石饰面
WD01 深色铁刀木饰面
预留设备插座
WD01 深色铁刀木饰面
活动层板
WD01 深色铁刀木饰面
与地面勾缝
1 508.2 剖面图 1:10
拉丝不锈钢镀黑钛灯具
黑色人造石饰面
WD01 深色铁刀木饰面
预留设备插座
WD01 深色铁刀木饰面
WD01 深色铁刀木饰面
暗拉手
与地面留30mm*20mm勾缝
2 508.2 剖面图 1:10
拉丝不锈钢镀黑钛折板
10mm缝隙
内嵌LED灯
3 508.2 灯具平面图 1:5
拉丝不锈钢镀黑钛折板
可旋转连接件
Ø18mm拉丝不锈钢镀黑钛管,内走线
Ø80mm拉丝不锈钢镀黑钛底座，与台面嵌平
4 508.2 灯具立面图 1:5
WD01 台面深色铁刀木饰面
3mm*3mm自然缝
Ø18mm拉丝不锈钢镀黑钛管，内走线
Ø80mm拉丝不锈钢镀黑钛底座，与台面嵌平
5 508.2 灯具底座平面图 1:5
Ø18mm拉丝不锈钢镀黑钛管，内走线
内嵌LED灯
拉丝不锈钢镀黑钛
6 508.2 剖面图 1:5

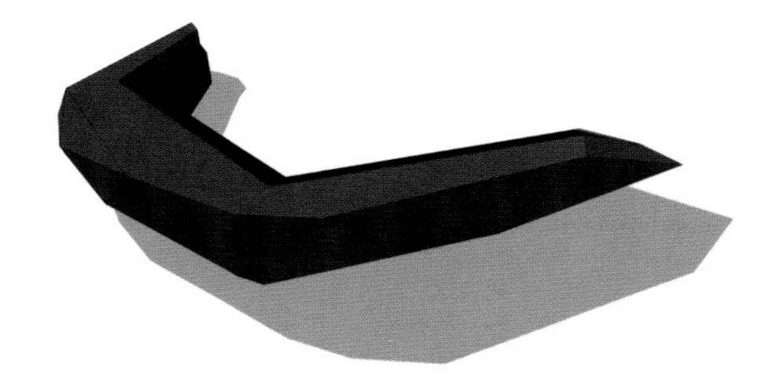

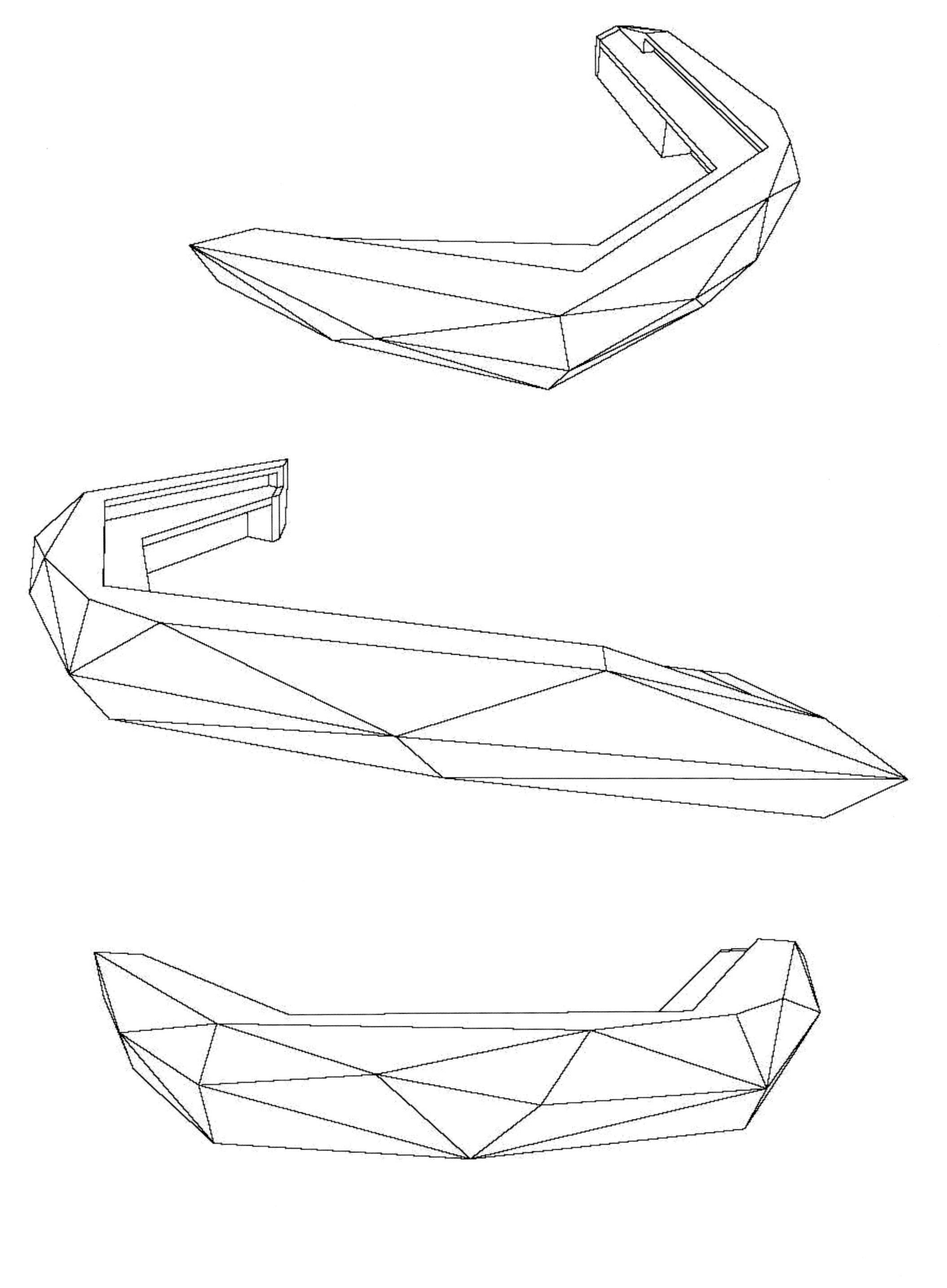

透视图

娜鲁湾酒店天花百叶

设　　计：李玮珉建筑师事务所
工程地点：山东胶南市娜鲁湾大酒店
客户需求：酒店大堂天花采光顶。
方案计划：拉丝面不锈钢镀黑钛，金属百叶，白色氟碳喷漆。 用材及细节处理配合空间的整体要求。

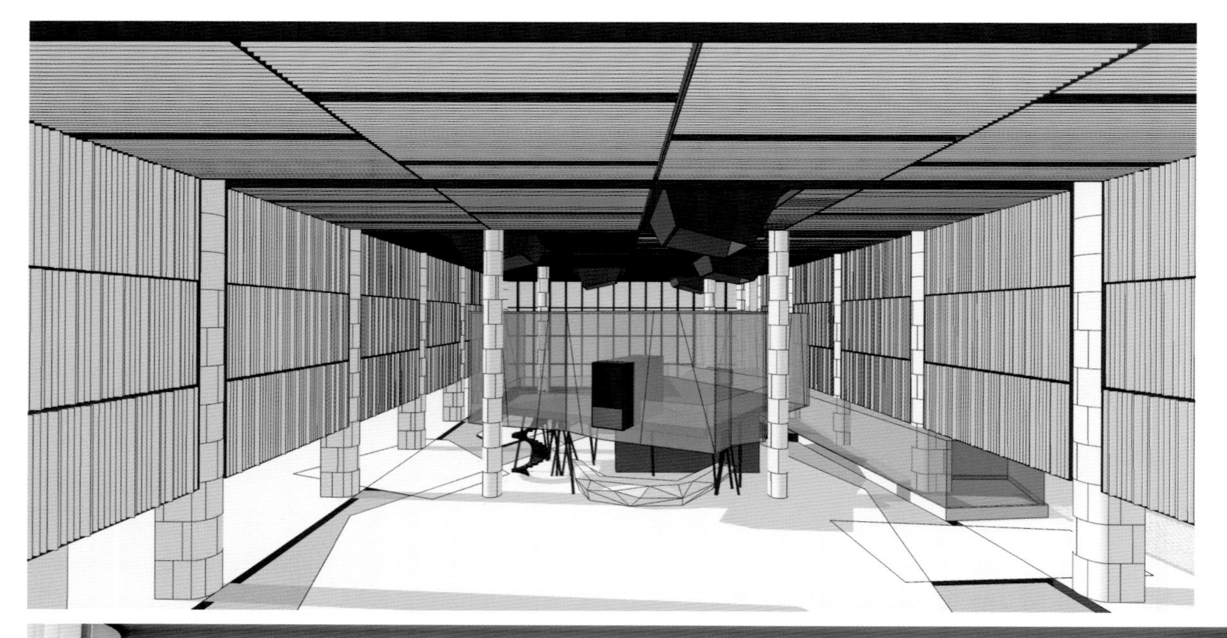

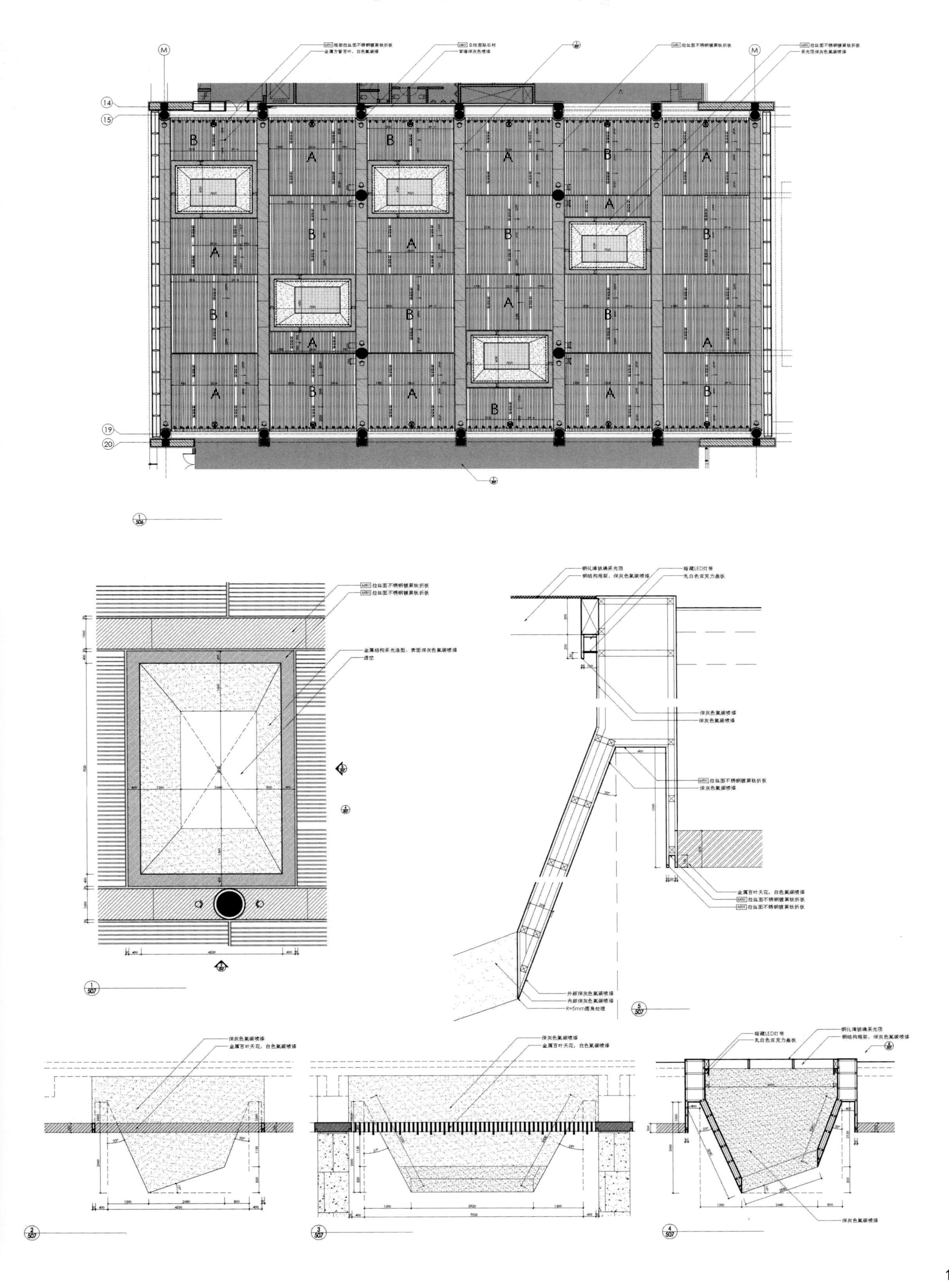
MT01 格栅拉丝面不锈钢镀黑钛折板
金属方管百叶，白色氟碳漆
MB01 立柱面贴石材
背墙深灰色喷漆
MT01 拉丝面不锈钢镀黑钛折板
MT01 拉丝面不锈钢镀黑钛折板
采光顶深灰色氟碳喷漆
M
14
15
19
20
A
B
MT01 拉丝面不锈钢镀黑钛折板
MT01 拉丝面不锈钢镀黑钛折板
金属结构采光造型，表面深灰色氟碳喷漆
透空
钢化清玻璃采光顶
钢结构框架，深灰色氟碳喷漆
暗藏LED灯带
乳白色亚克力盖板
深灰色氟碳喷漆
深灰色氟碳喷漆
MT01 拉丝面不锈钢镀黑钛折板
深灰色氟碳喷漆
金属百叶天花，白色氟碳喷漆
MT01 拉丝面不锈钢镀黑钛折板
MT01 拉丝面不锈钢镀黑钛折板
外部深灰色氟碳喷漆
内部深灰色氟碳喷漆
R=5mm圆角处理
深灰色氟碳喷漆
金属百叶天花，白色氟碳喷漆
深灰色氟碳喷漆
金属百叶天花，白色氟碳喷漆
暗藏LED灯带
乳白色亚克力盖板
钢化清玻璃采光顶
钢结构框架，深灰色氟碳喷漆
深灰色氟碳喷漆

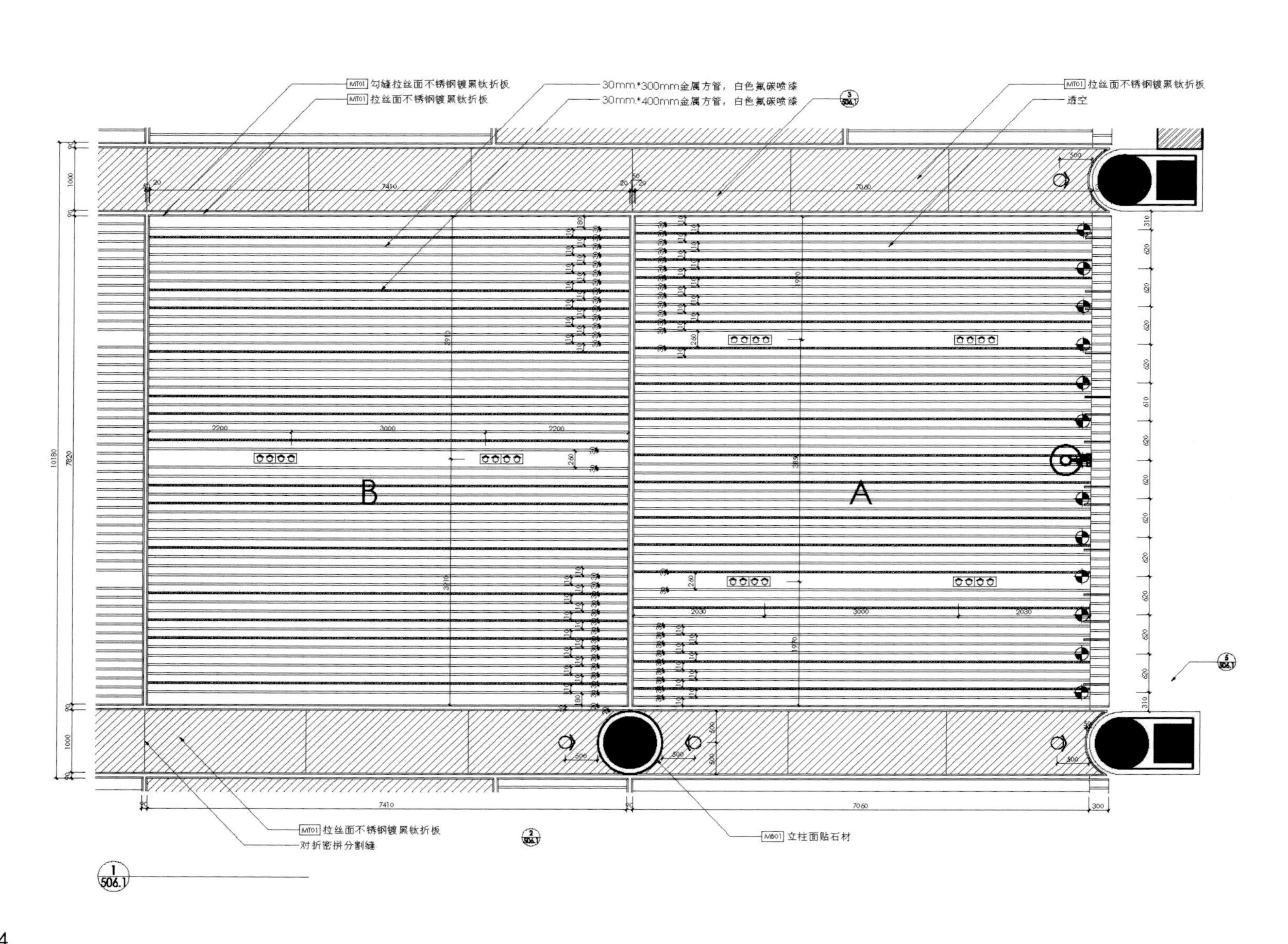
MT01 勾缝拉丝面不锈钢镀黑钛折板
MT01 拉丝面不锈钢镀黑钛折板
30mm.*300mm金属方管，白色氟碳喷漆
30mm.*400mm金属方管，白色氟碳喷漆
MT01 拉丝面不锈钢镀黑钛折板
透空
7410
7060
2200
3000
2030
B
A
10180
7820
1000
MT01 拉丝面不锈钢镀黑钛折板
对折密拼分割缝
MB01 立柱面贴石材
1
506.1

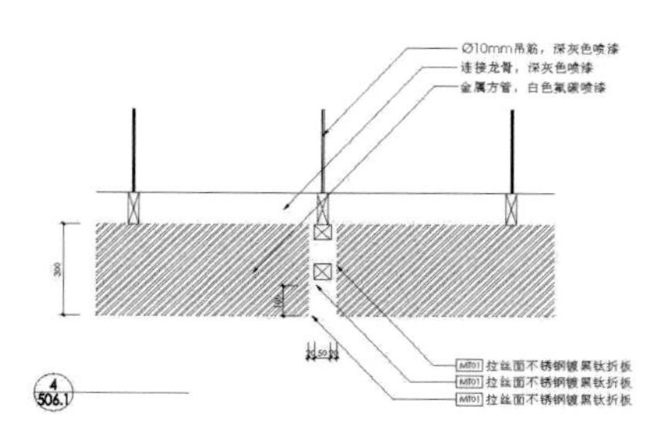

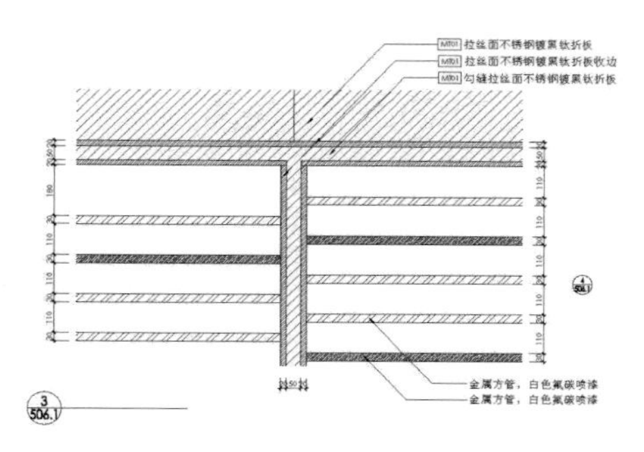

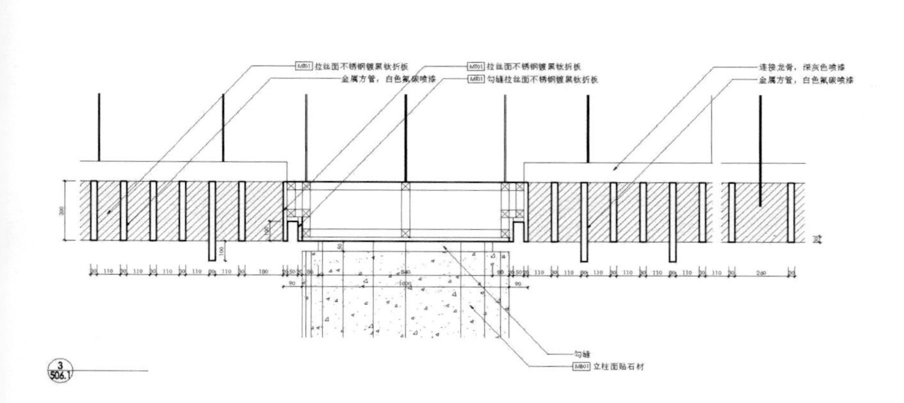

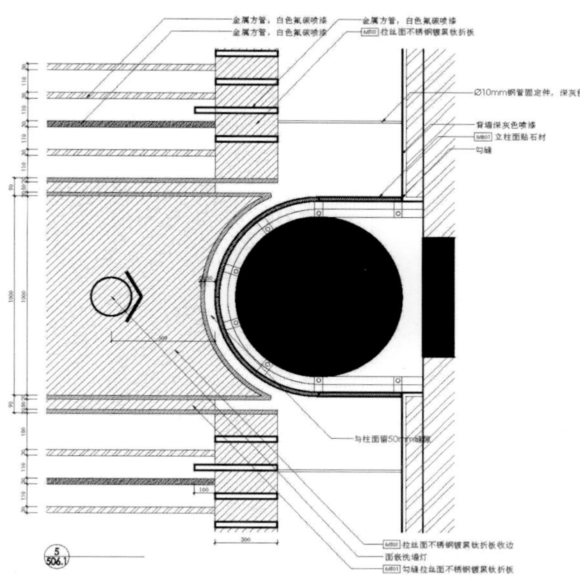

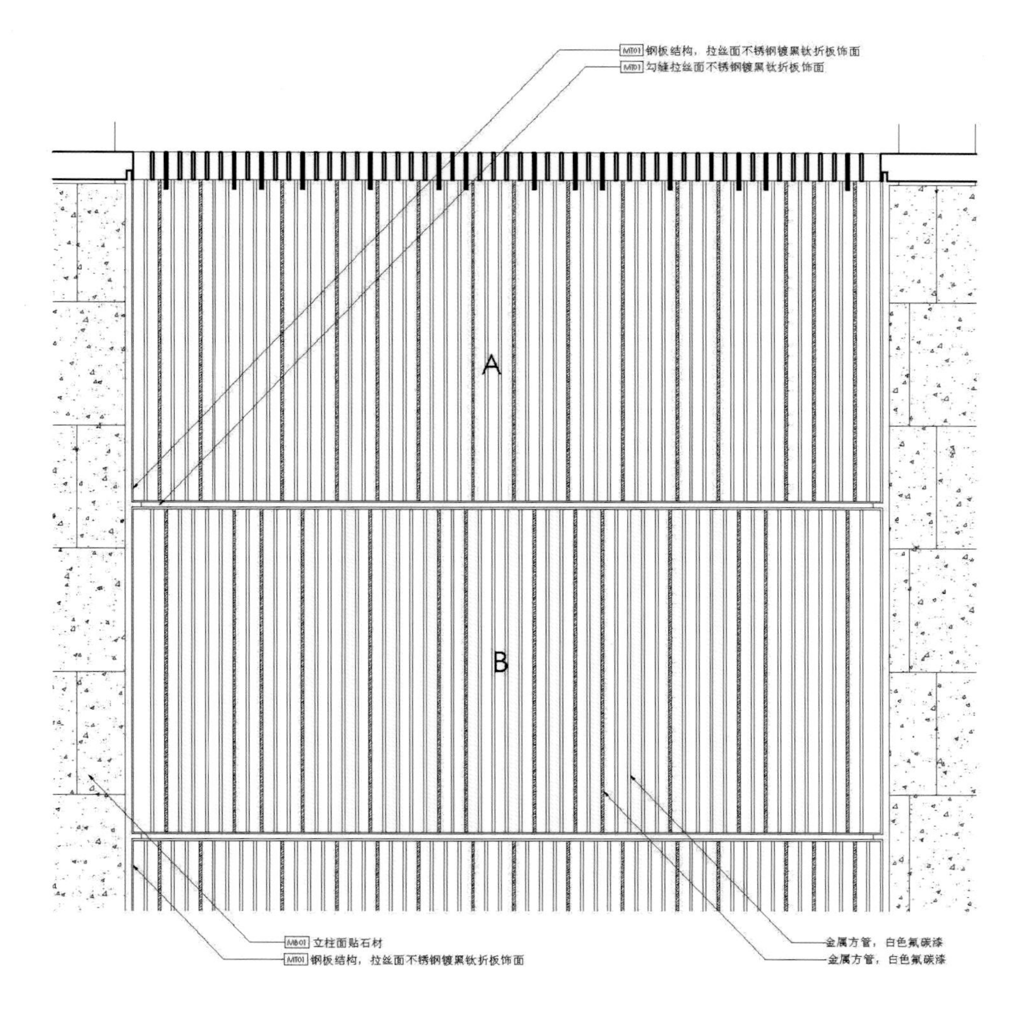
MI01 钢板结构，拉丝面不锈钢镀黑钛折板饰面
MI01 勾缝拉丝面不锈钢镀黑钛折板饰面
A
B
MI01 立柱面贴石材
MI01 钢板结构，拉丝面不锈钢镀黑钛折板饰面
金属方管，白色氟碳漆
金属方管，白色氟碳漆

百叶局部放样图

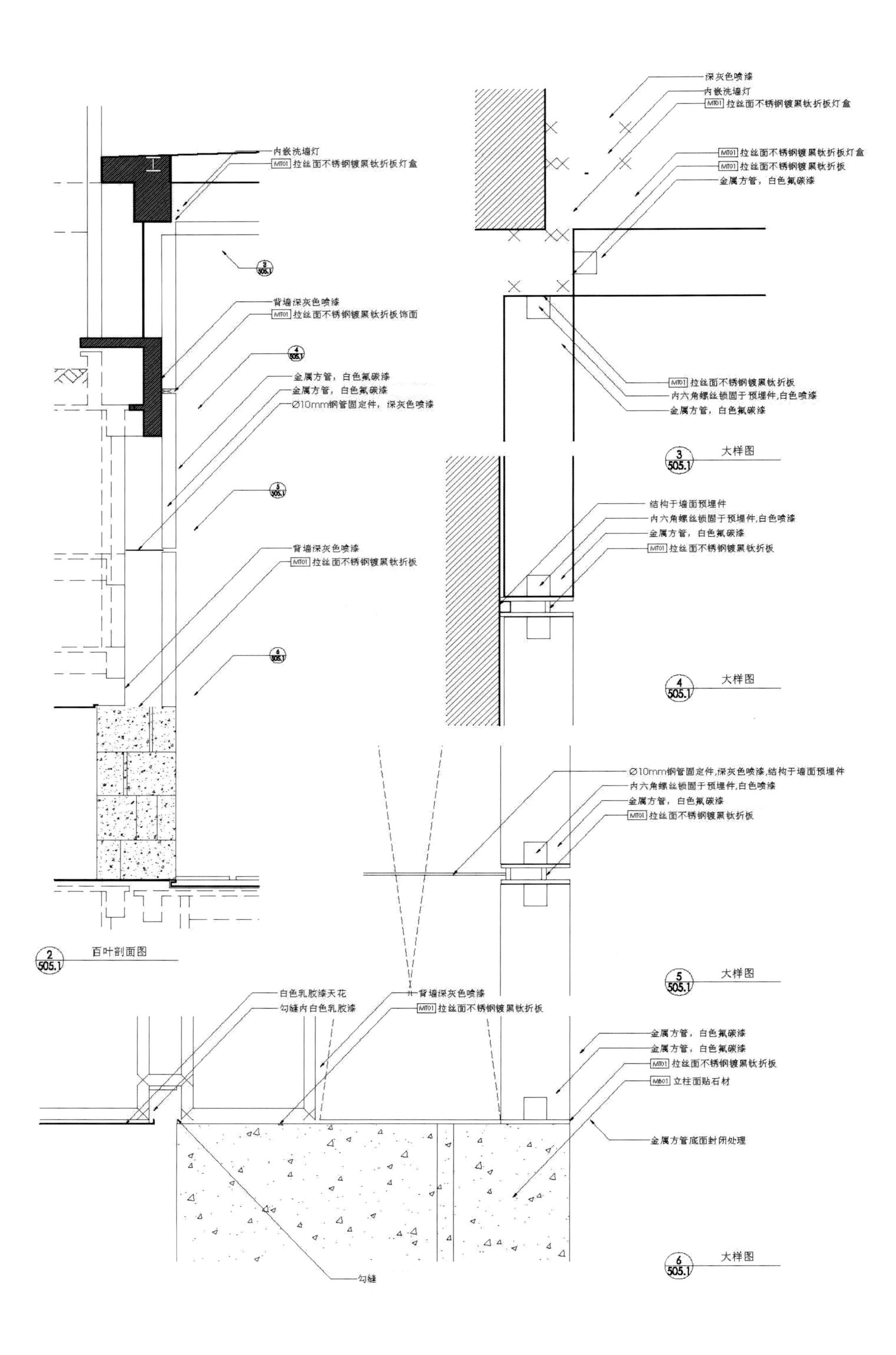
内嵌洗墙灯
MT01 拉丝面不锈钢镀黑钛折板灯盒
背墙深灰色喷漆
MT01 拉丝面不锈钢镀黑钛折板饰面
金属方管，白色氟碳漆
金属方管，白色氟碳漆
Ø10mm钢管固定件，深灰色喷漆
背墙深灰色喷漆
MT01 拉丝面不锈钢镀黑钛折板
2 505.1 百叶剖面图
深灰色喷漆
内嵌洗墙灯
MT01 拉丝面不锈钢镀黑钛折板灯盒
MT01 拉丝面不锈钢镀黑钛折板灯盒
MT01 拉丝面不锈钢镀黑钛折板
金属方管，白色氟碳漆
MT01 拉丝面不锈钢镀黑钛折板
内六角螺丝锁固于预埋件，白色喷漆
金属方管，白色氟碳漆
3 505.1 大样图
结构于墙面预埋件
内六角螺丝锁固于预埋件,白色喷漆
金属方管，白色氟碳漆
MT01 拉丝面不锈钢镀黑钛折板
4 505.1 大样图
Ø10mm钢管固定件,深灰色喷漆,结构于墙面预埋件
内六角螺丝锁固于预埋件,白色喷漆
金属方管，白色氟碳漆
MT01 拉丝面不锈钢镀黑钛折板
5 505.1 大样图
白色乳胶漆天花
勾缝内白色乳胶漆
背墙深灰色喷漆
MT01 拉丝面不锈钢镀黑钛折板
金属方管，白色氟碳漆
金属方管，白色氟碳漆
MT01 拉丝面不锈钢镀黑钛折板
MB01 立柱面贴石材
金属方管底面封闭处理
勾缝
6 505.1 大样图

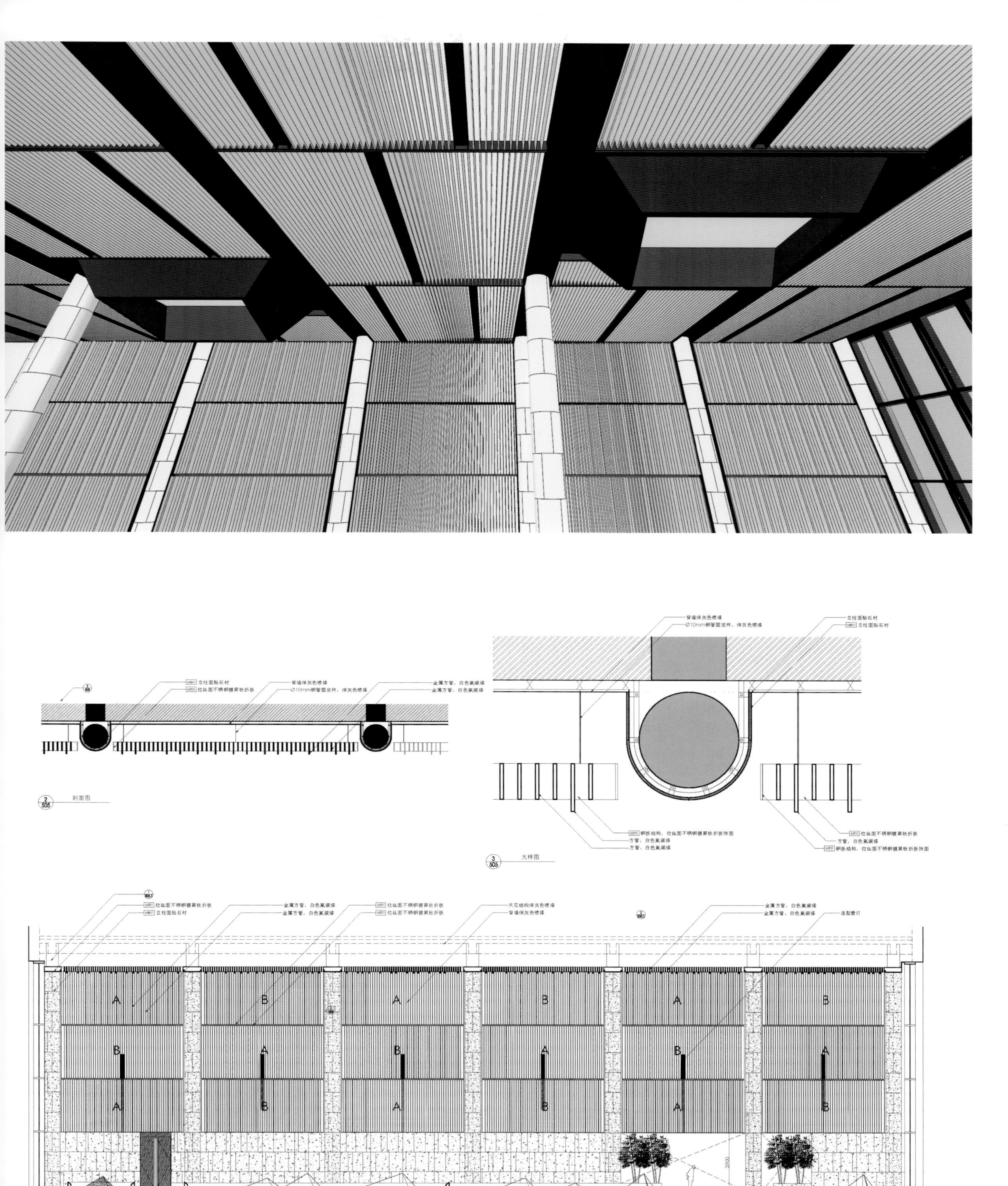

MB01 立柱面贴石材
MT01 拉丝面不锈钢镀黑钛折板
背墙深灰色喷漆
Ø10mm钢管固定件，深灰色喷漆
金属方管，白色氟碳漆
金属方管，白色氟碳漆
2/505 剖面图
背墙深灰色喷漆
Ø10mm钢管固定件，深灰色喷漆
立柱面贴石材
MB01 立柱面贴石材
MT01 钢板结构，拉丝面不锈钢镀黑钛折板饰面
方管，白色氟碳漆
方管，白色氟碳漆
MT01 拉丝面不锈钢镀黑钛折板
方管，白色氟碳漆
MT01 钢板结构，拉丝面不锈钢镀黑钛折板饰面
3/505 大样图
MT01 拉丝面不锈钢镀黑钛折板
MB01 立柱面贴石材
金属方管，白色氟碳漆
金属方管，白色氟碳漆
MT01 拉丝面不锈钢镀黑钛折板
MT01 拉丝面不锈钢镀黑钛折板
天花结构深灰色喷漆
背墙深灰色喷漆
金属方管，白色氟碳漆
金属方管，白色氟碳漆
造型壁灯
A B A B A B
B A B A B A
A B A B A B
1/505 酒店大堂百叶立面图

娜鲁湾公寓标准层休息区

设　　计：李玮珉建筑师事务所

工程地点：山东胶南

客户需求：酒店公寓样板房参观、客户群休息区功能及材质、空间展示区。

缘　　由：将休息区功能引申为超大会客厅的概念，分为休息区、层板展示架两大部分；受天花高度的限制，为了弱化扁宽的拉丝面不锈钢镀黑钛层板展示架，采用深咖啡色皮革、白膜胶合玻璃、深咖啡色铁刀木等几种极富质感的材质，营造多重形式虚实变换的展示空间。

方案计划：拉丝面不锈钢镀黑钛穿透性层板架，皮革，白膜胶合玻璃，深色铁刀木。 通过用材及细节变化的虚实处理，实现空间功能诉求。

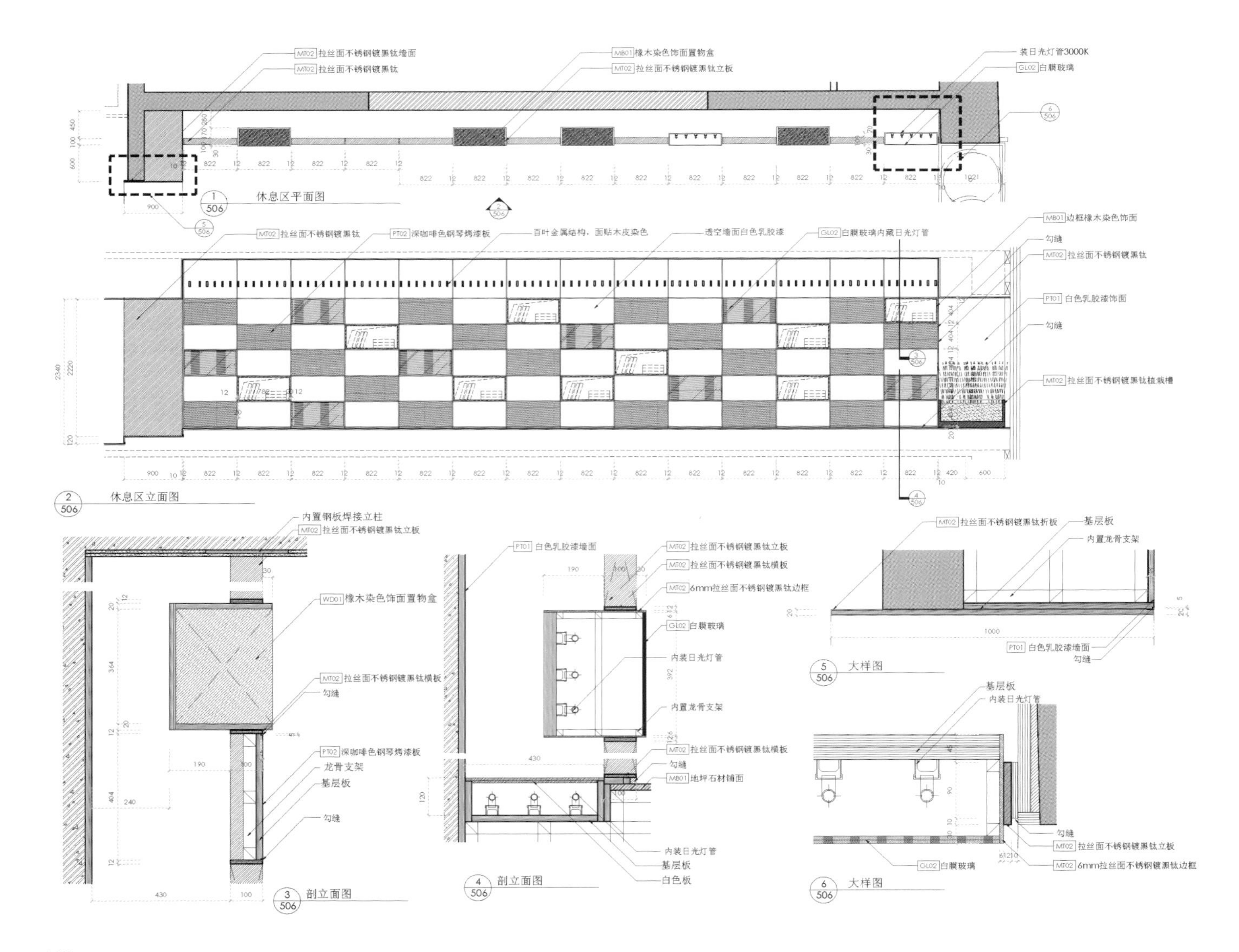

娜鲁湾公寓大堂服务台

设　　计：李玮珉建筑师事务所
工程地点：山东胶南
客户需求：酒店公寓大堂服务台接待功能。
方案计划：圆形米灰色条纹石台面，搭配具有吧台功能的深咖啡色铁刀木台面，将极富质感的拉丝不锈钢镀黑钛作为局部细节强化处理，满足接待功能和吧台功能的多样化使用需求。

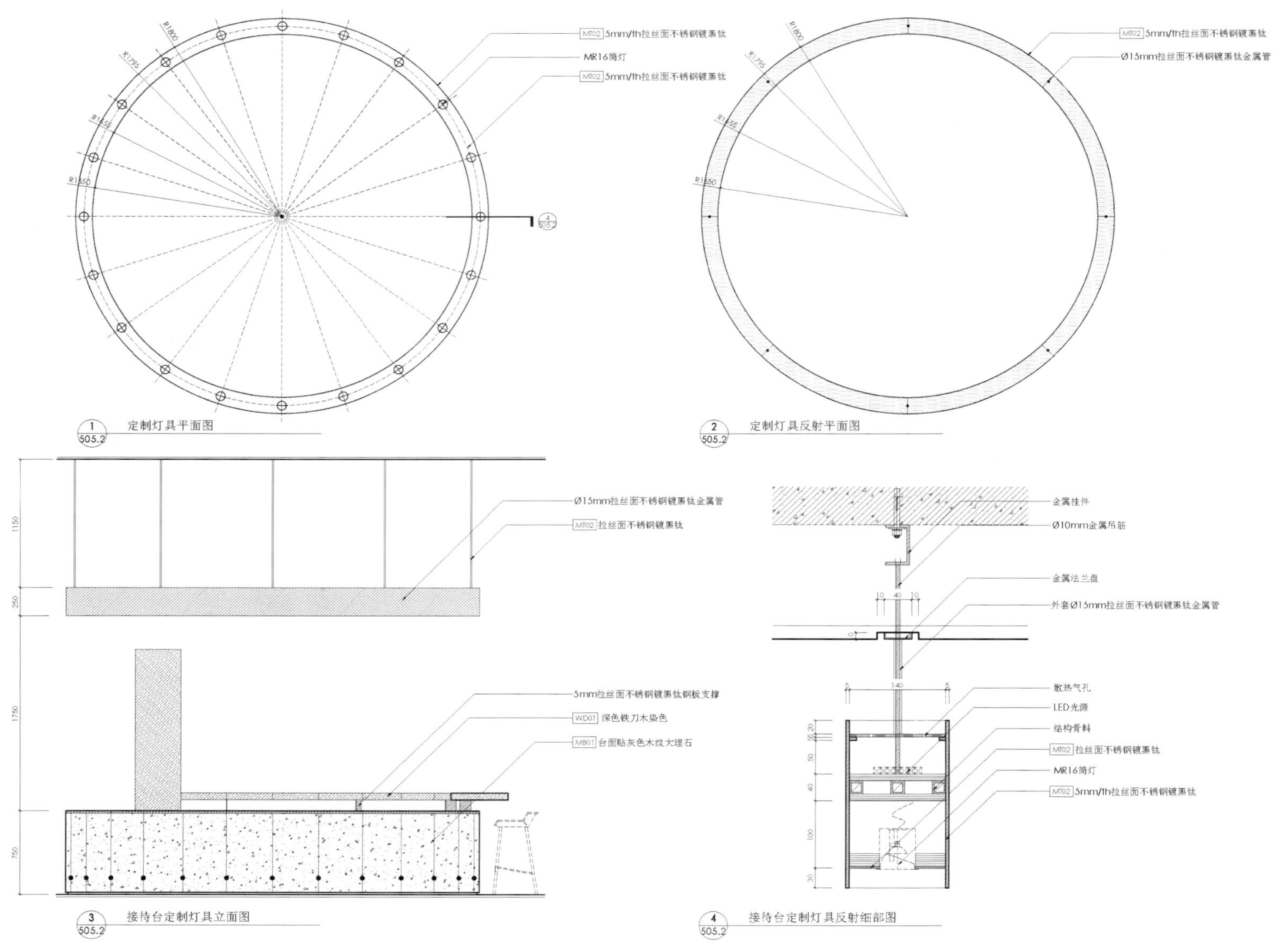

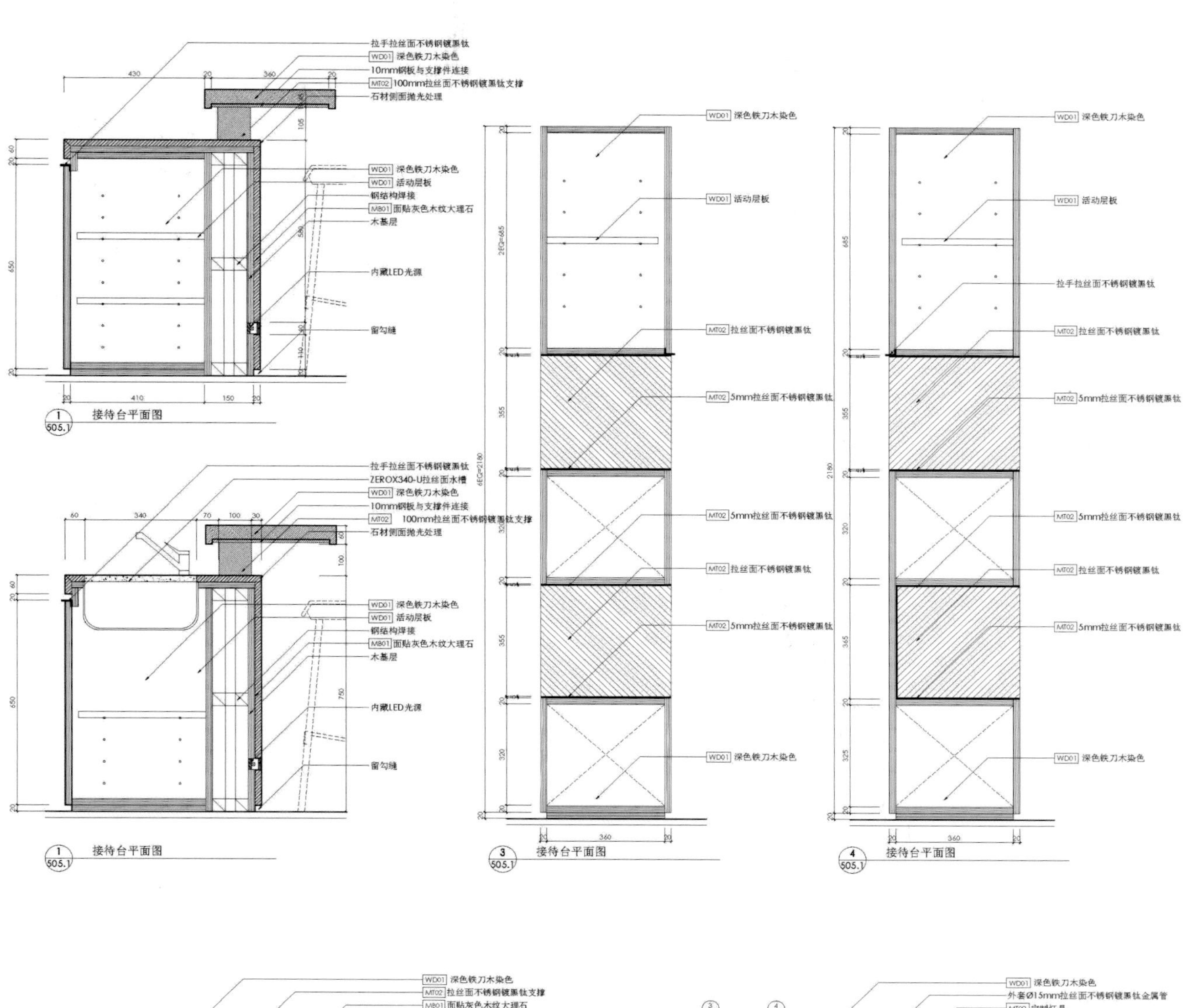

拉手拉丝面不锈钢镀黑钛
WD01 深色铁刀木染色
10mm钢板与支撑件连接
MT02 100mm拉丝面不锈钢镀黑钛支撑
石材侧面抛光处理
WD01 深色铁刀木染色
WD01 活动层板
钢结构焊接
MB01 面贴灰色木纹大理石
木基层
内藏LED光源
留勾缝
接待台平面图
拉手拉丝面不锈钢镀黑钛
ZEROX340-U拉丝面水槽
WD01 深色铁刀木染色
10mm钢板与支撑件连接
MT02 100mm拉丝面不锈钢镀黑钛支撑
石材侧面抛光处理
WD01 深色铁刀木染色
WD01 活动层板
钢结构焊接
MB01 面贴灰色木纹大理石
木基层
内藏LED光源
留勾缝
接待台平面图
WD01 深色铁刀木染色
WD01 活动层板
MT02 拉丝面不锈钢镀黑钛
MT02 5mm拉丝面不锈钢镀黑钛
MT02 5mm拉丝面不锈钢镀黑钛
MT02 拉丝面不锈钢镀黑钛
MT02 5mm拉丝面不锈钢镀黑钛
WD01 深色铁刀木染色
接待台平面图
WD01 深色铁刀木染色
WD01 活动层板
拉手拉丝面不锈钢镀黑钛
MT02 拉丝面不锈钢镀黑钛
MT02 5mm拉丝面不锈钢镀黑钛
MT02 5mm拉丝面不锈钢镀黑钛
MT02 拉丝面不锈钢镀黑钛
MT02 5mm拉丝面不锈钢镀黑钛
WD01 深色铁刀木染色
接待台平面图

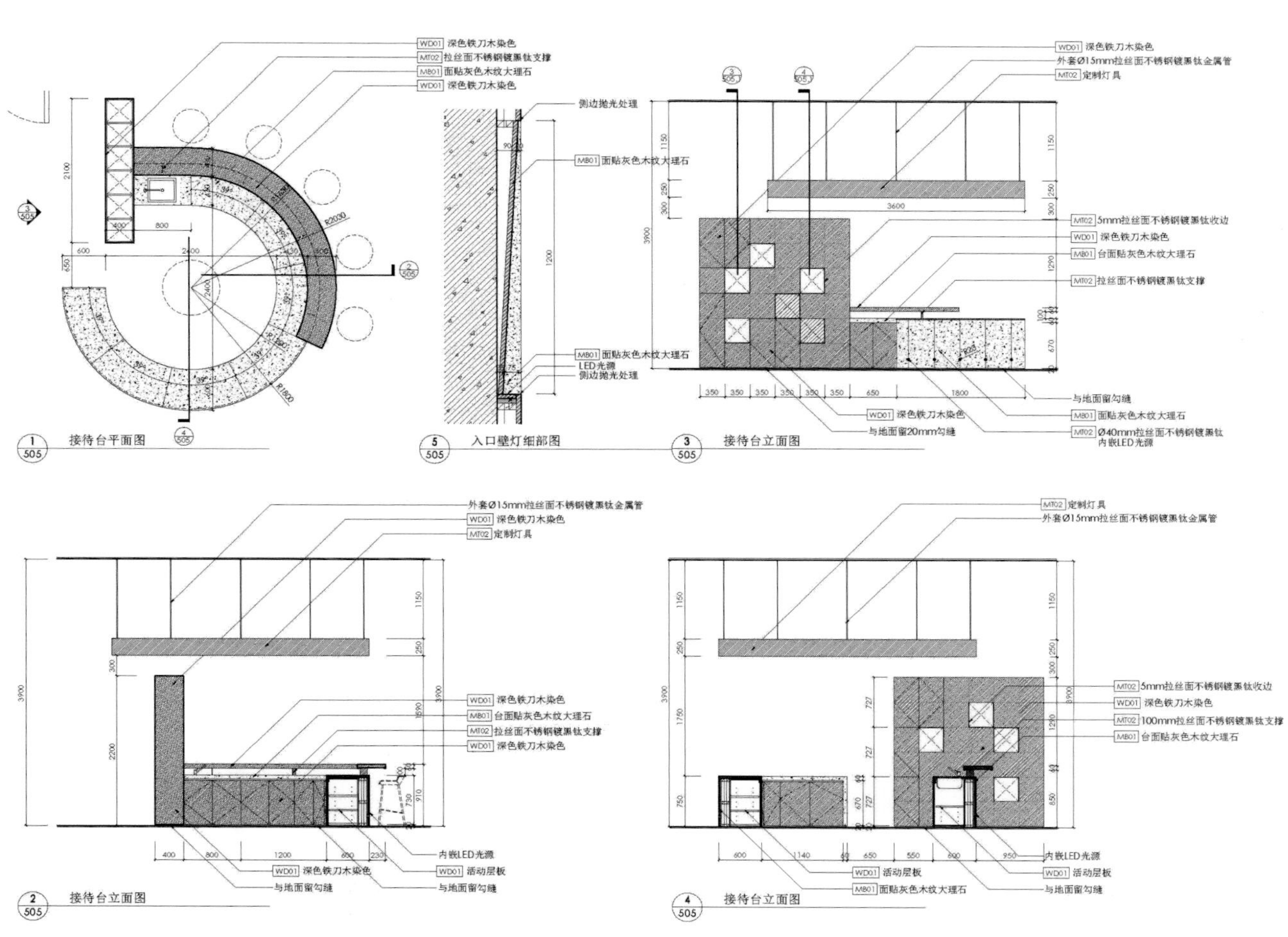

WD01 深色铁刀木染色
MT02 拉丝面不锈钢镀黑钛支撑
MB01 面贴灰色木纹大理石
WD01 深色铁刀木染色
接待台平面图
侧边抛光处理
MB01 面贴灰色木纹大理石
MB01 面贴灰色木纹大理石
LED光源
侧边抛光处理
入口壁灯细部图
WD01 深色铁刀木染色
外套Ø15mm拉丝面不锈钢镀黑钛金属管
MT02 定制灯具
MT02 5mm拉丝面不锈钢镀黑钛收边
WD01 深色铁刀木染色
MB01 台面贴灰色木纹大理石
MT02 拉丝面不锈钢镀黑钛支撑
与地面留勾缝
MB01 面贴灰色木纹大理石
MT02 Ø40mm拉丝面不锈钢镀黑钛
内嵌LED光源
WD01 深色铁刀木染色
与地面留20mm勾缝
接待台立面图
外套Ø15mm拉丝面不锈钢镀黑钛金属管
WD01 深色铁刀木染色
MT02 定制灯具
WD01 深色铁刀木染色
MB01 台面贴灰色木纹大理石
MT02 拉丝面不锈钢镀黑钛支撑
WD01 深色铁刀木染色
内嵌LED光源
WD01 深色铁刀木染色
WD01 活动层板
与地面留勾缝
与地面留勾缝
接待台立面图
MT02 定制灯具
外套Ø15mm拉丝面不锈钢镀黑钛金属管
MT02 5mm拉丝面不锈钢镀黑钛收边
WD01 深色铁刀木染色
MT02 100mm拉丝面不锈钢镀黑钛支撑
MB01 台面贴灰色木纹大理石
内嵌LED光源
WD01 活动层板
WD01 活动层板
MB01 面贴灰色木纹大理石
与地面留勾缝
接待台立面图

娜鲁湾公寓大堂百叶

设　　计：李玮珉建筑师事务所

工程地点：山东胶南

客户需求：酒店住宅公寓大堂主要墙面、天花。

方案计划：利用大面积的深咖啡色铁刀木铝转印百叶的有序排列，从墙面到顶面再到墙面的重复使用，形成了光线和空间的相互穿透性，给人沉稳、内敛的空间感受。

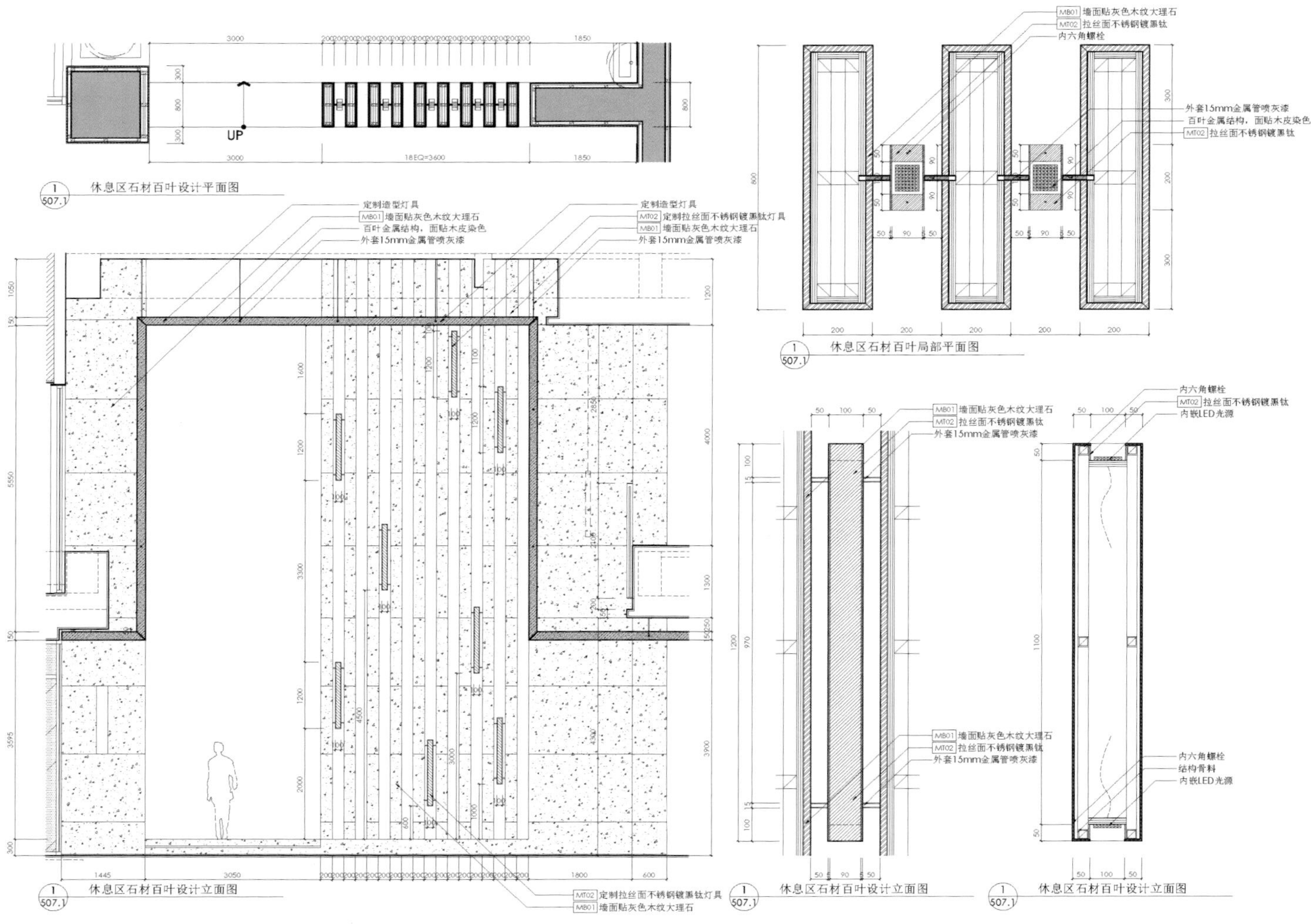

休息区石材百叶设计平面图

休息区石材百叶局部平面图

休息区石材百叶设计立面图

休息区石材百叶设计立面图

休息区石材百叶设计立面图

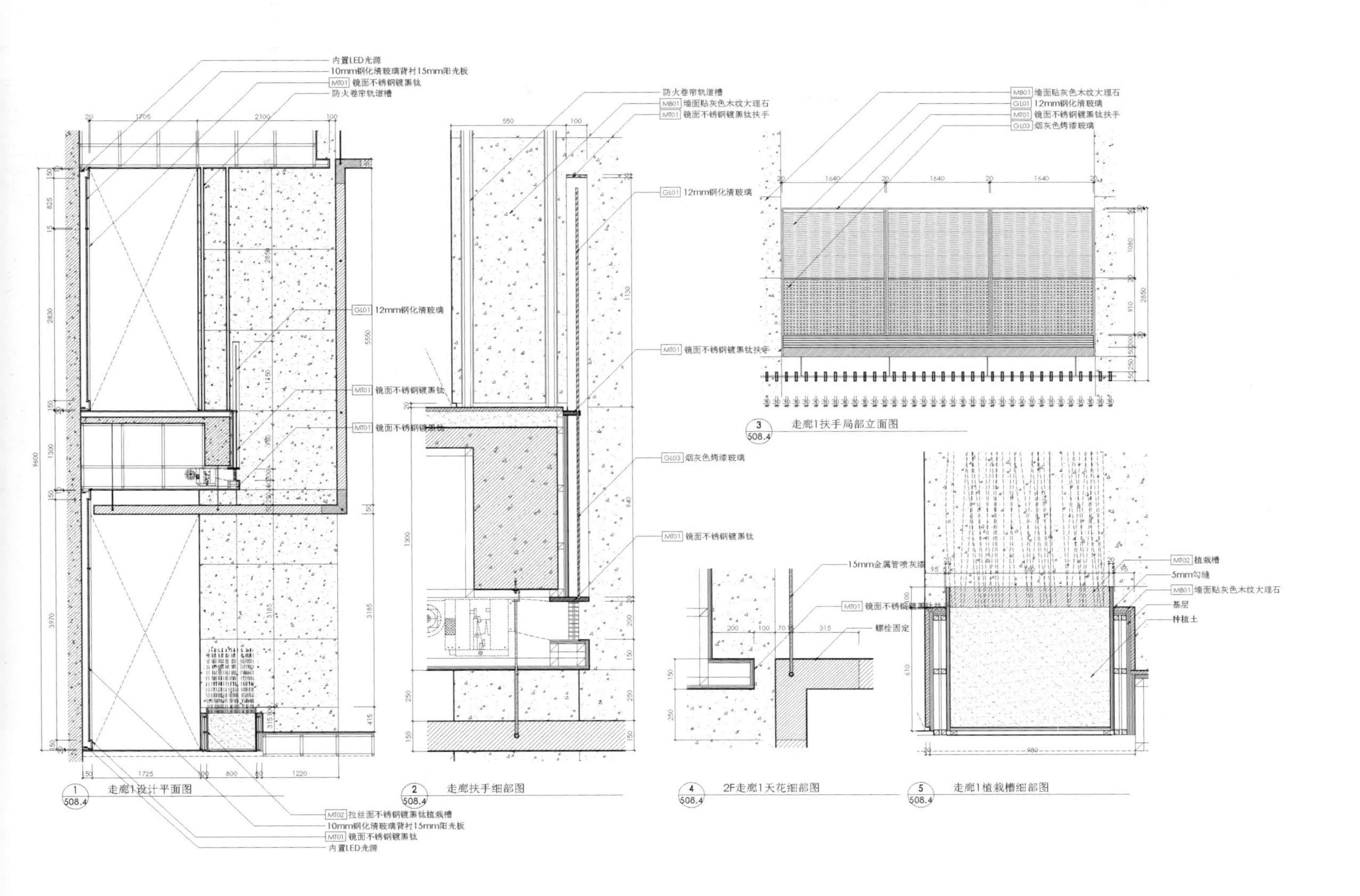
内置LED光源
10mm钢化清玻璃背衬15mm阳光板
MT01 镜面不锈钢镀黑钛
防火卷帘轨道槽
GL01 12mm钢化清玻璃
MT01 镜面不锈钢镀黑钛
MT01 镜面不锈钢镀黑钛
1 508.4 走廊1设计平面图
MT02 拉丝面不锈钢镀黑钛植栽槽
10mm钢化清玻璃背衬15mm阳光板
MT01 镜面不锈钢镀黑钛
内置LED光源
防火卷帘轨道槽
MB01 墙面贴灰色木纹大理石
MT01 镜面不锈钢镀黑钛扶手
GL01 12mm钢化清玻璃
MT01 镜面不锈钢镀黑钛扶手
GL03 烟灰色烤漆玻璃
MT01 镜面不锈钢镀黑钛
2 508.4 走廊扶手细部图
MB01 墙面贴灰色木纹大理石
GL01 12mm钢化清玻璃
MT01 镜面不锈钢镀黑钛扶手
GL03 烟灰色烤漆玻璃
3 508.4 走廊1扶手局部立面图
15mm金属管喷灰漆
MT01 镜面不锈钢镀黑钛扶手
螺栓固定
4 508.4 2F走廊1天花细部图
MT02 植栽槽
5mm勾缝
MB01 墙面贴灰色木纹大理石
基层
种植土
5 508.4 走廊1植栽槽细部图

娜鲁湾公寓定制灯具

设　　计：李玮珉建筑师事务所
工程地点：山东胶南
客户需求：休息区照明功能。
方案计划：各种大小不同的球形吊灯透过白色软膜穿透出来，经过顶板镜面的折射，透过黑色镀钛不锈钢板的冰裂纹灯罩，呈现出戏剧性并富有韵味的光感空间。

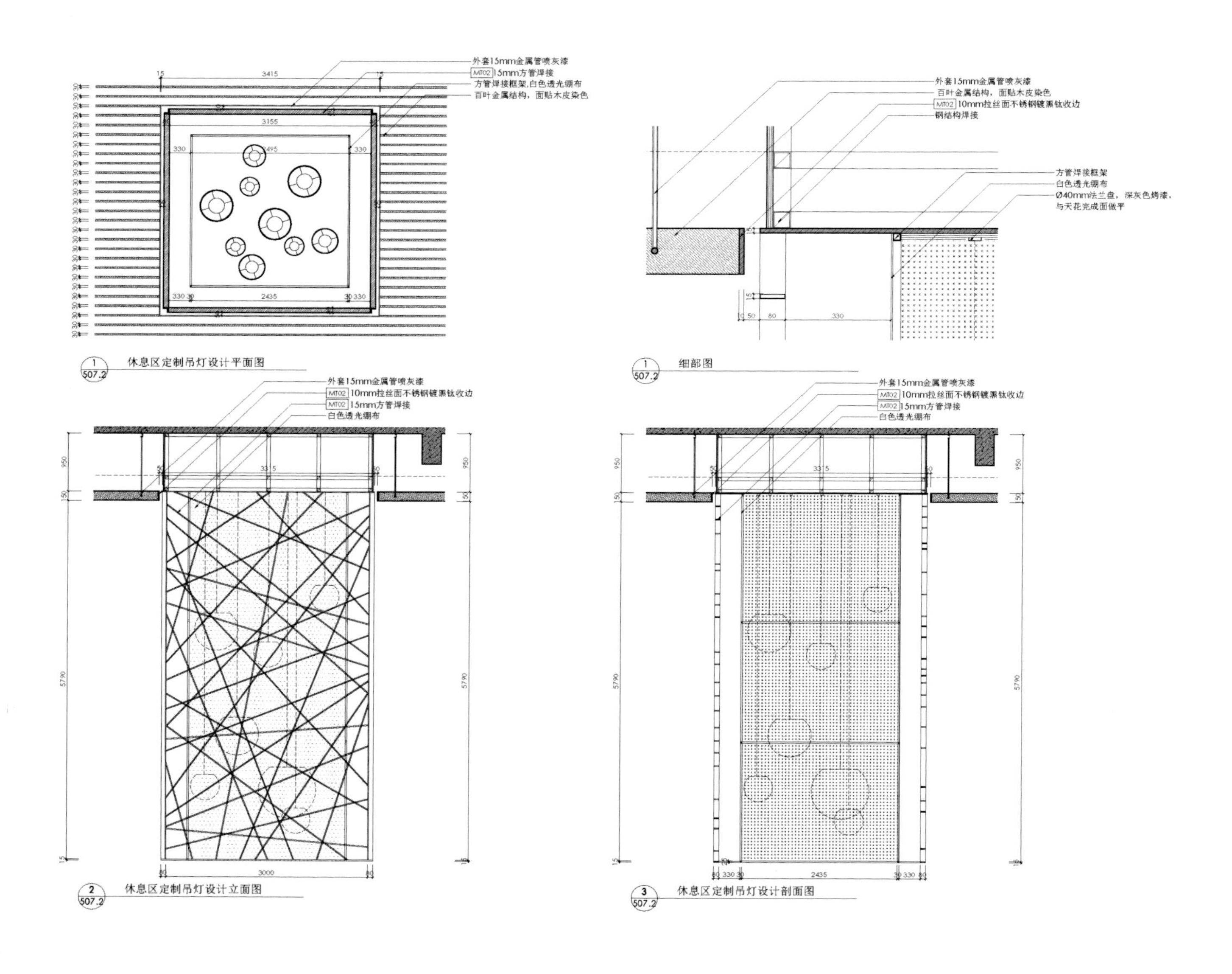

灵山会所

设　　计：上海HKG建筑咨询有限公司
工程地点：上海灵山上海办事处
客户需求：室内墙面需保持整体协调性，但在需要时要有电视及音响功能。
缘　　由：为保证墙面的整体协调性，在不需要电视及音响系统时需对其进行隐藏。在需要时，在不破坏整体性的前提下出现电视机、暗藏音响，但不影响音响效果。
方案计划：中间移门采用巴士移门隐形轨道，关闭时则形成整体墙面，隐藏电视机，而两侧音响则根据确认的最终设备尺寸，预留适度空间，空间内四周刷成黑色，外饰面软包采用对音效影响较小且达到一定密度的材料，于音响处去掉底板。

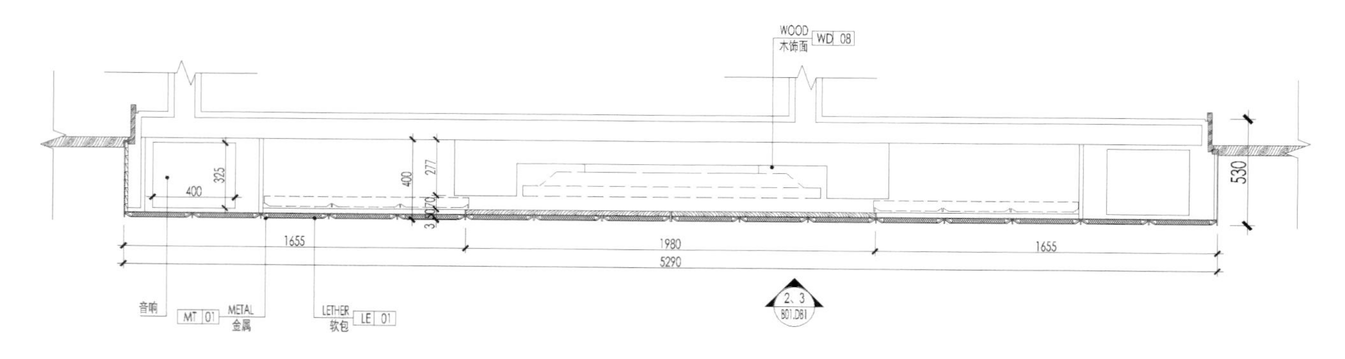

① 一层餐厅电视柜平面图　1:20

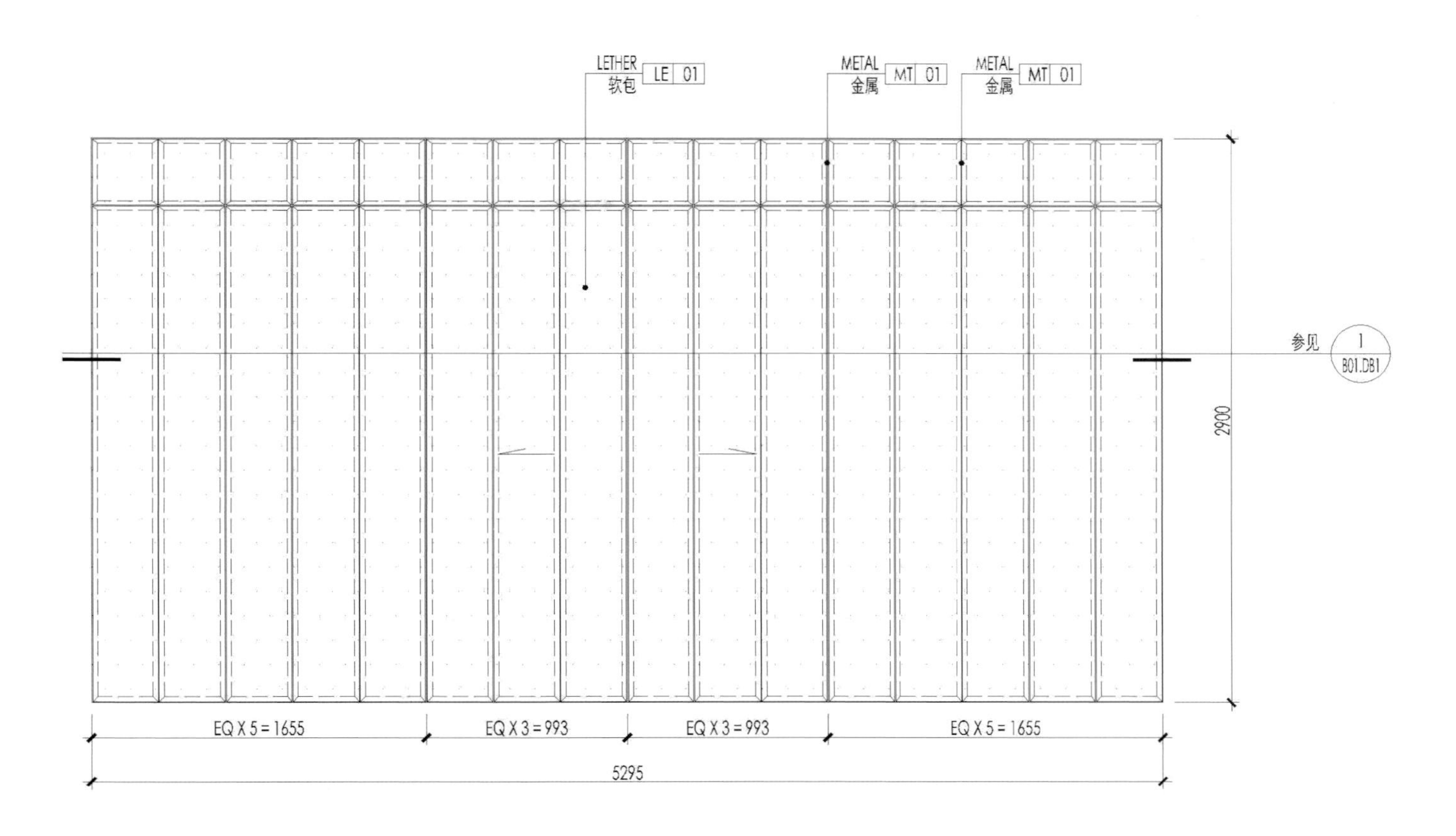

② 一层餐厅电视柜立面图（关闭状态） 1:30

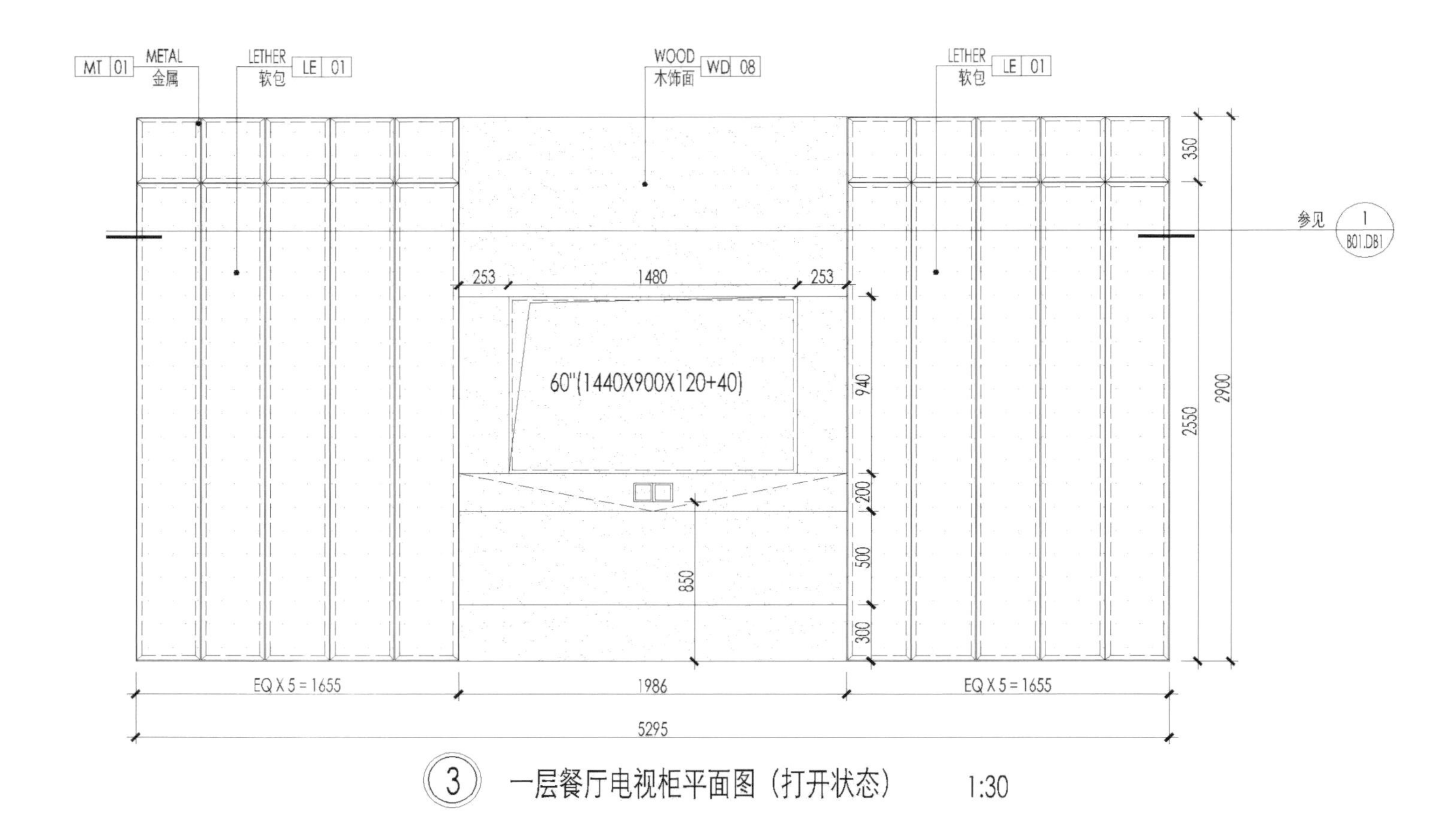

3 一层餐厅电视柜平面图（打开状态） 1:30

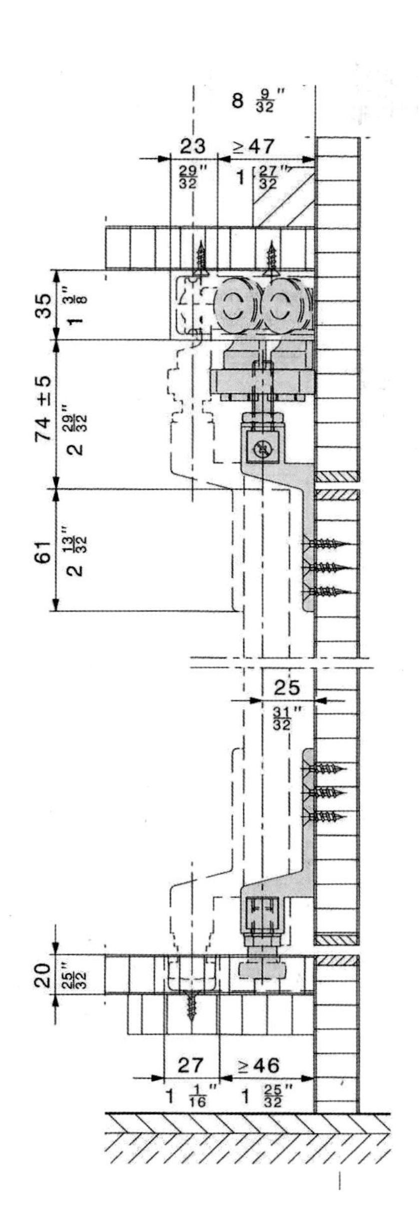

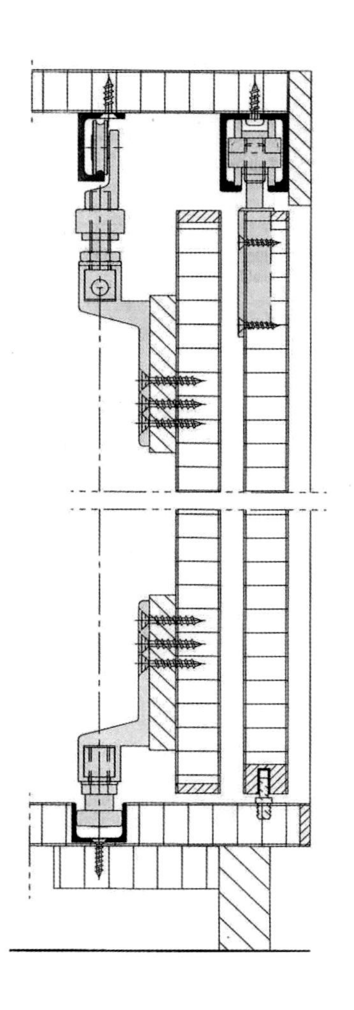

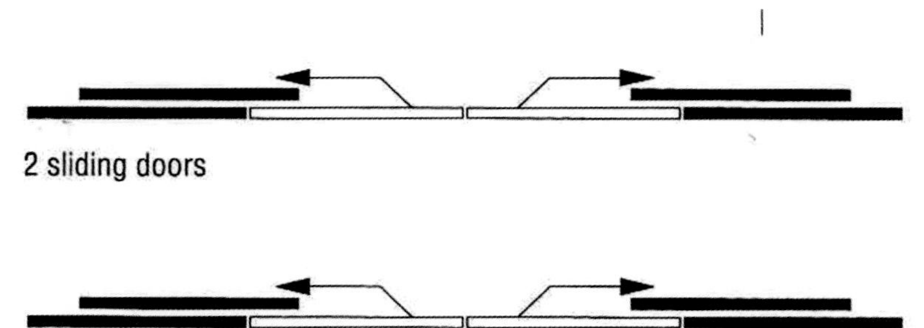

2 sliding doors

4 sliding doors

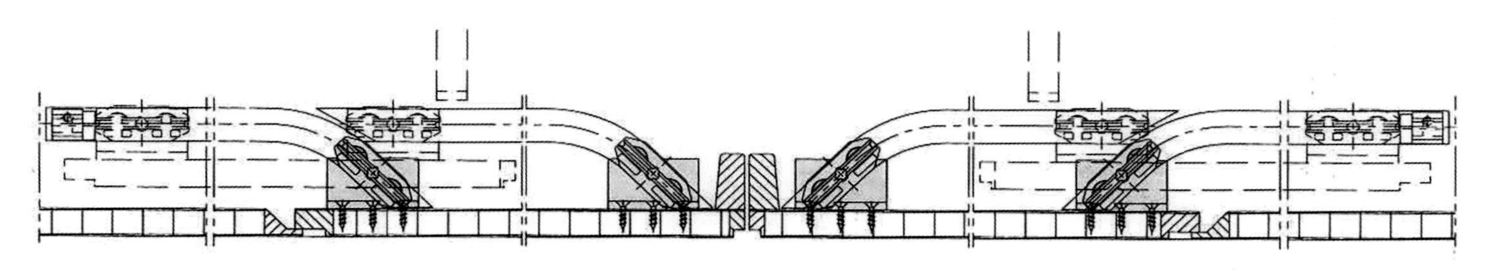

灵山精舍

设　　计：上海HKG建筑咨询有限公司

工程地点：江苏无锡灵山精舍

客户需求：以“竹”为主题，打造具有特色的空间。

缘　　由：为突出主题，除了墙面、地面、顶面等的常用竹制材料外，更以竹为原材料定制家具、吊灯、壁灯等配饰，打造竹的空间。

方案计划：室内墙面以竹为装饰材料，其中灯具根据所选光源尺寸选取粗细适度的竹节，且竹节需做防火处理，在家具用材上，主要承重的桌角和椅角使用实木并仿制成竹节样式，既保证家具的稳固性，又可达到效果的统一。

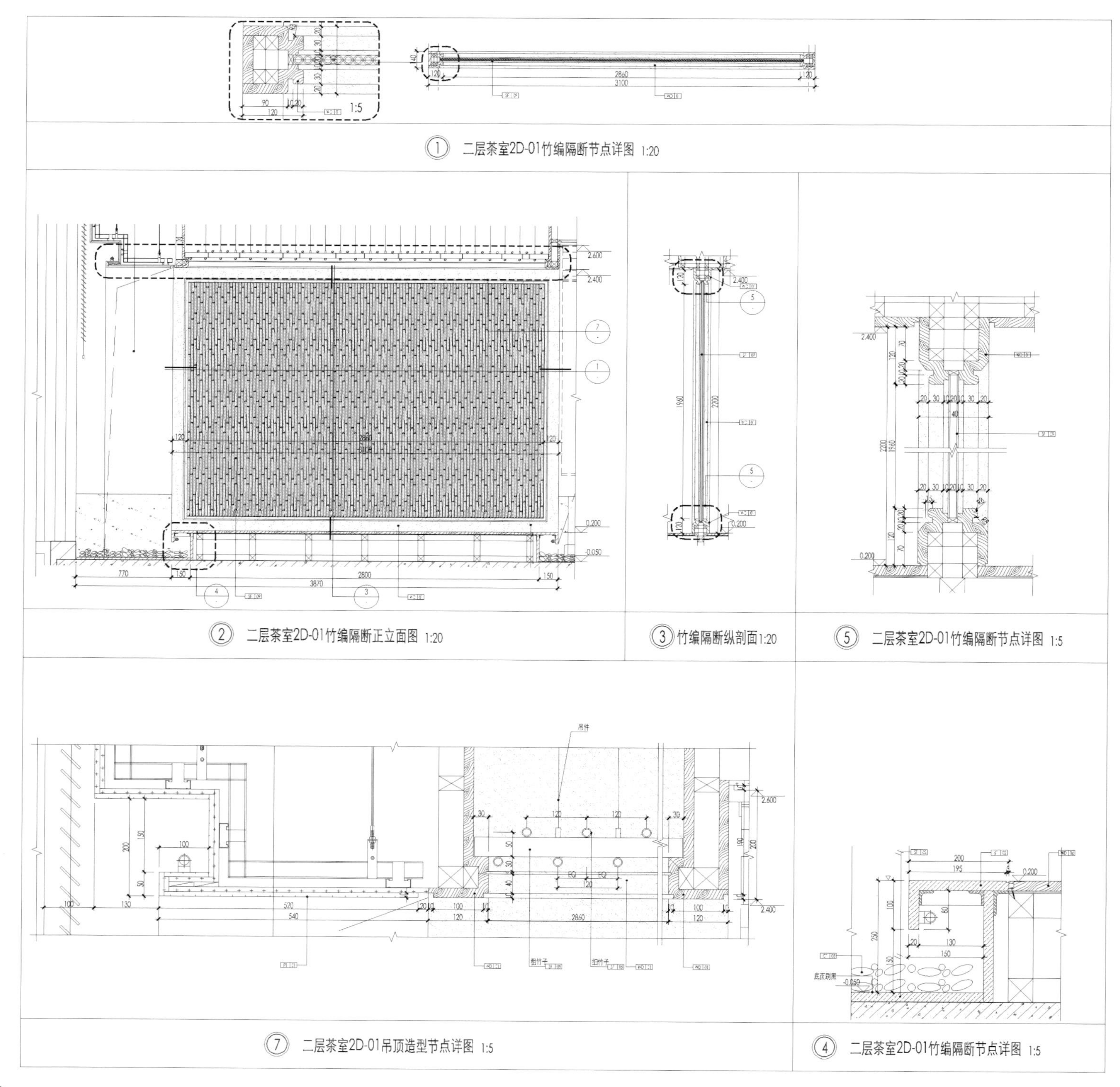

① 二层茶室2D-01竹编隔断节点详图 1:20

② 二层茶室2D-01竹编隔断正立面图 1:20

③ 竹编隔断纵剖面1:20

⑤ 二层茶室2D-01竹编隔断节点详图 1:5

⑦ 二层茶室2D-01吊顶造型节点详图 1:5

④ 二层茶室2D-01竹编隔断节点详图 1:5

洲际酒店泳池

设　　计：上海HKG建筑咨询有限公司
工程地点：上海世博洲际酒店
客户需求：分隔大小泳池。
缘　　由：既分隔大小泳池，又不造成完全遮蔽。
方案计划：5片局部磨砂玻璃，玻璃间距5 cm以上，叠加安装，移动观赏时能产生多层图案相互变化的效果。

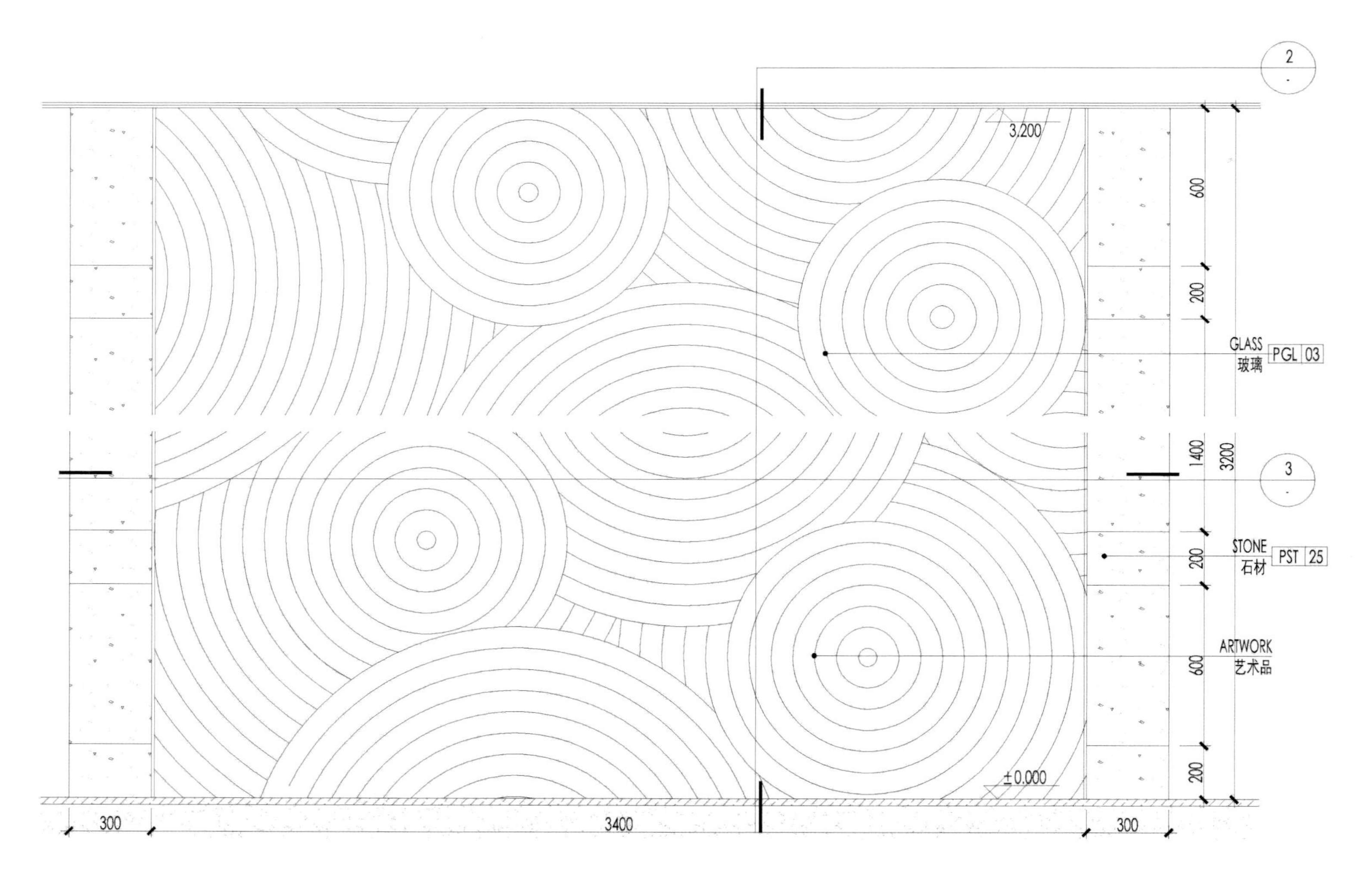

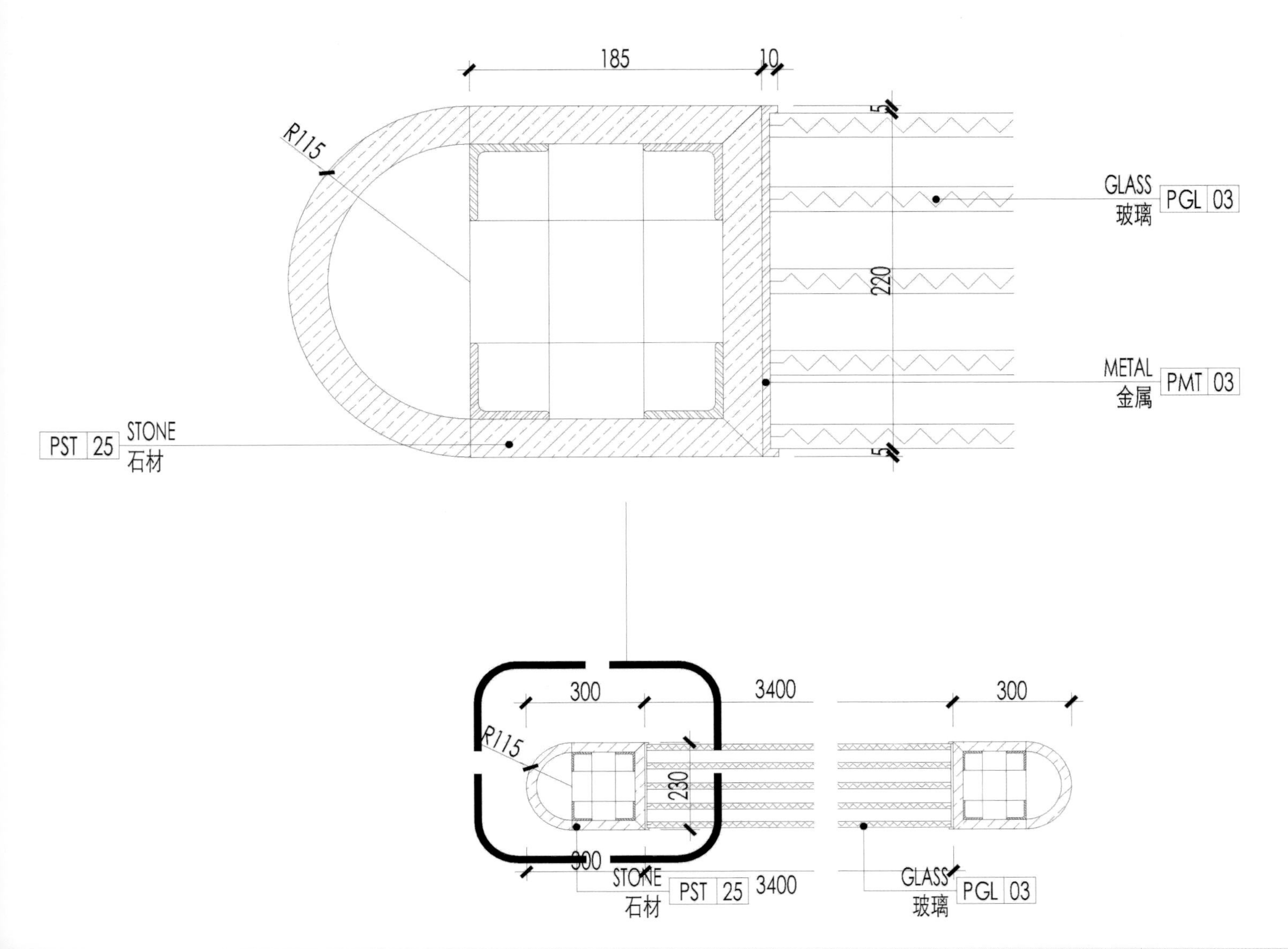
185
10
R115
5
GLASS
玻璃
PGL 03
220
METAL
金属
PMT 03
PST 25
STONE
石材
5
300
3400
300
R115
230
300
STONE
石材
PST 25
3400
GLASS
玻璃
PGL 03

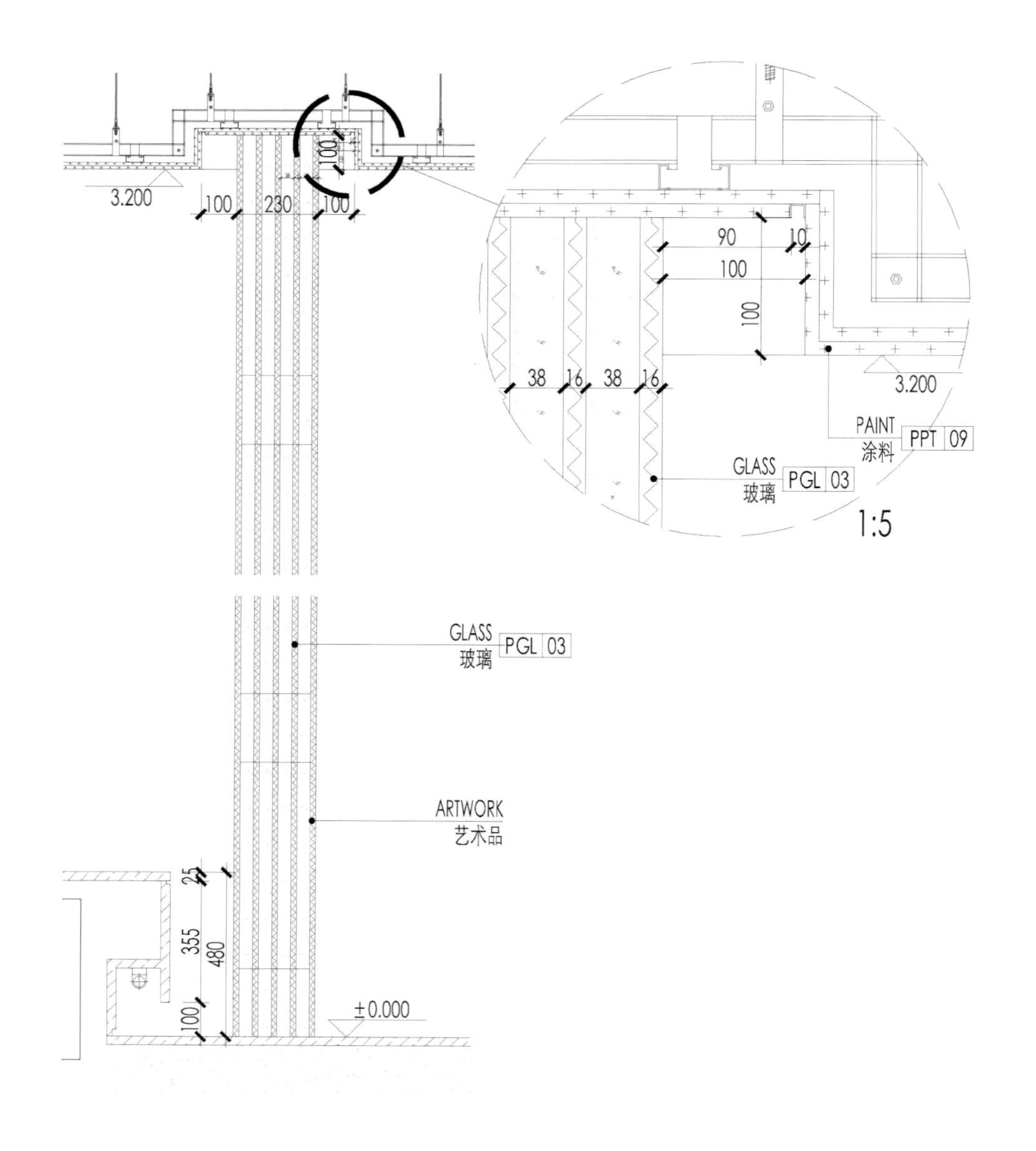
3.200
100
230
100
90
10
100
100
38
16
38
16
3.200
PAINT
涂料
PPT 09
GLASS
玻璃
PGL 03
1:5
GLASS
玻璃
PGL 03
ARTWORK
艺术品
25
355
480
100
±0.000

大厅扭转造型节点

设　　计：睿智汇设计公司
工程地点：北京市大兴区
客户需求：造型应具有代表时尚流行元素的特点，符合目标消费群体的喜好，达到标新立异的效果。
缘　　由：为了配合“3D像素”这一流行元素，将立体感强烈的旋转造型融入，符合主题、增强动感、活跃气氛。
方案计划：旋转造型主体采用3 mm镀锌铁板喷金属漆（玫瑰金砂面色），上下搭配LED投射灯，灯光的使用，使造型明暗交错，增强立体感。在LED投射灯具外侧，将1.5 mm镜面玫瑰金不锈钢扣侧面及下口平口螺丝固定，这样的方法更方便灯具的维修。造型的背景设计选用3 mm夹板裱深咖啡色绒布。侧面运用5 mm玫瑰金镜面不锈钢框。外由钢化清玻璃封面，上下硅胶固定。

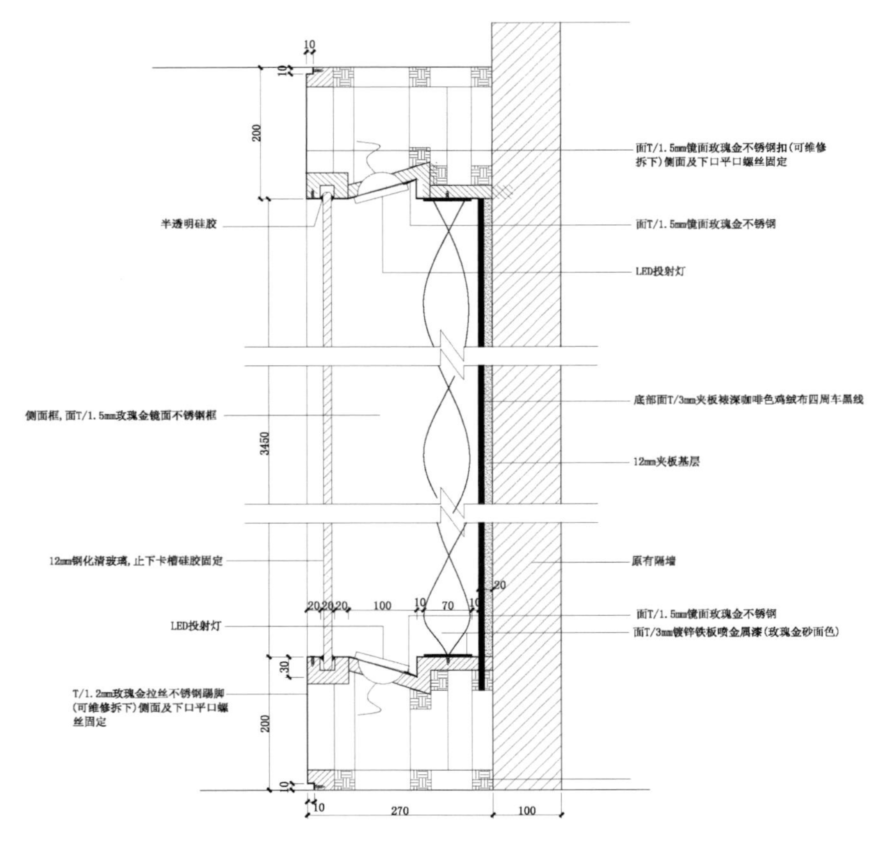

P-05详图

※所有不锈钢均需刨槽折边

餐厅包厢区

设　　计：睿智汇设计公司
工程地点：北京
方案计划：球体状空间内的空间，每一个球体区分不同的功能以及独立性，球体空间之间，犹如“异形”母体内的“卵”，空间使用充满了幻想与好奇。

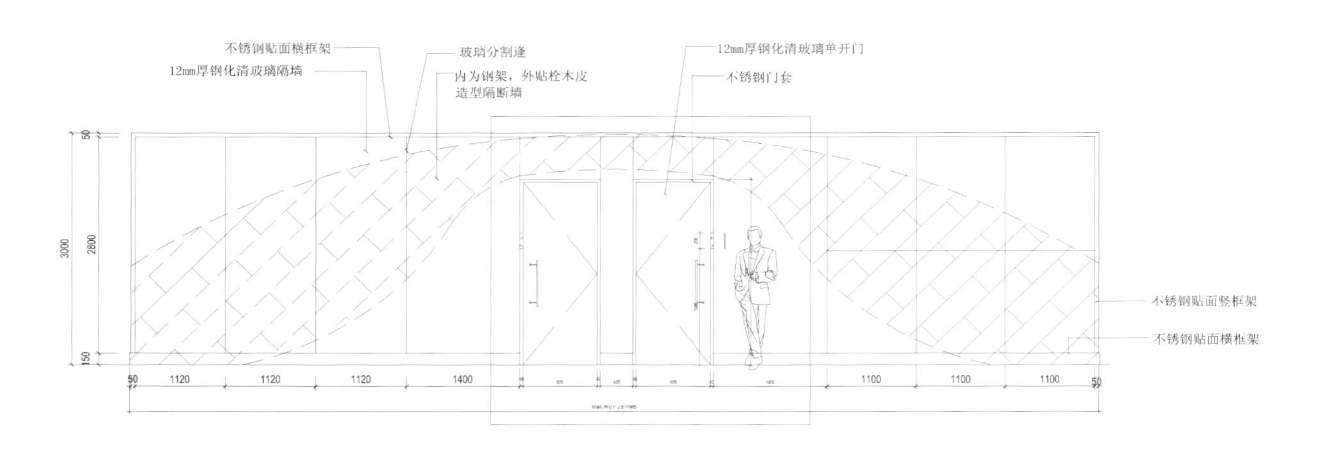

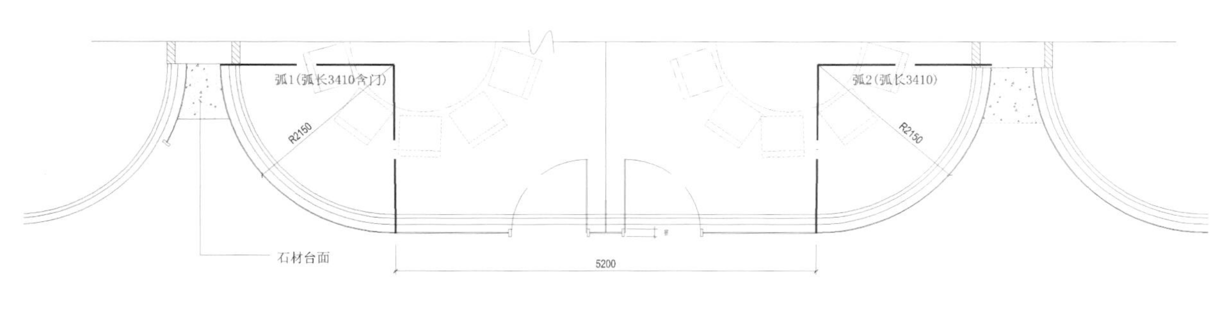

45
E
十人包间（3/4）平面图 1/50

设　　计：睿智汇设计公司

工程地点：北京

方案计划：厚度1.5 mm的镀锌铁板黑色粉墨涂装造型隔断外夹茶色玻璃，隔断分割不同的使用区域。金属隔断搭配编织皮料饰 板，营造出刚强与柔顺的日式风情。

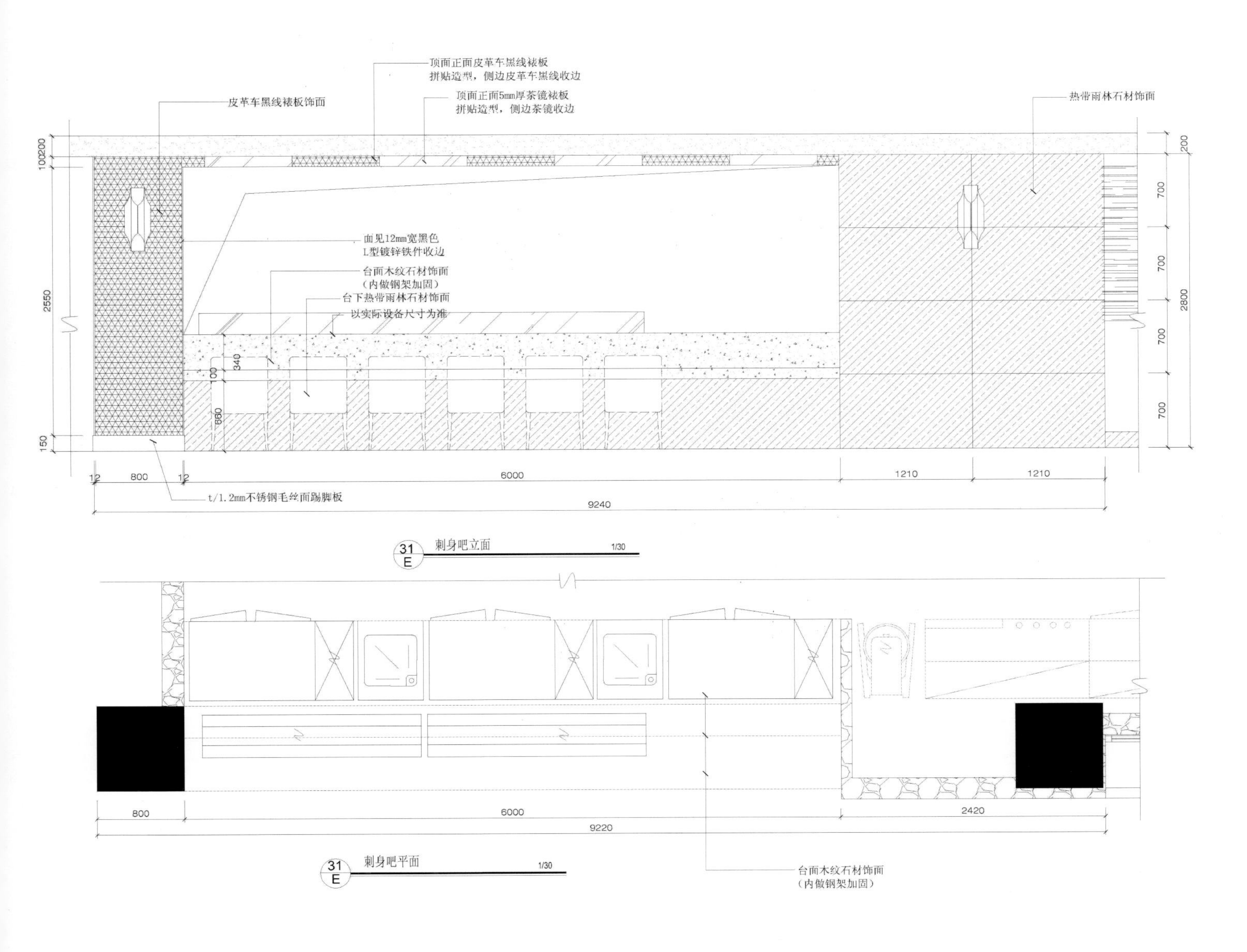

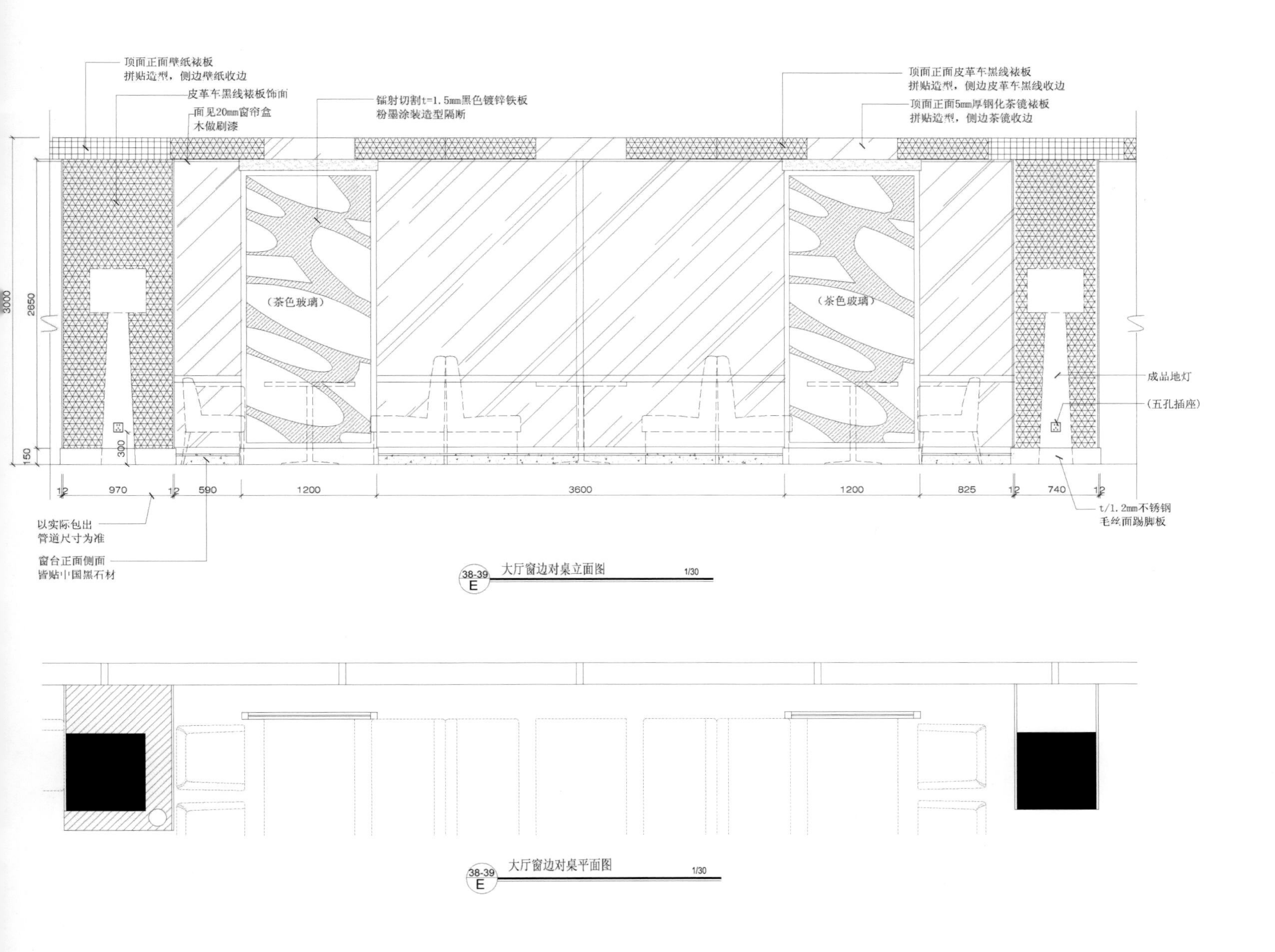

顶面正面壁纸裱板
拼贴造型，侧边壁纸收边
皮革车黑线裱板饰面
面见20mm窗帘盒
木做刷漆
镭射切割t=1.5mm黑色镀锌铁板
粉墨涂装造型隔断
顶面正面皮革车黑线裱板
拼贴造型，侧边皮革车黑线收边
顶面正面5mm厚钢化茶镜裱板
拼贴造型，侧边茶镜收边
(茶色玻璃)
(茶色玻璃)
成品地灯
(五孔插座)
3000
2650
150
300
12
970
12
590
1200
3600
1200
825
12
740
12
以实际包出
管道尺寸为准
窗台正面侧面
皆贴中国黑石材
t/1.2mm不锈钢
毛丝面踢脚板
38-39
E
大厅窗边对桌立面图
1/30
38-39
E
大厅窗边对桌平面图
1/30

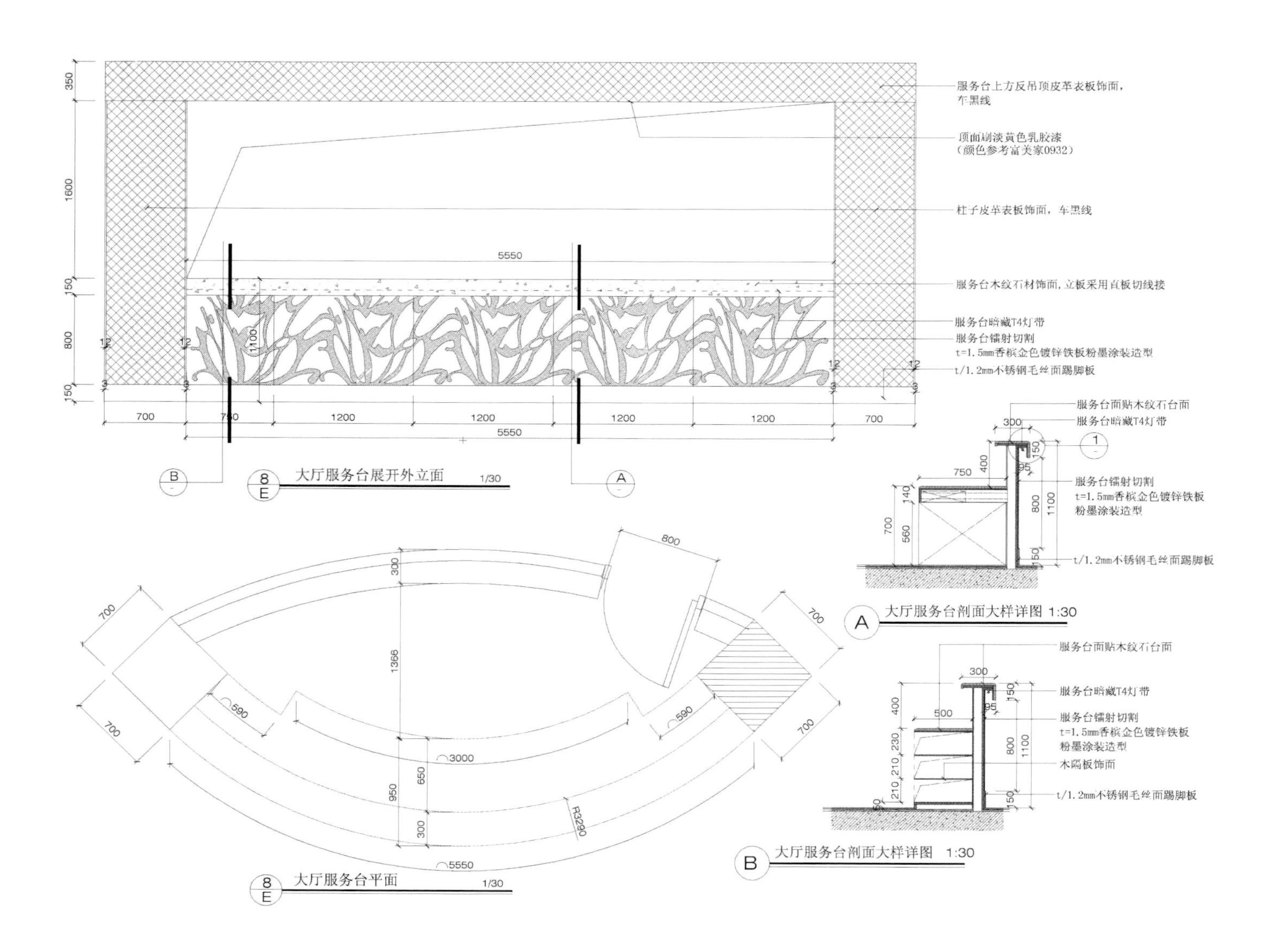
服务台上方反吊顶皮革表板饰面，
车黑线
顶面刷淡黄色乳胶漆
（颜色参考富美家0932）
柱子皮革表板饰面，车黑线
服务台木纹石材饰面，立板采用直板切线接
服务台暗藏T4灯带
服务台镭射切割
t=1.5mm香槟金色镀锌铁板粉墨涂装造型
t/1.2mm不锈钢毛丝面踢脚板
大厅服务台展开外立面 1/30
服务台面贴木纹石台面
服务台暗藏T4灯带
服务台镭射切割
t=1.5mm香槟金色镀锌铁板
粉墨涂装造型
t/1.2mm不锈钢毛丝面踢脚板
大厅服务台剖面大样详图 1:30
服务台面贴木纹石台面
服务台暗藏T4灯带
服务台镭射切割
t=1.5mm香槟金色镀锌铁板
粉墨涂装造型
木隔板饰面
t/1.2mm不锈钢毛丝面踢脚板
大厅服务台剖面大样详图 1:30
大厅服务台平面 1/30

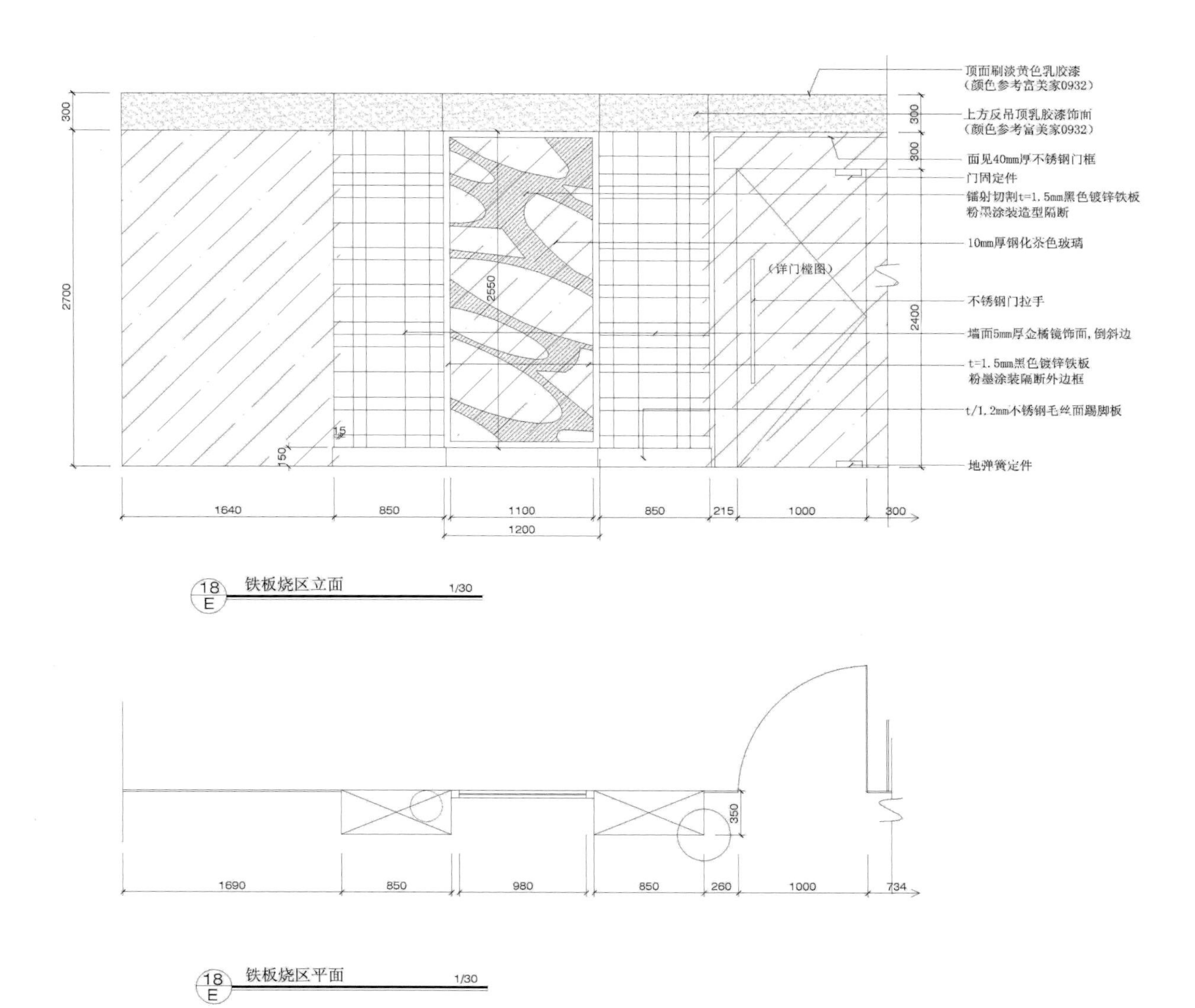

18 E 铁板烧区立面 1/30

18 E 铁板烧区平面 1/30

大院会所副厅

设　　计：睿智汇设计公司

工程地点：内蒙古包头

客户需求：保证顾客隐私，确保来店客户动线合理。设计风格要融合当地文化，还要有所创新。

方案计划：由于该厅的作用是实现空间划分，且就在电梯口，因此选择从天花到正对电梯的立面做一体设计，起到动线导向的作用。天花和立面的层叠手法很好地起到了聚焦的作用，突出中间的包头市市花——“小丽花”的造型。

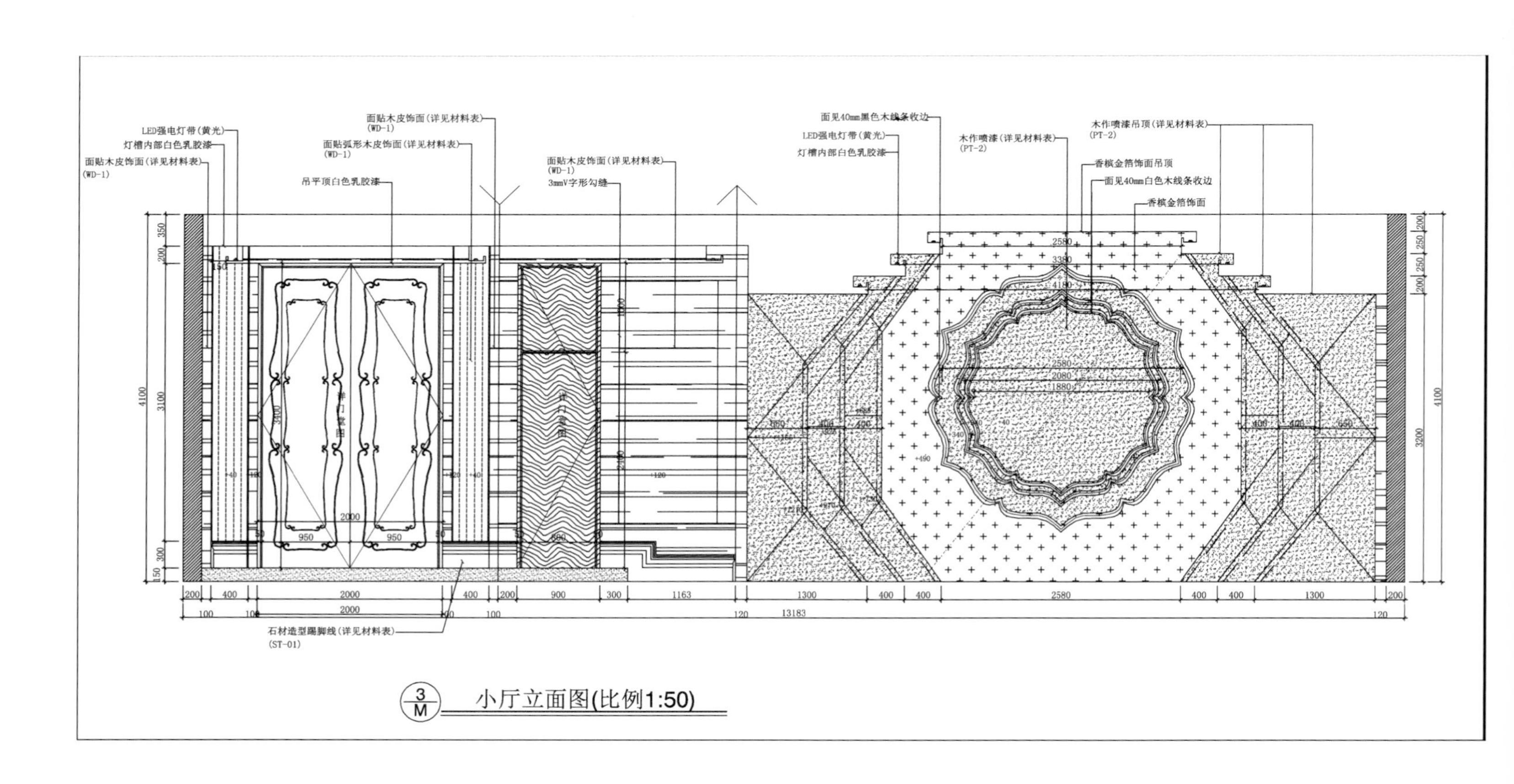

3/M 小厅立面图(比例1:50)

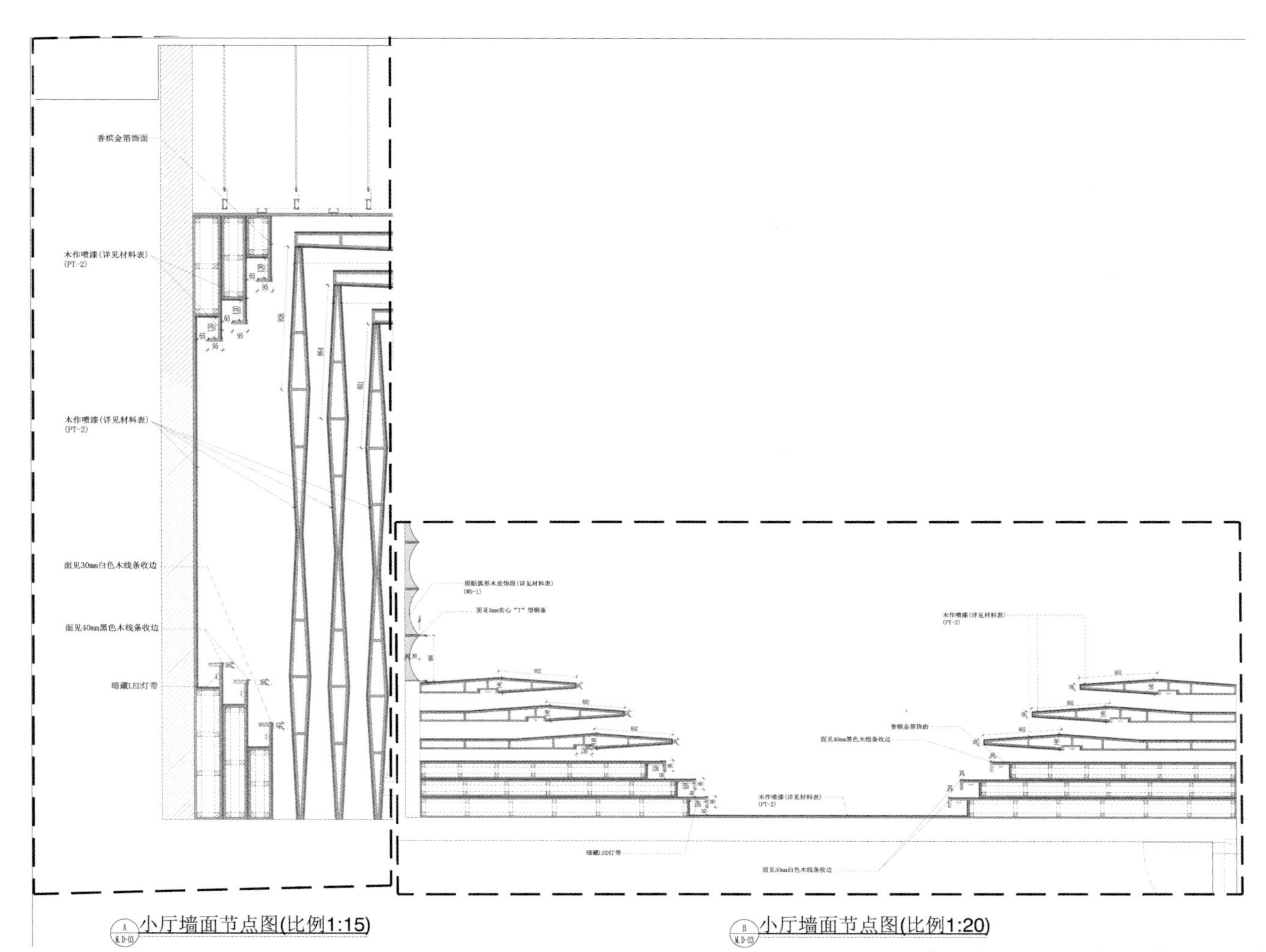

A MD-03 小厅墙面节点图(比例1:15)

B MD-03 小厅墙面节点图(比例1:20)

大院会所穿堂

设　　计：睿智汇设计公司
工程地点：内蒙古包头
客户需求：保证顾客隐私，确保来店客户动线合理。设计风格要融合当地文化，还要有所创新。
方案计划：由于该厅的作用是分割酒店空间与会所，属于会所入口，因此选择在穿堂的天花中间设计了一组以水晶吊灯为中心的视觉焦点。水晶吊灯配合天花的层叠造型，在构成包头市市花——“小丽花”造型的同时，又与地面的纹理构成水的效果。

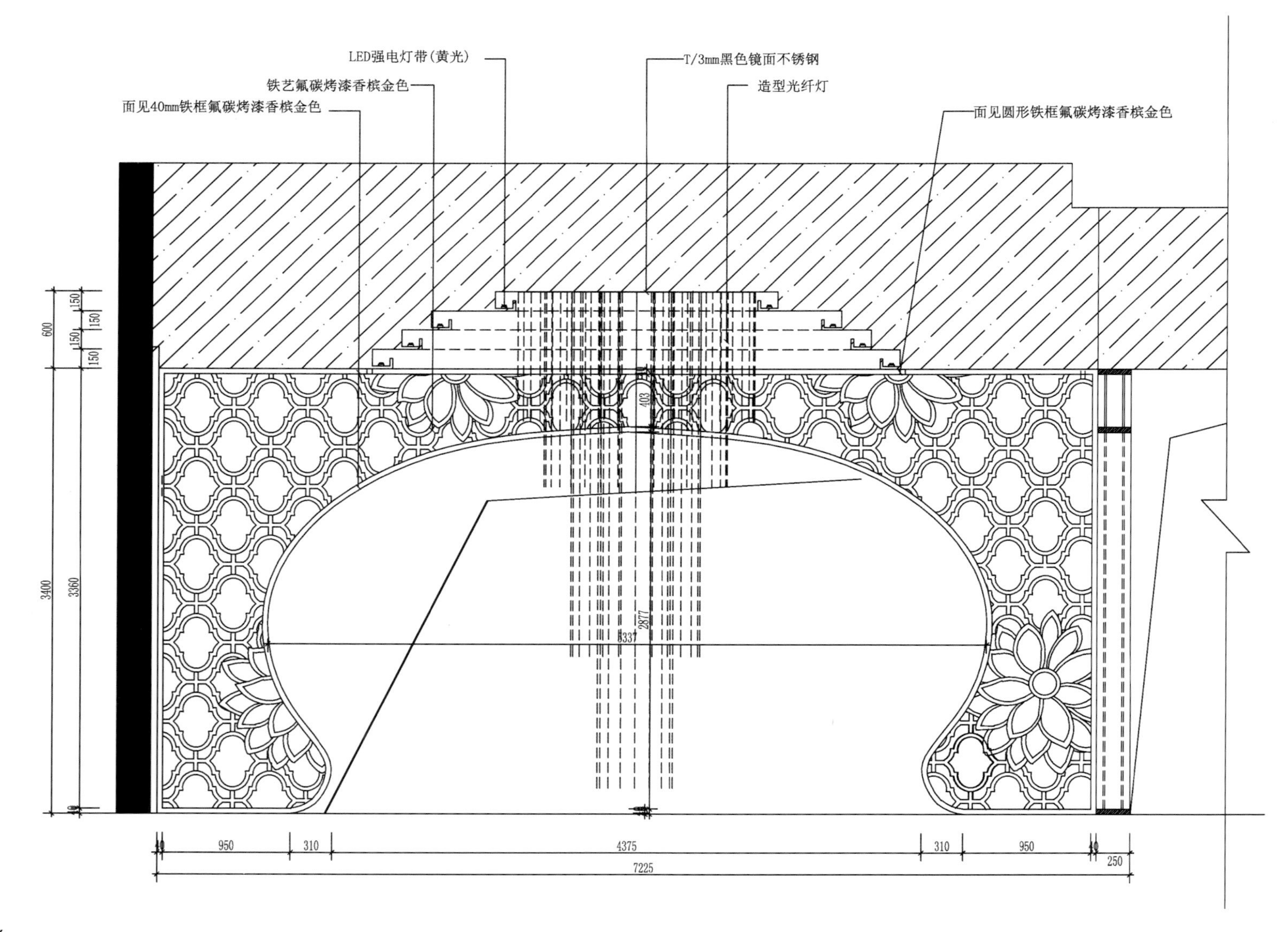

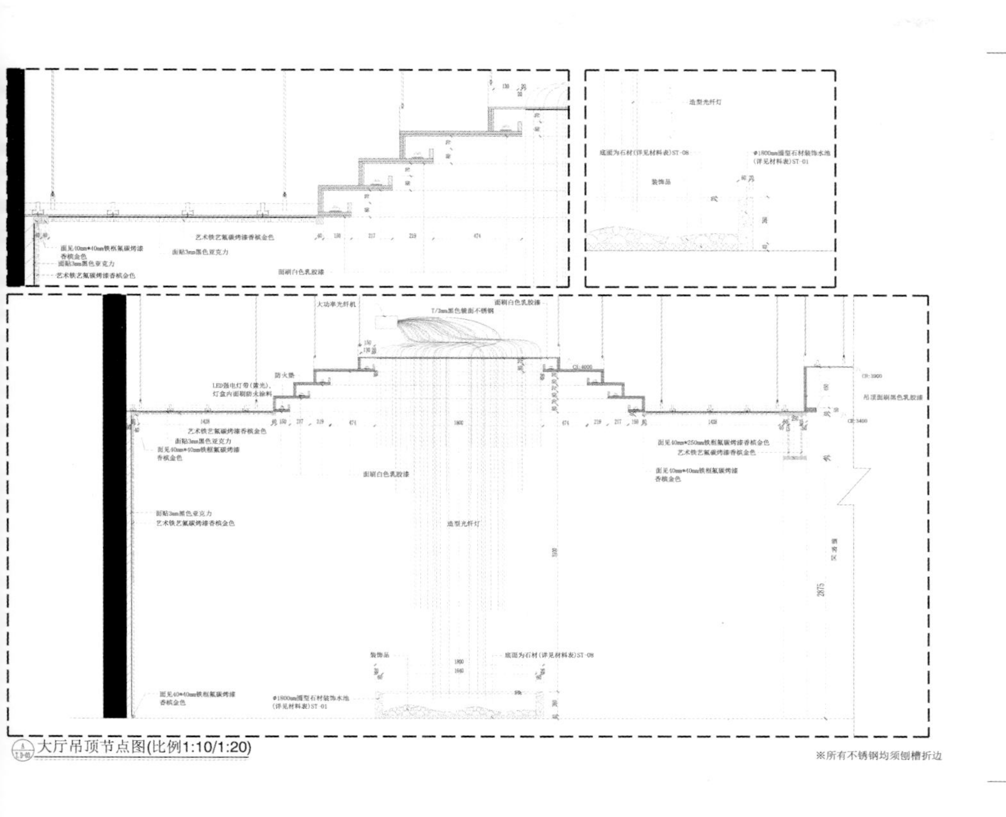

大厅吊顶节点图(比例1:10/1:20)

※所有不锈钢均须刨槽折边

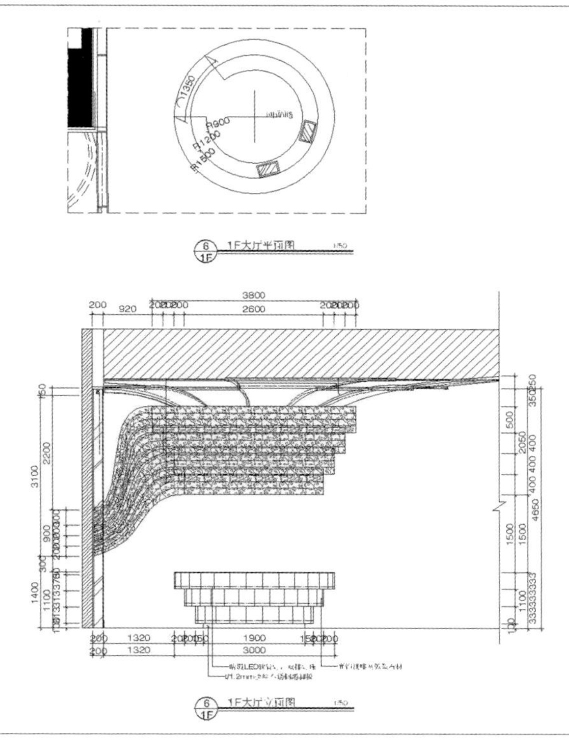

服务台造型细部

设计公司：睿智汇设计公司
工程地点：北京市朝阳区朝阳门外大街
项目背景：项目的整体主题为“航舰”，其中，“蔚蓝的海水”“蜿蜒的海岸线”“海洋浪花”“海底氧泡”构成了设计元素，回旋起伏的“海浪”是贯穿主题的关键。
缘　　由：为了突破传统服务台形象，同时更深入地体现“航舰”这一设计主题，设计师别具匠心，将服务台以“船”的形态展现。
方案计划：服务台整体用浅啡网石材饰面，内工作台采用防火板饰面。服务台以“船”的形式呈现，配合层叠的LED变色灯，灯共三层，每层之间间距120 mm，灯光呈大波浪舞动，彰显海浪气势。

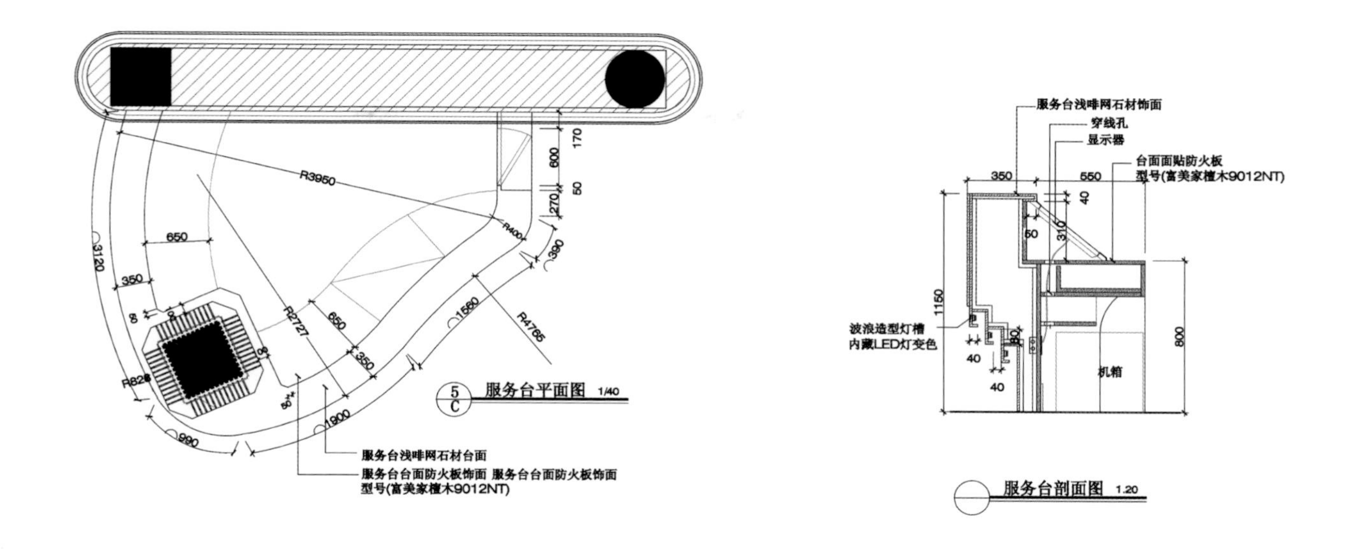

R3950
R2727
R4765
R400
R820
650
350
3120
990
1900
1560
390
600
170
50
270
服务台浅啡网石材台面
服务台台面防火板饰面 服务台台面防火板饰面
型号(富美家檀木9012NT)
5 C 服务台平面图 1/40
服务台浅啡网石材饰面
穿线孔
显示器
台面面贴防火板
型号(富美家檀木9012NT)
350
550
1150
800
波浪造型灯槽
内藏LED灯变色
机箱
服务台剖面图 1:20

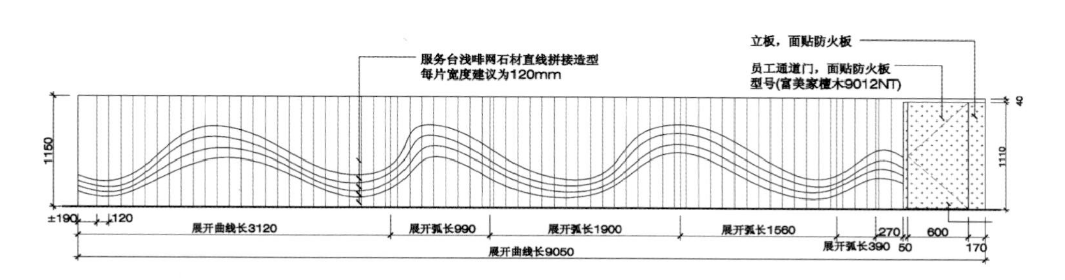

服务台浅啡网石材直线拼接造型
每片宽度建议为120mm
立板，面贴防火板
员工通道门，面贴防火板
型号(富美家檀木9012NT)
1150
1110
展开曲线长3120
展开弧长990
展开弧长1900
展开弧长1560
展开弧长390
270
600
50
170
展开曲线长9050
5 C 服务台立面图 1/40

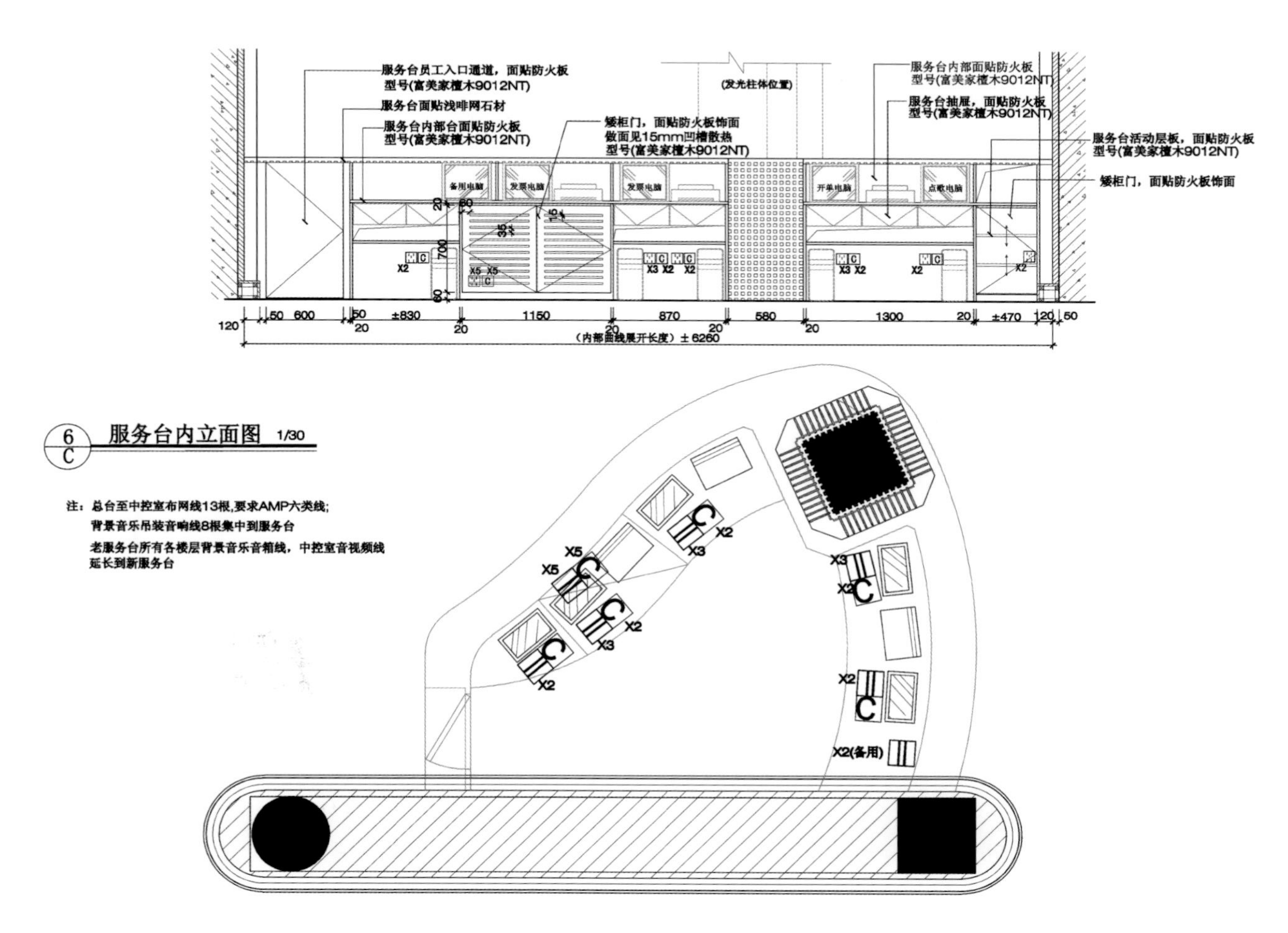

服务台员工入口通道，面贴防火板
型号(富美家檀木9012NT)
服务台面贴浅啡网石材
服务台内部台面贴防火板
型号(富美家檀木9012NT)
矮柜门，面贴防火板饰面
做面见15mm凹槽散热
型号(富美家檀木9012NT)
(发光柱体位置)
服务台内部面贴防火板
型号(富美家檀木9012NT)
服务台抽屉，面贴防火板
型号(富美家檀木9012NT)
服务台活动层板，面贴防火板
型号(富美家檀木9012NT)
矮柜门，面贴防火板饰面
备用电脑
发票电脑
开单电脑
点歌电脑
120
600
±830
1150
870
580
1300
±470
(内部曲线展开长度) ± 6260
6 C 服务台内立面图 1/30
注：总台至中控室布网线13根，要求AMP六类线；
背景音乐吊装音响线8根集中到服务台
老服务台所有各楼层背景音乐音箱线，中控室音视频线
延长到新服务台
X2
X3
X5
X2(备用)
6 C 服务台平面图 1/30

麦乐迪朝外店柱子造型

设计公司：睿智汇设计公司

工程地点：北京市朝阳区朝阳门外大街

项目背景：项目的整体主题为“航舰”，其中，“蔚蓝的海水”“蜿蜒的海岸线”“海洋浪花”“海底氧泡”构成了设计元素，回旋起伏的“海浪”是贯穿主题的关键。

缘　　由：为了能让承重的柱子构造更绚丽的表现，同时为了更深入地体现“航舰”这一设计主题，设计师突破想象力，运用LED光源对柱子进行了包装。

方案计划：柱子上下由香槟金拉丝不锈钢基座固定，不锈钢上有10mm凹槽，造型玻璃卡入凹槽内上下固定。柱子内侧由镀钛镜面不锈钢饰面，固定波浪造型玻璃，呈现海洋浪花的立体与动感。玻璃里安装的LED光源的底部固定于防火垫上。灯光变化莫测又明暗有致，带来了不同的氛围体验和场景效果，宛如海底世界般色彩斑斓，使人的情绪随之舞动。

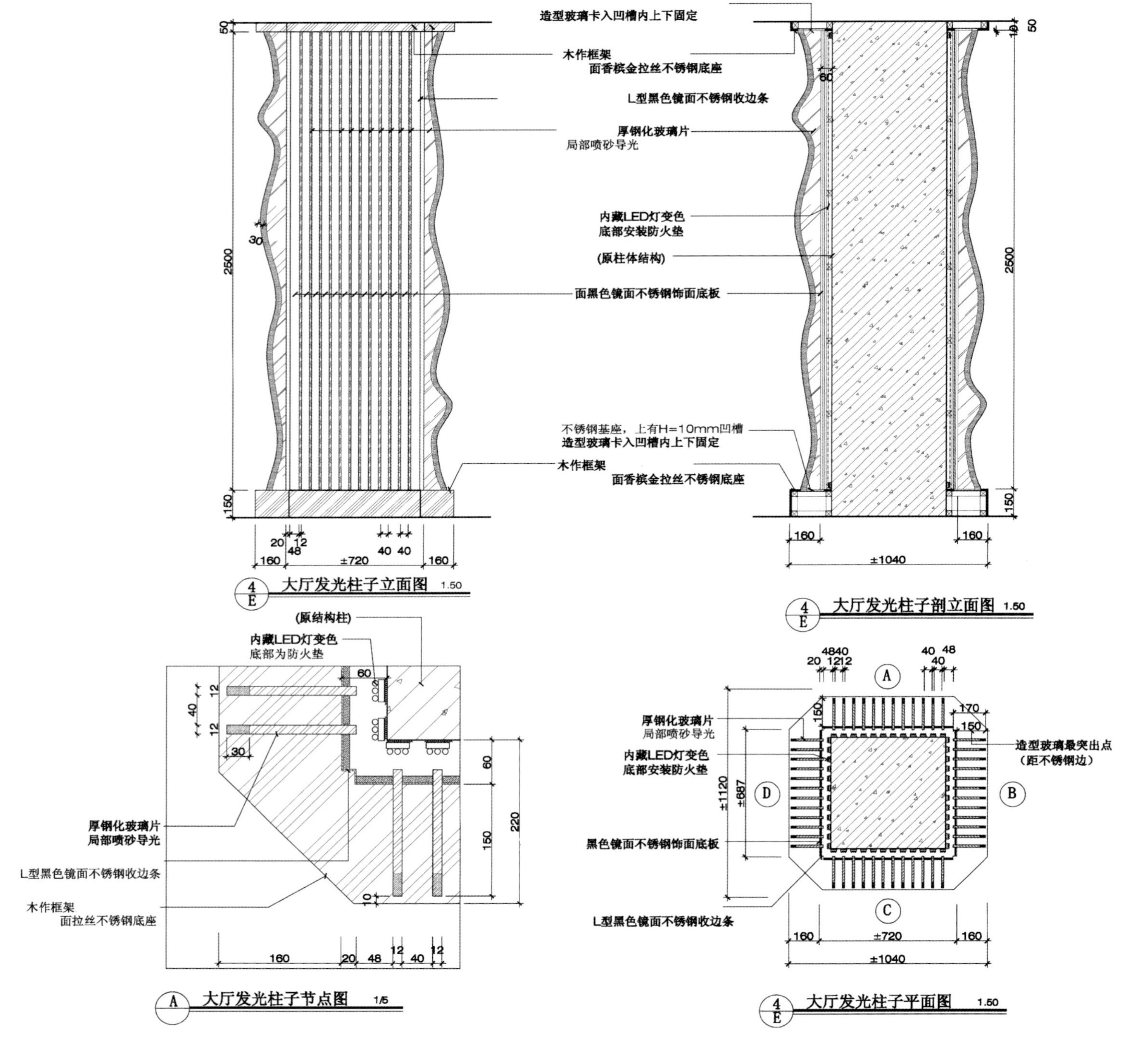

旋转造型细部

设计公司：睿智汇设计公司
工程地点：北京市朝阳区朝阳门外大街
项目背景：项目的整体主题为“航舰”，其中，“蔚蓝的海水”“蜿蜒的海岸线”“海洋浪花”“海底氧泡”构成了设计元素，回旋起伏的“海浪”是贯穿主题的关键。
缘　　由：在主走道墙面创作了螺旋形的造型墙。
方案计划：主体构造采用铝板材质，定制加工成为螺旋形态，旋转外侧使用金红色铝板喷涂图案，造型上下端运用T/1.5mm香槟金拉丝不锈钢做基座，为了避免眩光等问题出现，在内部旋转连接处隐藏使用LED投射灯的做法，使错落有致的阴影与高光规律地沿曲线排列，如同一群在海中畅游的鱼，奔游于浩瀚的大海之中。

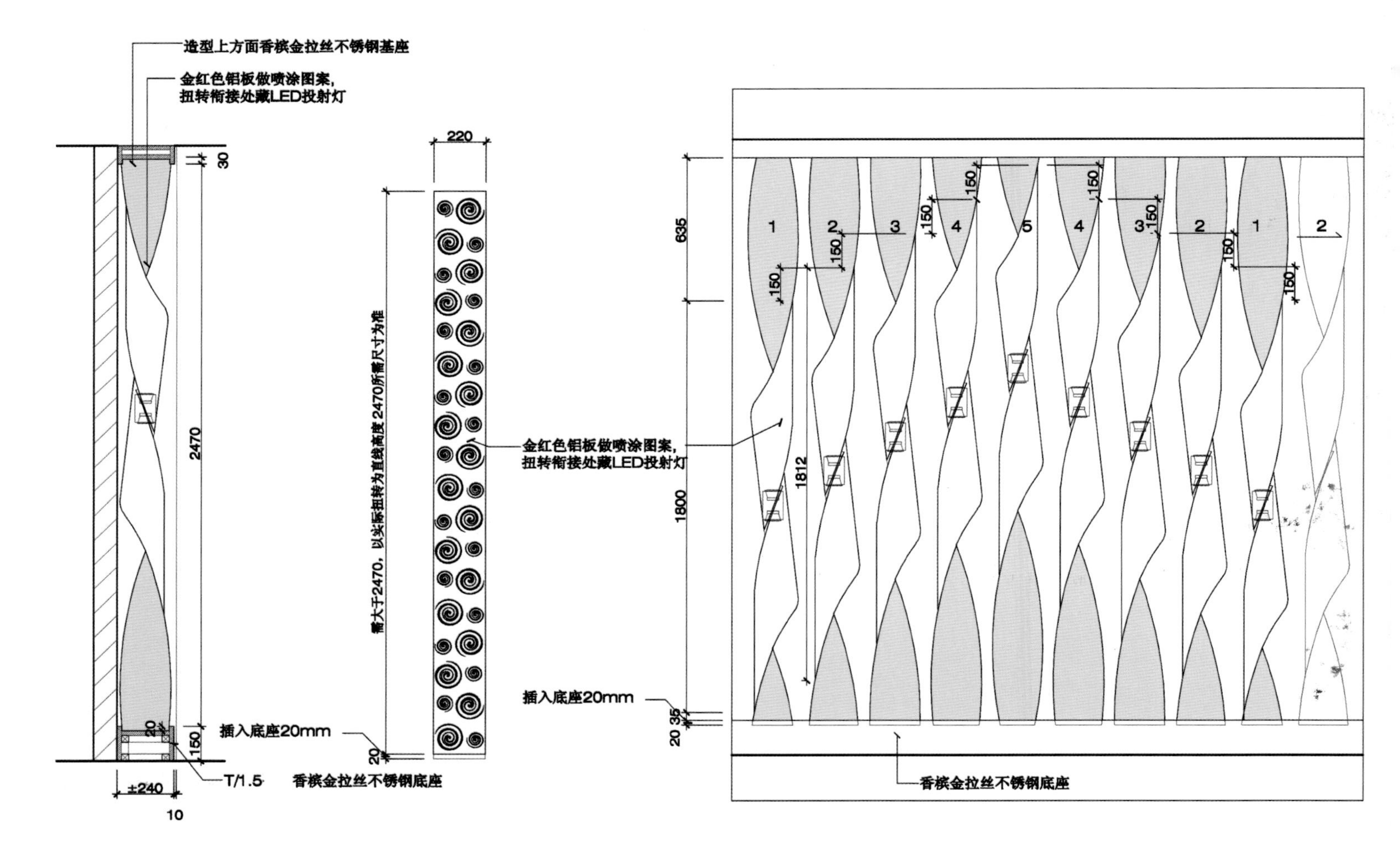

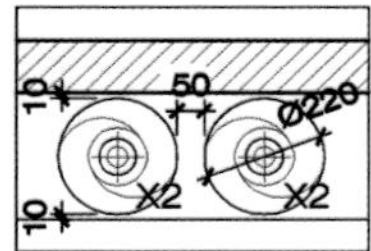

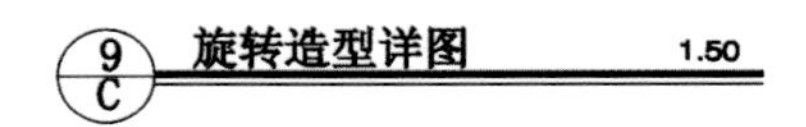

上海工厂办公楼

设　　计：季铁生、伊婕
工程地点：上海
客户需求：工厂办公楼。
方案计划：2楼新增采光天窗，节约平时照明用电，金属结构搭配玻璃，容易清洁、维护。

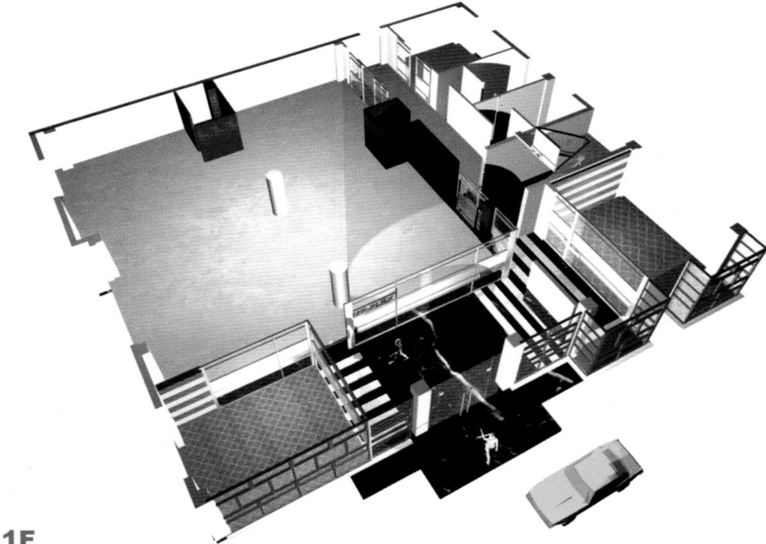

1F

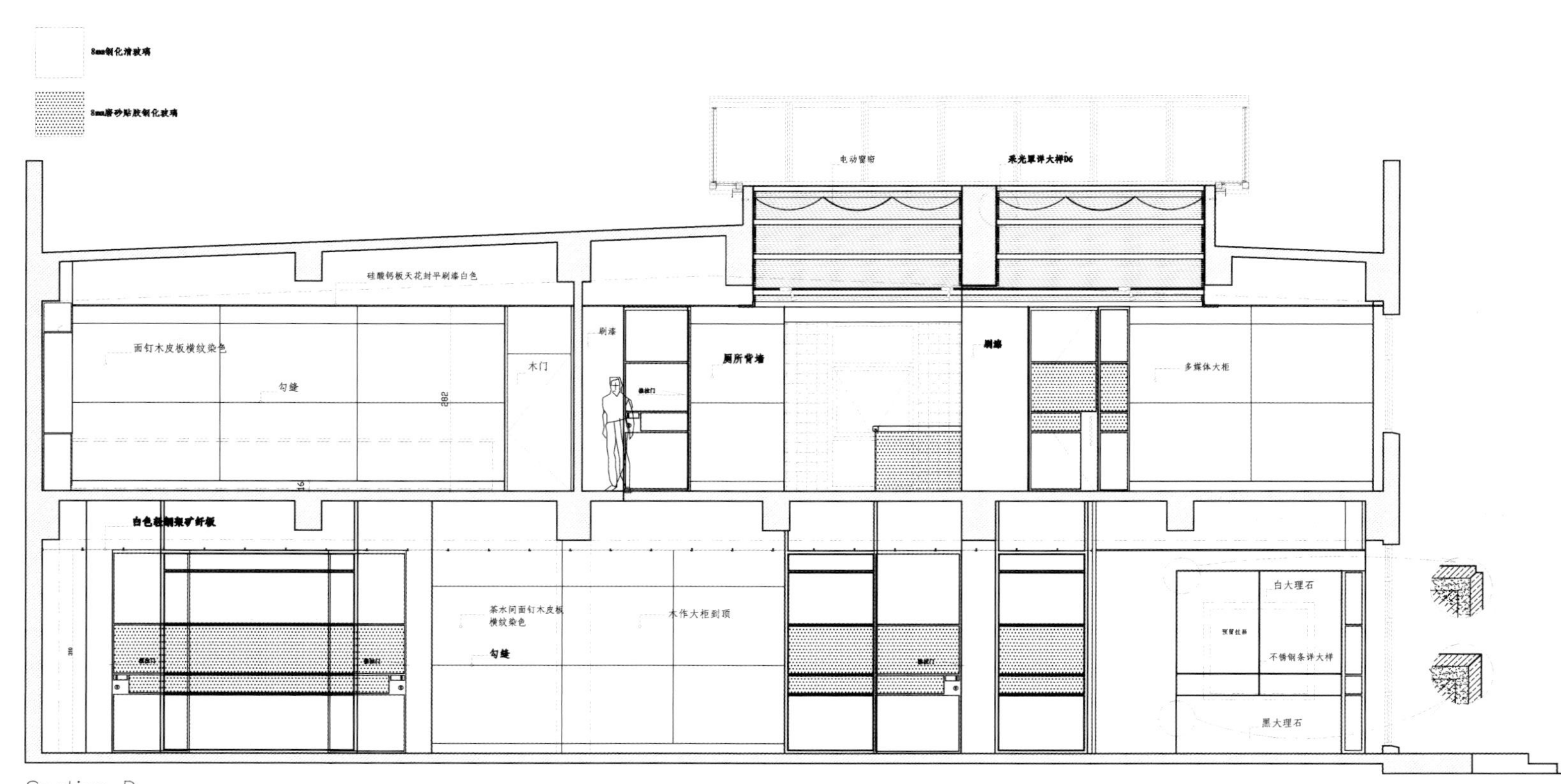

Section D

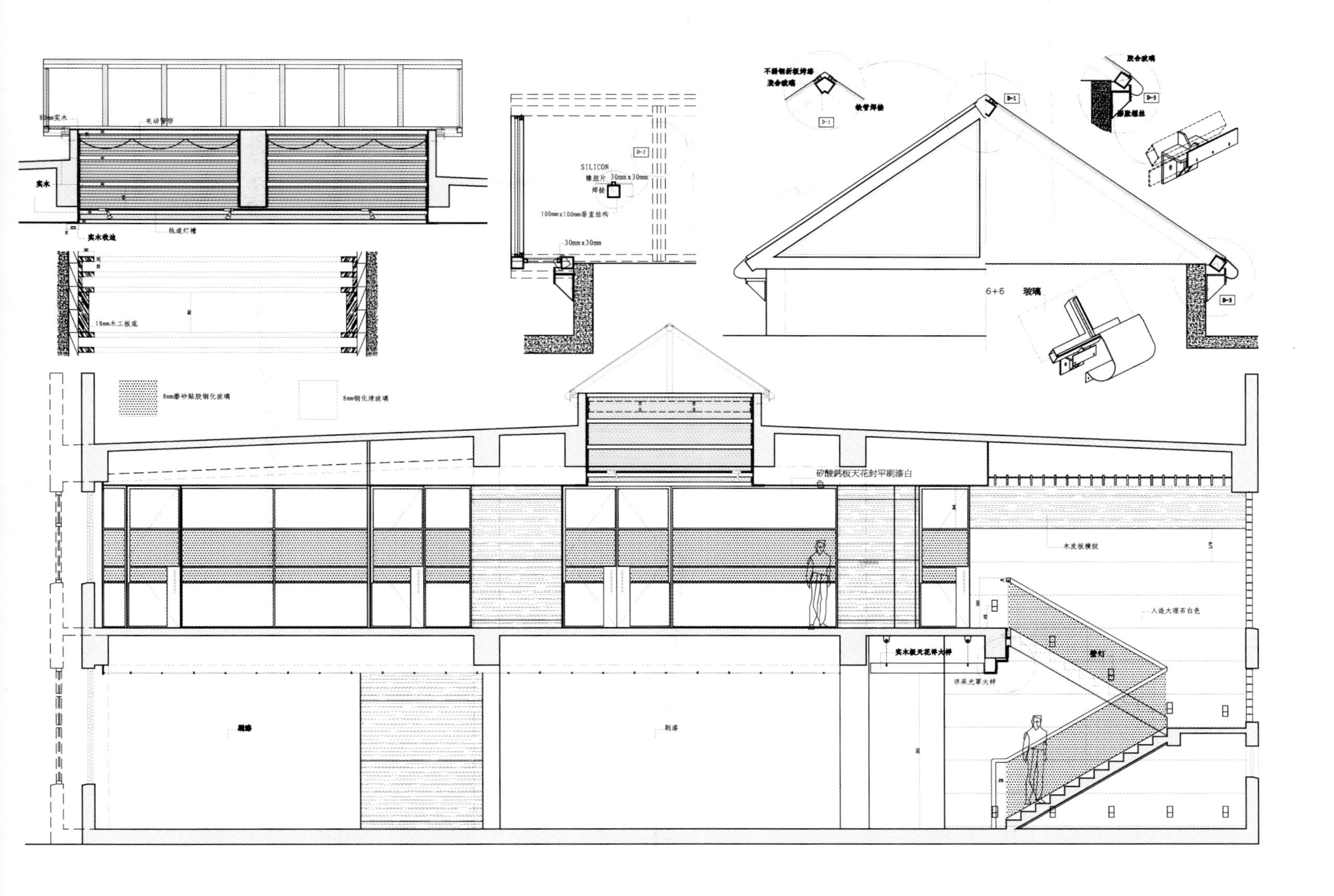
80mm实木
电动窗帘
实木
实木收边
轨道灯槽
18mm木工板底
SILICON
橡胶片
30mm x 30mm
焊接
100mm x 100mm垂直结构
30mm x 30mm
D-2
不锈钢折板烤漆
胶合玻璃
铁管焊接
D-1
D-1
胶合玻璃
D-3
膨胀螺丝
D-3
6+6 玻璃
8mm磨砂贴胶钢化玻璃
8mm钢化清玻璃
矽酸鈣板天花封平刷漆白色
木皮板横纹
人造大理石白色
实木板天花详大样
详采光罩大样
刷漆
刷漆

IR-FLEX

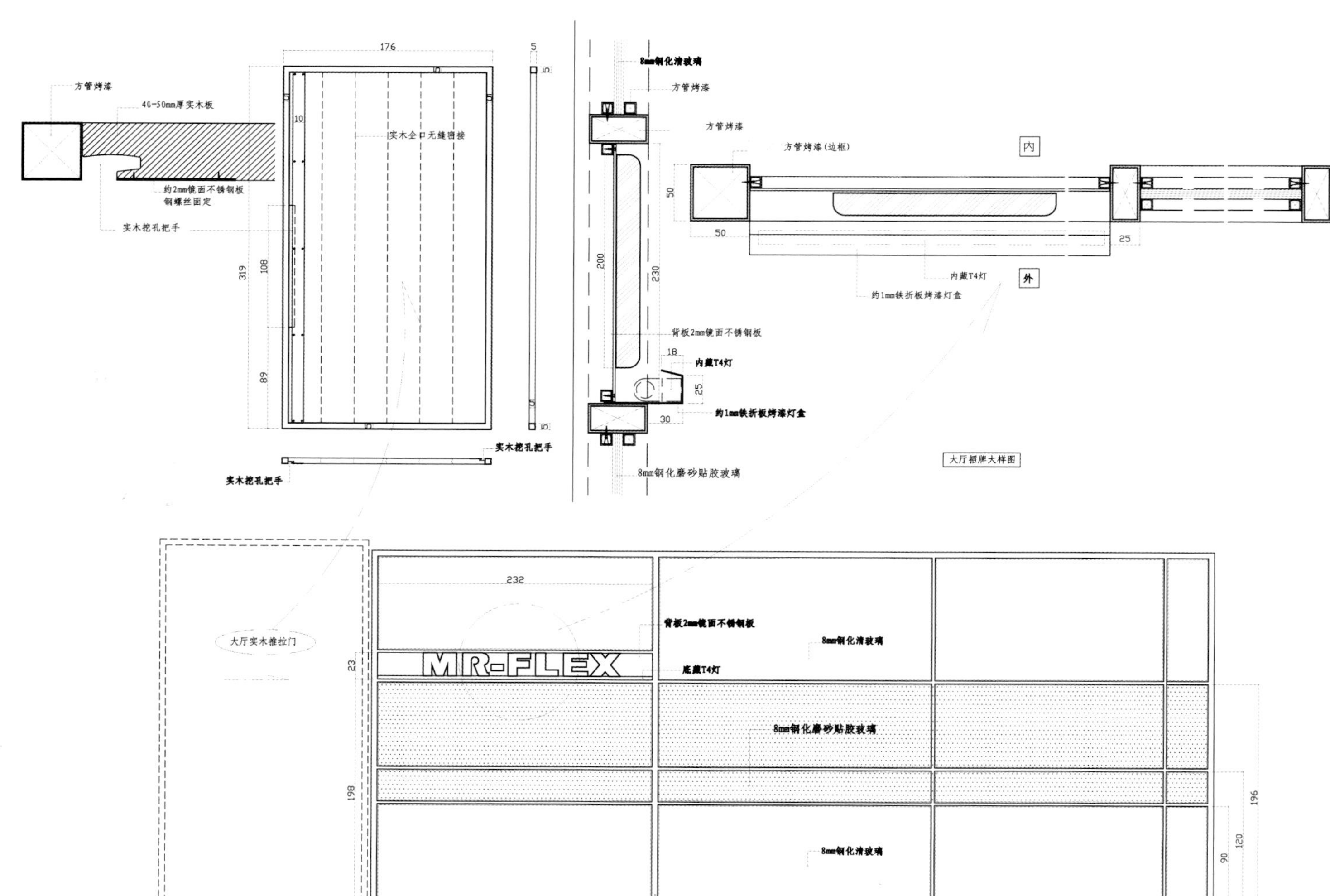

方管烤漆
40-50mm厚实木板
约2mm镜面不锈钢板
钢螺丝固定
实木挖孔把手
实木企口无缝密接
176
319
108
89
实木挖孔把手
实木挖孔把手
8mm钢化清玻璃
方管烤漆
方管烤漆
方管烤漆(边框)
内
外
内藏T4灯
约1mm铁折板烤漆灯盒
背板2mm镜面不锈钢板
内藏T4灯
约1mm铁折板烤漆灯盒
8mm钢化磨砂贴胶玻璃
大厅招牌大样图
大厅实木推拉门
232
MR-FLEX
背板2mm镜面不锈钢板
底藏T4灯
8mm钢化清玻璃
8mm钢化磨砂贴胶玻璃
8mm钢化清玻璃

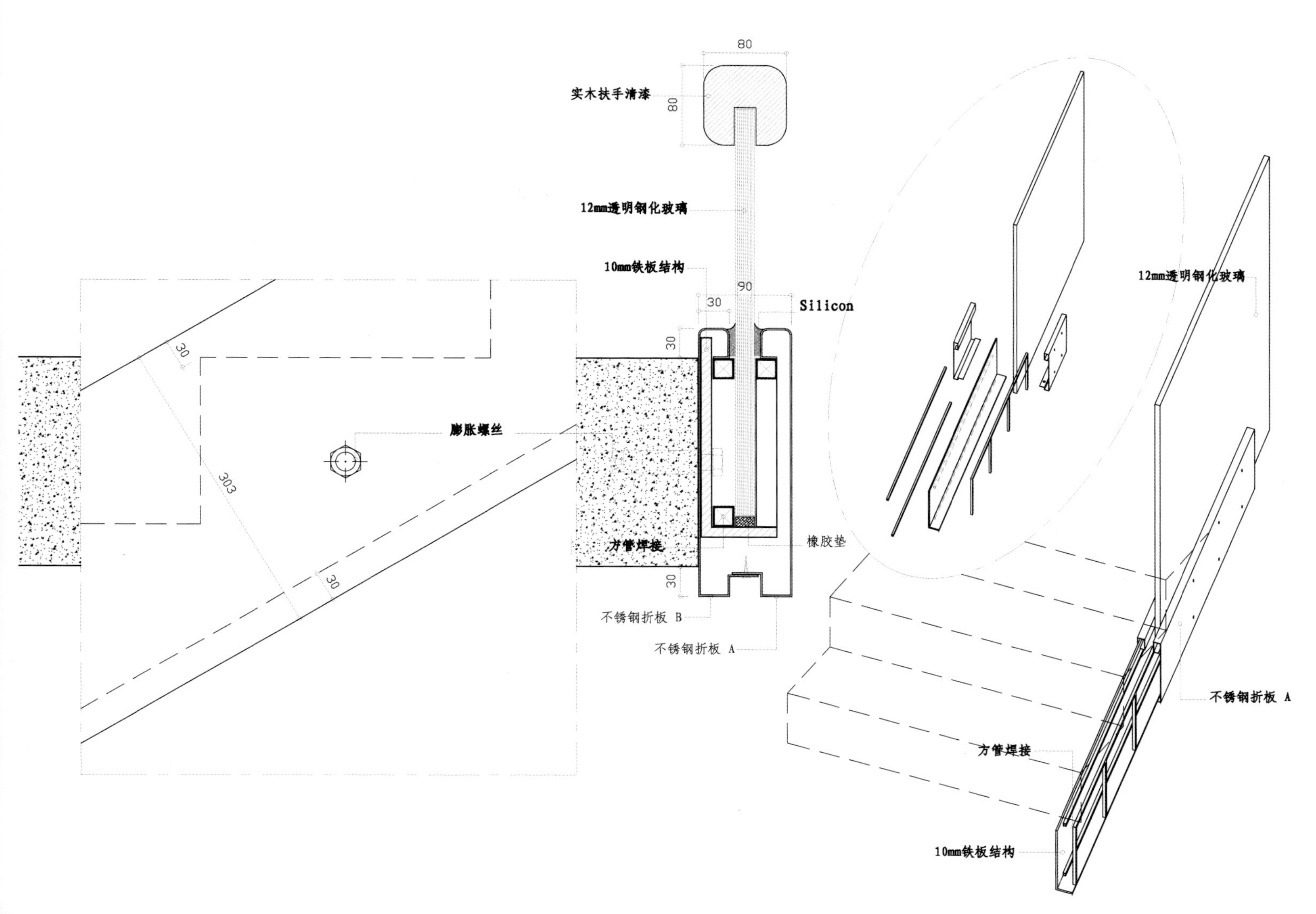
80
实木扶手清漆
80
12mm透明钢化玻璃
10mm铁板结构
90
30
Silicon
30
30
膨胀螺丝
303
方管焊接
橡胶垫
30
30
不锈钢折板 B
不锈钢折板 A
12mm透明钢化玻璃
不锈钢折板 A
方管焊接
10mm铁板结构

上海私人办公室

设　　计：季铁生
工程地点：上海
客户需求：两岸文化交流空间。
方案计划：办公室空间分左右两户，想象成升级版“现代四合院”，入口为中庭，两侧是别院。入口柜台非对称式的设计打破传统格局，全榆木实木大料积木式相叠；取幽静庭院感，舍弃封建等级制。

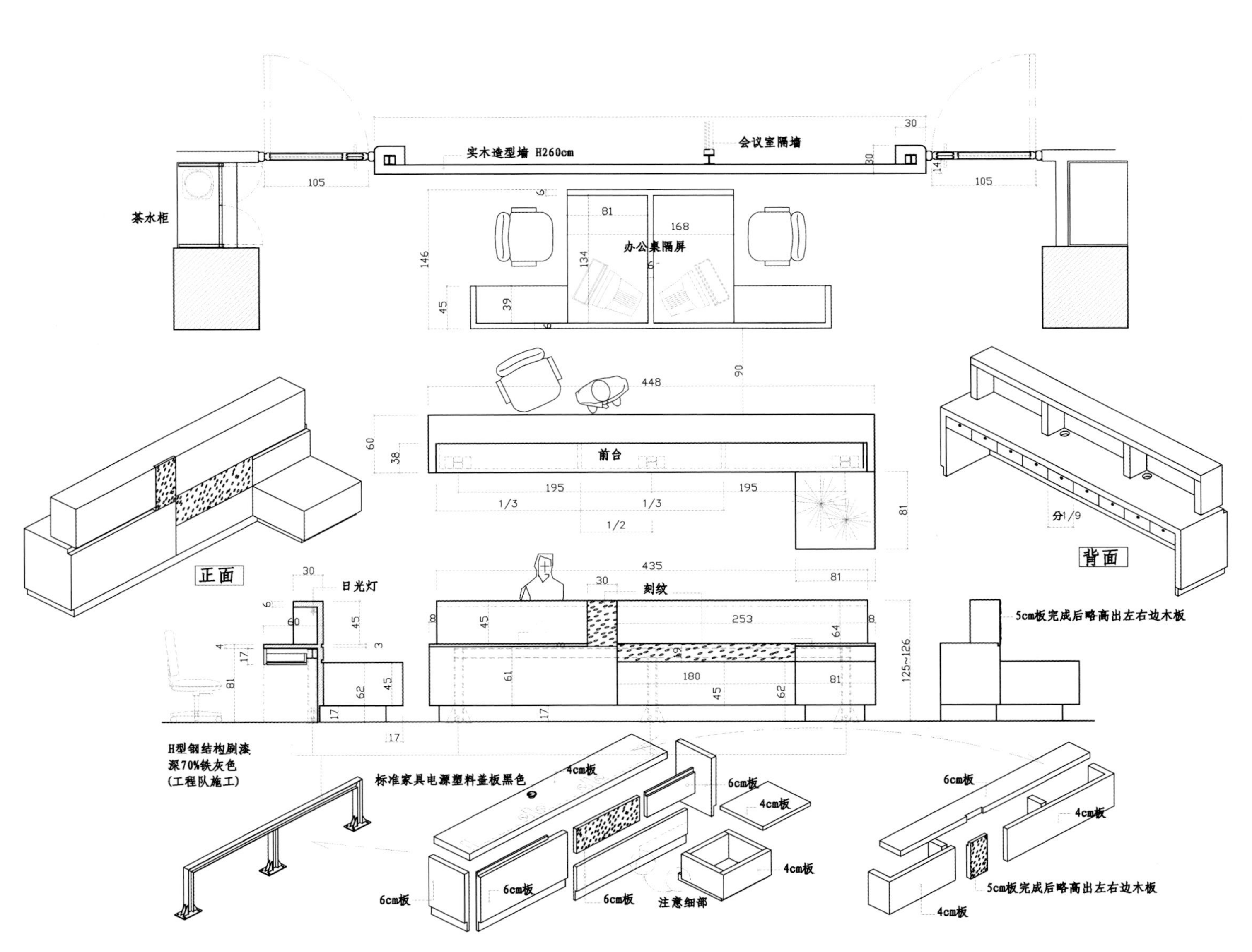

实木造型墙 H260cm
会议室隔墙
茶水柜
办公桌隔屏
前台
正面
背面
日光灯
刻纹
5cm板完成后略高出左右边木板
H型钢结构刷漆
深70%铁灰色
(工程队施工)
标准家具电源塑料盖板黑色
4cm板
6cm板
4cm板
4cm板
6cm板
6cm板
注意细部
4cm板
6cm板
4cm板
5cm板完成后略高出左右边木板
4cm板

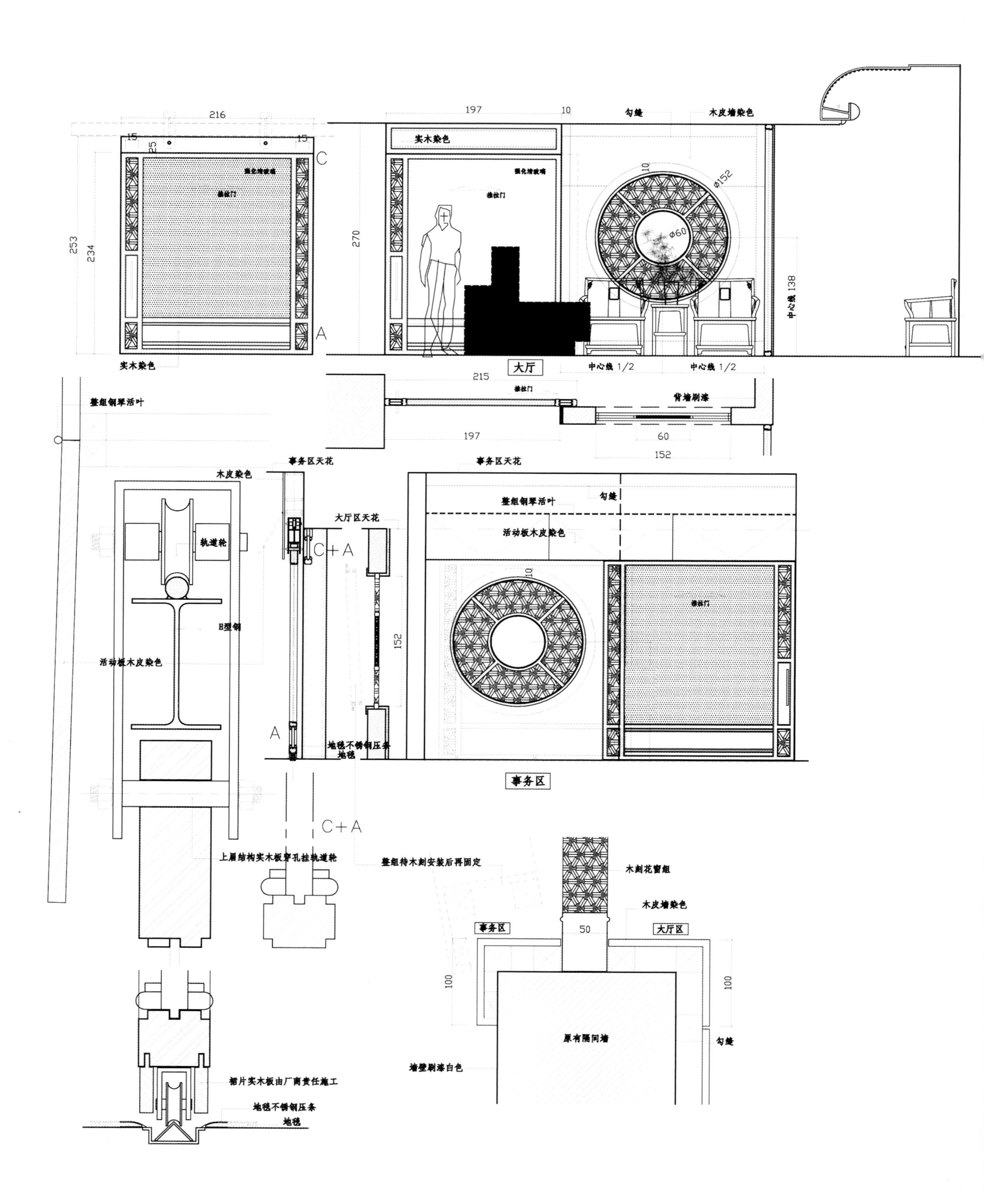

216
15
15
25
C
A
253
234
实木染色
197
10
勾缝
木皮墙染色
实木染色
270
推拉门
Ø152
Ø60
中心线 138
大厅
中心线 1/2
中心线 1/2
215
推拉门
背墙刷漆
197
60
152
整组钢琴活叶
事务区天花
木皮染色
轨道轮
H型钢
活动板木皮染色
大厅区天花
C+A
A
152
地毯不锈钢压条
地毯
事务区天花
整组钢琴活叶
勾缝
活动板木皮染色
推拉门
事务区
C+A
上眉结构实木板穿孔挂轨道轮
整组待木刻安装后再固定
木刻花窗组
木皮墙染色
事务区
大厅区
50
100
100
原有隔间墙
勾缝
墙壁刷漆白色
褶片实木板由厂商责任施工
地毯不锈钢压条
地毯

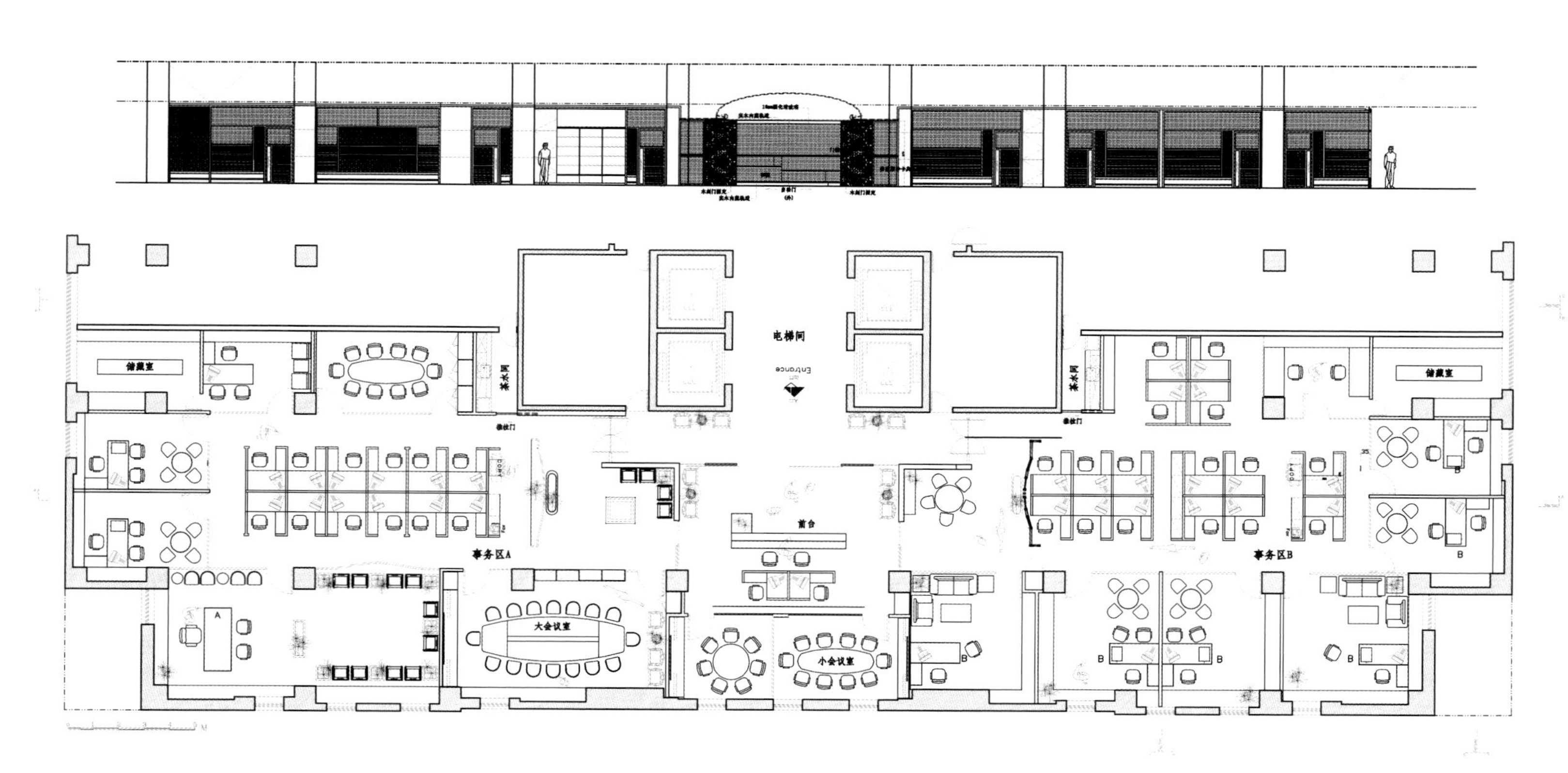
储藏室
茶水间
电梯间
Entrance
前台
事务区A
事务区B
大会议室
小会议室

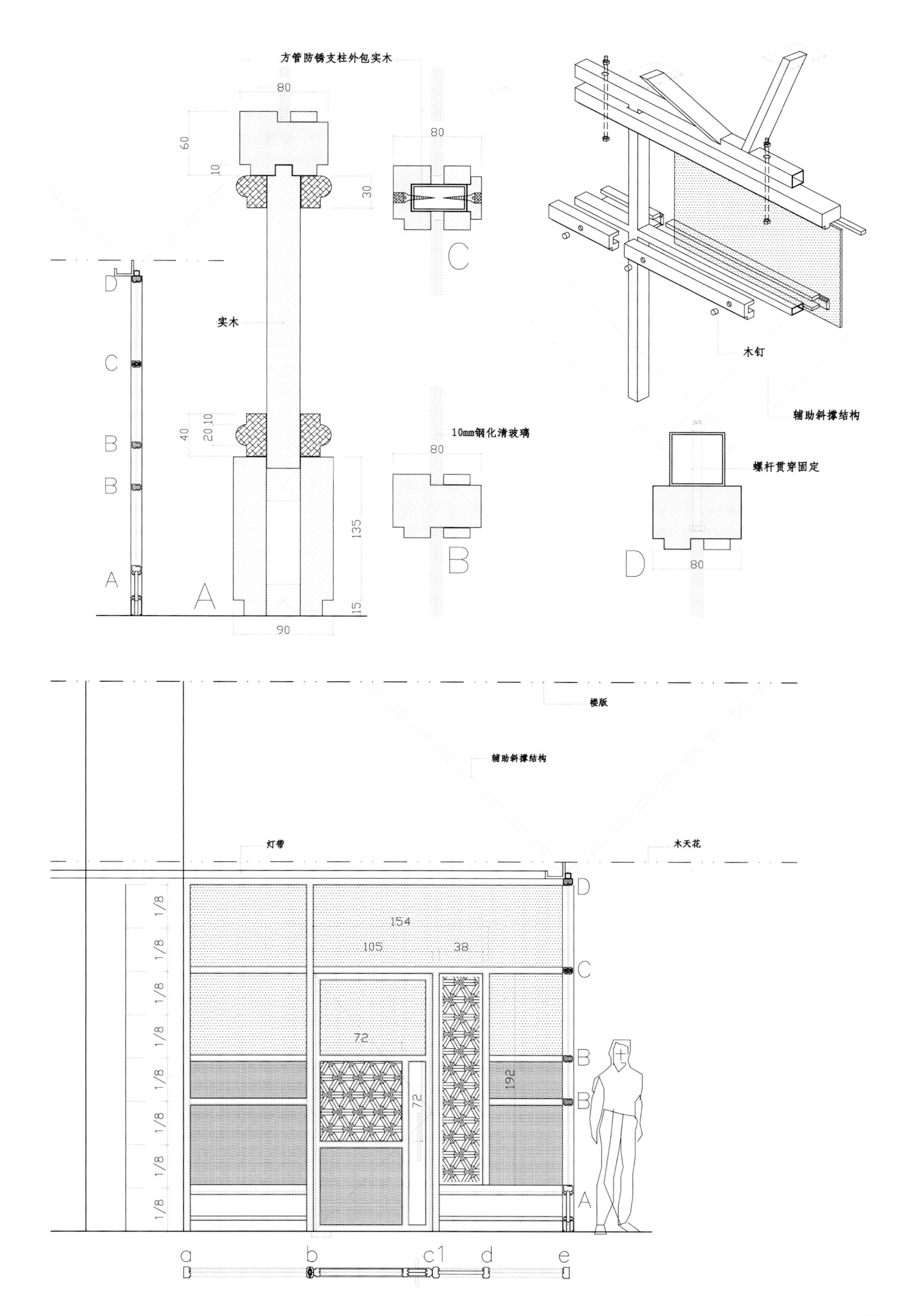

方管防锈支柱外包实木
80
60
10
30
实木
40
20
10
135
15
90
A
B
C
D
80
10mm钢化清玻璃
木钉
辅助斜撑结构
螺杆贯穿固定
楼版
灯带
木天花
154
105
38
72
192
1/8
a
b
c1
d
e

私人办公室

设　　计：季铁生
工程地点：台湾台北
客户需求：导演工作室，简洁、开放、防盗，空间可随机变换，全部使用原始材料，不上油漆。
方案计划：清水模墙配方铁门窗（自然生锈呈麻面亚光▮红色）、室内地面订制鹅黄色PU。

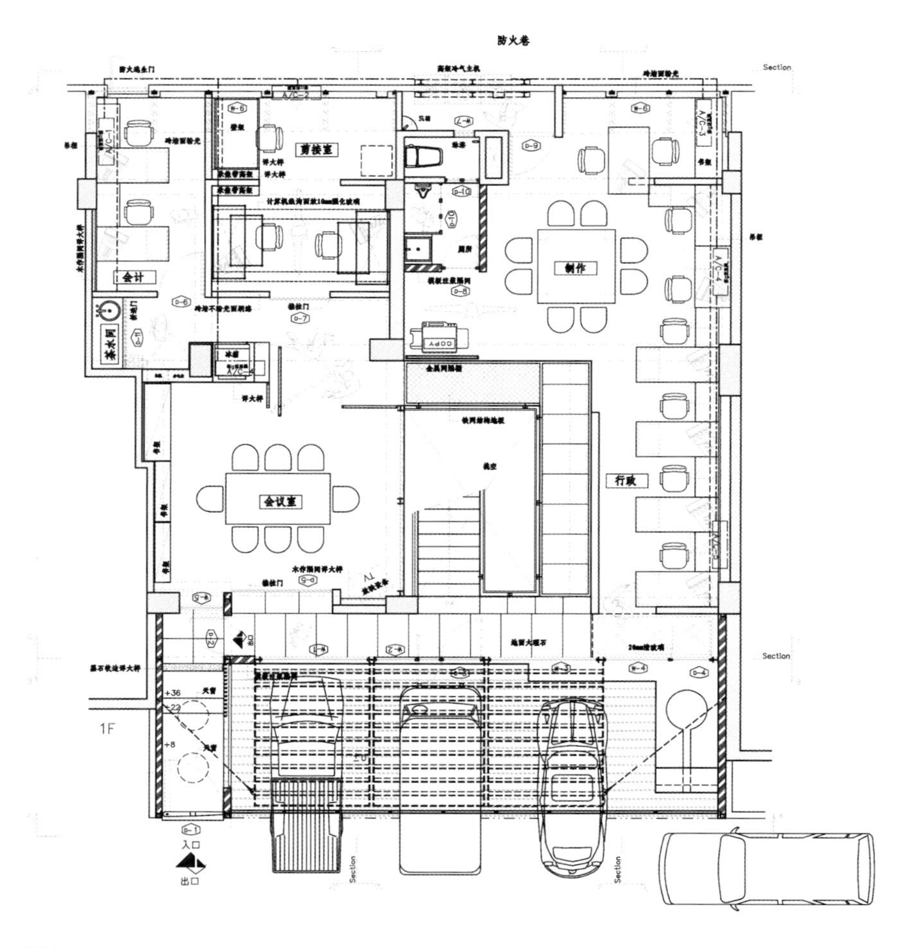

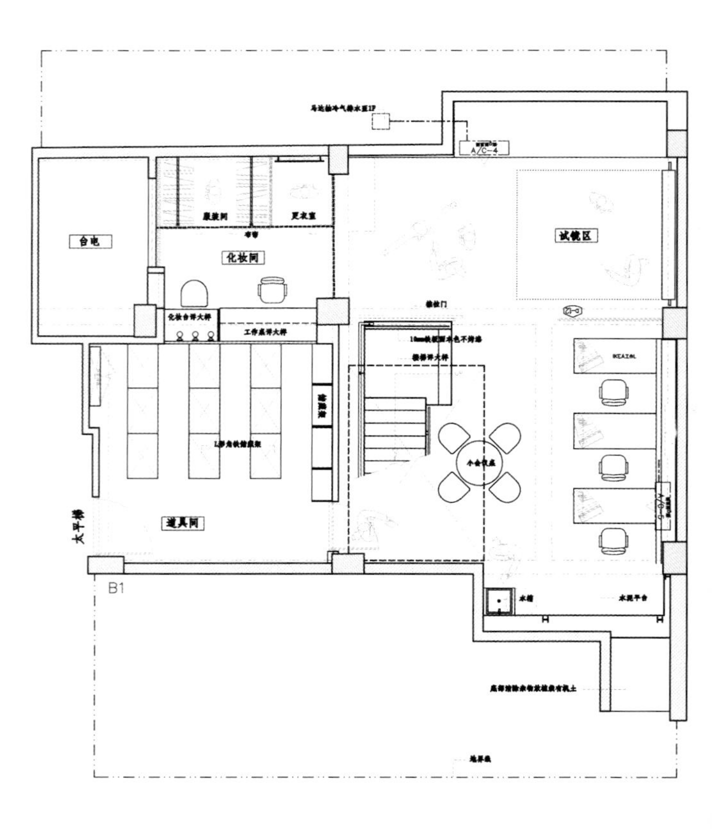

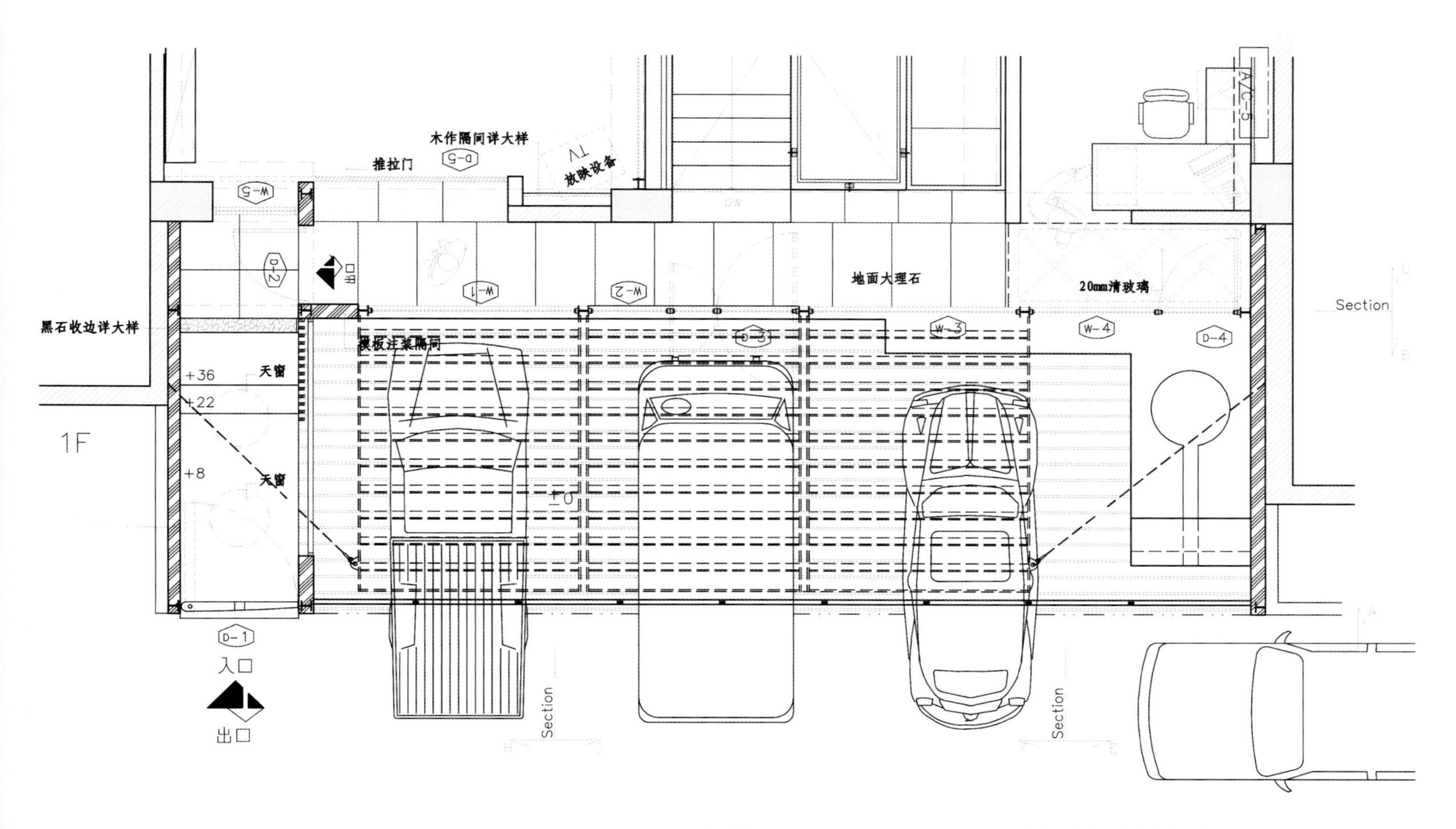
木作隔间详大样
推拉门
TV
放映设备
地面大理石
20mm清玻璃
Section
黑石收边详大样
模板注浆隔间
天窗
天窗
+36
+22
+8
1F
±0
入口
出口
Section
Section

PARIS VU PAR

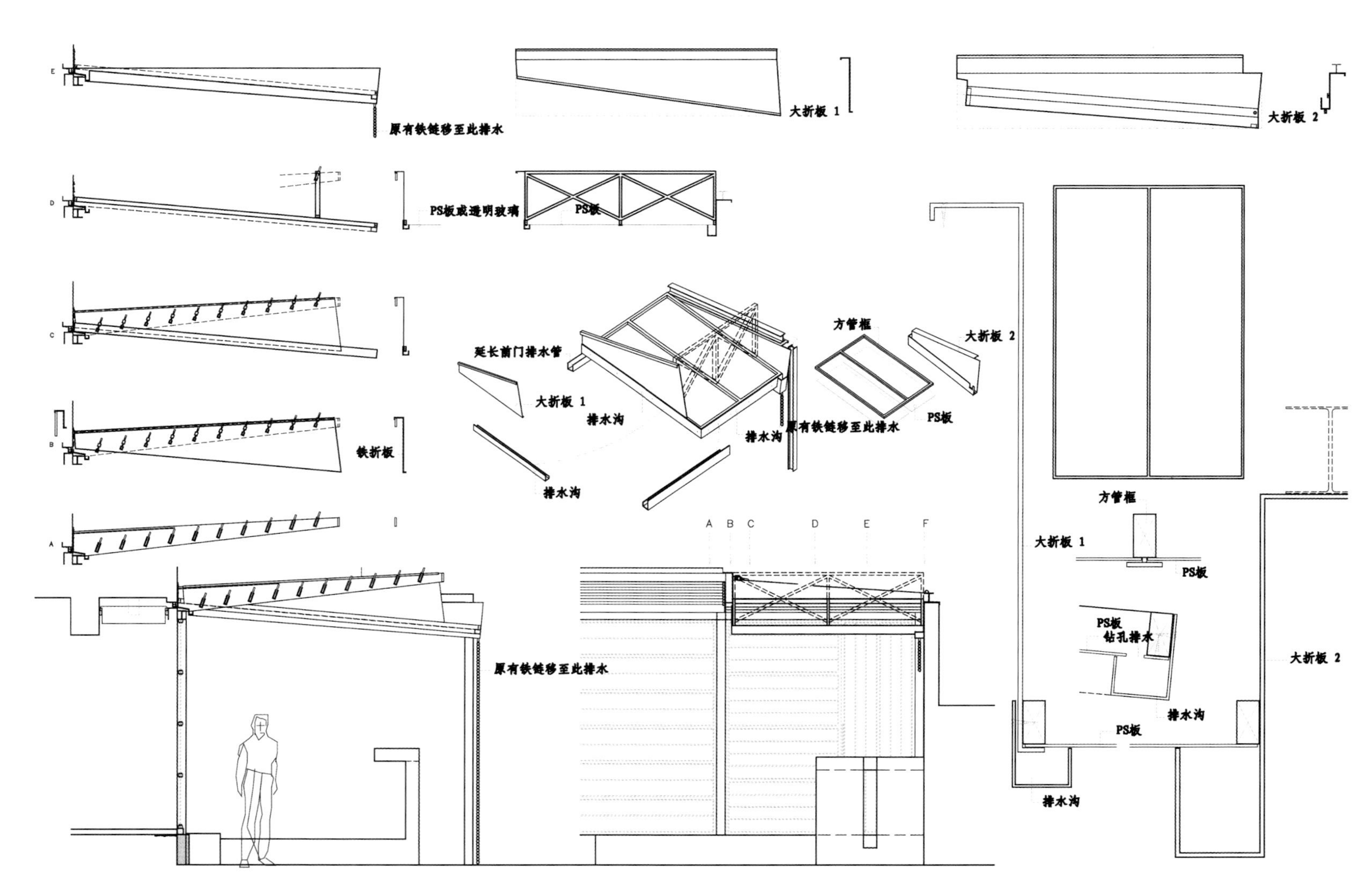

原有铁链移至此排水
大折板 1
大折板 2
PS板或透明玻璃
PS板
延长前门排水管
方管框
大折板 1
排水沟
排水沟
原有铁链移至此排水
PS板
大折板 2
铁折板
排水沟
方管框
大折板 1
PS板
PS板
钻孔排水
原有铁链移至此排水
大折板 2
排水沟
PS板
排水沟

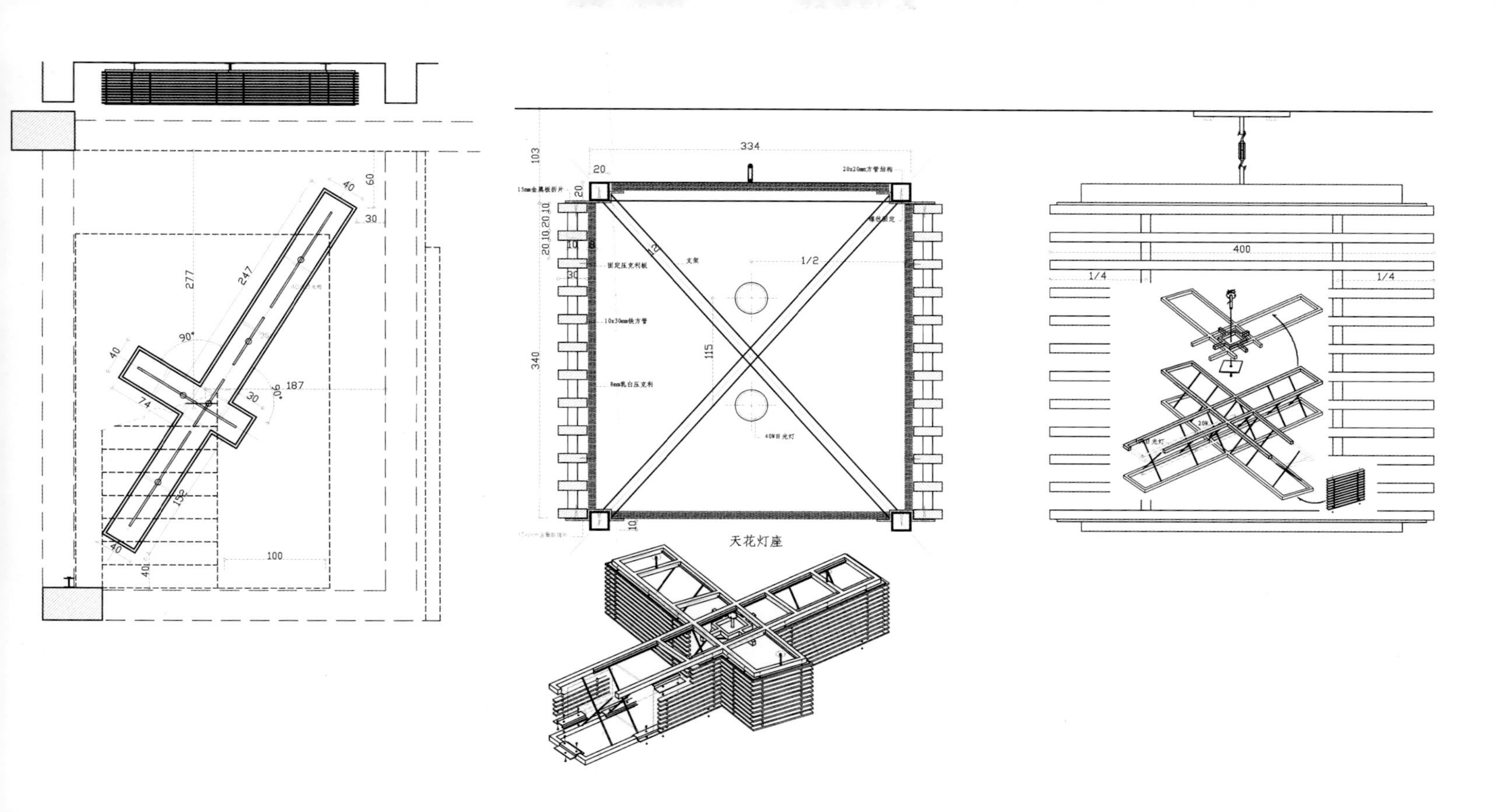

277
247
187
100
90°
334
340
115
1/2
400
1/4
1/4
天花灯座

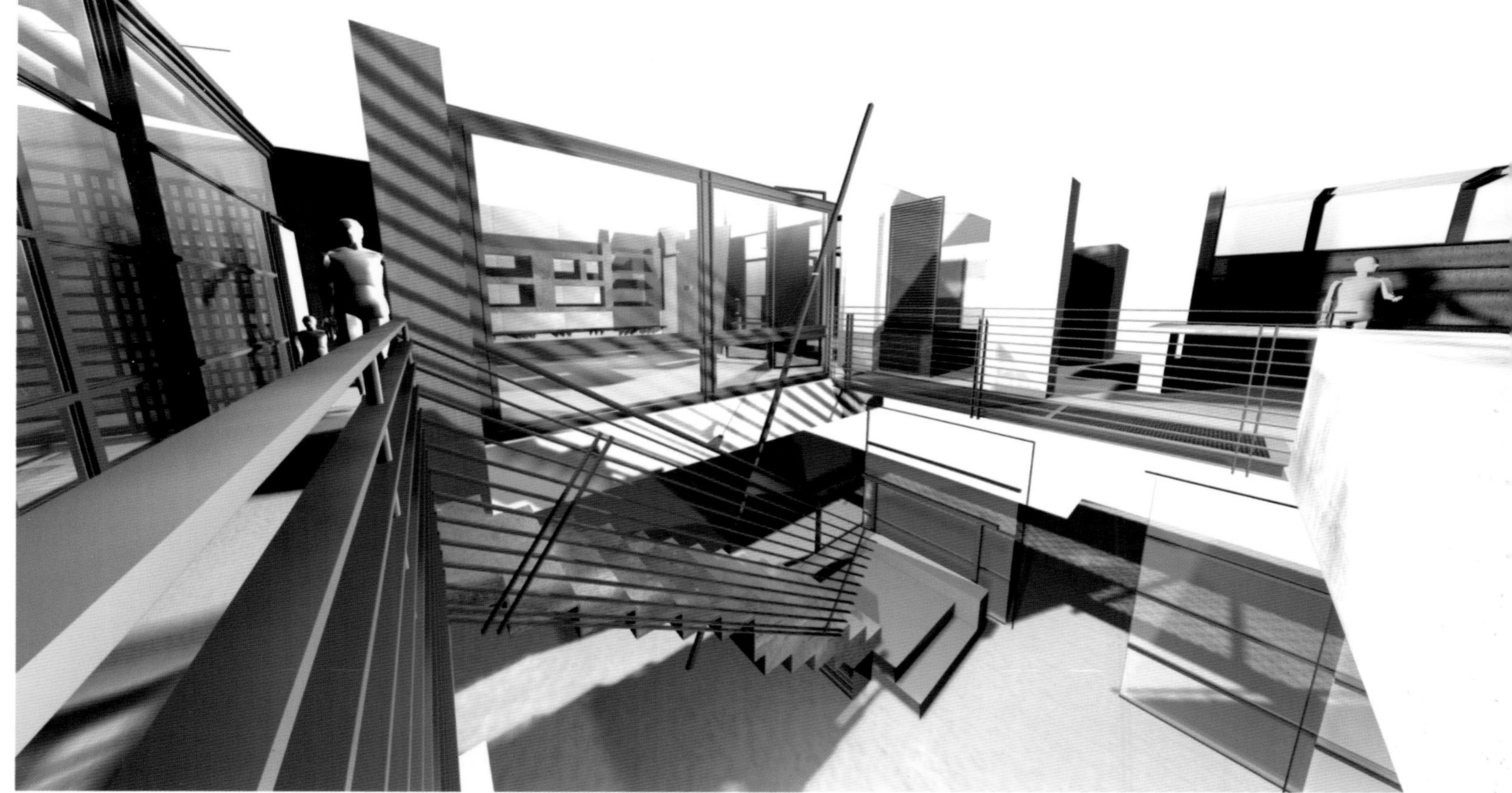

私人办公室2

设　　计：季铁生
工程地点：台湾台北
客户需求：董事长独立楼层办公室，面对户外300 m^2空中花园，使用台湾桧木实木。
方案计划：挑空楼梯间顶上开天窗，让阳光依时间变化角度，18 mm厚清玻璃、镜面不锈钢条造型等让传统楼梯感不再存在。

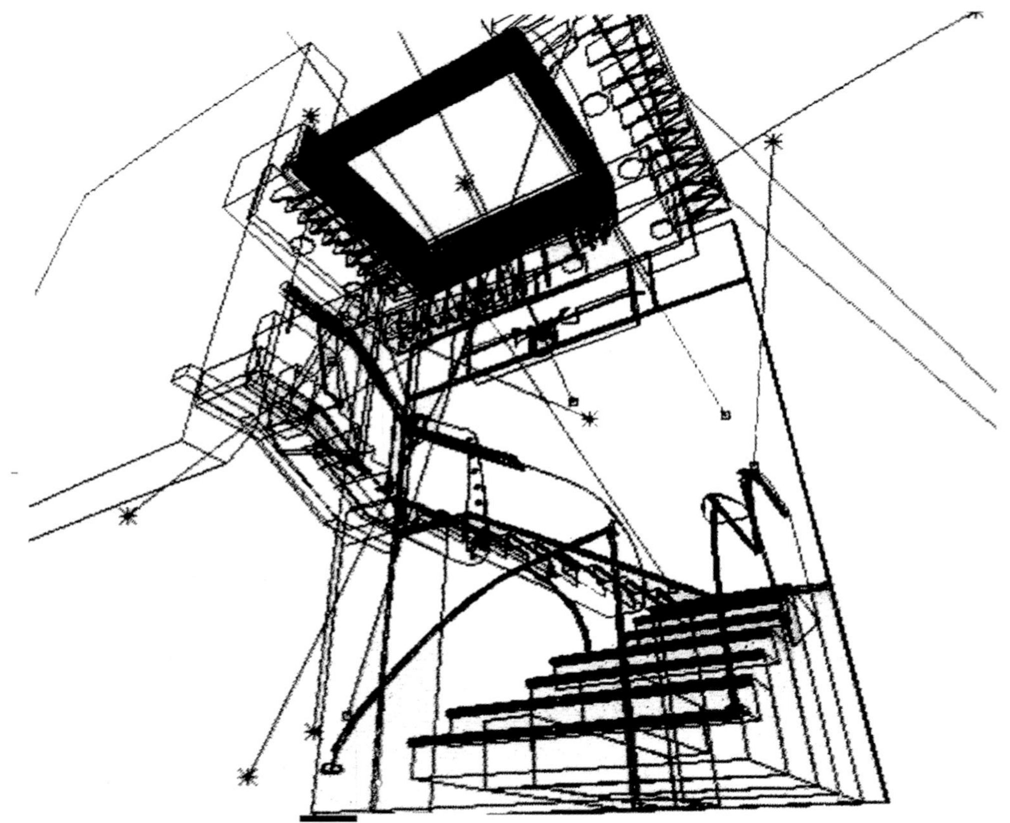

私人办公室3

设　　计：季铁生
工程地点：台湾台北市新庄区
客户需求：简单、现代、好整理，客户喜欢绿色。
方案计划：厂办型公司空间，使用30×30L形角铁配10 mm×10mm圆铁（烤漆），形成有变化感的结构框（烤漆苹果绿色），铁框加玻璃搭配浅色木皮板，进入公司如同进入花园。

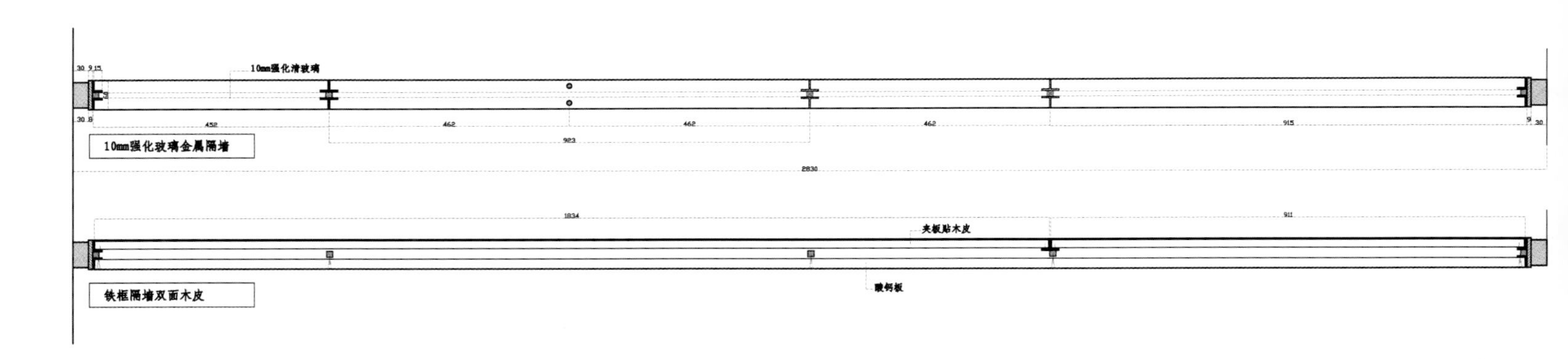

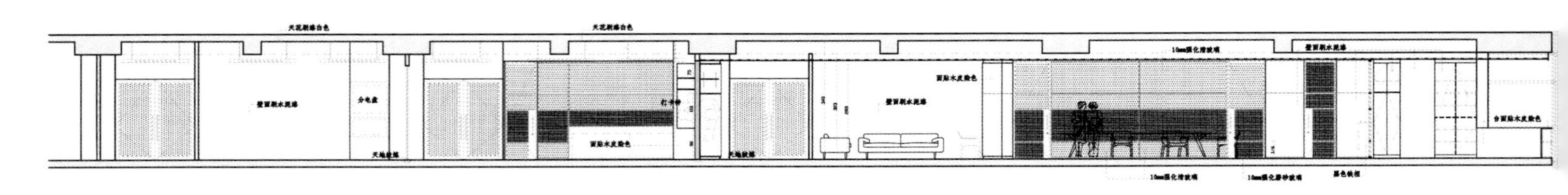

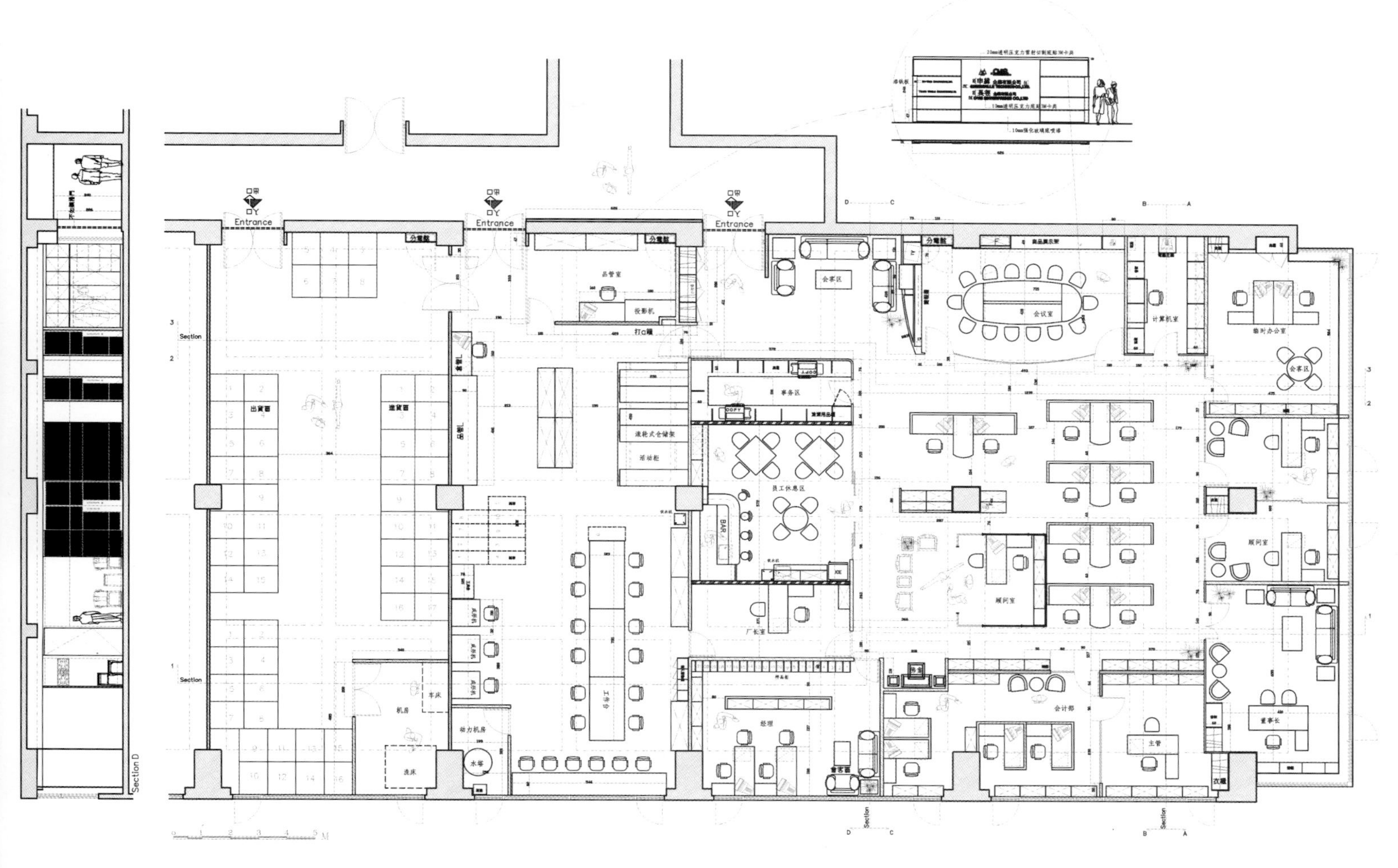
Entrance
Entrance
Entrance
Section
Section
Section D
会客区
会议室
计算机室
临时办公室
会客区
事务区
员工休息区
BAR
顾问室
顾问室
会计部
主管
董事长
经理
机房
动力机房
水箱
出货区
进货区

LWMA上海

设　　计：李玮珉建筑师事务所
工程地点：上海
客户需求：主入口、楼梯、吊桥。
方案计划：为形成极简的结构，巧妙地使用了钢制结构、实木拼板墙面、花岗岩踏板和玻璃围合。

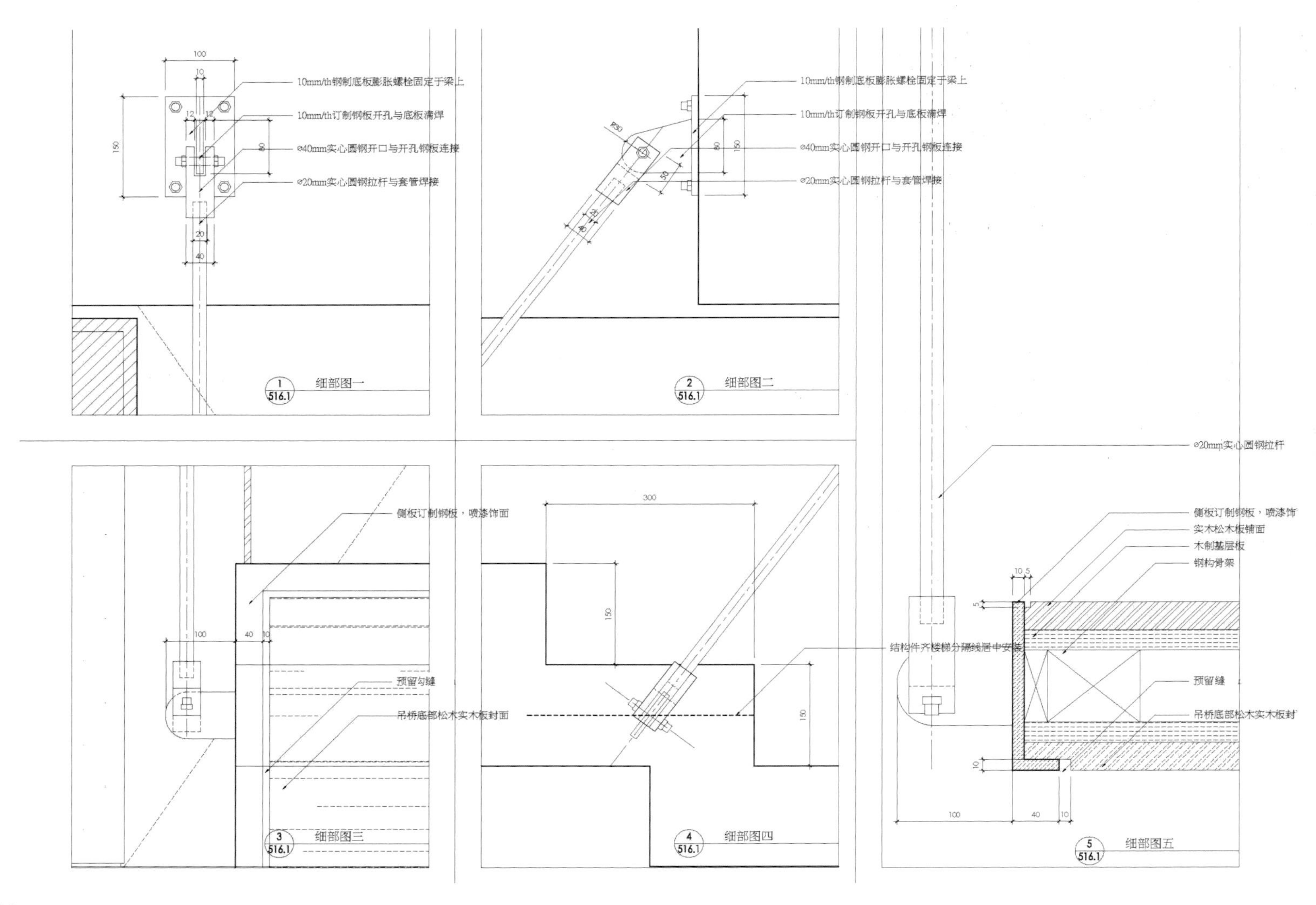

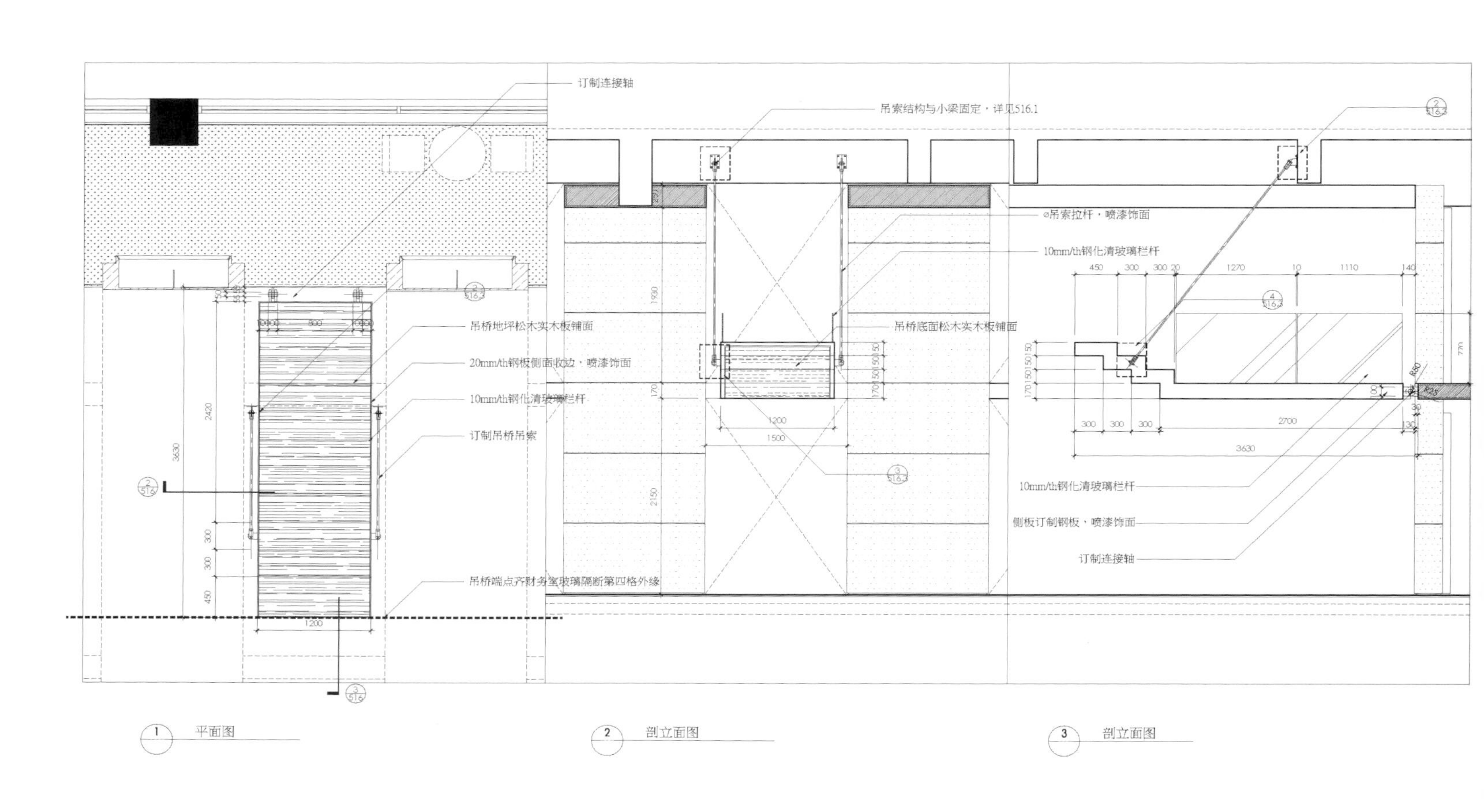

订制连接轴
吊索结构与小梁固定，详见516.1
吊桥地坪松木实木板铺面
20mm/th钢板侧面收边，喷漆饰面
10mm/th钢化清玻璃栏杆
订制吊桥吊索
吊桥端点齐财务室玻璃隔断第四格外缘
ø吊索拉杆，喷漆饰面
10mm/th钢化清玻璃栏杆
吊桥底面松木实木板铺面
10mm/th钢化清玻璃栏杆
侧板订制钢板，喷漆饰面
订制连接轴
1 平面图
2 剖立面图
3 剖立面图

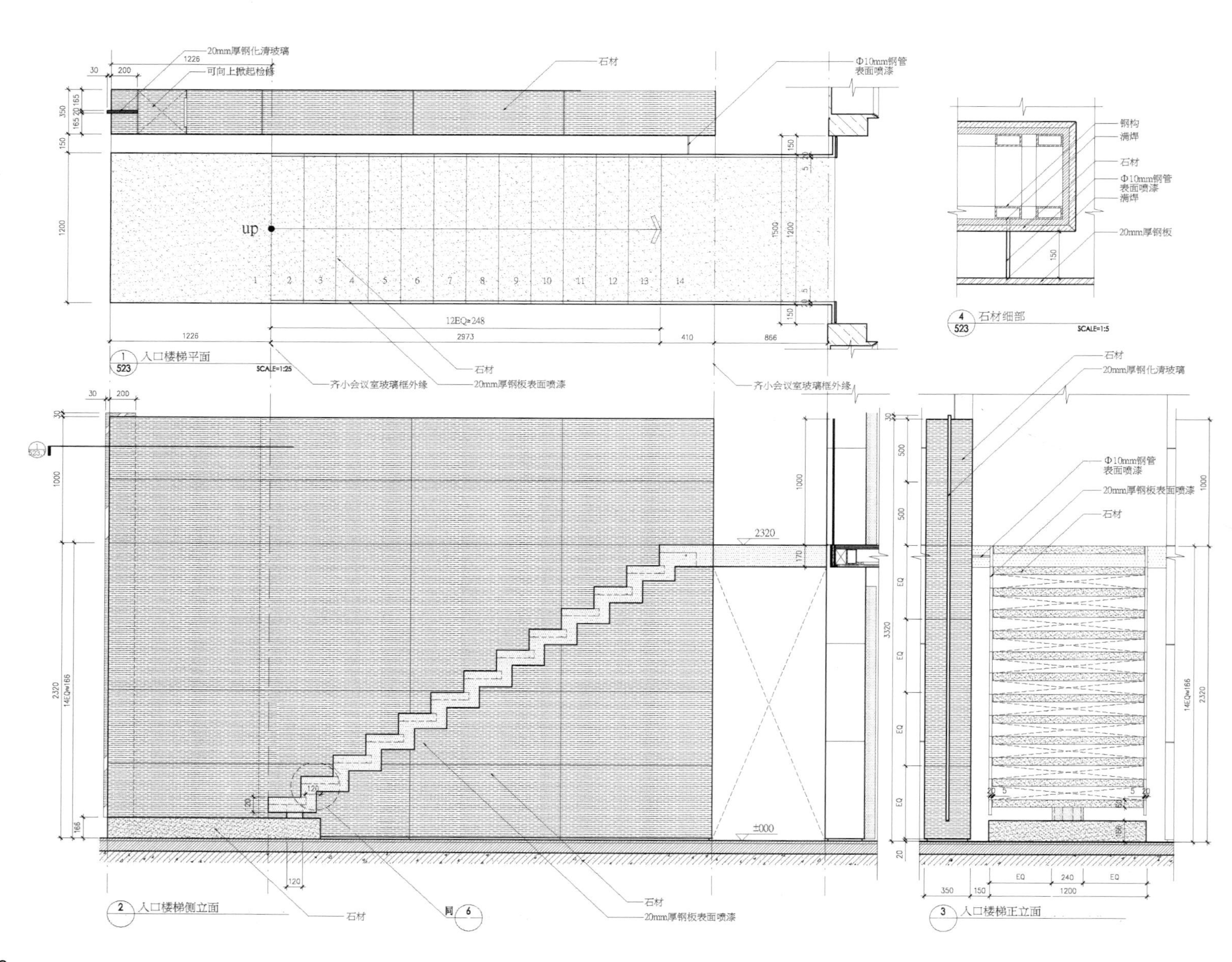

20mm厚钢化清玻璃
可向上掀起检修
石材
Φ10mm钢管
表面喷漆
up
12EQ=248
1 入口楼梯平面 523
SCALE=1:25
齐小会议室玻璃框外缘
20mm厚钢板表面喷漆
钢构
满焊
石材
Φ10mm钢管
表面喷漆
满焊
20mm厚钢板
4 石材细部 523
SCALE=1:5
2320
14EQ=166
±000
2 入口楼梯侧立面
石材
20mm厚钢板表面喷漆
20mm厚钢化清玻璃
Φ10mm钢管
表面喷漆
20mm厚钢板表面喷漆
石材
3 入口楼梯正立面

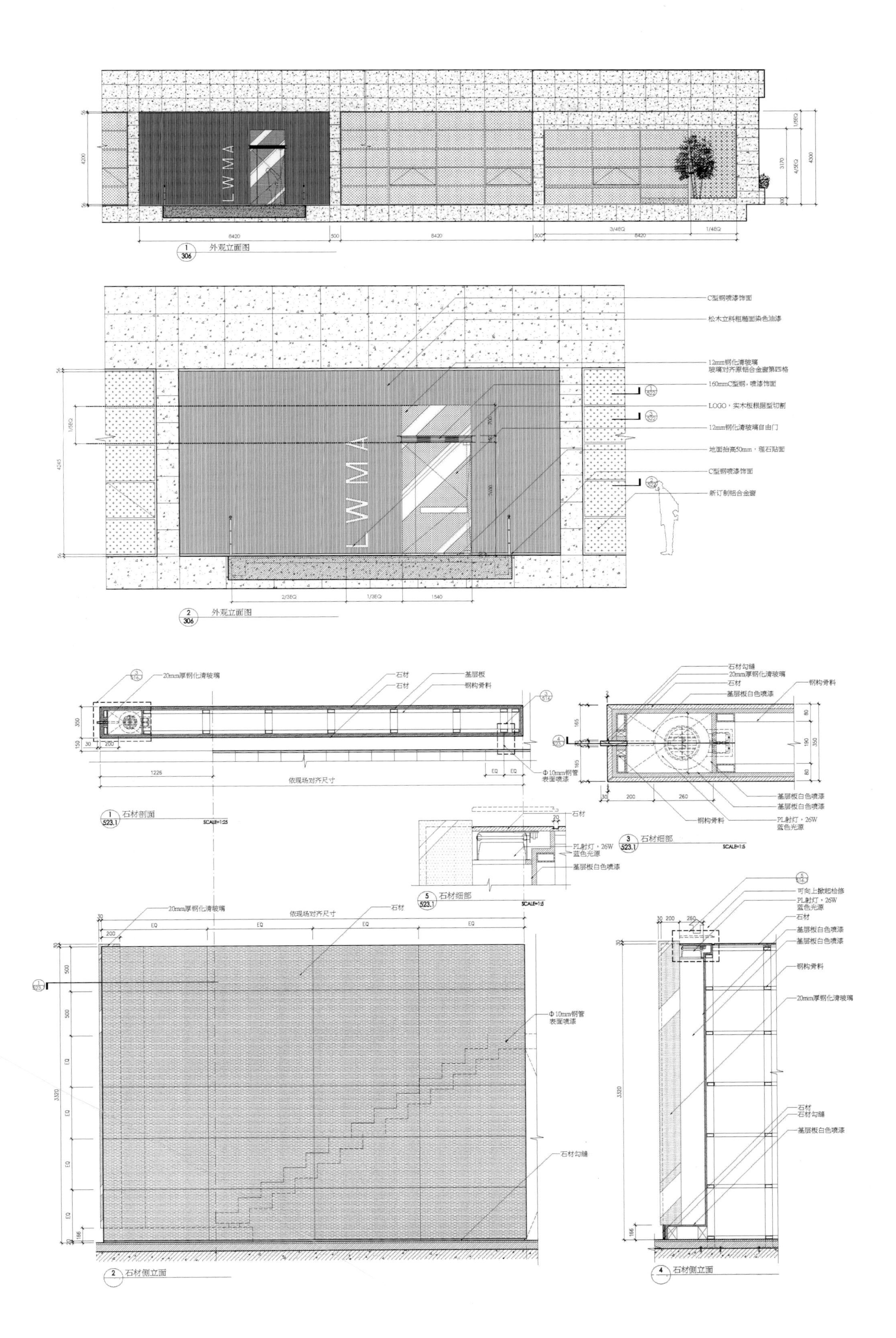
LWMA
8420
500
8420
500
3/4EQ
8420
1/4EQ
4200
4300
3170
外观立面图
C型钢喷漆饰面
松木立料粗糙面染色油漆
12mm钢化清玻璃
玻璃对齐原铝合金窗第四格
160mmC型钢，喷漆饰面
LOGO，实木板根据型切割
12mm钢化清玻璃自由门
地面抬高50mm，理石贴面
C型钢喷漆饰面
新订制铝合金窗
4245
2/3EQ
1/3EQ
1540
外观立面图
20mm厚钢化清玻璃
石材
石材
基层板
钢构骨料
1226
依现场对齐尺寸
Φ10mm钢管
表面喷漆
石材剖面
SCALE=1:25
石材勾缝
20mm厚钢化清玻璃
石材
基层板白色喷漆
钢构骨料
基层板白色喷漆
基层板白色喷漆
钢构骨料
PL射灯，26W
蓝色光源
石材细部
SCALE=1:5
石材
PL射灯，26W
蓝色光源
基层板白色喷漆
石材细部
SCALE=1:5
20mm厚钢化清玻璃
依现场对齐尺寸
石材
Φ10mm钢管
表面喷漆
石材勾缝
3320
石材侧立面
可向上掀起检修
PL射灯，26W
蓝色光源
石材
基层板白色喷漆
基层板白色喷漆
钢构骨料
20mm厚钢化清玻璃
石材
石材勾缝
基层板白色喷漆
石材侧立面

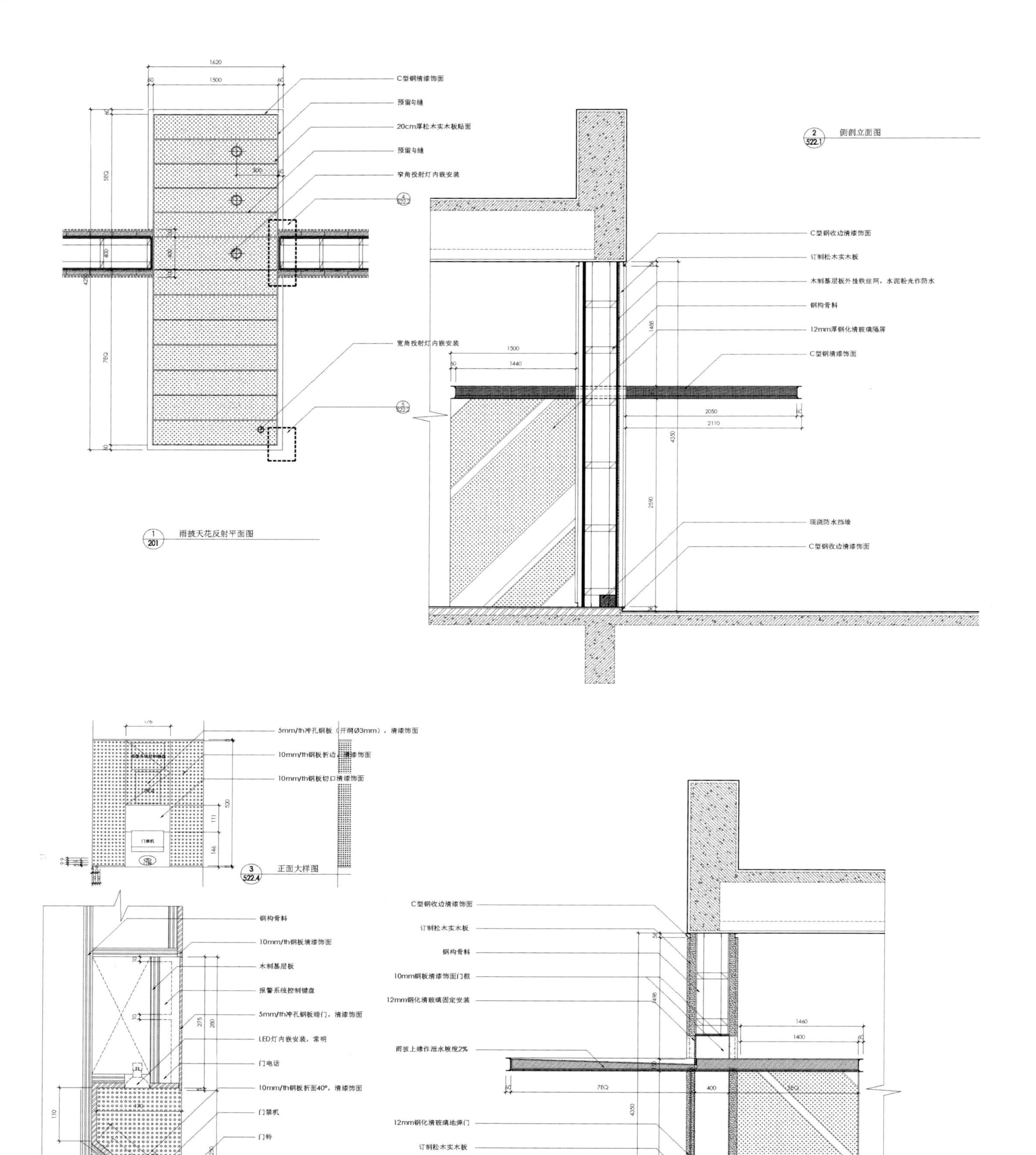
C型钢清漆饰面
预留勾缝
20cm厚松木实木板贴面
预留勾缝
窄角投射灯内嵌安装
宽角投射灯内嵌安装
1620
1500
雨披天花反射平面图
侧剖立面图
C型钢收边清漆饰面
订制松木实木板
木制基层板外挂铁丝网，水泥粉光作防水
钢构骨料
12mm厚钢化清玻璃隔屏
C型钢清漆饰面
现浇防水挡墙
C型钢收边清漆饰面
5mm/th冲孔钢板（开洞Ø3mm），清漆饰面
10mm/th钢板折边，清漆饰面
10mm/th钢板切口清漆饰面
正面大样图
钢构骨料
10mm/th钢板清漆饰面
木制基层板
报警系统控制键盘
5mm/th冲孔钢板暗门，清漆饰面
LED灯内嵌安装，常明
门电话
10mm/th钢板折面40°，清漆饰面
门禁机
门铃
侧剖立面图
C型钢收边清漆饰面
订制松木实木板
钢构骨料
10mm钢板清漆饰面门框
12mm钢化清玻璃固定安装
雨披上缘作泄水坡度2%
12mm钢化清玻璃地弹门
订制松木实木板
10mm钢板清漆饰面门框
实木板预留缝
侧剖立面图

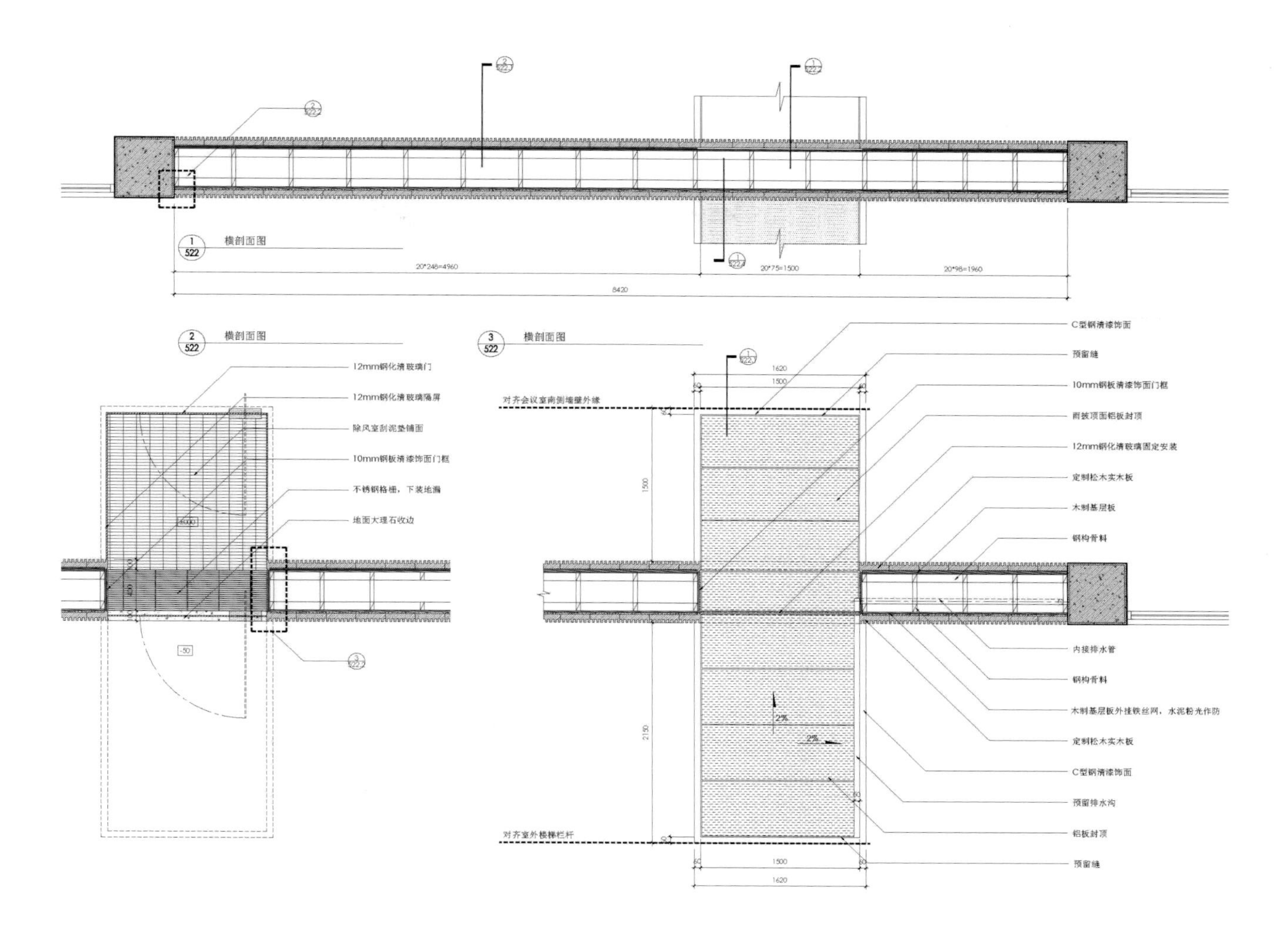
1 522 横剖面图
20*248=4960
20*75=1500
20*98=1960
8420
2 522 横剖面图
12mm钢化清玻璃门
12mm钢化清玻璃隔屏
除风室刮泥垫铺面
10mm钢板清漆饰面门框
不锈钢格栅，下装地漏
地面大理石收边
3 522 横剖面图
对齐会议室南侧墙壁外缘
对齐室外楼梯栏杆
1620
1500
1500
2150
2%
C型钢清漆饰面
预留缝
10mm钢板清漆饰面门框
雨披顶面铝板封顶
12mm钢化清玻璃固定安装
定制松木实木板
木制基层板
钢构骨料
内接排水管
钢构骨料
木制基层板外挂铁丝网，水泥粉光作防
定制松木实木板
C型钢清漆饰面
预留排水沟
铝板封顶
预留缝

灵山廊厅

设　　计：上海HKG建筑咨询有限公司
工程地点：无锡灵山梵宫
客户需求：廊厅。
缘　　由：各种灯光、音响、空调等专业设备与吊顶元素完美结合。
方案计划：充分了解佛法教义，选取合适的结构、构件、纹样等细部，根据空间情况，确定尺度、色彩等因素。
　　　　　除主要光源外，吊顶及飞天像的渲染灯光采用柔和的LED光源，使效果更为梦幻。

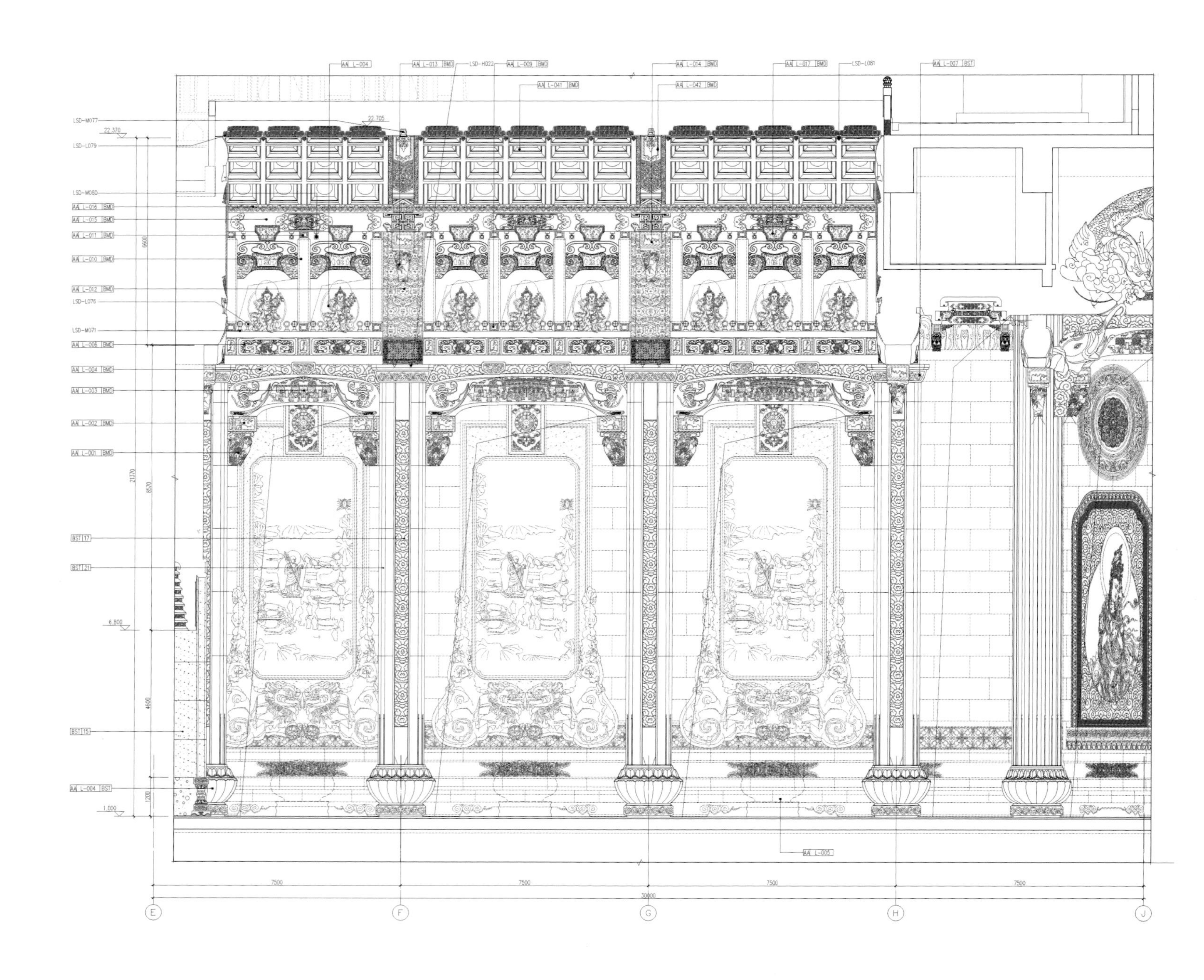

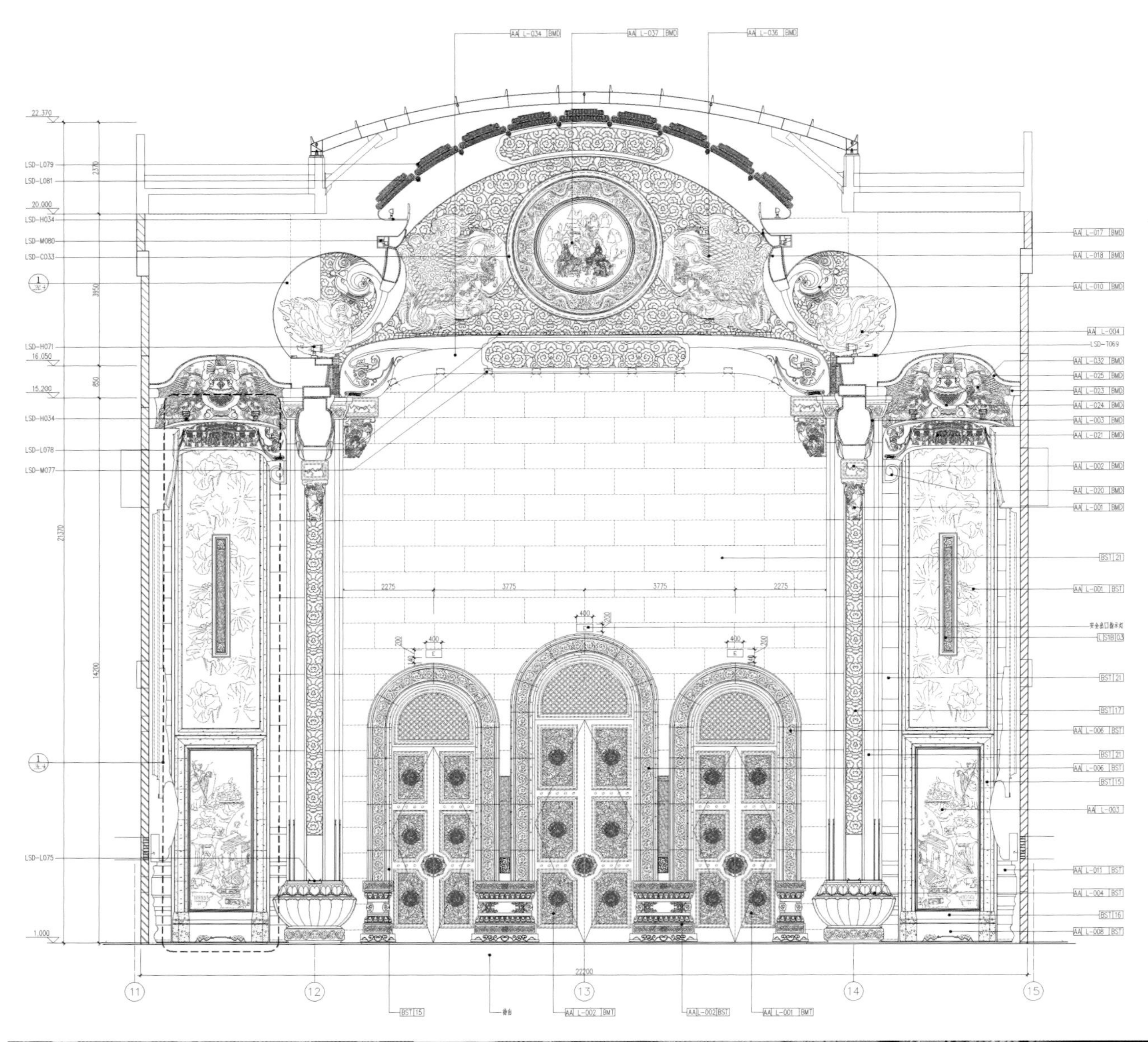

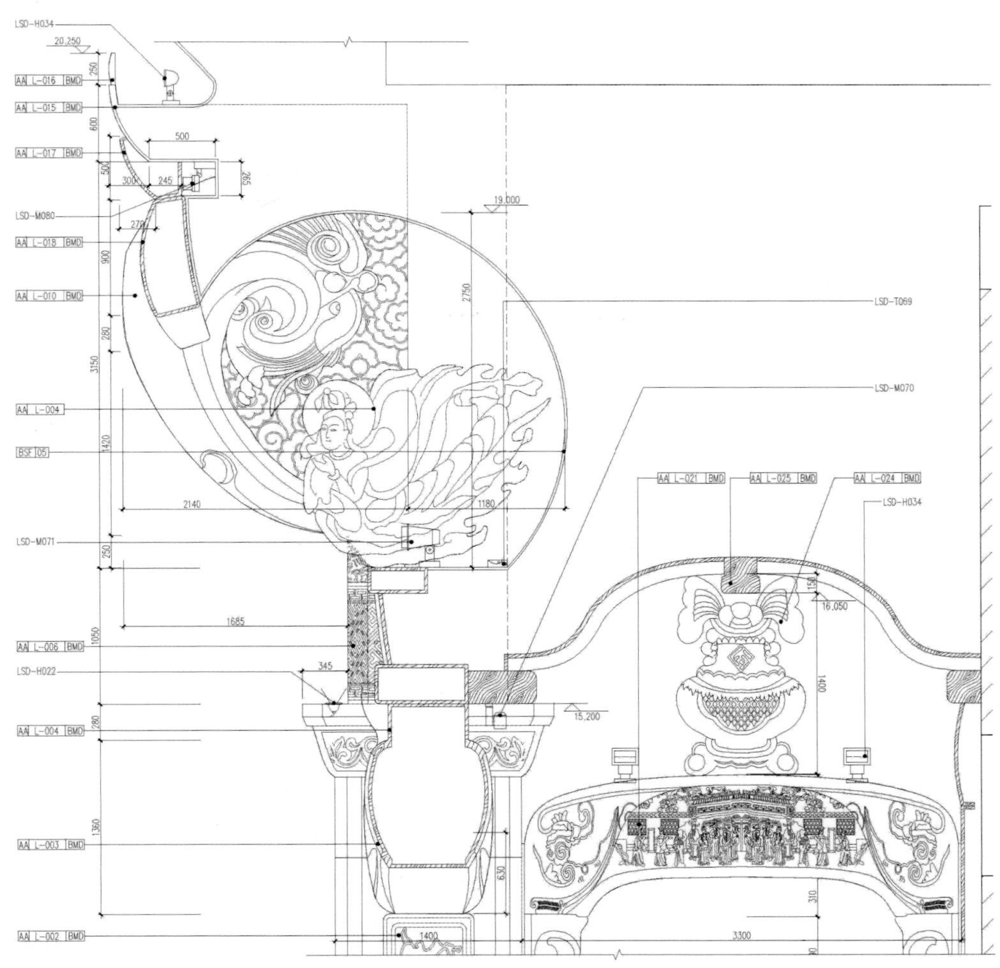

灵山门厅

设　　计：上海HKG建筑咨询有限公司
工程地点：无锡灵山梵宫
客户需求：入口门厅。
缘　　由：顶部原为一整片天窗，进光效果过于直接，根据设计效果要求，调整为四个大小相等的小尺寸天窗。
方案计划：根据设计要求，将顶部天窗分割调整为四块。采用藻井的形式形成纵向尺寸较大的吊顶形式，使光照以小束的形式挤进室内的空间，增加佛光普照的意境。

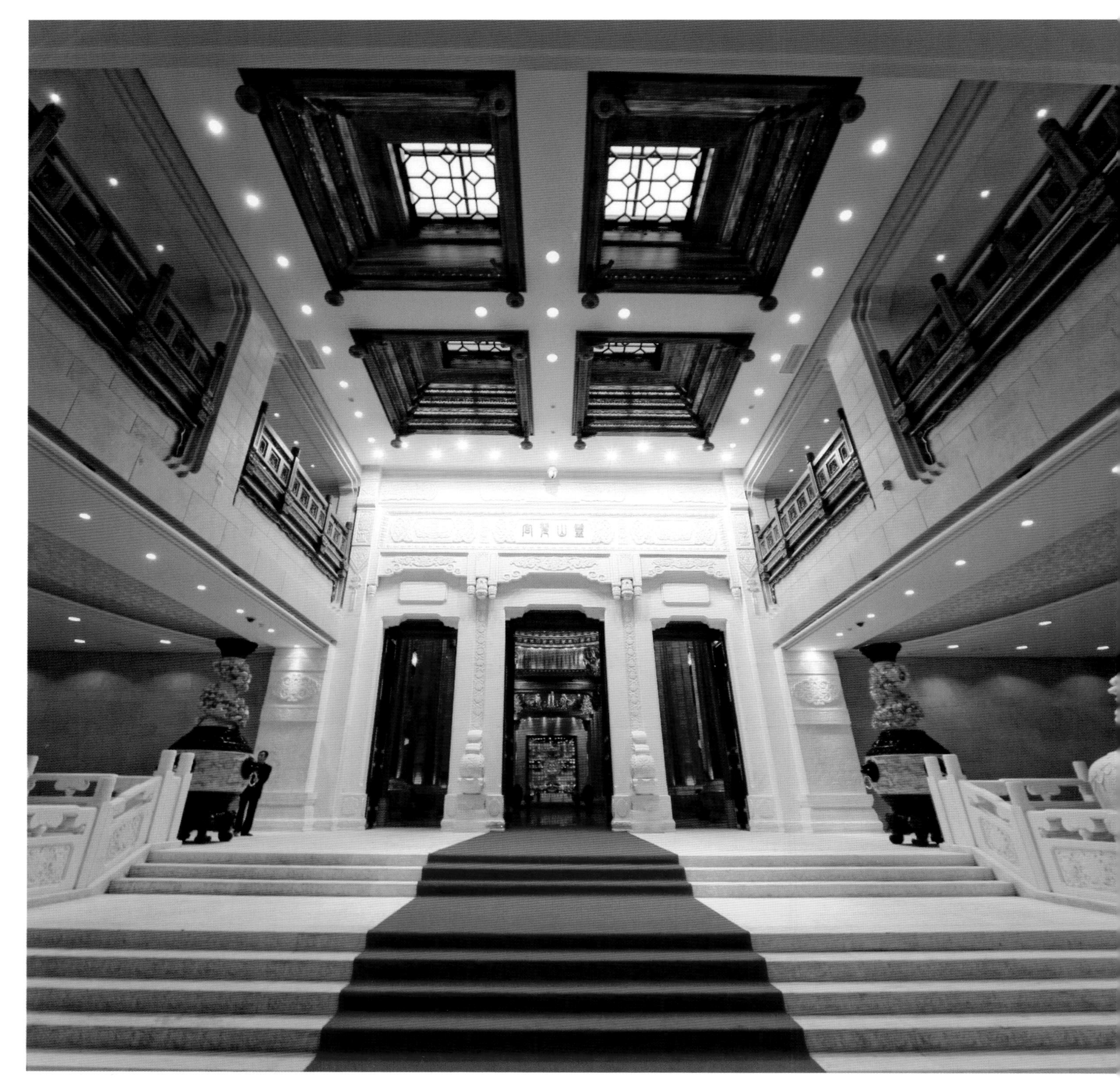

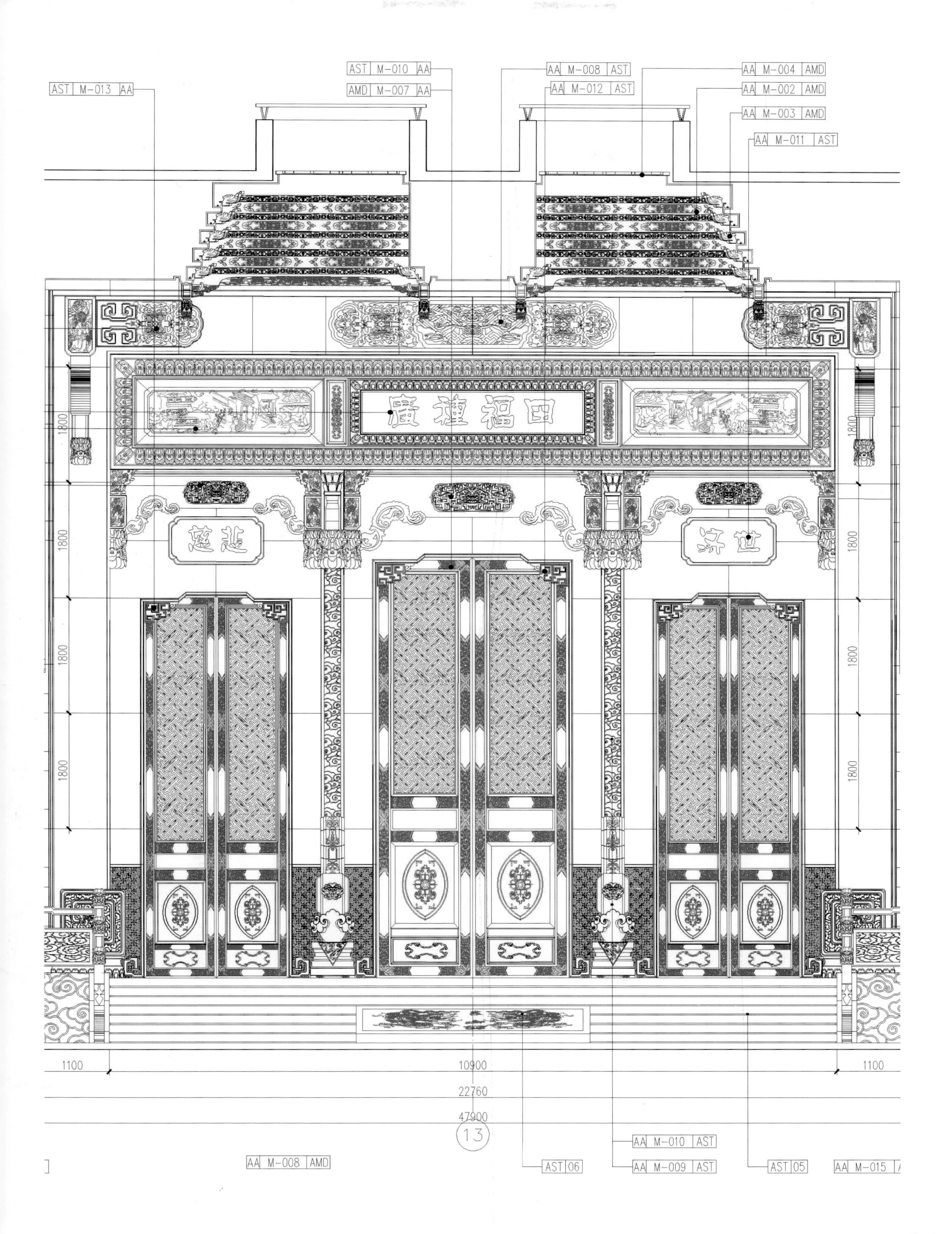

AST M-013 AA
AST M-010 AA
AMD M-007 AA
AA M-008 AST
AA M-012 AST
AA M-004 AMD
AA M-002 AMD
AA M-003 AMD
AA M-011 AST
四福捷(臨)
慈悲
济世
1800
1800
1800
1800
1800
1800
1800
1800
1100
10900
1100
22760
47900
13
AA M-010 AST
AA M-008 AMD
AST 06
AA M-009 AST
AST 05
AA M-015

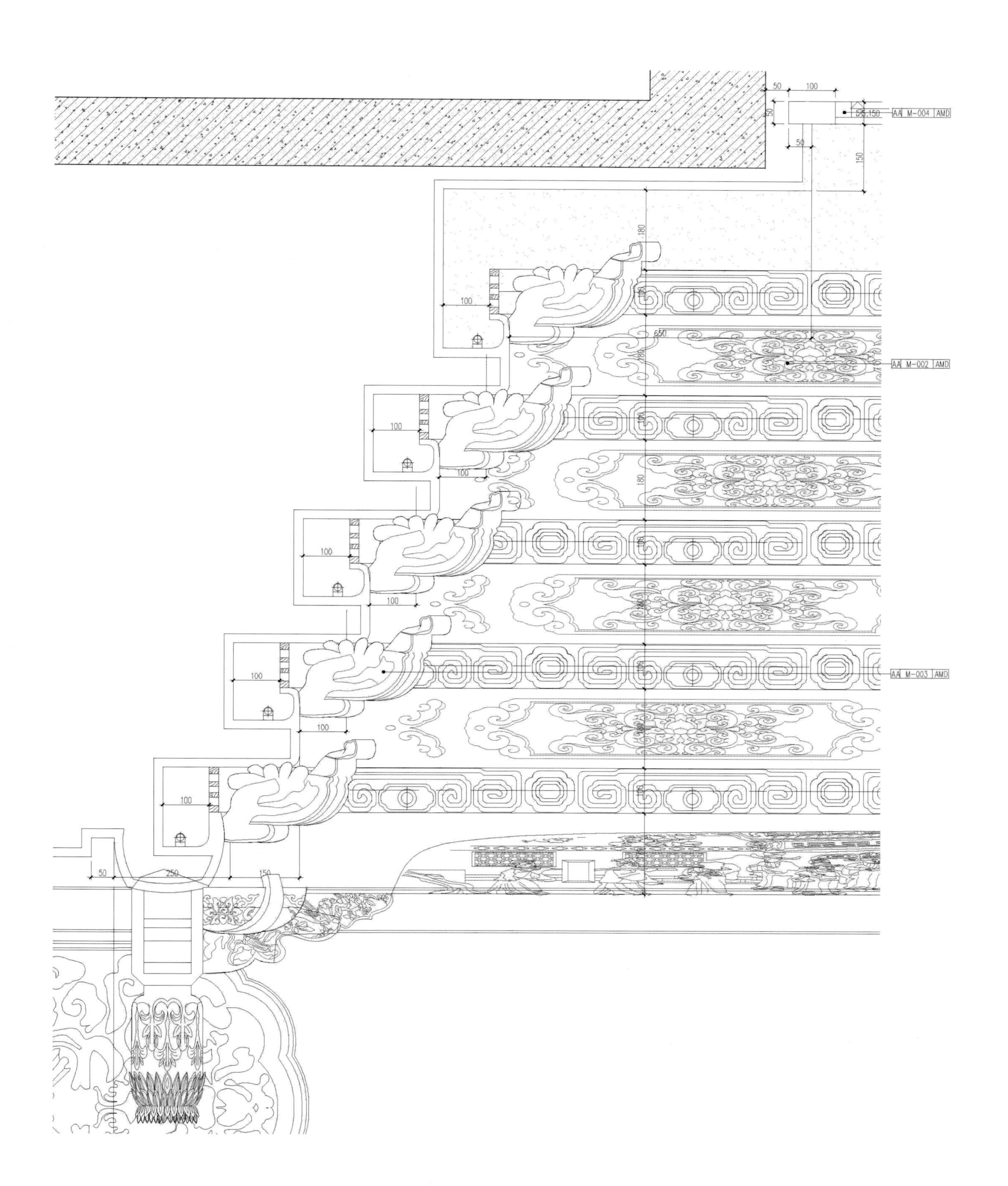

50
100
50
50
150
AA M-004 AMD
180
100
650
180
AA M-002 AMD
100
100
180
100
100
100
AA M-003 AMD
100
100
50
250
150

灵山圣坛

设　　计：上海HKG建筑咨询有限公司
工程地点：江苏无锡灵山梵宫
客户需求：剧场吊顶。
缘　　由：各专业设备与吊顶元素完美结合。
方案计划：了解各专业设备情况，大致包含屏幕、音响、暖通、消防、监控系统等，并协调位置及尺寸，采用装饰手法进行遮蔽处理，如在音响设备前设置符合室内效果的音响布，使得顶面在演出时效果不受设备影响。

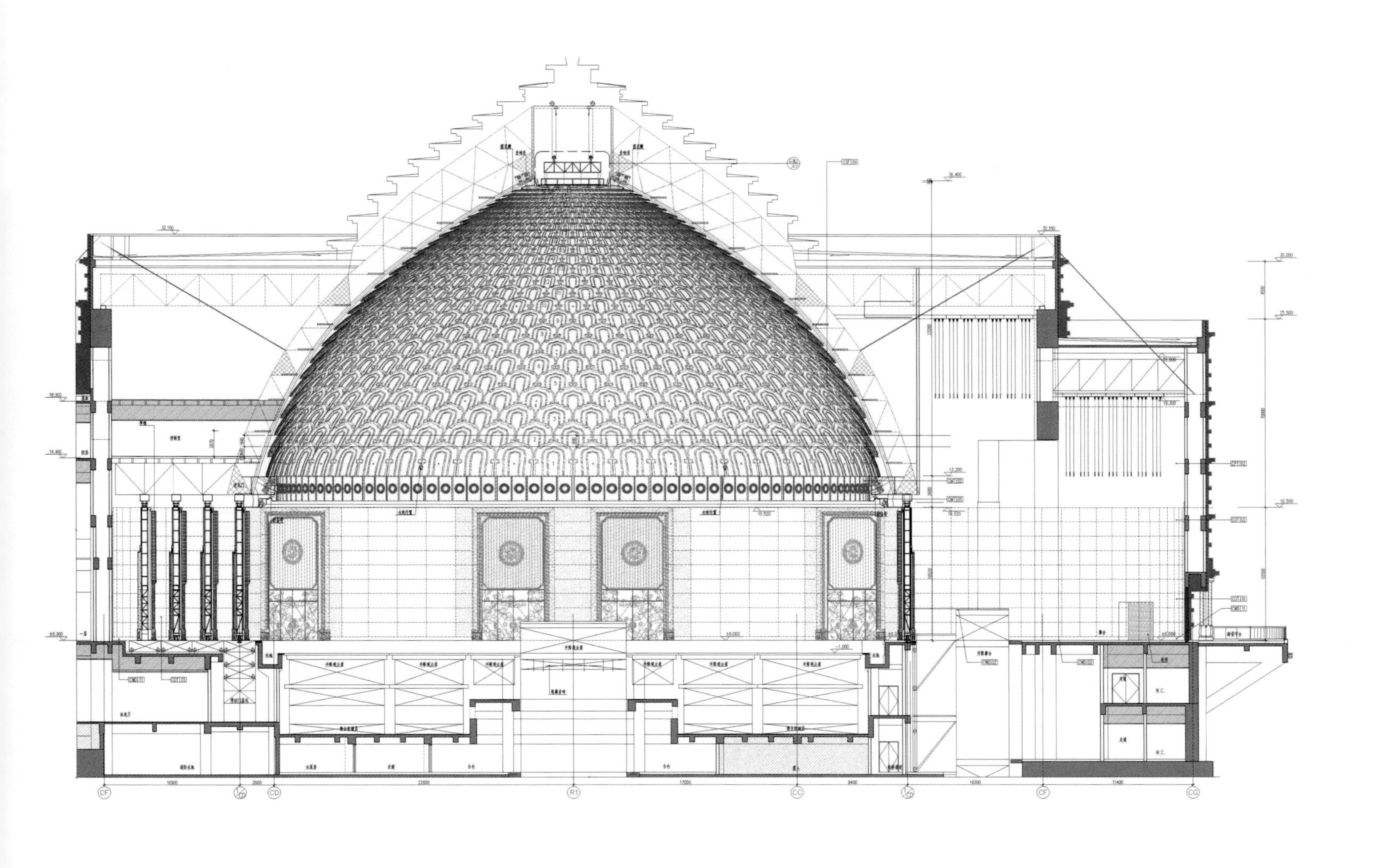

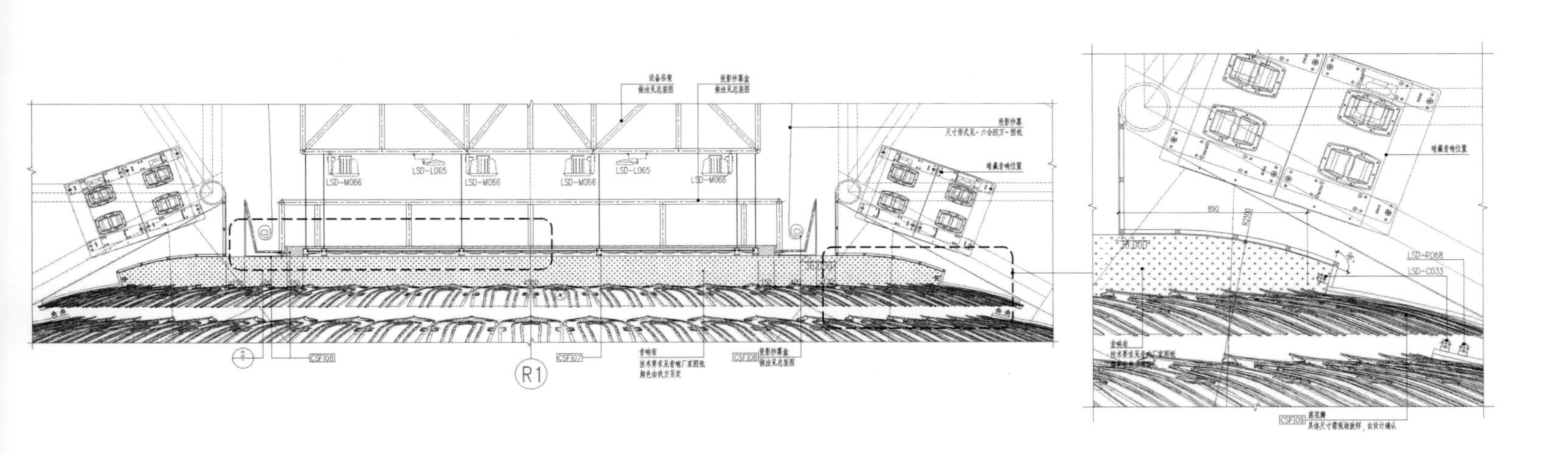
LSD-M066
LSD-L065
LSD-M066
LSD-M066
LSD-L065
LSD-M066
CSF108
R1
CSF107
CSF108
890
R2100
LSD-P068
LSD-C033
CSF109

灵山塔厅

设　计：上海HKG建筑咨询有限公司
工程地点：江苏无锡灵山梵宫
客户需求：根据项目风格，对塔厅进行天上宫阙般的意境设计。
方案计划：采用与其他区域较统一的材料，突出彩绘、构件等设计主题，展现亭台楼阁、天上宫阙的意境效果。

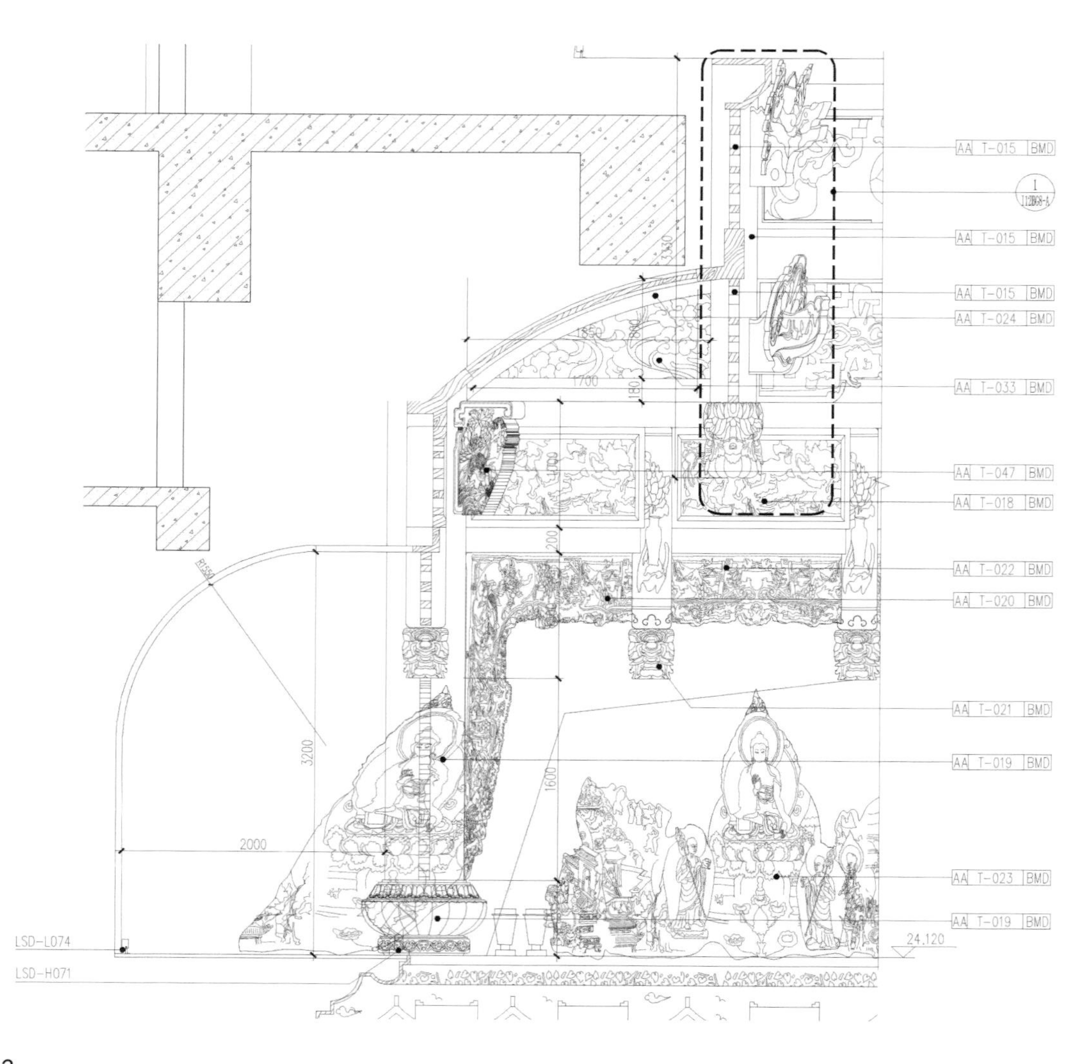

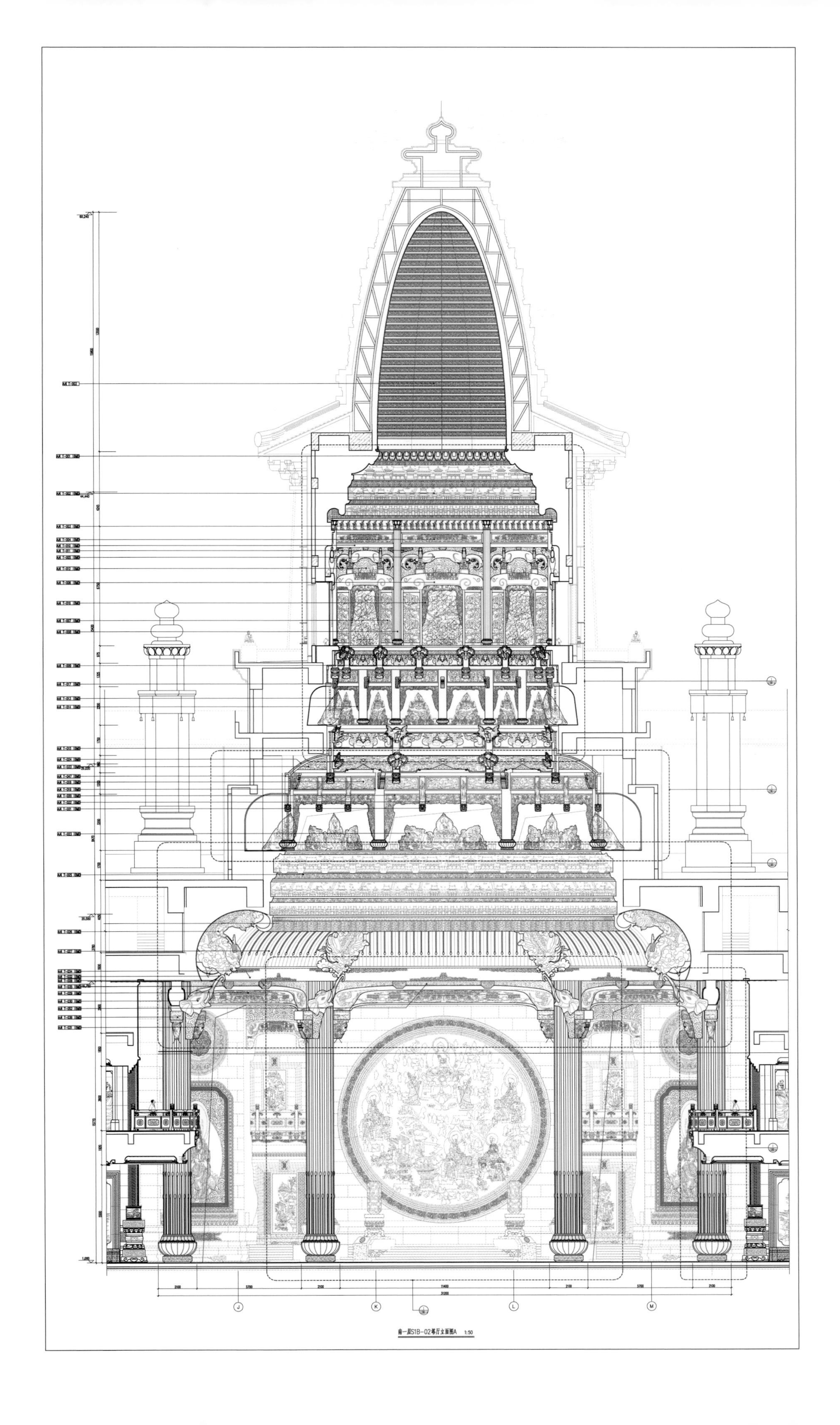

南一层S1B-02塔厅立面图A 1:50

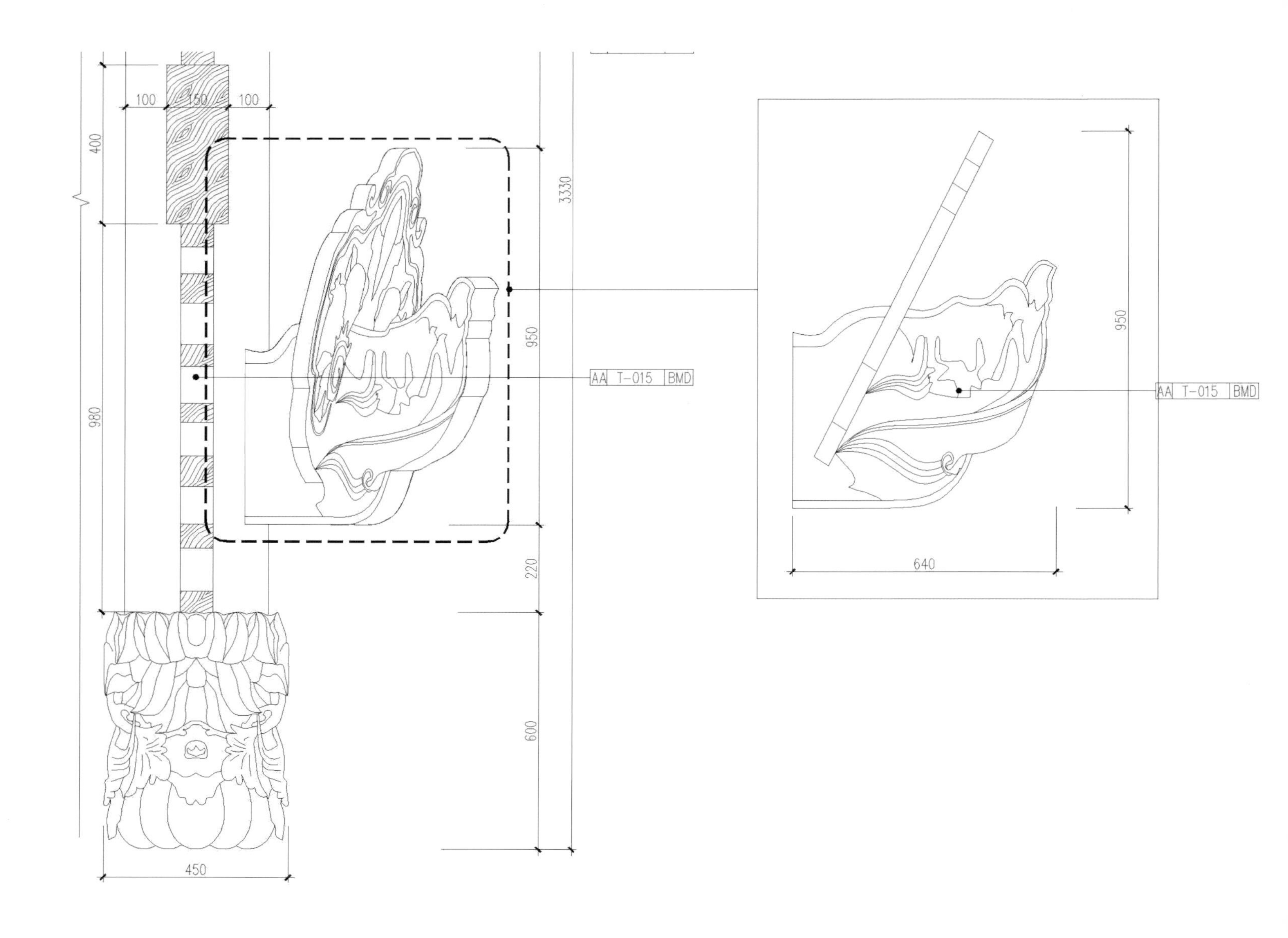
100
150
100
400
3330
980
950
AA T-015 BMD
220
600
450
950
AA T-015 BMD
640

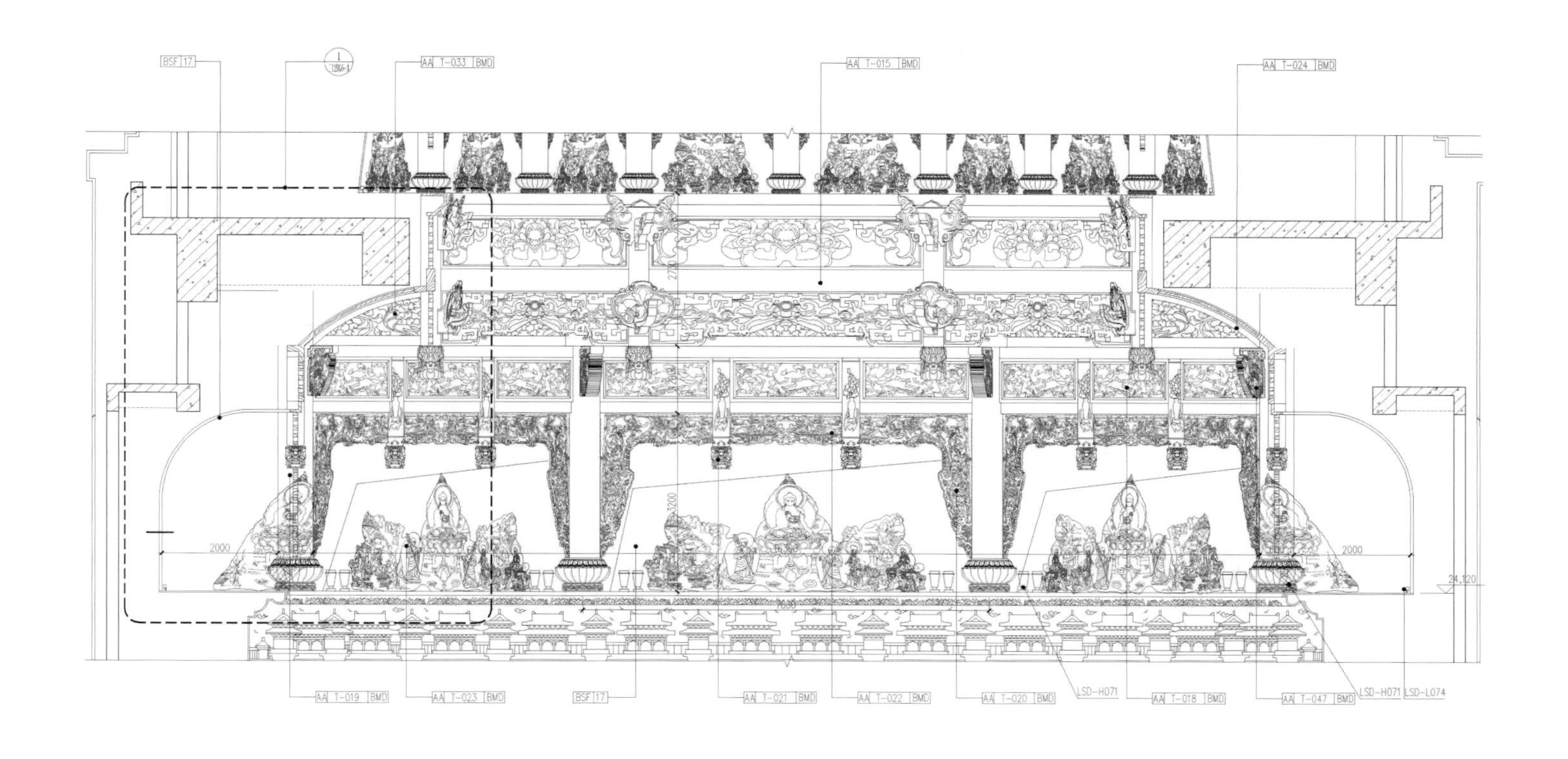
BSF 17
AA T-033 BMD
AA T-015 BMD
AA T-024 BMD
2000
2000
24.120
AA T-019 BMD
AA T-023 BMD
BSF 17
AA T-021 BMD
AA T-022 BMD
AA T-020 BMD
LSD-H071
AA T-018 BMD
AA T-047 BMD
LSD-H071
LSD-L074

台大医院景观喷泉

设　　计：季铁生
工程地点：台湾台北
客户需求：用公共艺术作品分隔新建研究大楼与旧医院的太平间出口。
方案计划：景观喷泉处于生、死分隔交界线，流动的泉水象征世间不息的生命，大理石却沉淀着历史记忆，两者合成现象界生死循环的过程；宗教将光视为善性，视为永恒，光可以打开黑夜之门。泉水倾泄而下，线条变化的大理石让发光的泉水如同跳跃的舞者，波光残影对应人生舞台。

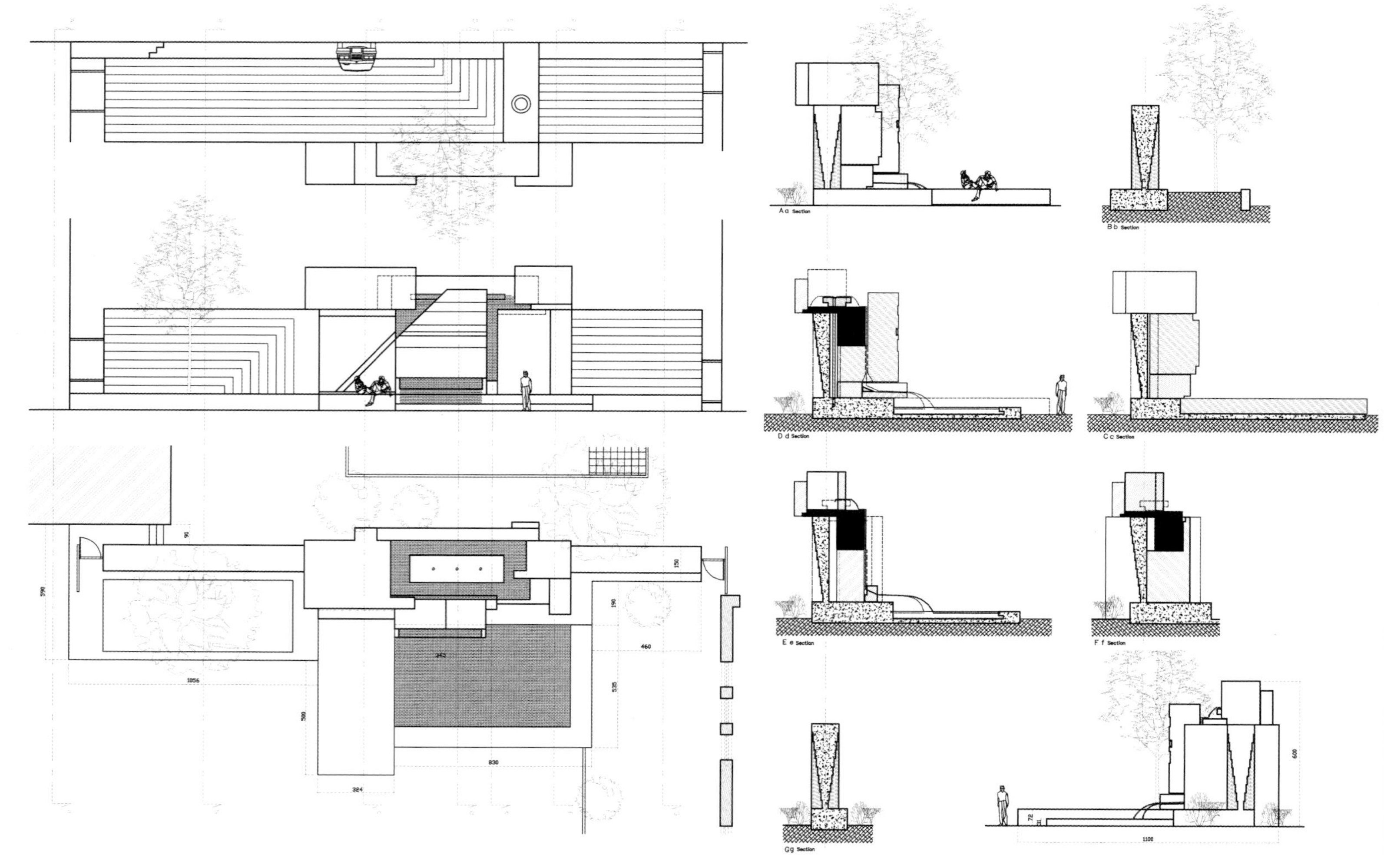

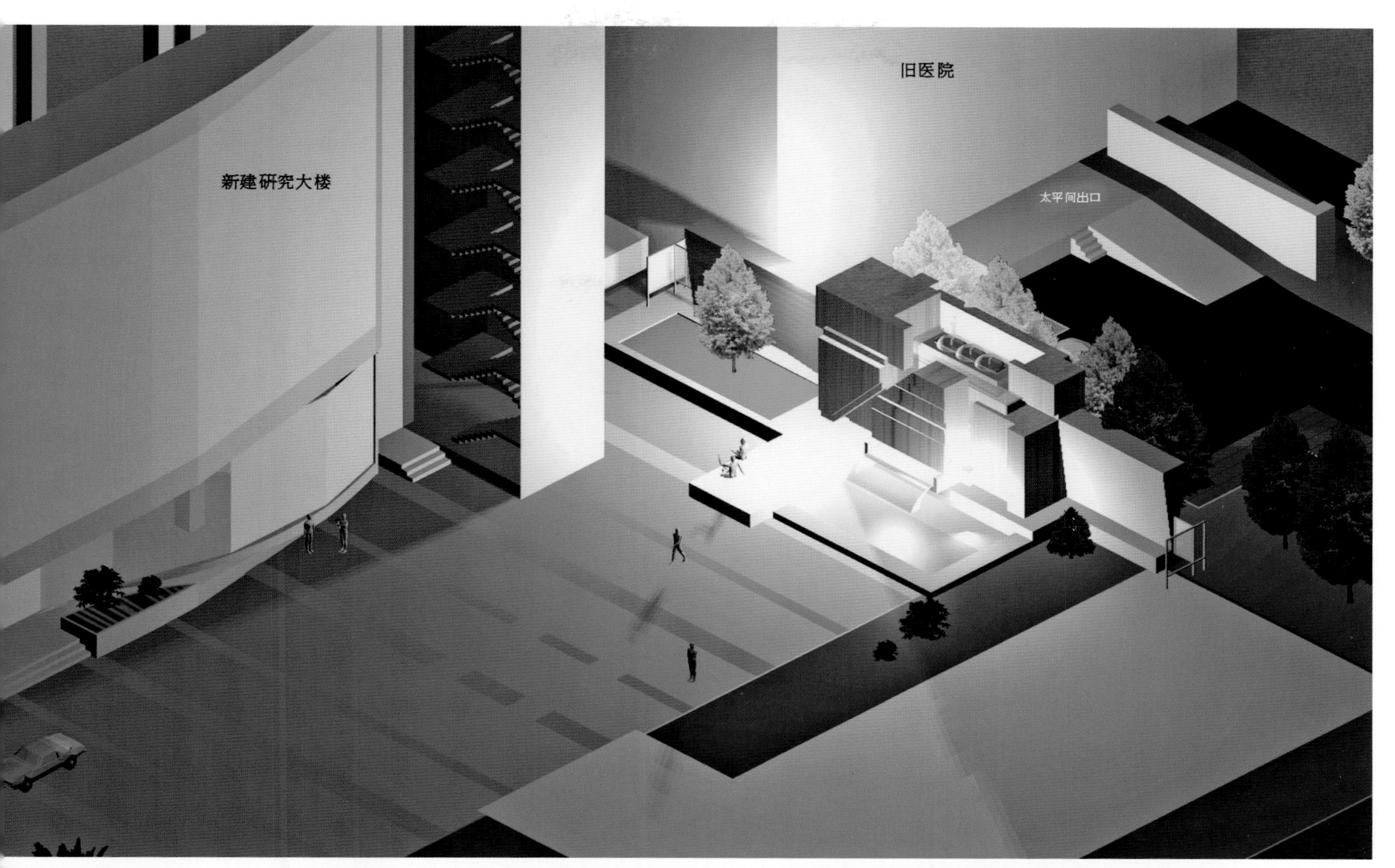
旧医院
新建研究大楼
太平间出口

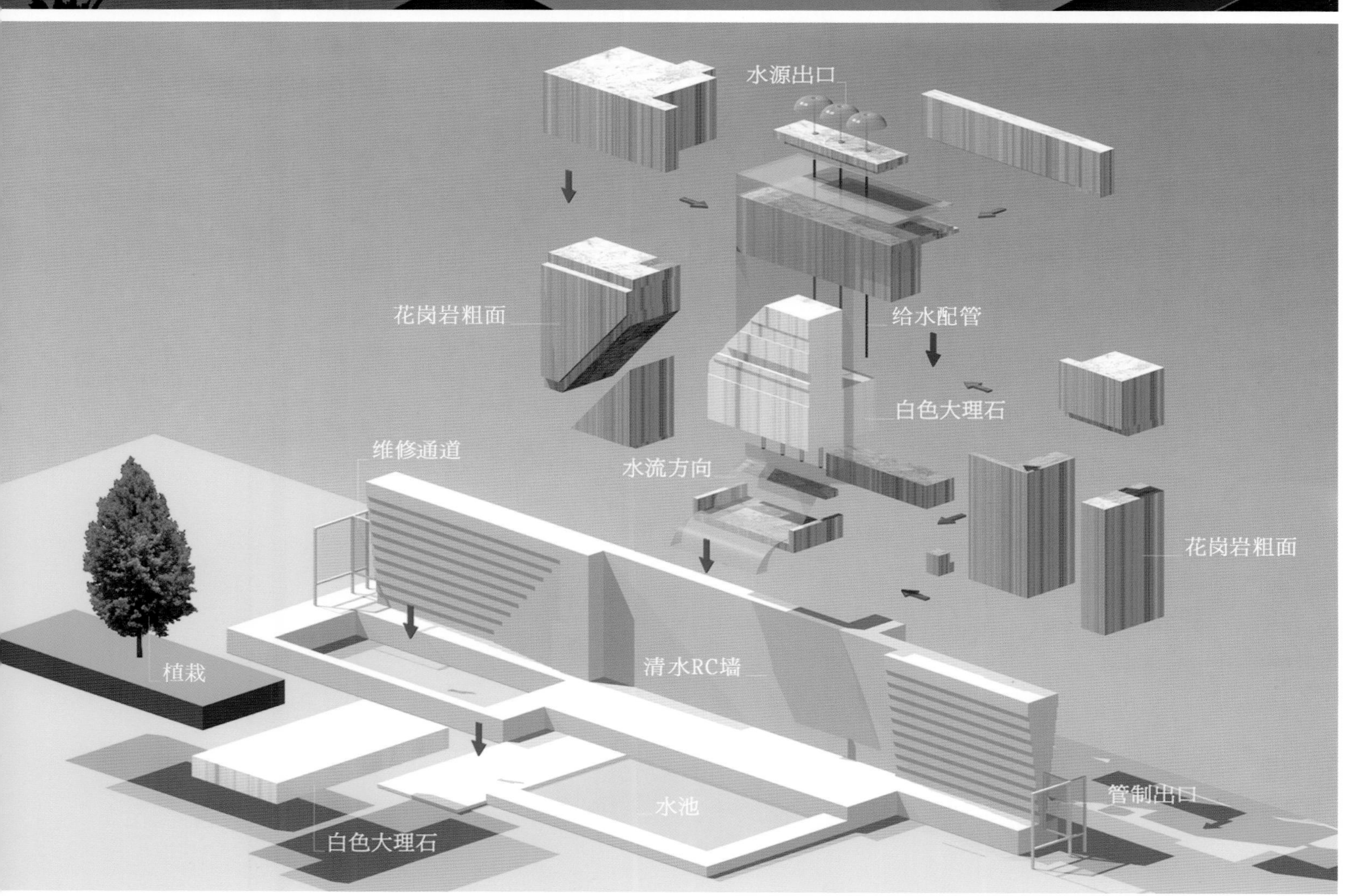
水源出口
花岗岩粗面
给水配管
白色大理石
维修通道
水流方向
花岗岩粗面
植栽
清水RC墙
管制出口
水池
白色大理石

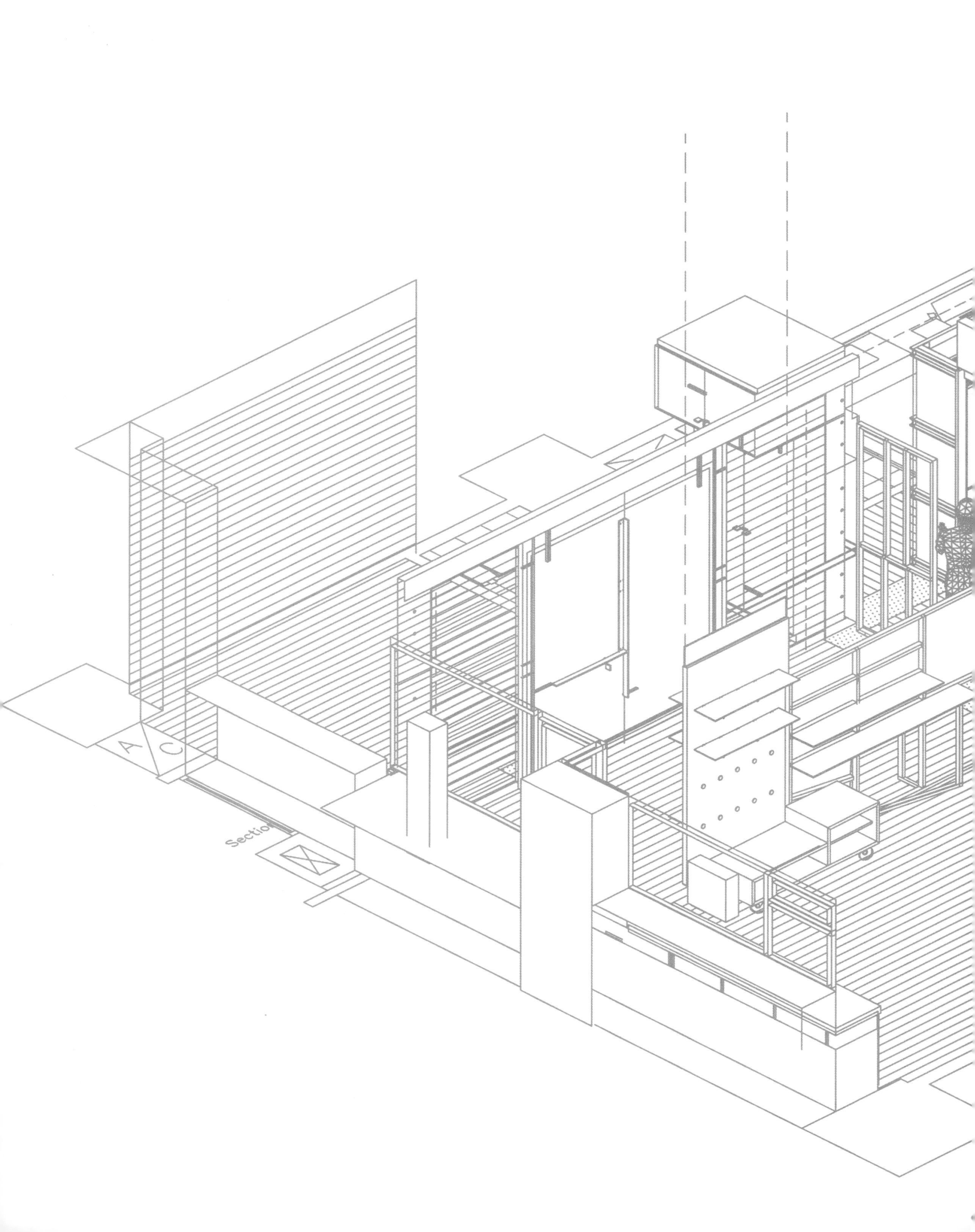
A
C

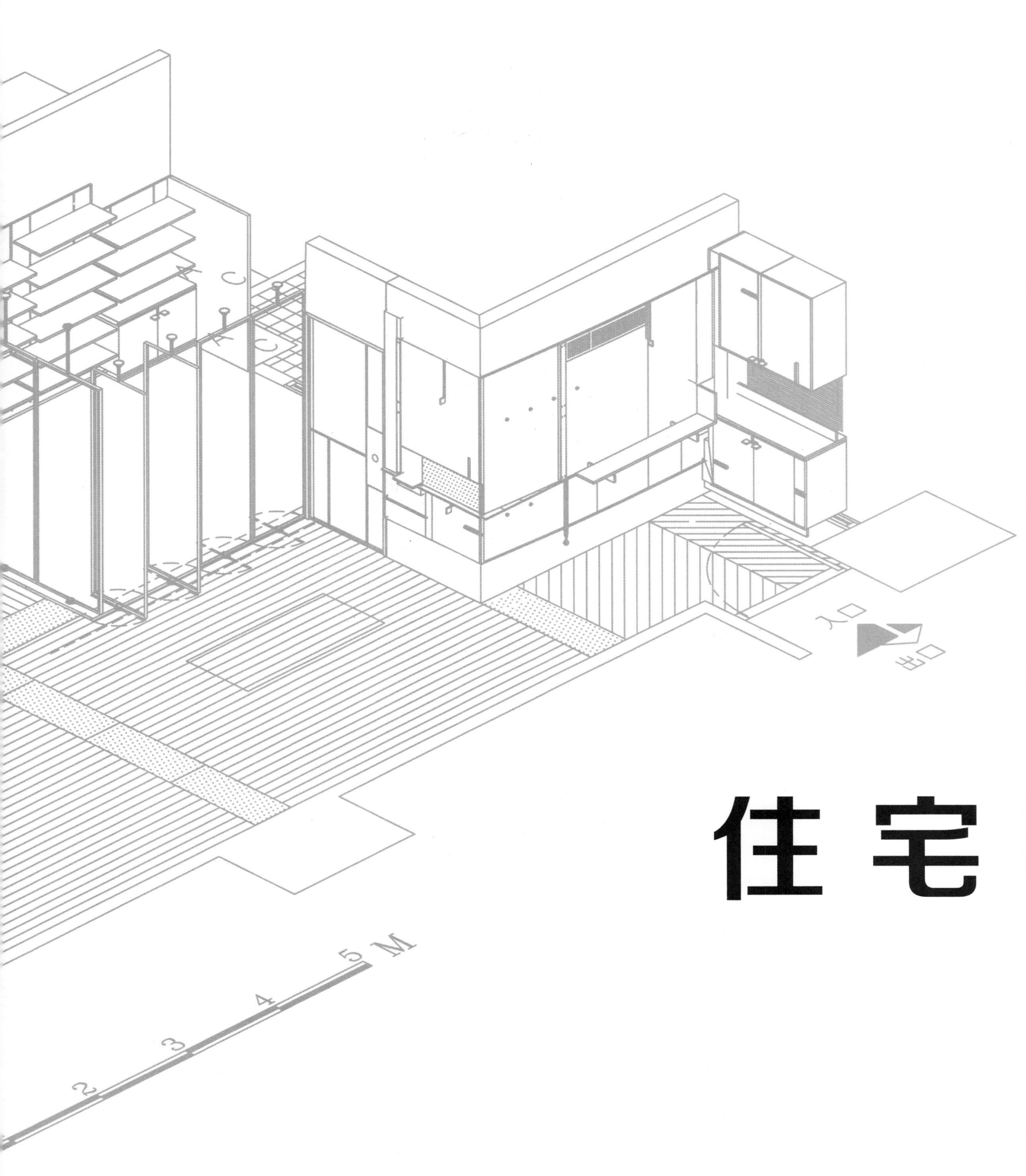

住宅

私人住宅1

设　　计：季铁生
工程地点：台湾台北市大直
客户需求：喜欢实木，梯外是空中花园。
方案计划：台湾桧木与镜面实心不锈钢条相互梯状穿插。

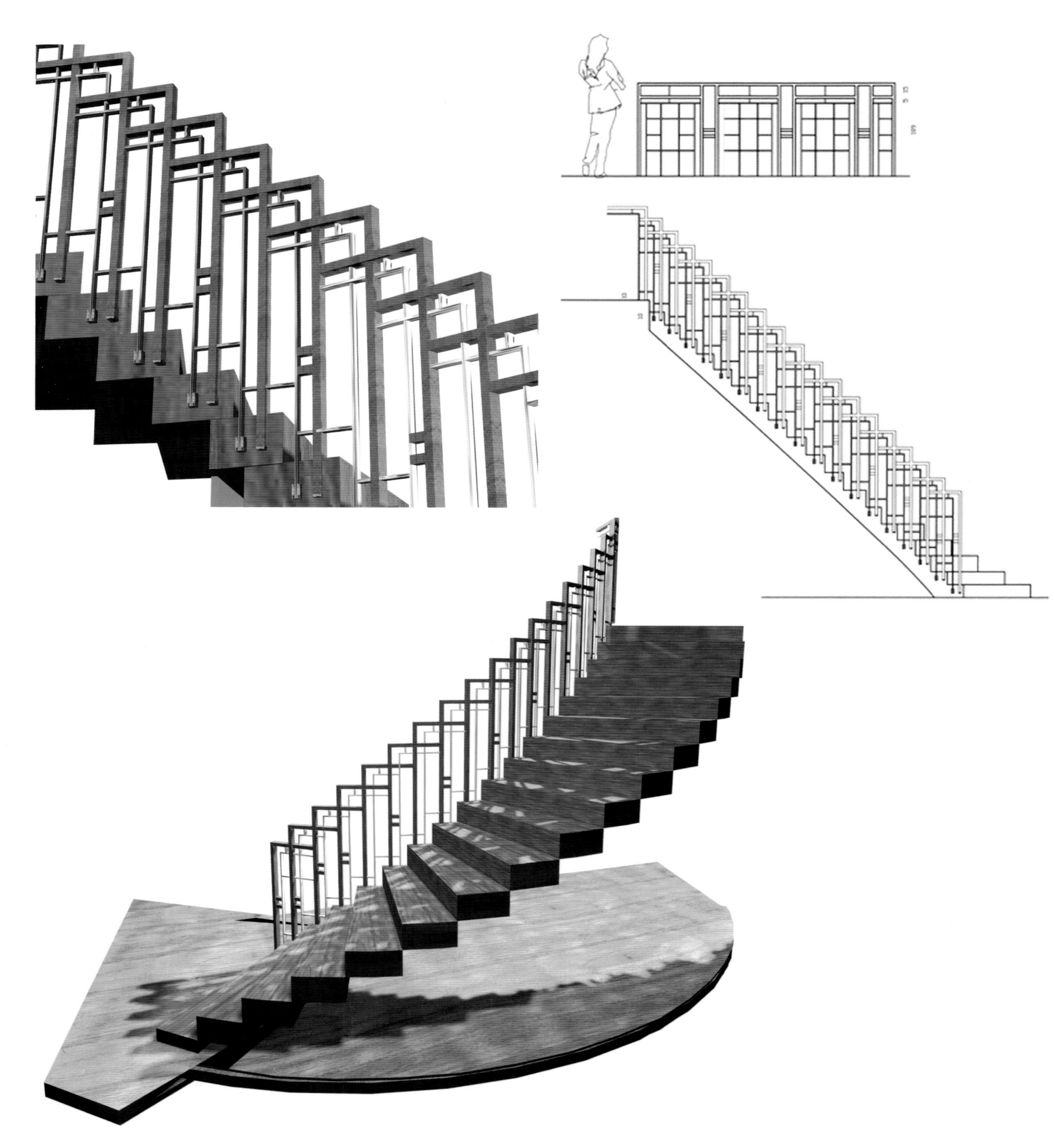

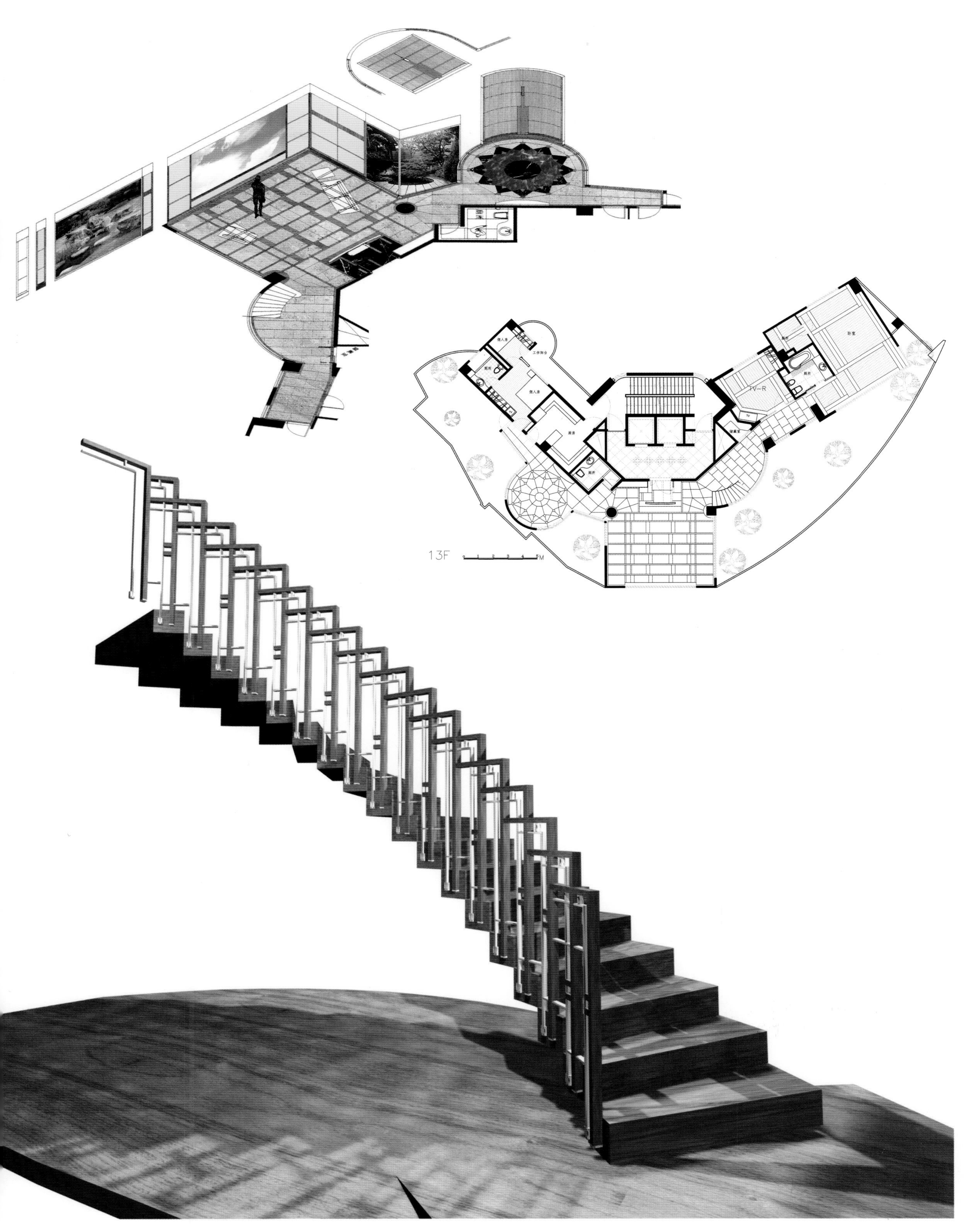
佣人房
工作阳台
厕所
佣人房
TV
厨房
厕所
储藏室
TV
TV-R
厕所
厕所
卧室
13F
0 1 2 3 4 5M

私人住宅2

设　　计：季铁生、张维晏
工程地点：上海
客户需求：公司经理级员工上海住所，能宴客洽谈，又能舒适居住。
方案计划：清水砖、金属框、实木家具，营造合院建筑的休闲感。

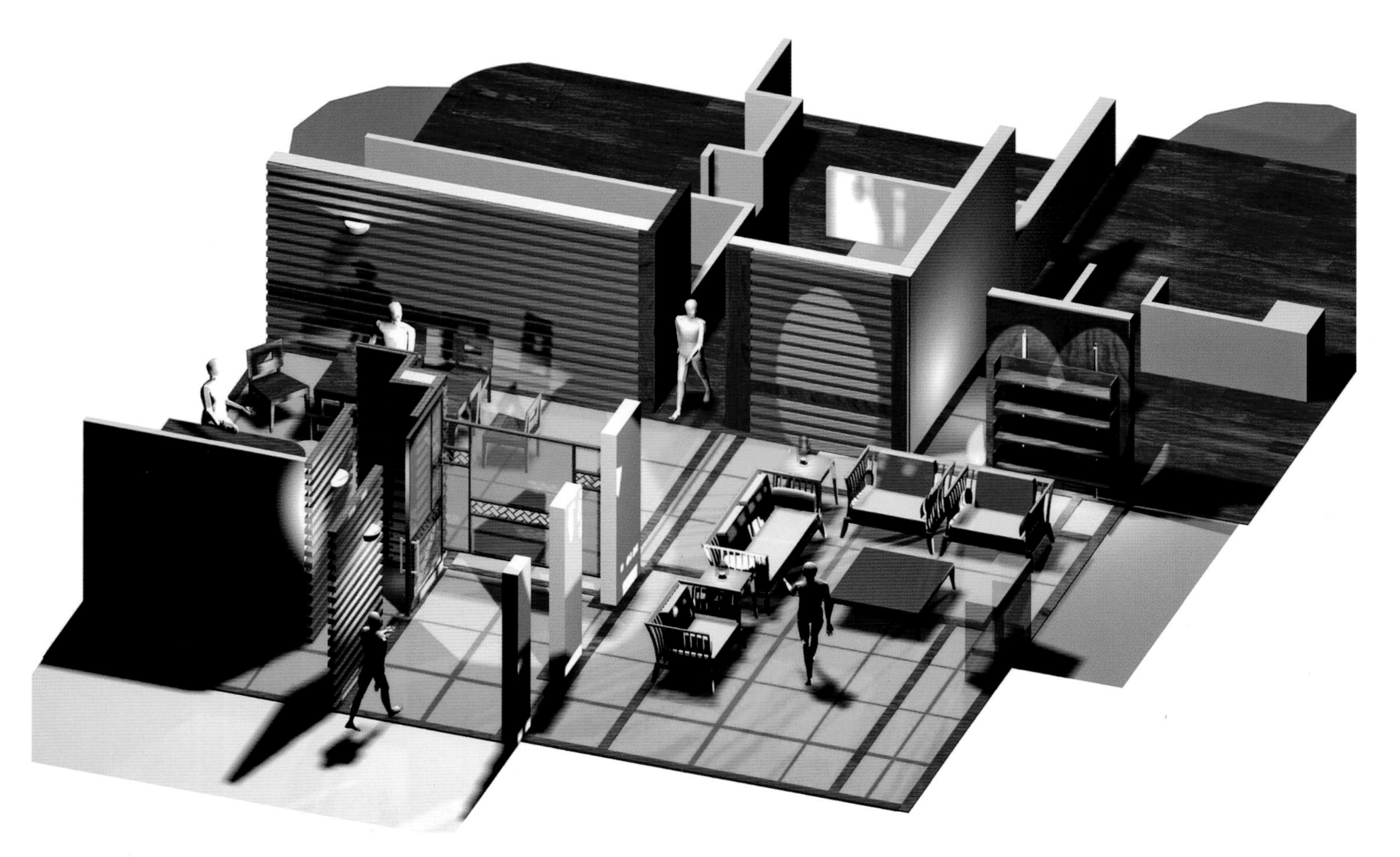

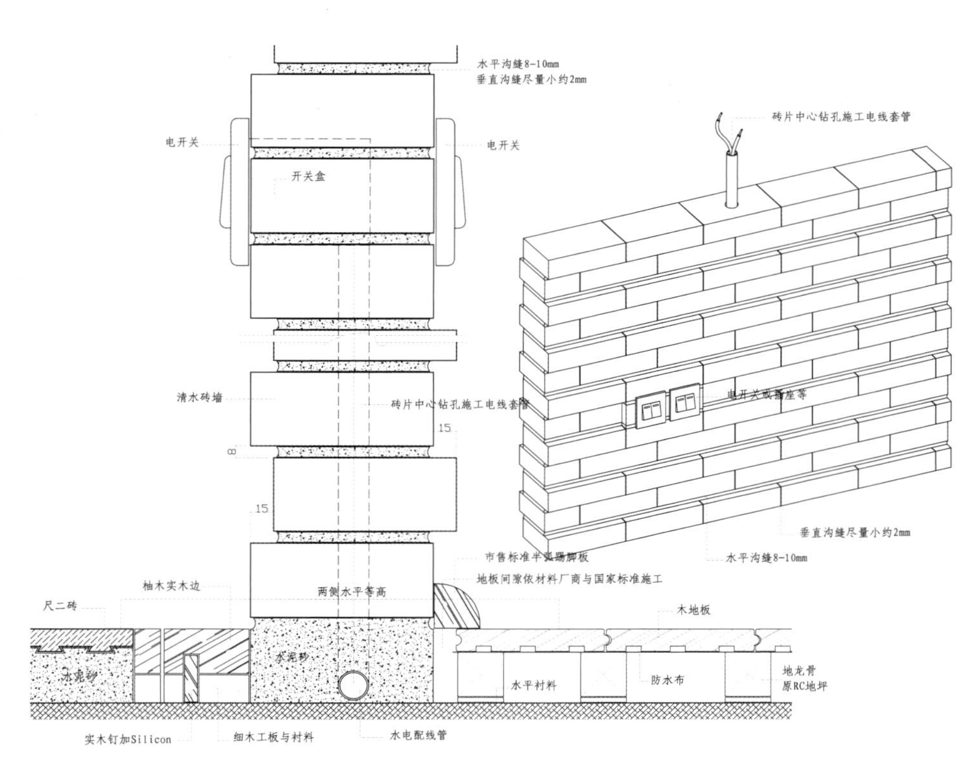

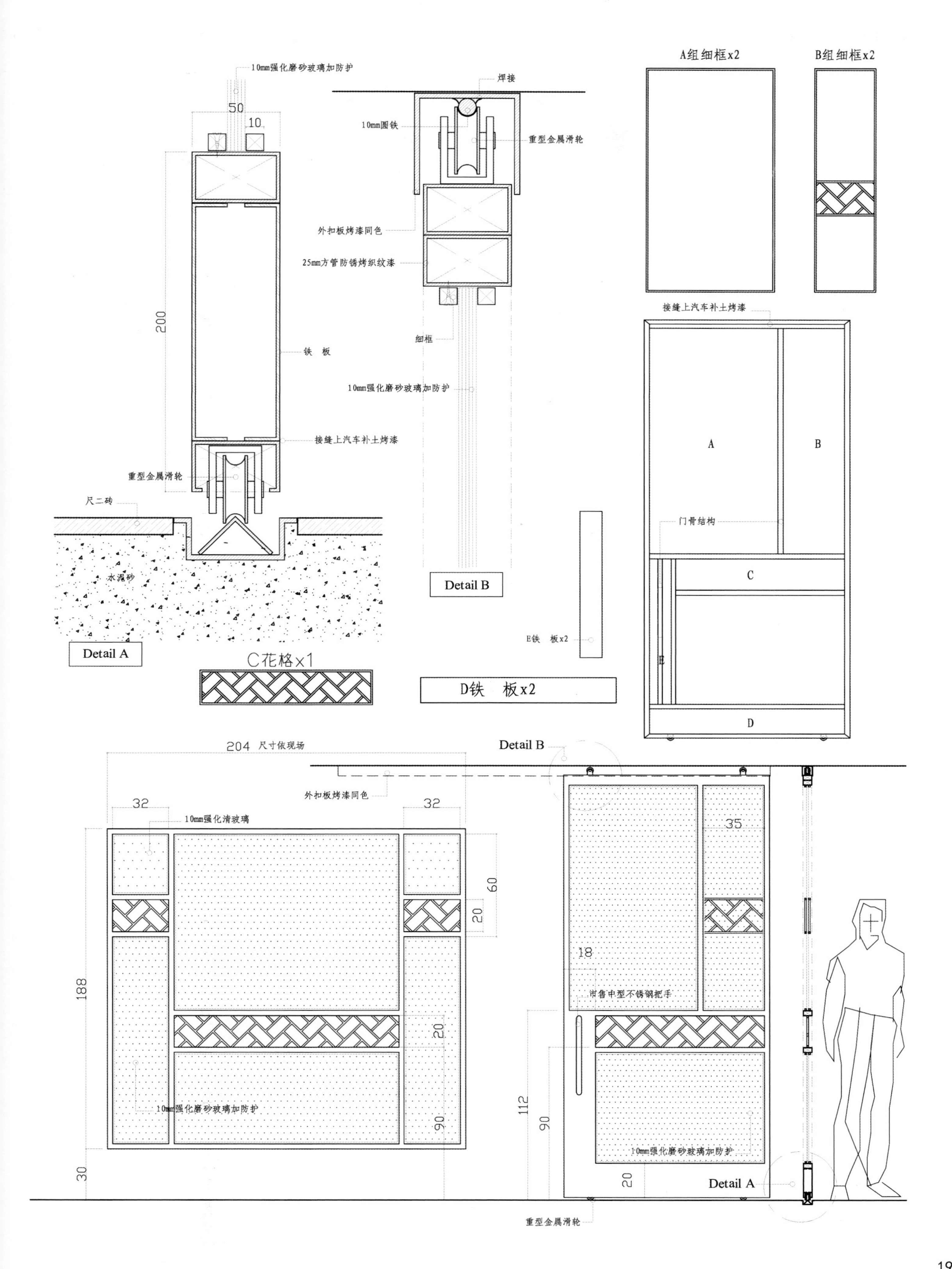
10mm强化磨砂玻璃加防护
50
10
200
铁 板
接缝上汽车补土烤漆
重型金属滑轮
尺二砖
水泥砂
Detail A
C花格x1
焊接
10mm圆铁
重型金属滑轮
外扣板烤漆同色
25mm方管防锈烤织纹漆
细框
10mm强化磨砂玻璃加防护
Detail B
E铁 板x2
D铁 板x2
A组细框x2
B组细框x2
接缝上汽车补土烤漆
A
B
门骨结构
C
E
D
204 尺寸依现场
外扣板烤漆同色
32
10mm强化清玻璃
32
60
20
188
20
10mm强化磨砂玻璃加防护
90
30
Detail B
35
18
市售中型不锈钢把手
112
90
10mm强化磨砂玻璃加防护
20
Detail A
重型金属滑轮

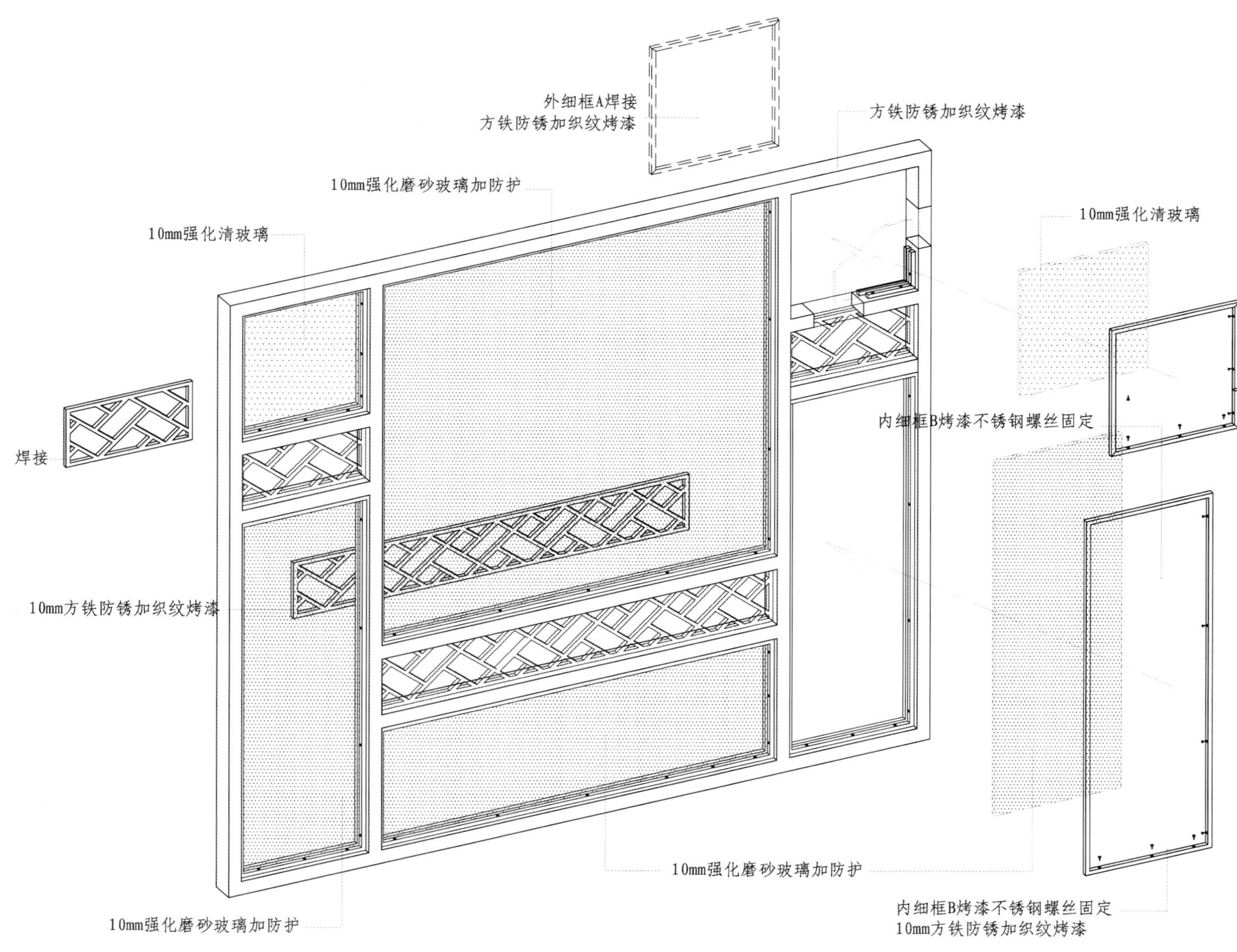
外细框A焊接
方铁防锈加织纹烤漆
方铁防锈加织纹烤漆
10mm强化磨砂玻璃加防护
10mm强化清玻璃
10mm强化清玻璃
内细框B烤漆不锈钢螺丝固定
焊接
10mm方铁防锈加织纹烤漆
10mm强化磨砂玻璃加防护
内细框B烤漆不锈钢螺丝固定
10mm方铁防锈加织纹烤漆
10mm强化磨砂玻璃加防护

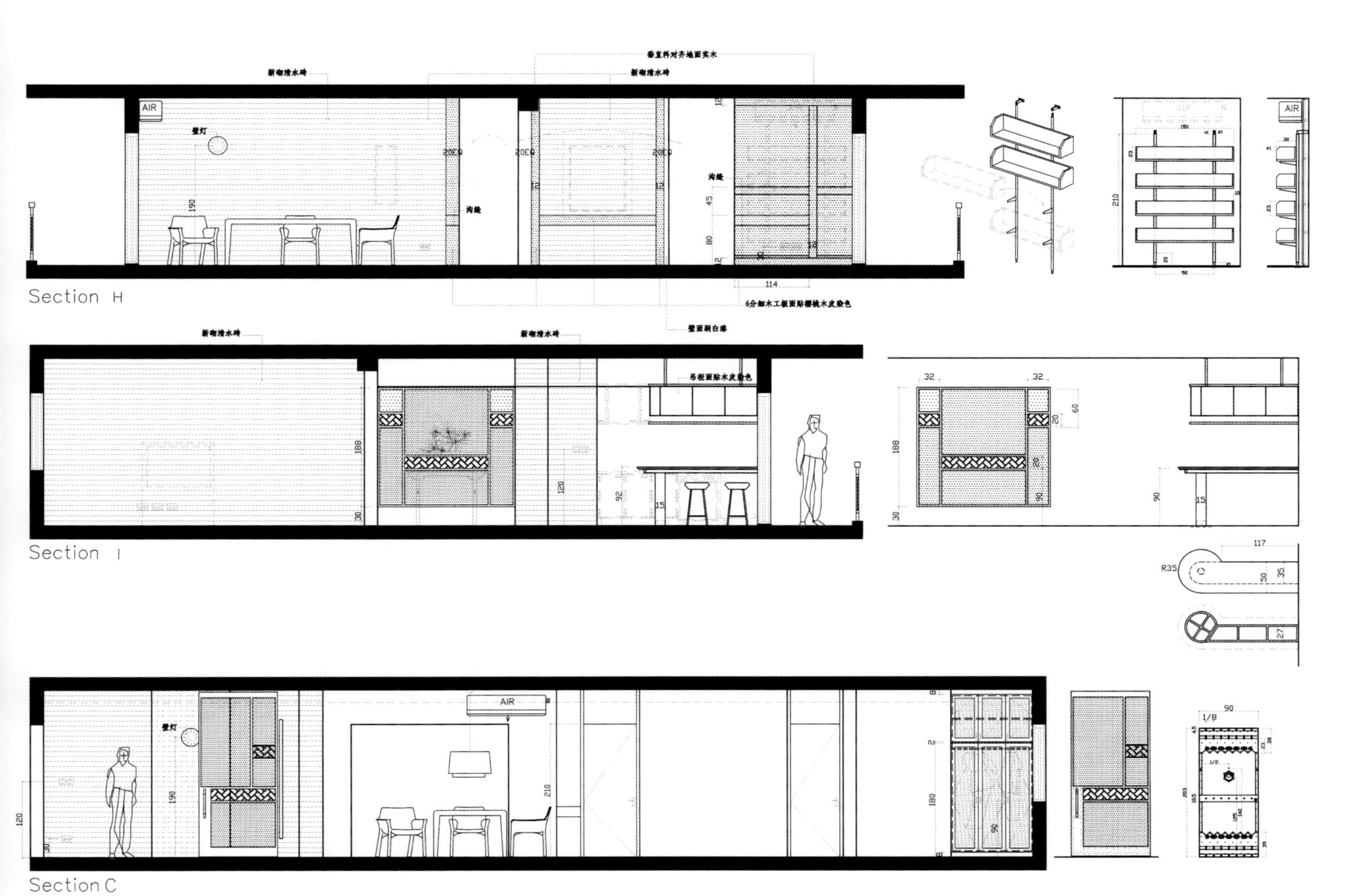
Section H
Section I
Section C
AIR

私人住宅3

设　　计：季铁生
工程地点：台湾台北市内湖
客户需求：客户极度喜爱法拉利跑车，要求设计能融合法拉利式的简洁、拉风。
方案计划：钢板烤漆，请法拉利厂喷漆师傅按原厂标准喷漆，其他家具全部使用冲孔铁板烤漆订制。

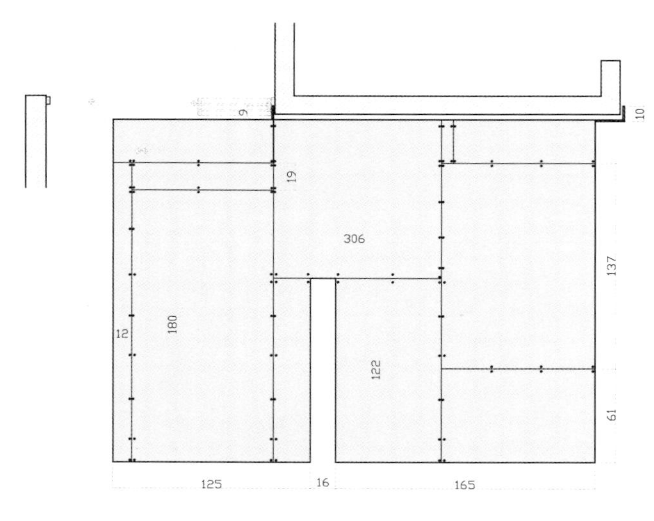

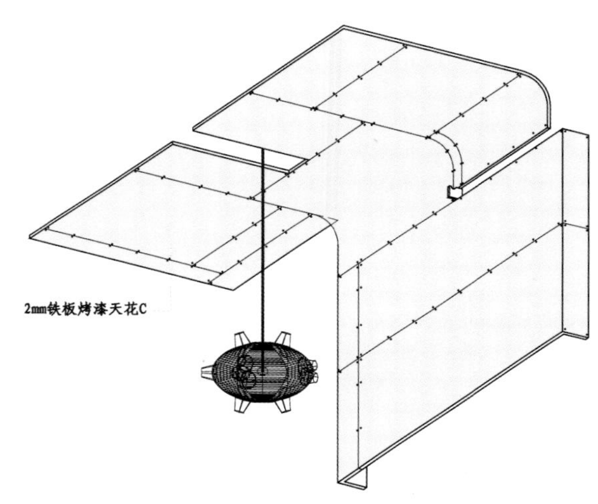

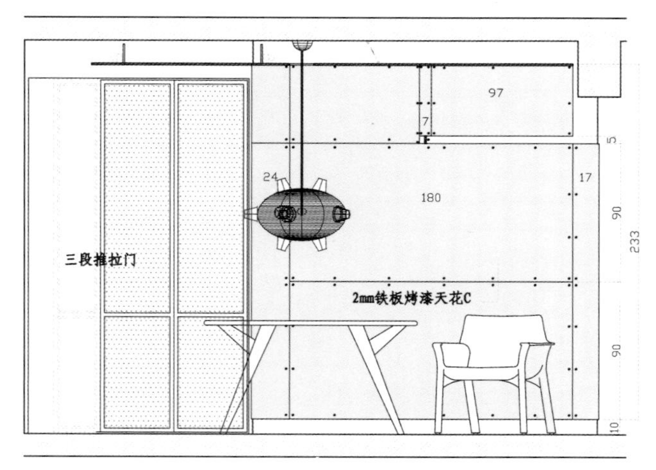

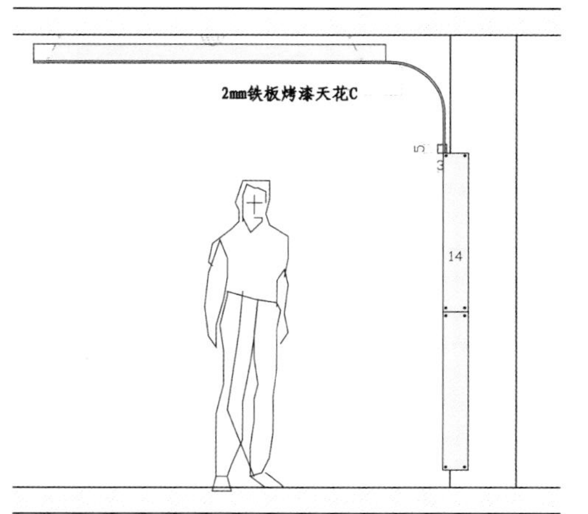

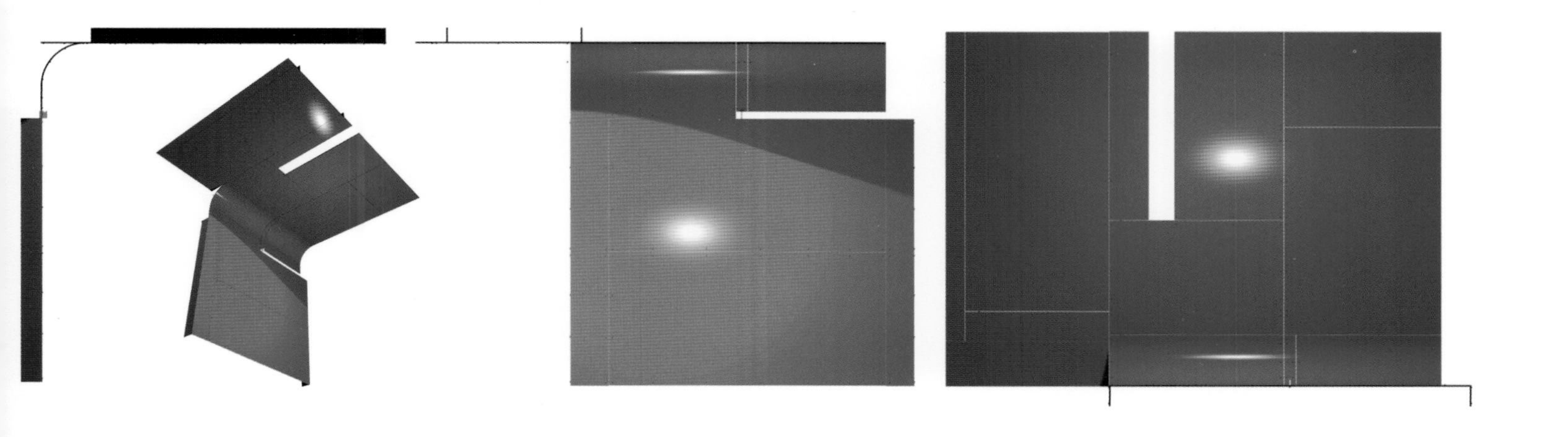

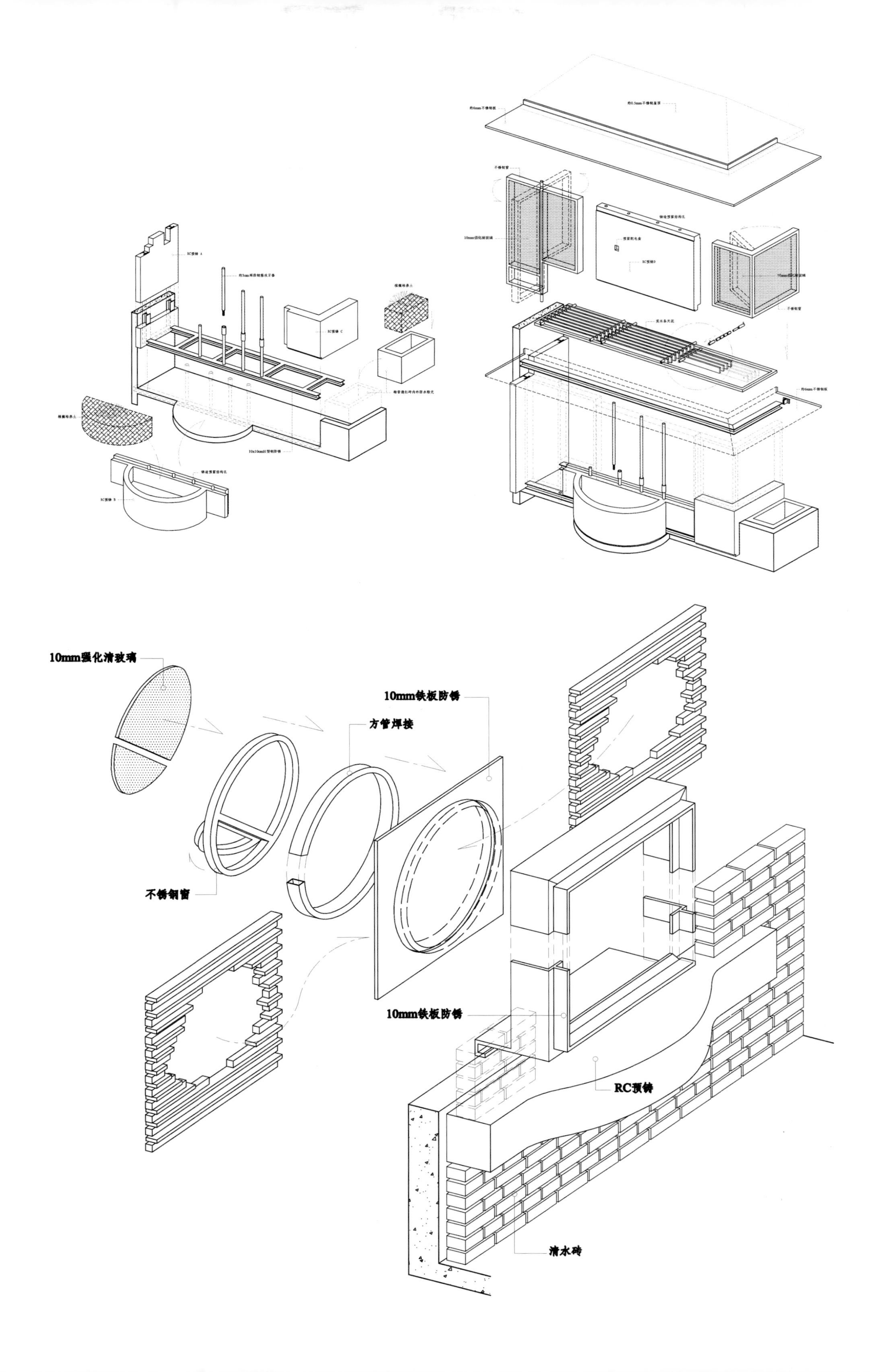
10mm强化清玻璃
10mm铁板防锈
方管焊接
不锈钢窗
10mm铁板防锈
RC预铸
清水砖

私人住宅4

设　　计：季铁生

工程地点：台湾台北市板桥

客户需求：用设计解决鼠患清洁问题。台湾地处亚热带，环境比较潮湿、闷热，高档的住宅大楼也会有老鼠出没，沿着楼层间各种管道井攀爬，家家户户去拜访，有时就死在天花板内，臭味是无法忍受的，传统处理方式只能拆除天花板寻找，很难处理。

方案计划：住家公共区天花板约160 m²，要不留鼠患，又必须有整体设计感，采用三种造型的实木条搭配，每根木条都配有金属套件，任何人都可以自由拆卸、安装。

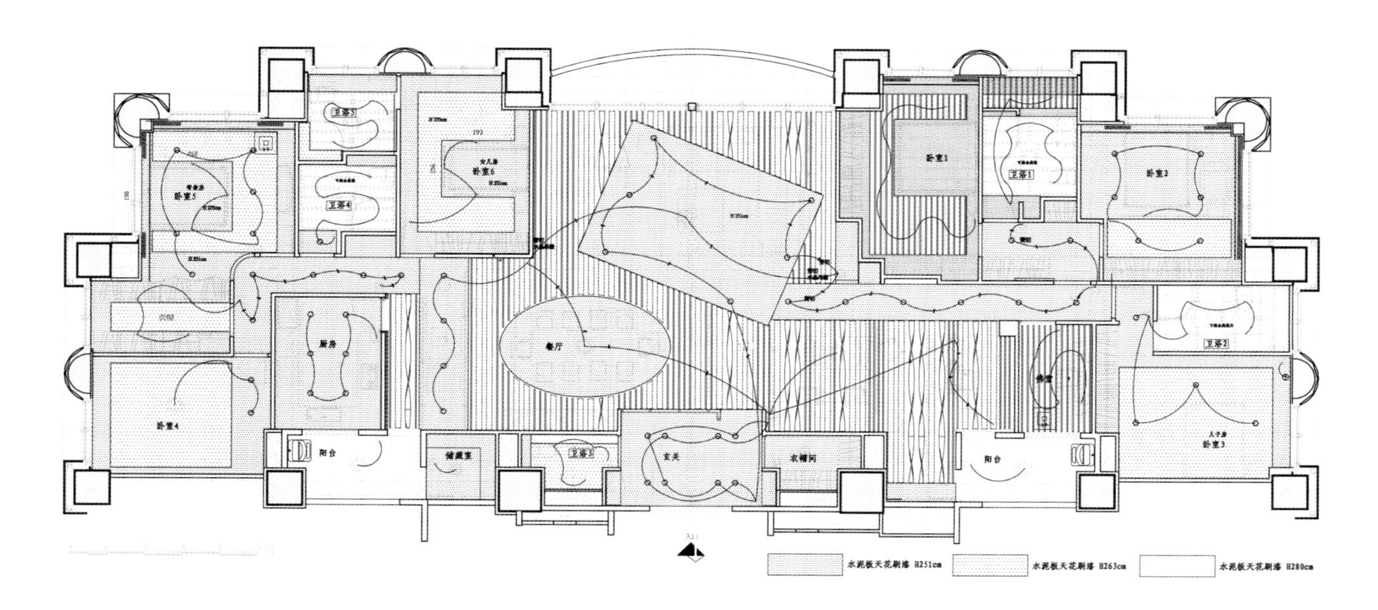

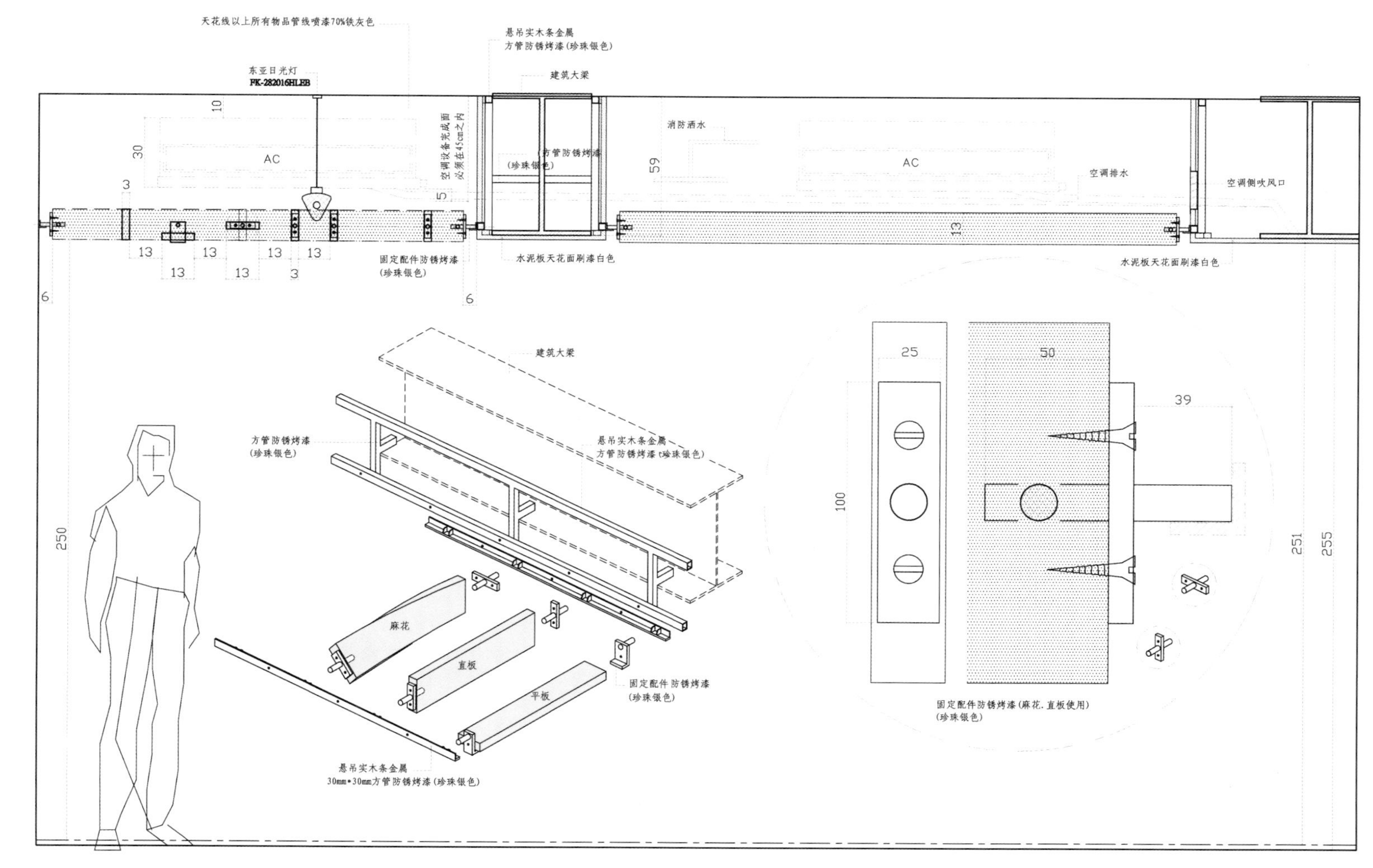

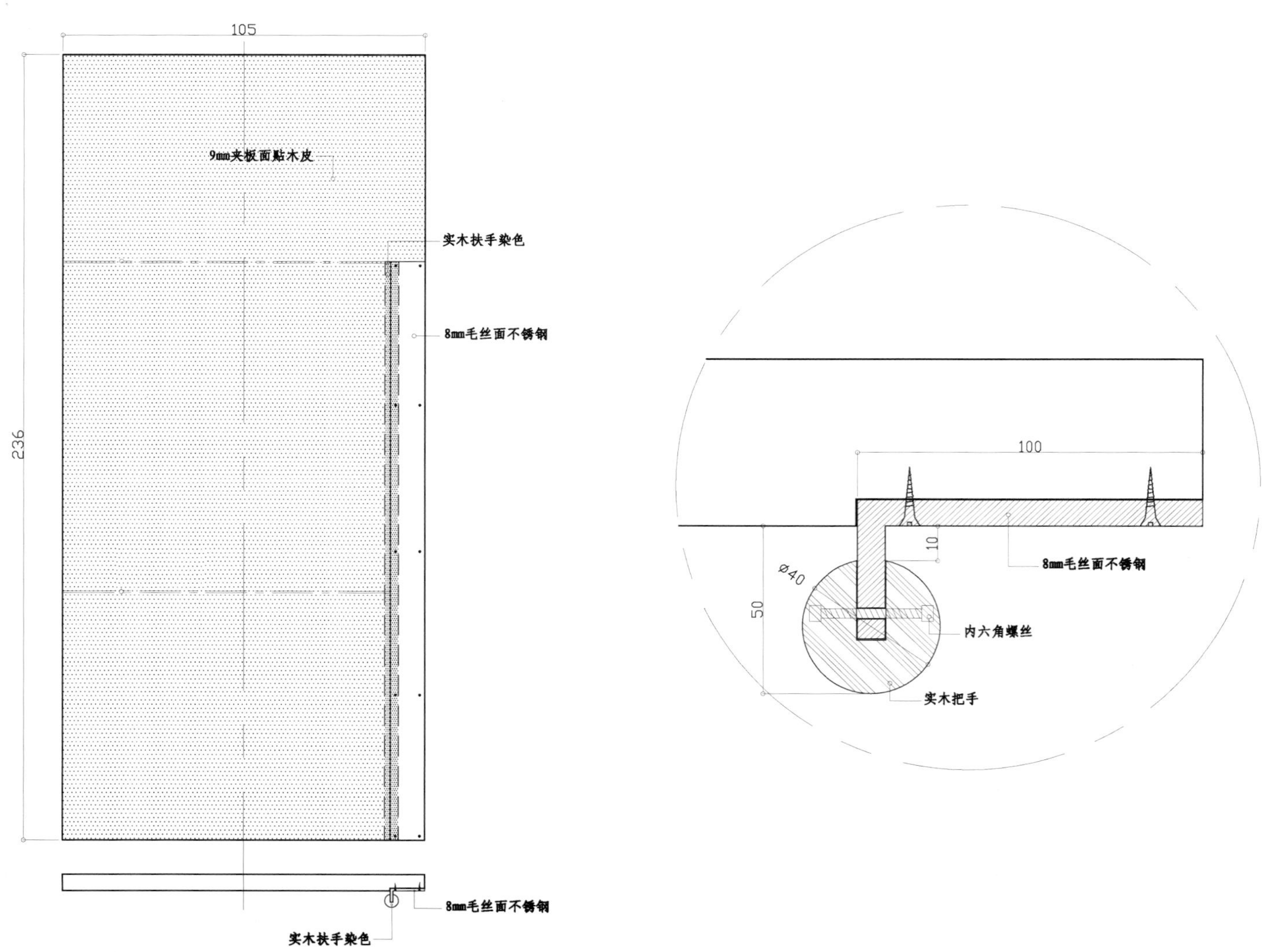

105
236
9mm夹板面贴木皮
实木扶手染色
8mm毛丝面不锈钢
8mm毛丝面不锈钢
实木扶手染色
100
10
Ø40
50
8mm毛丝面不锈钢
内六角螺丝
实木把手

私人住宅5

设　　计：季铁生
工程地点：台湾台北
客户需求：牙医私人诊所及住宅，喜欢自然材料、阳光，无预约时空间能全开放使用。
方案计划：大量采用50×25方铁管（烤漆银粉加织纹）配透明玻璃做隔断，房间视觉感如同Loft；天花全部采用乳白亚克力加柚木条结构。

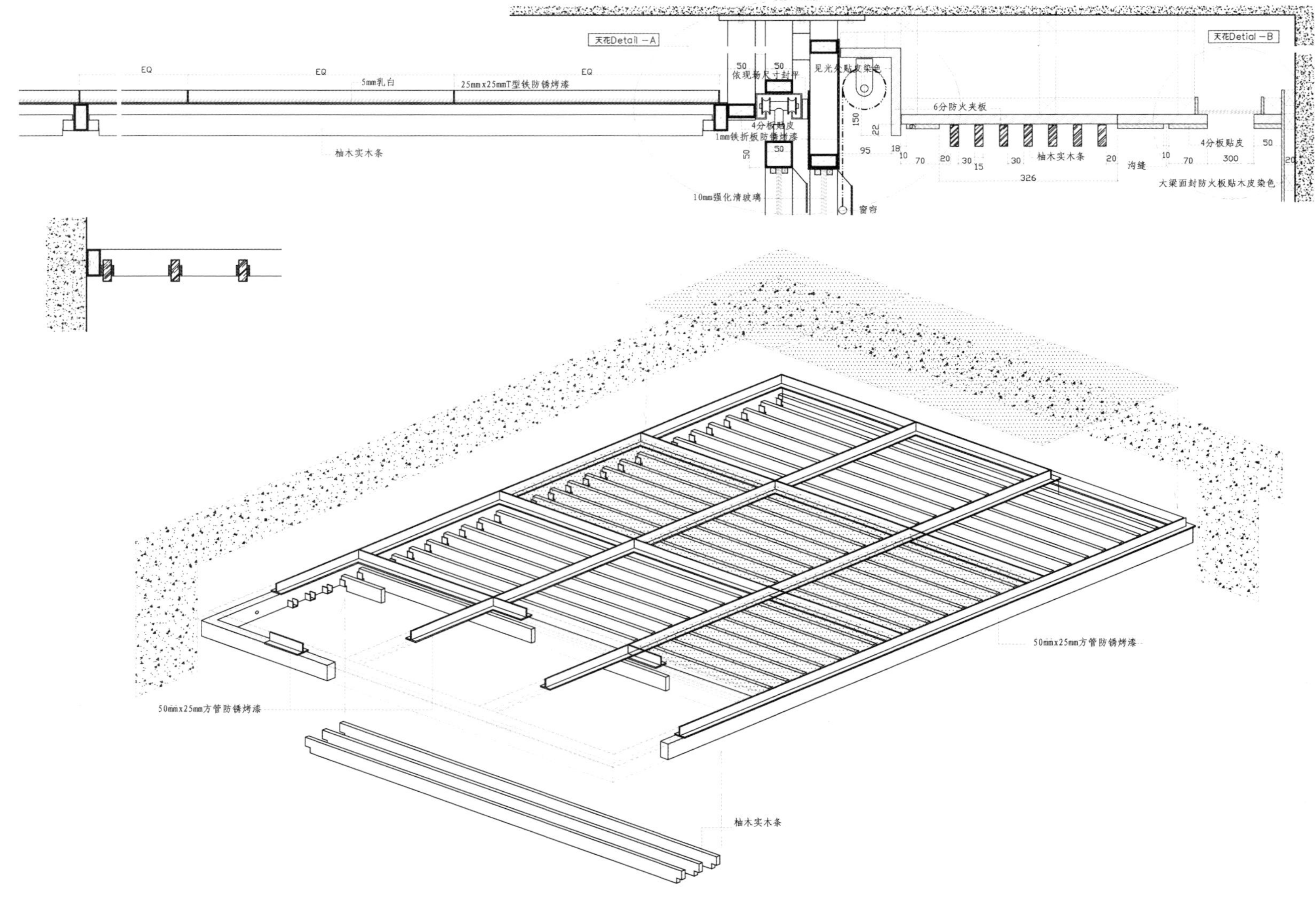

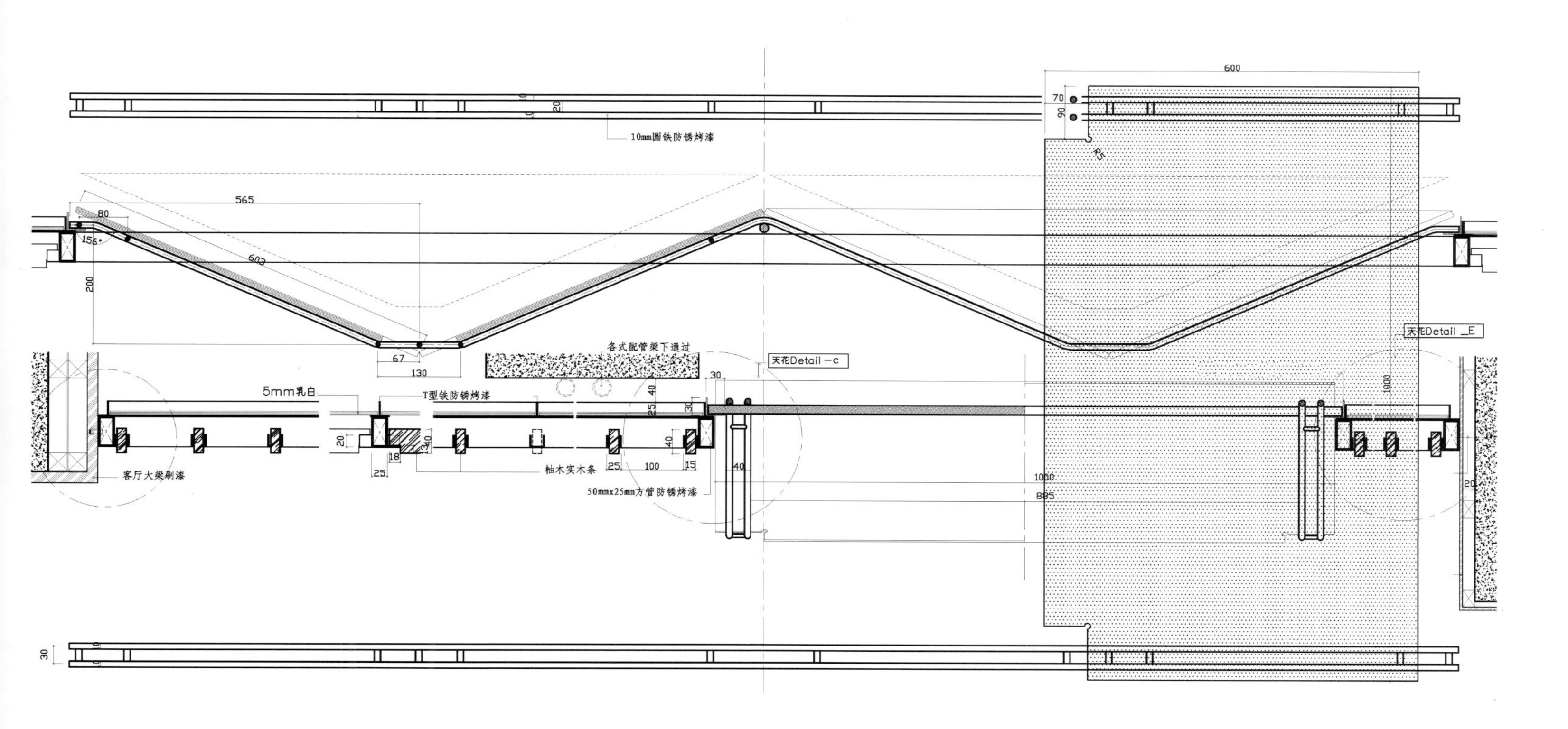
10mm圆铁防锈烤漆
565
80
602
200
67
130
各式配管梁下通过
天花Detail —c
天花Detail _E
600
5mm乳白
T型铁防锈烤漆
客厅大梁刷漆
柚木实木条
50mmx25mm方管防锈烤漆
25
100
15
1000
885

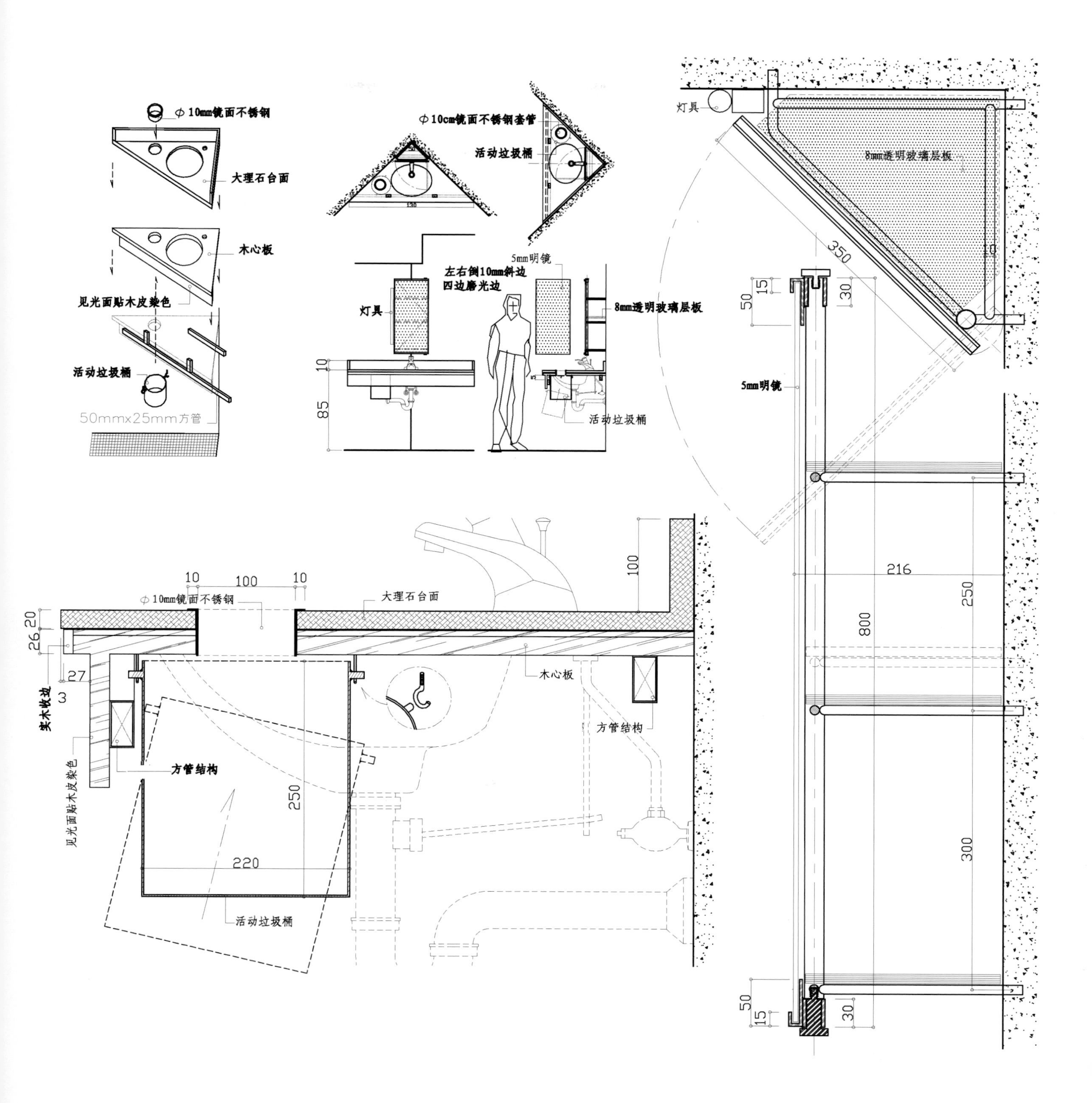

φ10mm镜面不锈钢
大理石台面
木心板
见光面贴木皮染色
活动垃圾桶
50mmx25mm方管
φ10cm镜面不锈钢套管
活动垃圾桶
灯具
左右倒10mm斜边
四边磨光边
5mm明镜
8mm透明玻璃层板
活动垃圾桶
灯具
8mm透明玻璃层板
5mm明镜
φ10mm镜面不锈钢
大理石台面
实木收边
木心板
方管结构
见光面贴木皮染色
方管结构
活动垃圾桶

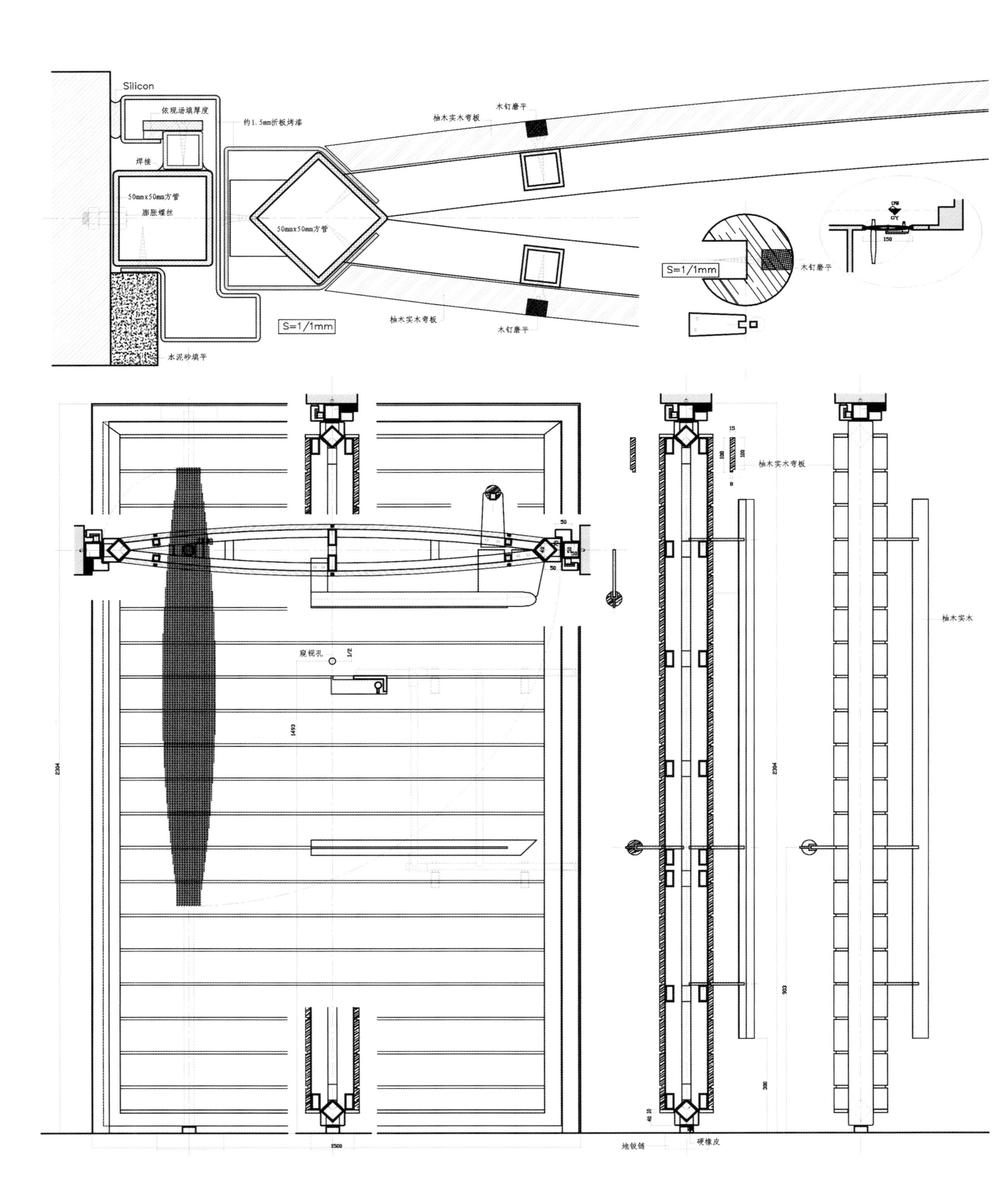

Silicon
依现场填厚度
约1.5mm折板烤漆
木钉磨平
柚木实木弯板
焊接
50mmx50mm方管
膨胀螺丝
50mmx50mm方管
S=1/1mm
木钉磨平
柚木实木弯板
木钉磨平
S=1/1mm
水泥砂填平
柚木实木弯板
柚木实木
窥视孔
地铰链
硬橡皮

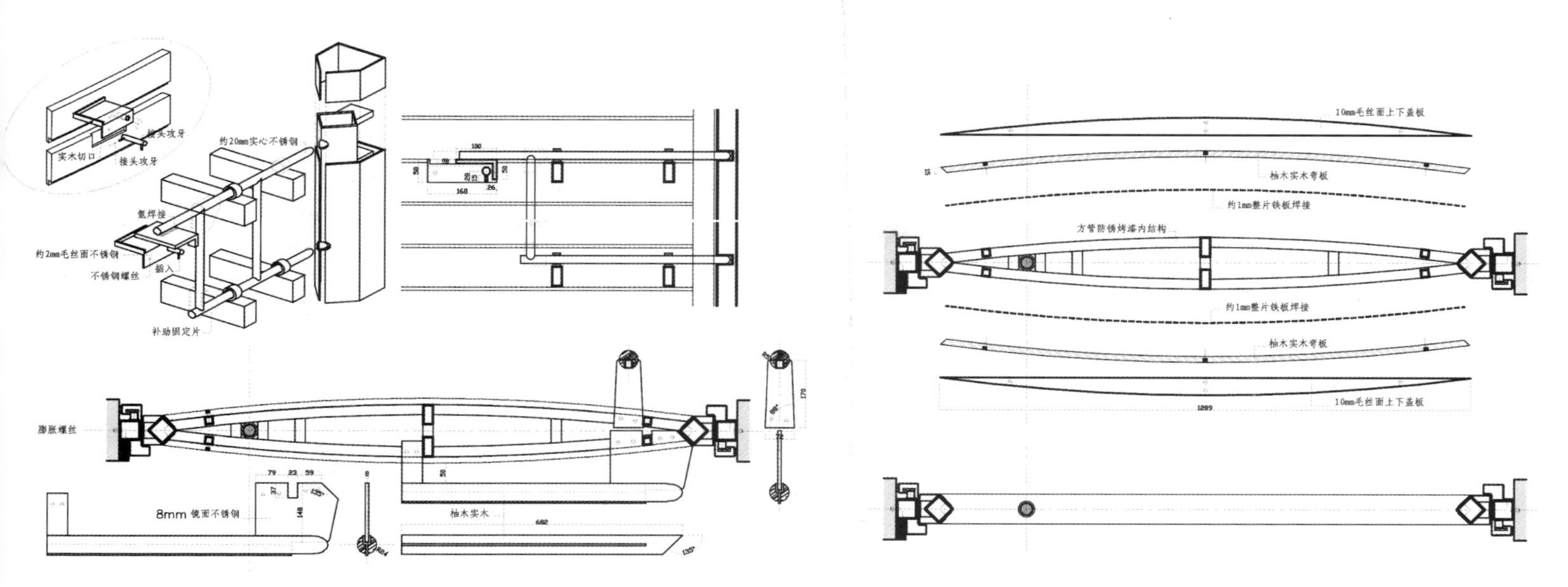
接头攻牙
实木切口
接头攻牙
约20mm实心不锈钢
氩焊接
约2mm毛丝面不锈钢
插入
不锈钢螺丝
补助固定片
膨胀螺丝
79
23
59
37
148
8mm 镜面不锈钢
8
R24
50
柚木实木
682
135°
10mm毛丝面上下盖板
15
柚木实木弯板
约1mm整片铁板焊接
方管防锈烤漆内结构
约1mm整片铁板焊接
柚木实木弯板
1289
10mm毛丝面上下盖板

私人住宅6

设　　计：季铁生
工程地点：台湾台南
客户需求：简洁、好客、容易清洁。
方案计划：利用视觉穿透感与空“气”流动的舒适感，营造出沉稳健康的环境。

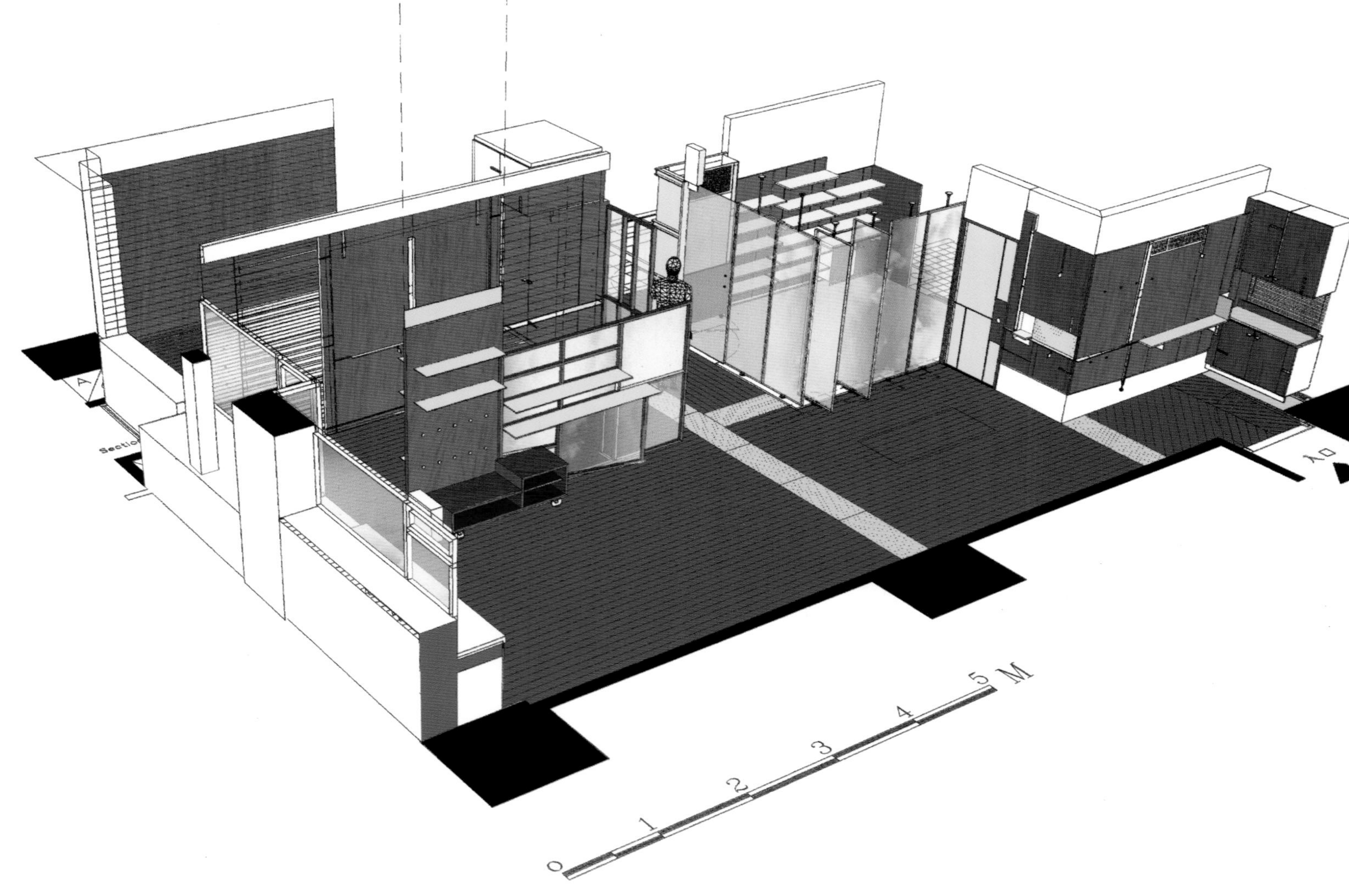

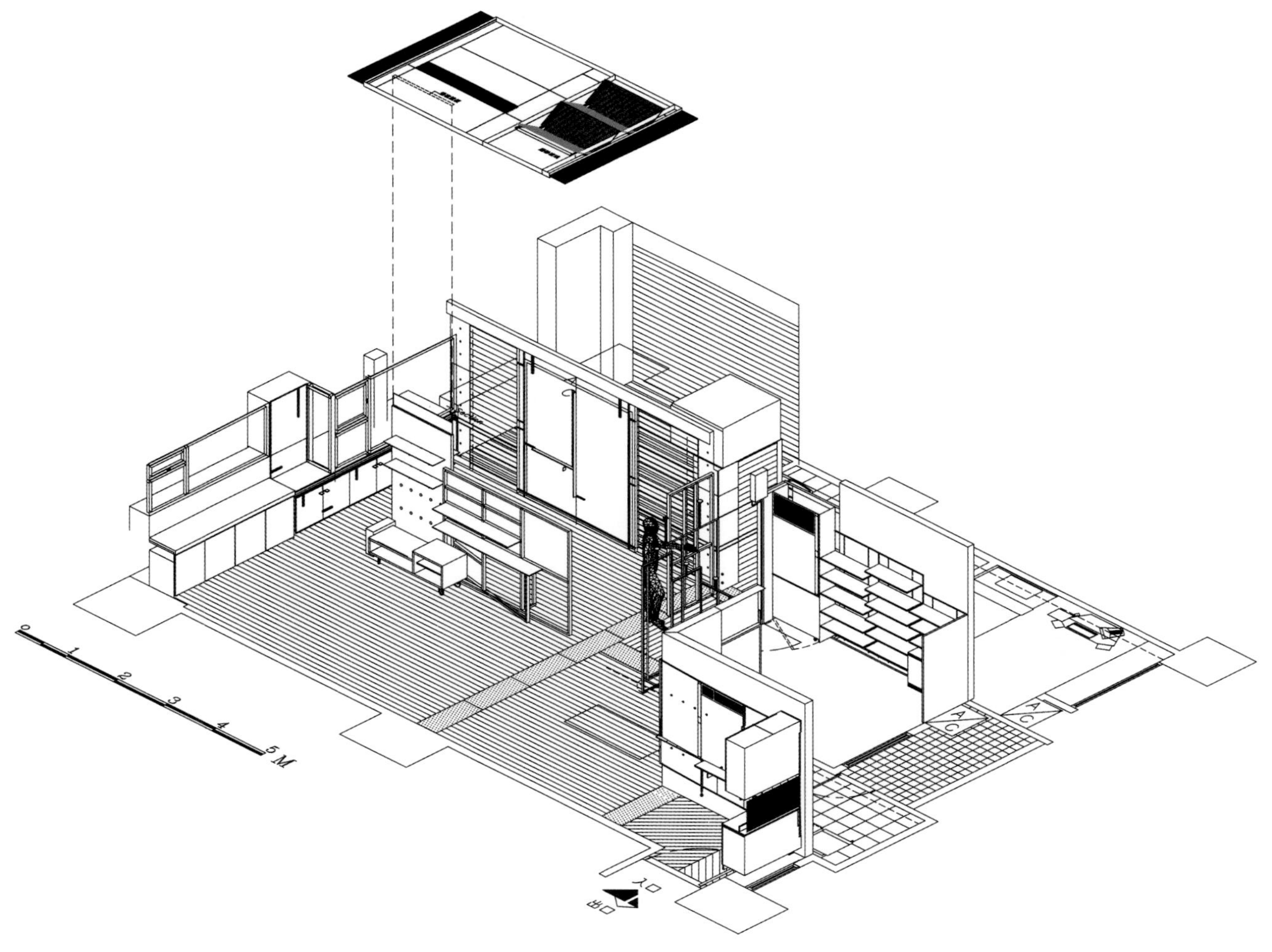
0
1
2
3
4
5 M
A/C
A/C
入口

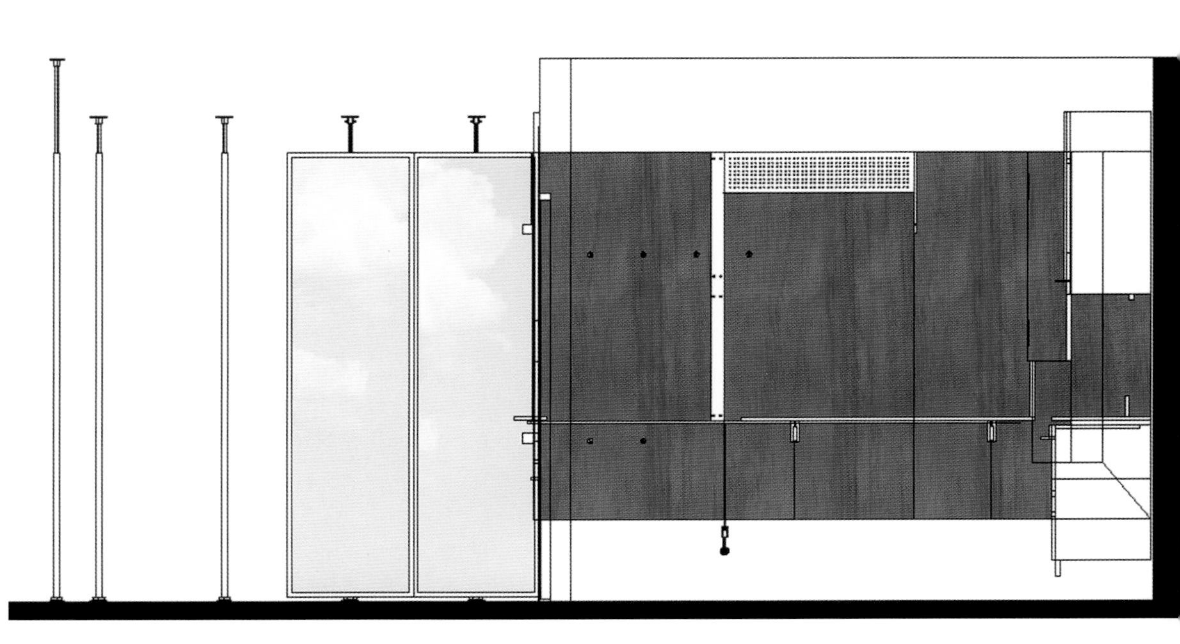

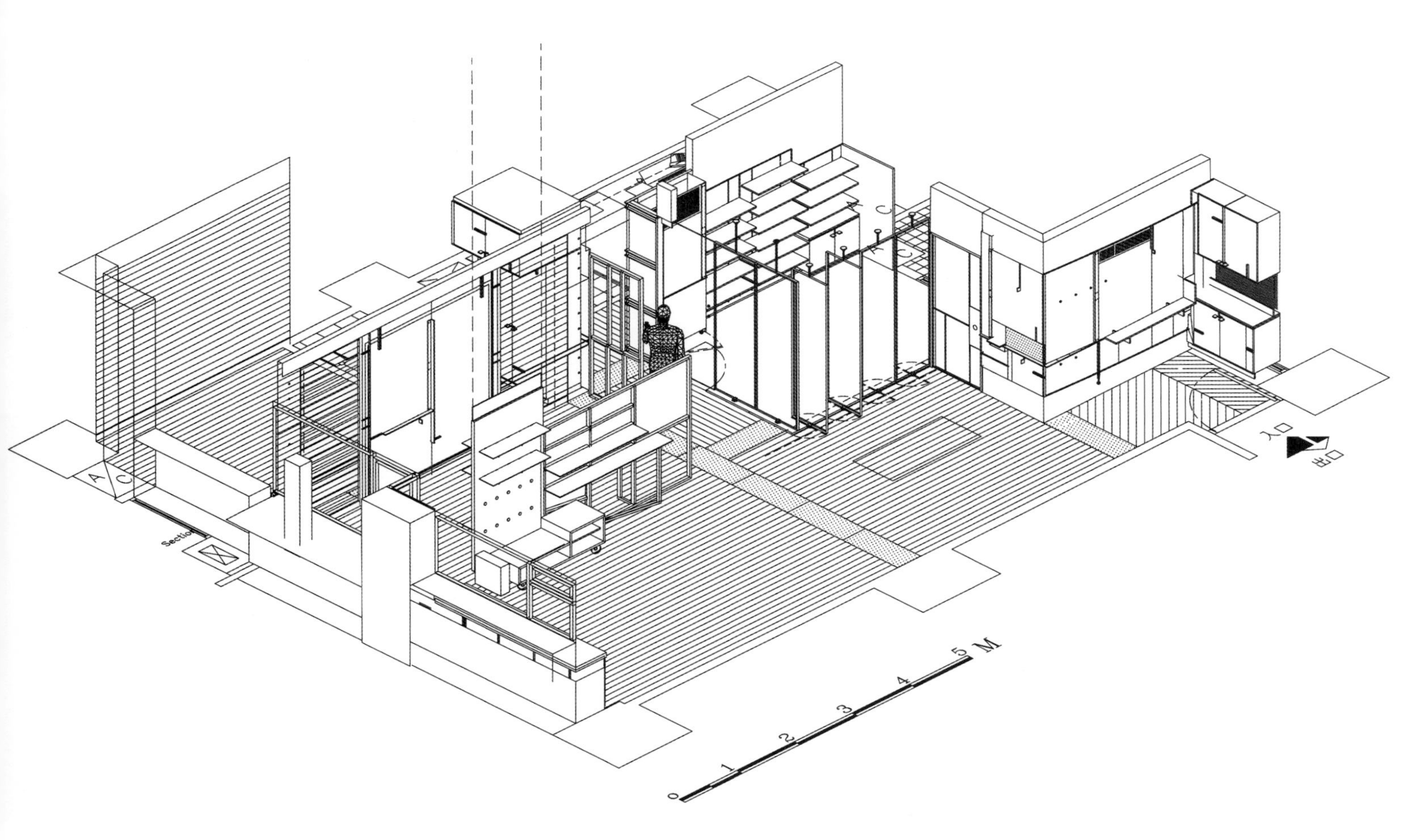
入口
出口
Section
0
1
2
3
4
5 M

私人住宅7

设　　计：季铁生
工程地点：台湾台南
客户需求：活泼、新鲜感。
方案计划：高层住宅，室内阳光充足，原有天花大梁间距相同，让大厅空间既低矮又呆板，设计成飞行状悬吊板天花，客厅空间变高并且动感十足，弧形金属吊柜上下悬空，便于空气流通。

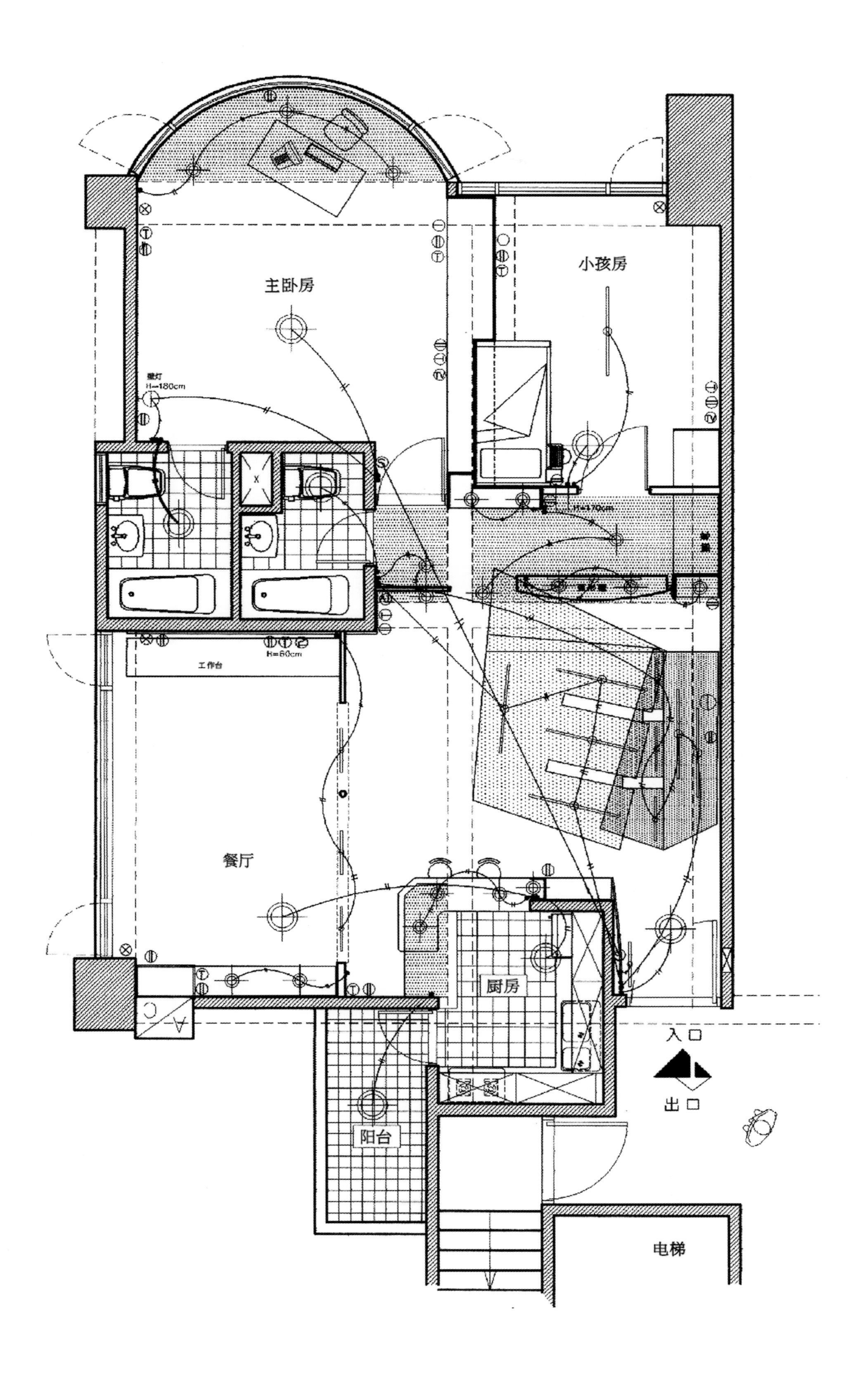
主卧房
小孩房
壁灯
H=180cm
H=170cm
工作台
H=60cm
餐厅
厨房
阳台
入口
出口
电梯

私人会所

设　　计：季铁生、张维晏
工程地点：上海
客户需求：原拆原建，地下室要有良好的采光及通风，当教学会议室使用，兼容现代中国美感及海派风格。
方案计划：不同尺寸的金属材料组合出江南窗棂的光影美感；用船身龙骨结构法设计直式楼梯（无转折）可节约室内空间，建筑形式外欧内中。

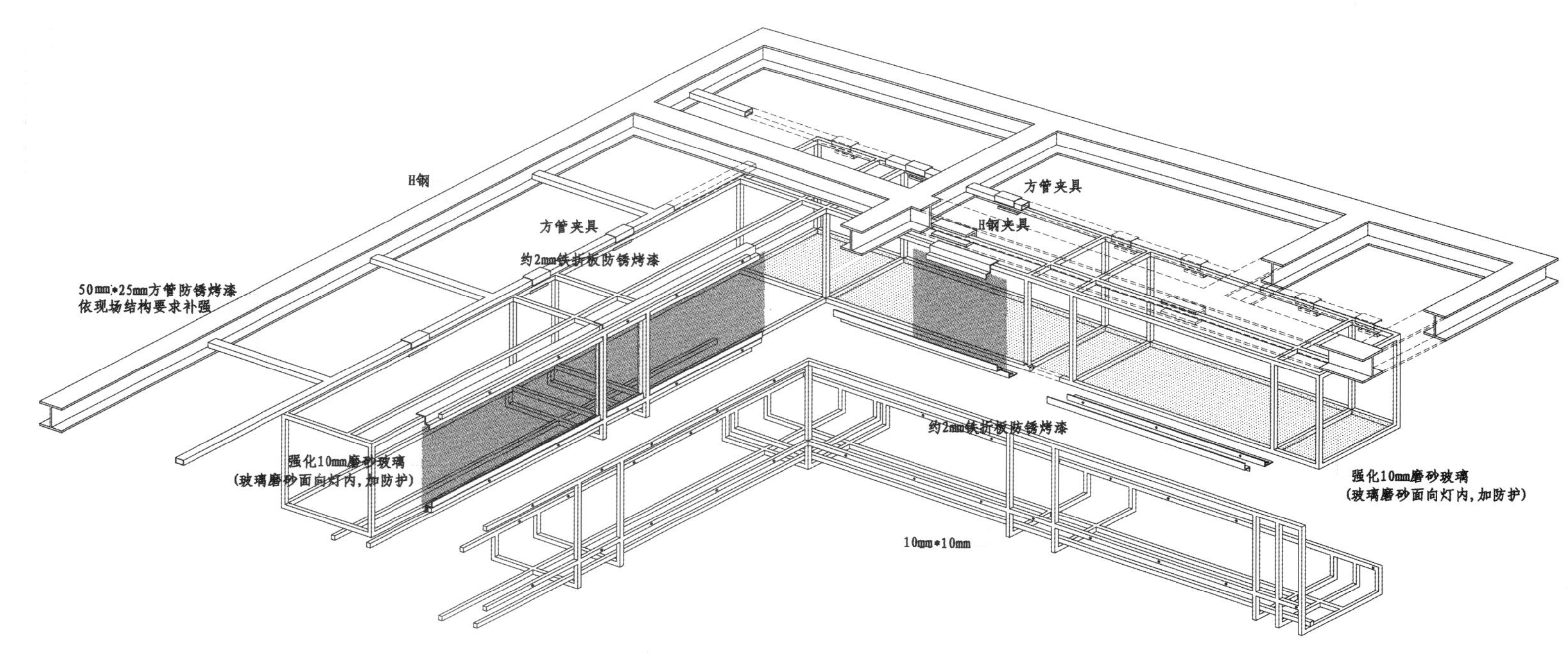

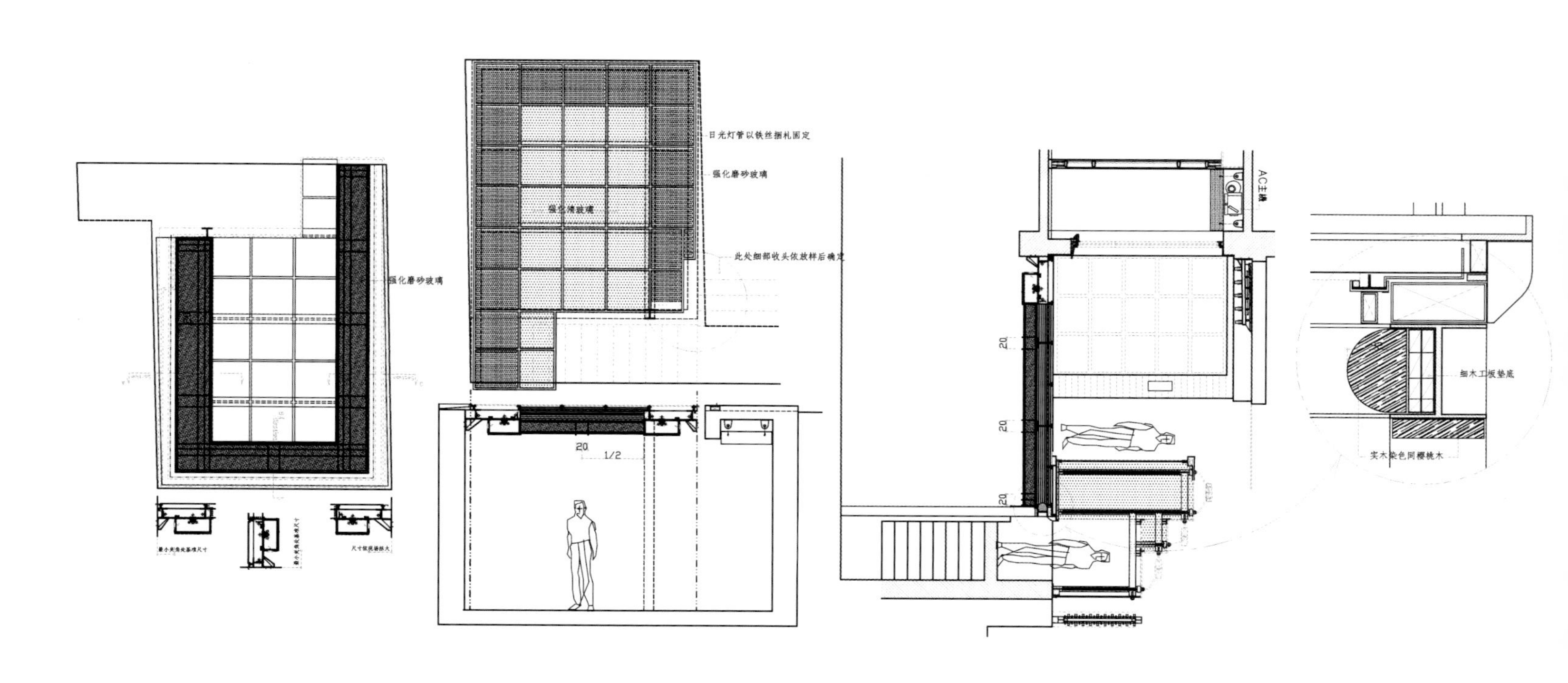
强化磨砂玻璃
日光灯管以铁丝捆扎固定
强化磨砂玻璃
强化清玻璃
此处细部收头依放样后确定
20
1/2
AC主机
20
20
20
细木工板垫底
实木染色同樱桃木

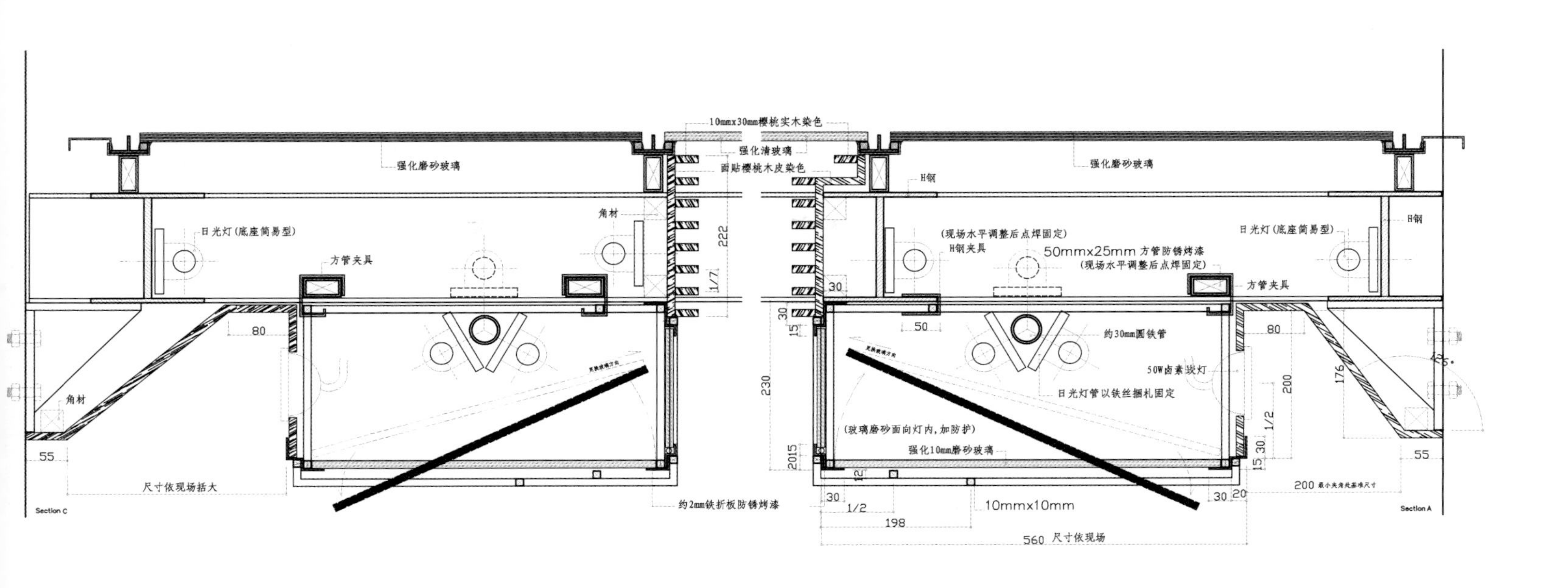
10mmx30mm樱桃实木染色
强化清玻璃
面贴樱桃木皮染色
强化磨砂玻璃
日光灯(底座简易型)
角材
方管夹具
80
55
尺寸依现场括大
Section C
约2mm铁折板防锈烤漆
222
1/7
30
15
230
2015
H钢
(现场水平调整后点焊固定)
H钢夹具
50mmx25mm 方管防锈烤漆
(现场水平调整后点焊固定)
50
约30mm圆铁管
50W卤素崁灯
日光灯管以铁丝捆札固定
(玻璃磨砂面向灯内,加防护)
强化10mm磨砂玻璃
12
1/2
198
10mmx10mm
560 尺寸依现场
200
176
Section A

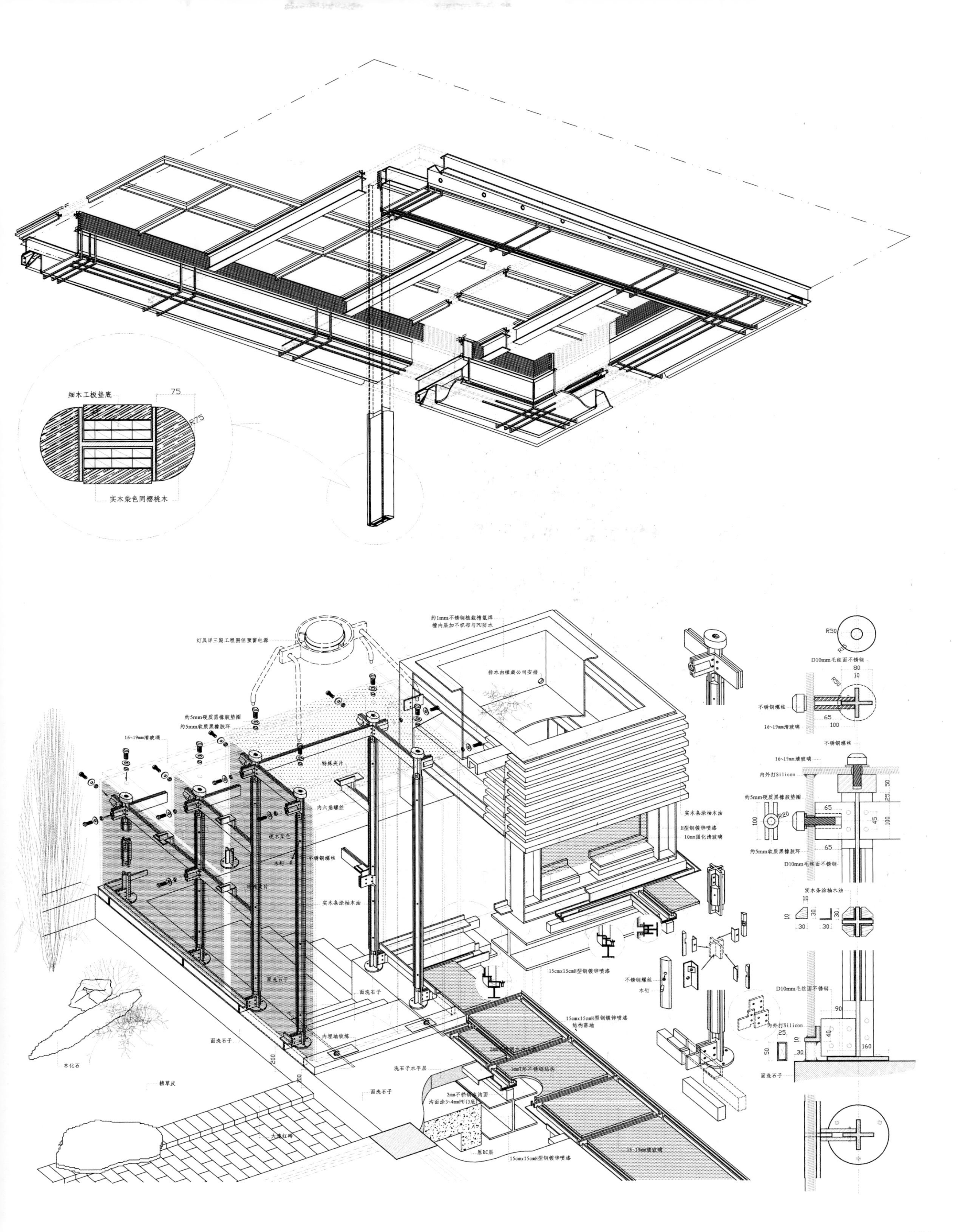

细木工板垫底
75
R75
实木染色同樱桃木
约1mm不锈钢植栽槽氩焊
槽内层加不织布与PU防水
灯具详三期工程图但预留电源
排水由植栽公司安排
约5mm硬质黑橡胶垫圈
约5mm软质黑橡胶环
16~19mm清玻璃
特殊夹片
内六角螺丝
硬木染色
木钉
不锈钢螺丝
实木条涂柚木油
H型钢镀锌喷漆
10mm强化清玻璃
面洗石子
内埋地铰炼
15cmx15cmH型钢镀锌喷漆
15cmx15cmH型钢镀锌喷漆
结构落地
洗石子水平层
2mm不锈钢水沟面
沟面涂3~4mmPU(3底)
原RC层
16~19mm清玻璃
大连红砖
木化石
植草皮
200
300
R50
R15
D10mm毛丝面不锈钢
80
10
R50
不锈钢螺丝
65
100
16~19mm清玻璃
不锈钢螺丝
16~19mm清玻璃
内外打Silicon
约5mm硬质黑橡胶垫圈
50
25
100
R20
65
45
100
65
约5mm软质黑橡胶环
D10mm毛丝面不锈钢
实木条涂柚木油
10
10
30
30
30
30
D10mm毛丝面不锈钢
90
内外打Silicon
25
10
40
50
30
160
面洗石子

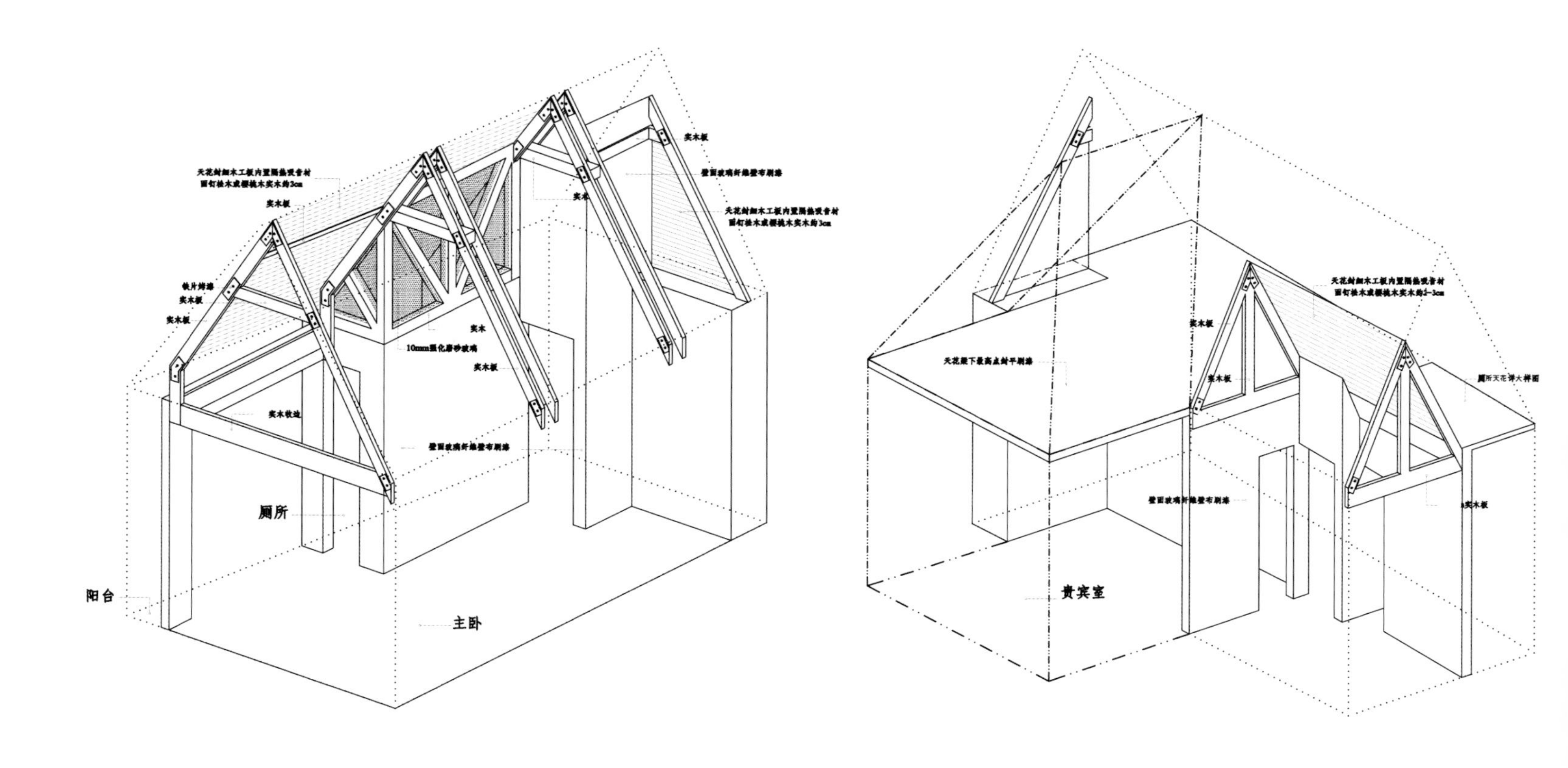

天花封细木工板内置隔热吸音材
面钉桧木或樱桃木实木约3cm
实木板
铁片烤漆
实木板
实木板
10mm强化磨砂玻璃
实木
实木板
实木收边
壁面玻璃纤维壁布刷漆
实木
壁面玻璃纤维壁布刷漆
天花封细木工板内置隔热吸音材
面钉桧木或樱桃木实木约3cm
厕所
阳台
主卧
天花板下最高点封平刷漆
实木板
实木板
天花封细木工板内置隔热吸音材
面钉桧木或樱桃木实木约2-3cm
厕所天花详大样图
壁面玻璃纤维壁布刷漆
实木板
贵宾室

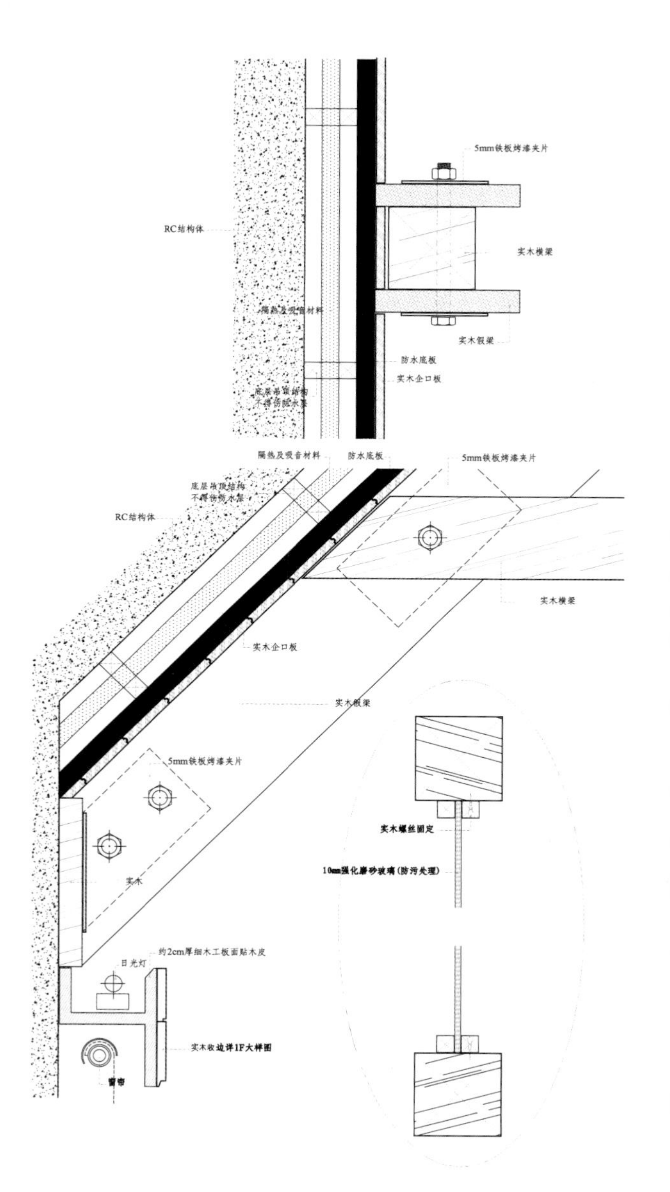

5mm铁板烤漆夹片
RC结构体
实木横梁
隔热及吸音材料
实木假梁
防水底板
实木企口板
底层吊顶结构
不得伤防水层
隔热及吸音材料
防水底板
5mm铁板烤漆夹片
底层吊顶结构
不得伤防水层
RC结构体
实木横梁
实木企口板
实木假梁
5mm铁板烤漆夹片
实木
实木螺丝固定
10mm强化磨砂玻璃(防污处理)
约2cm厚细木工板面贴木皮
日光灯
实木收边详1F大样图
窗帘

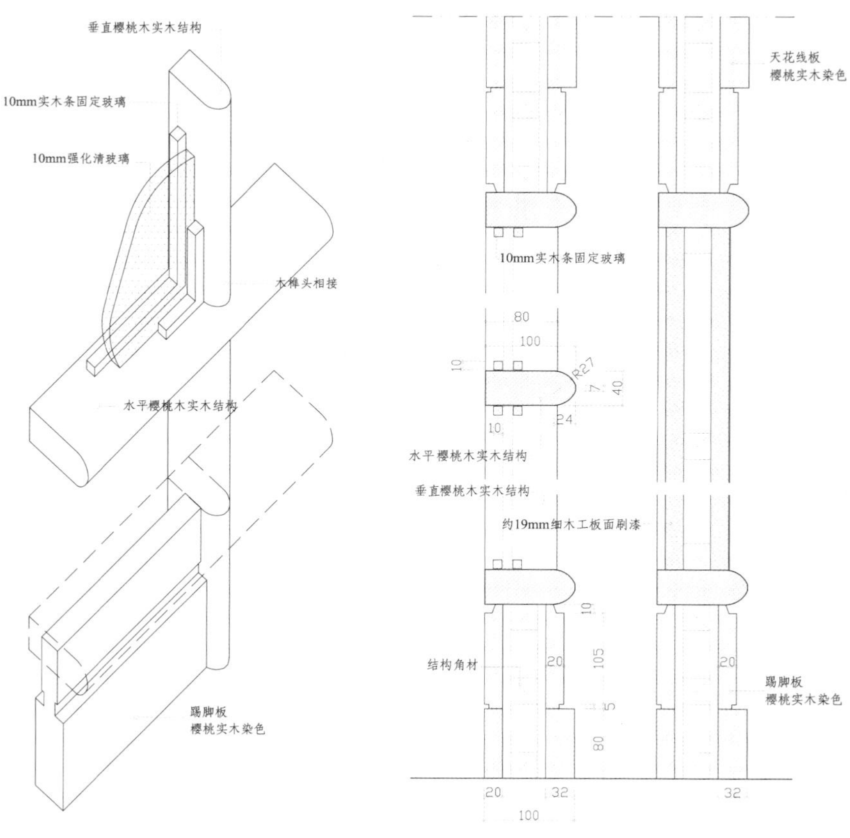
垂直樱桃木实木结构
10mm实木条固定玻璃
10mm强化清玻璃
木榫头相接
水平樱桃木实木结构
踢脚板
樱桃实木染色
天花线板
樱桃实木染色
10mm实木条固定玻璃
80
100
R27
7
40
10
24
水平樱桃木实木结构
垂直樱桃木实木结构
约19mm细木工板面刷漆
结构角材
20
105
5
80
踢脚板
樱桃实木染色
20
32
100
32

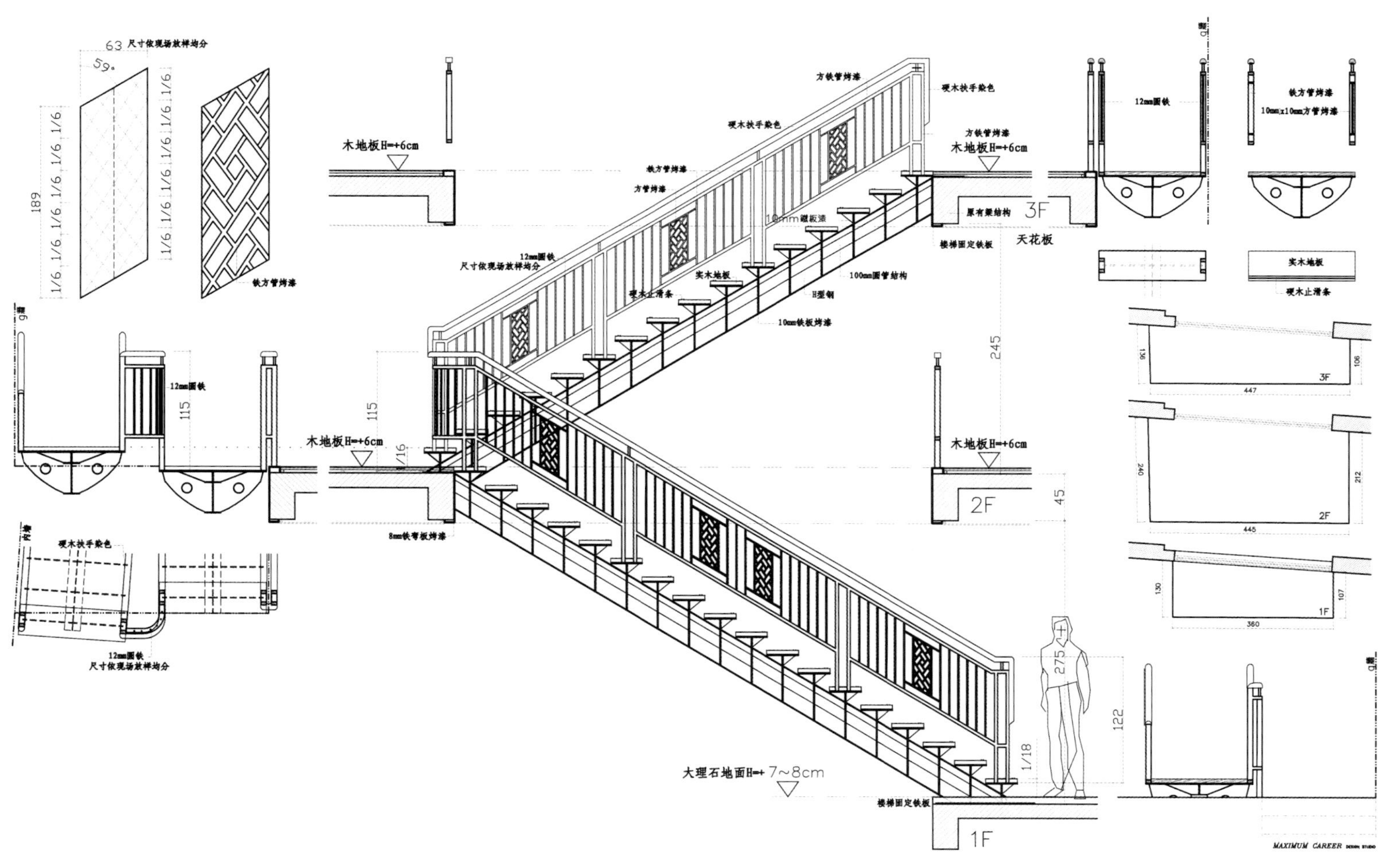
63 尺寸依现场放样均分
59°
189
1/6 1/6 1/6 1/6 1/6 1/6
铁方管烤漆
12mm圆铁
115
硬木扶手染色
12mm圆铁
尺寸依现场放样均分
木地板H=+6cm
方铁管烤漆
硬木扶手染色
铁方管烤漆
方管烤漆
方铁管烤漆
原有梁结构
3F
楼梯固定铁板
天花板
12mm圆铁
尺寸依现场放样均分
实木地板
硬木止滑条
100mm圆管结构
H型钢
10mm铁板烤漆
245
1/16
8mm铁弯板烤漆
45
2F
275
122
1/18
大理石地面H=+ 7~8cm
楼梯固定铁板
1F
12mm圆铁
铁方管烤漆
10mmx10mm方管烤漆
实木地板
硬木止滑条
136
106
447
240
212
445
130
107
380
MAXIMUM CAREER

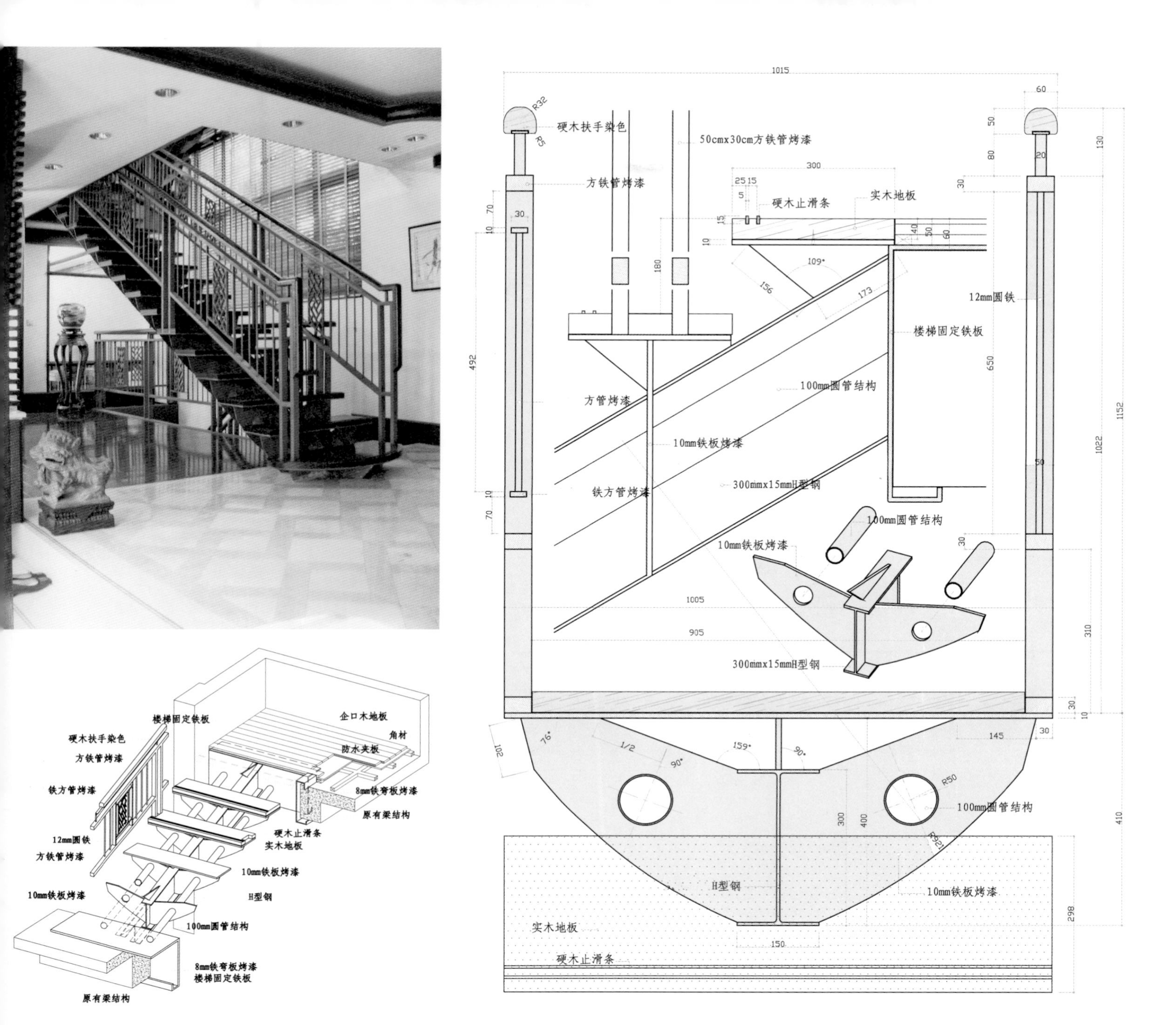
楼梯固定铁板
企口木地板
硬木扶手染色
角材
方铁管烤漆
防水夹板
铁方管烤漆
8mm铁弯板烤漆
原有梁结构
硬木止滑条
实木地板
12mm圆铁
方铁管烤漆
10mm铁板烤漆
10mm铁板烤漆
H型钢
100mm圆管结构
8mm铁弯板烤漆
楼梯固定铁板
原有梁结构
硬木扶手染色
50cmx30cm方铁管烤漆
方铁管烤漆
硬木止滑条
实木地板
12mm圆铁
楼梯固定铁板
100mm圆管结构
方管烤漆
10mm铁板烤漆
铁方管烤漆
300mmx15mmH型钢
100mm圆管结构
10mm铁板烤漆
300mmx15mmH型钢
100mm圆管结构
H型钢
10mm铁板烤漆
实木地板
硬木止滑条

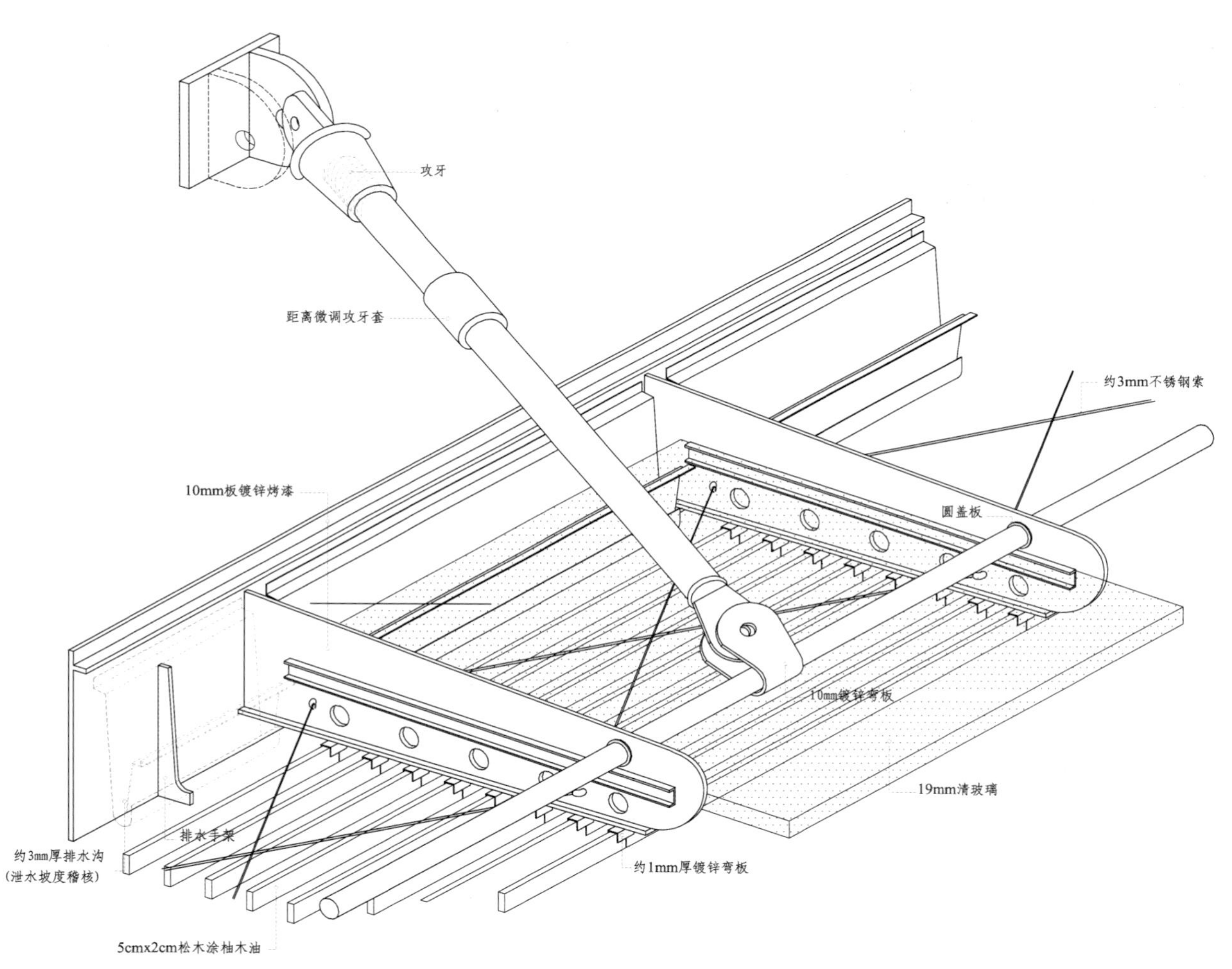
攻牙
距离微调攻牙套
约3mm不锈钢索
10mm板镀锌烤漆
圆盖板
10mm镀锌弯板
19mm清玻璃
排水手架
约3mm厚排水沟
(泄水坡度稽核)
约1mm厚镀锌弯板
5cmx2cm松木涂柚木油

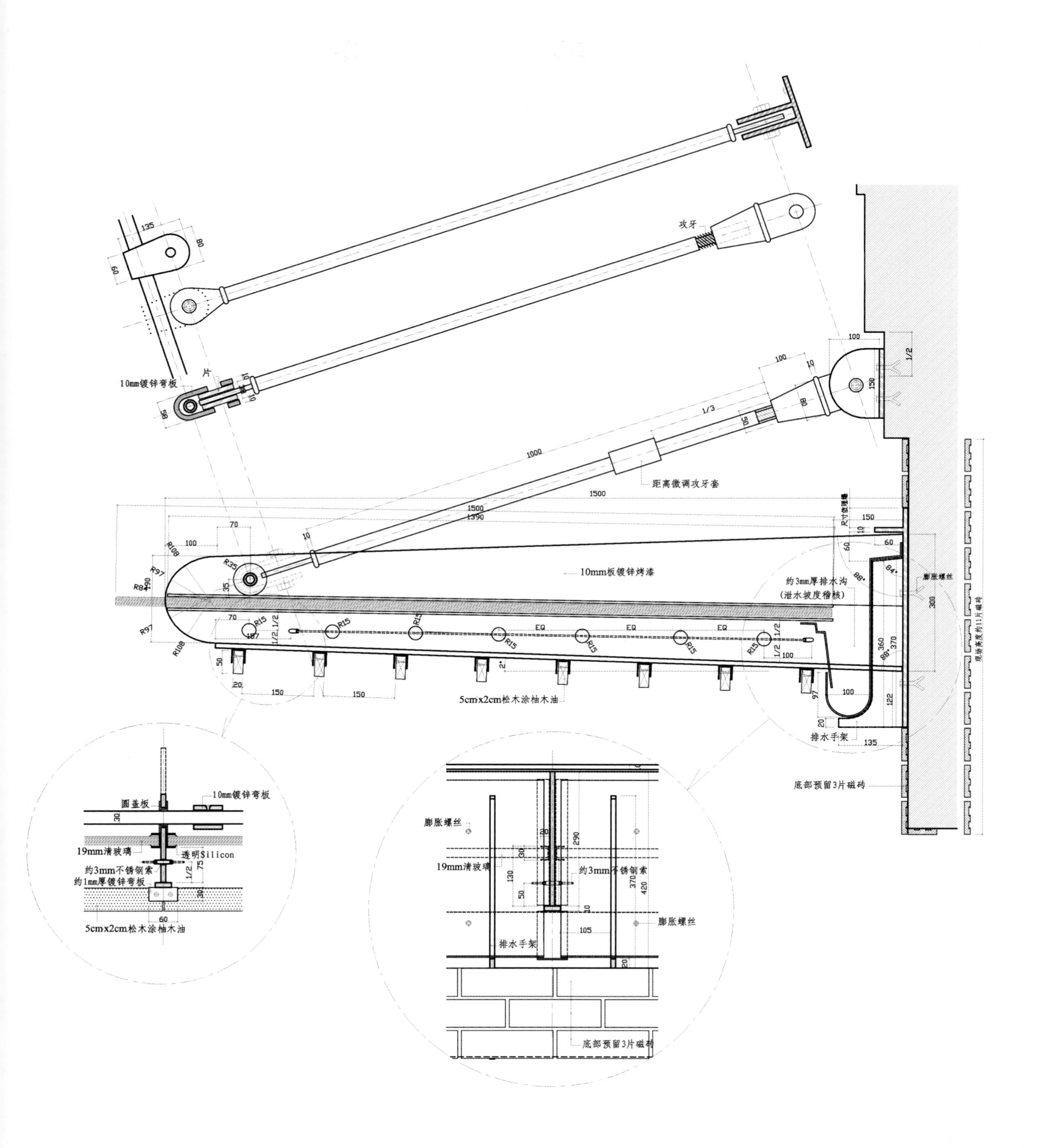

攻牙
10mm镀锌弯板
距离微调攻牙套
10mm板镀锌烤漆
约3mm厚排水沟
(泄水坡度稽核)
膨胀螺丝
5cmx2cm松木涂柚木油
排水手架
底部预留3片磁砖
圆盖板
10mm镀锌弯板
19mm清玻璃
透明Silicon
约3mm不锈钢索
约1mm厚镀锌弯板
5cmx2cm松木涂柚木油
膨胀螺丝
19mm清玻璃
约3mm不锈钢索
膨胀螺丝
排水手架
底部预留3片磁砖

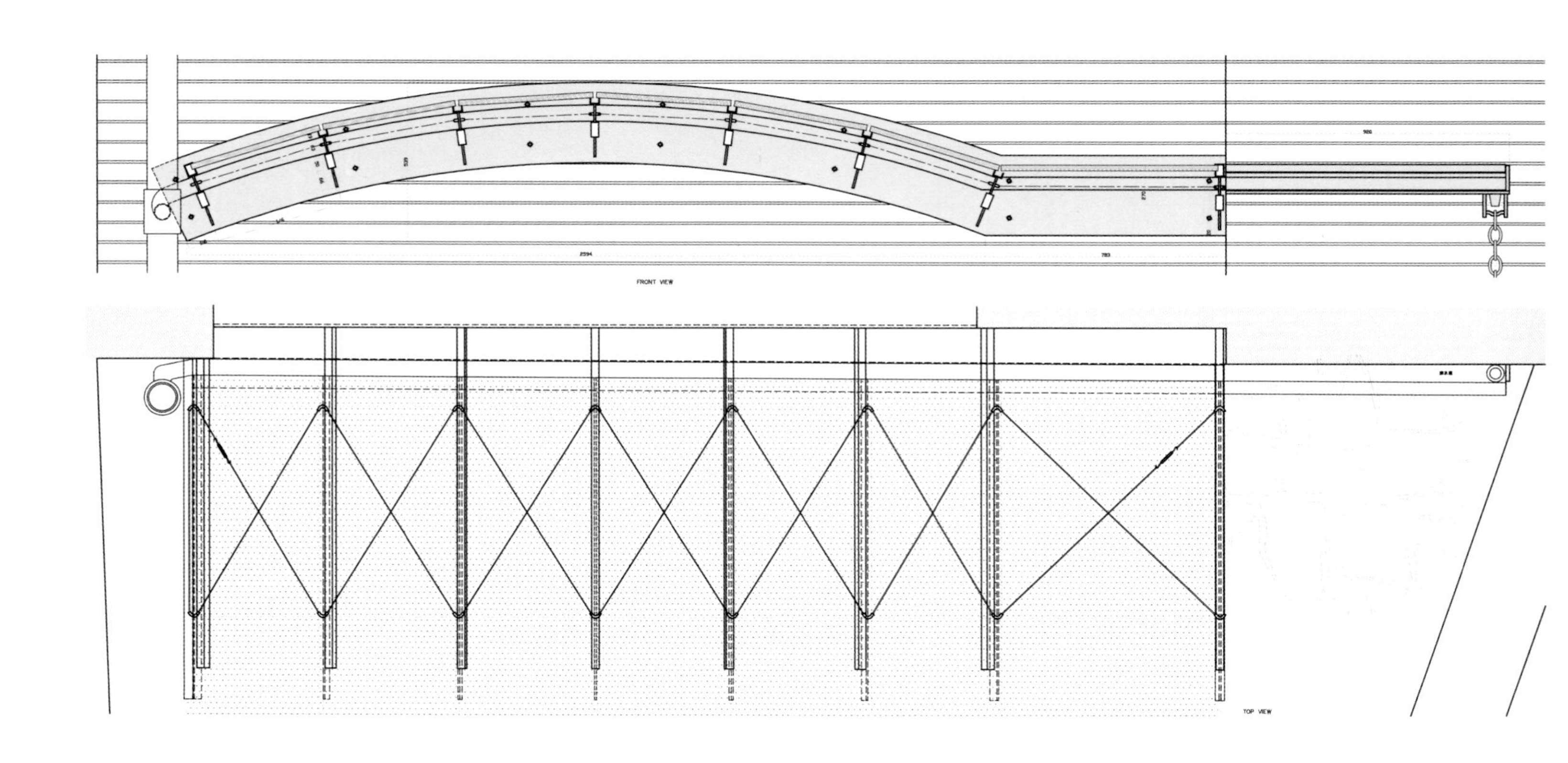
FRONT VIEW
TOP VIEW

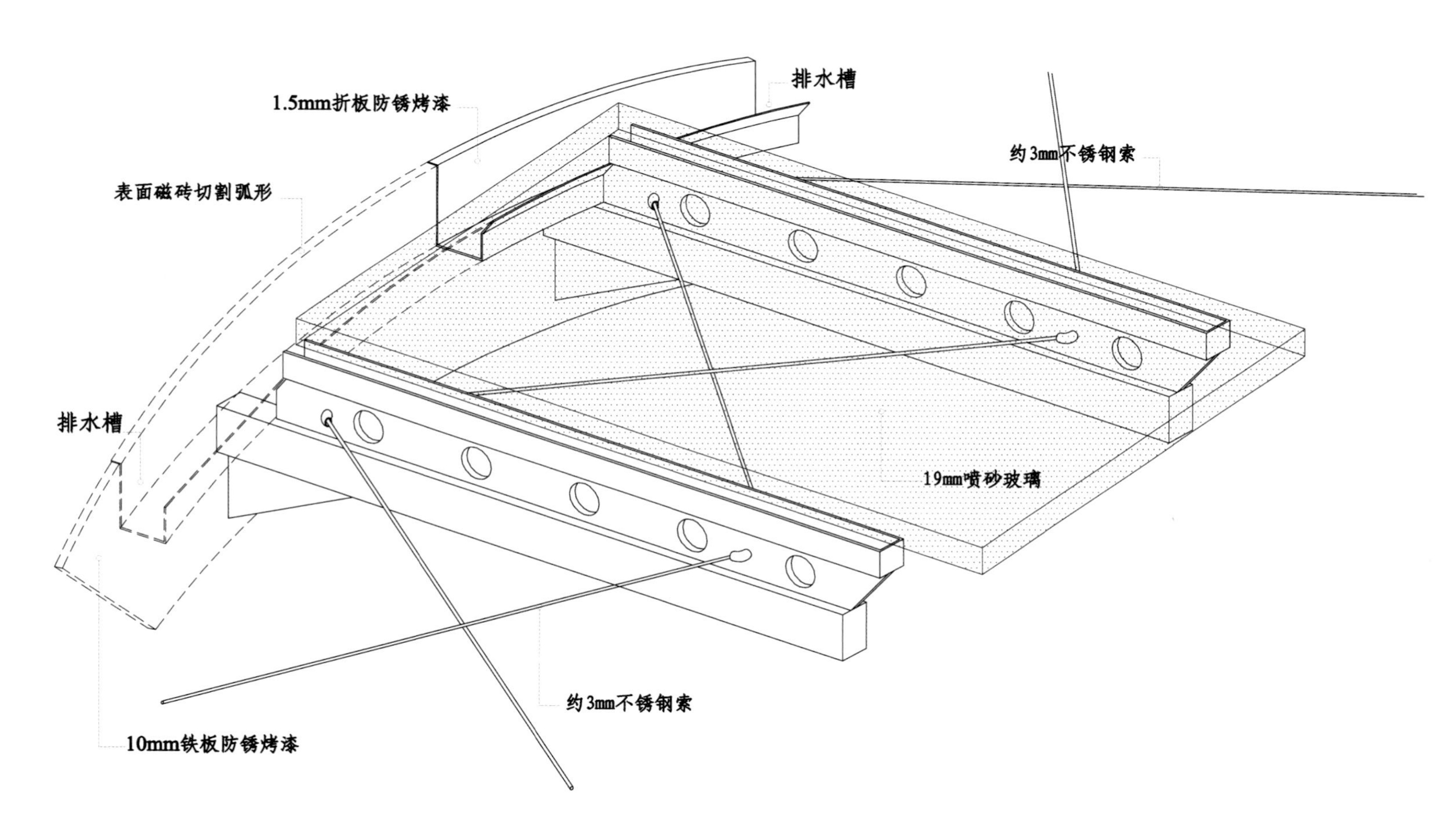
1.5mm折板防锈烤漆
排水槽
约3mm不锈钢索
表面磁砖切割弧形
排水槽
19mm喷砂玻璃
约3mm不锈钢索
10mm铁板防锈烤漆

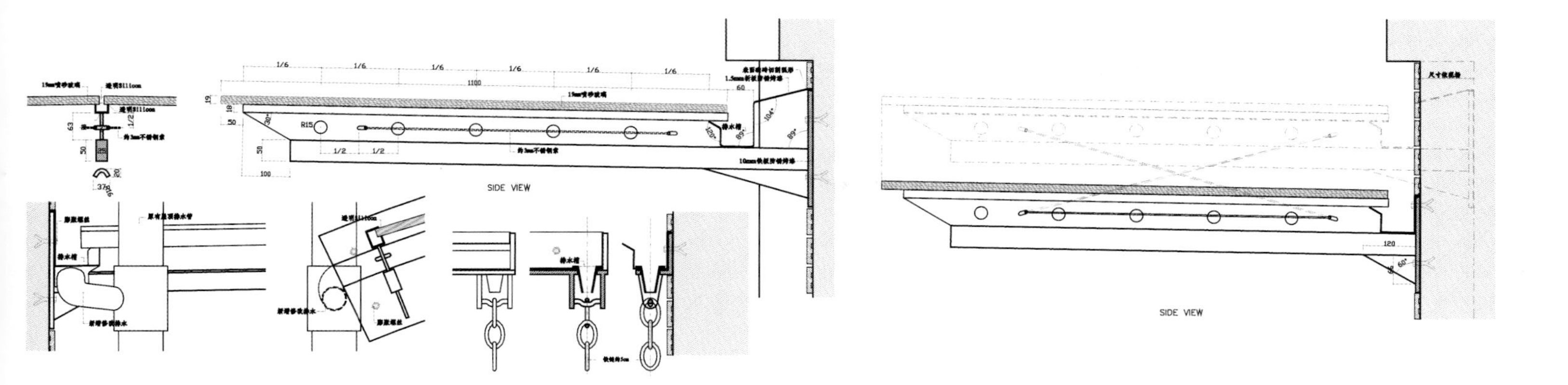
SIDE VIEW
SIDE VIEW

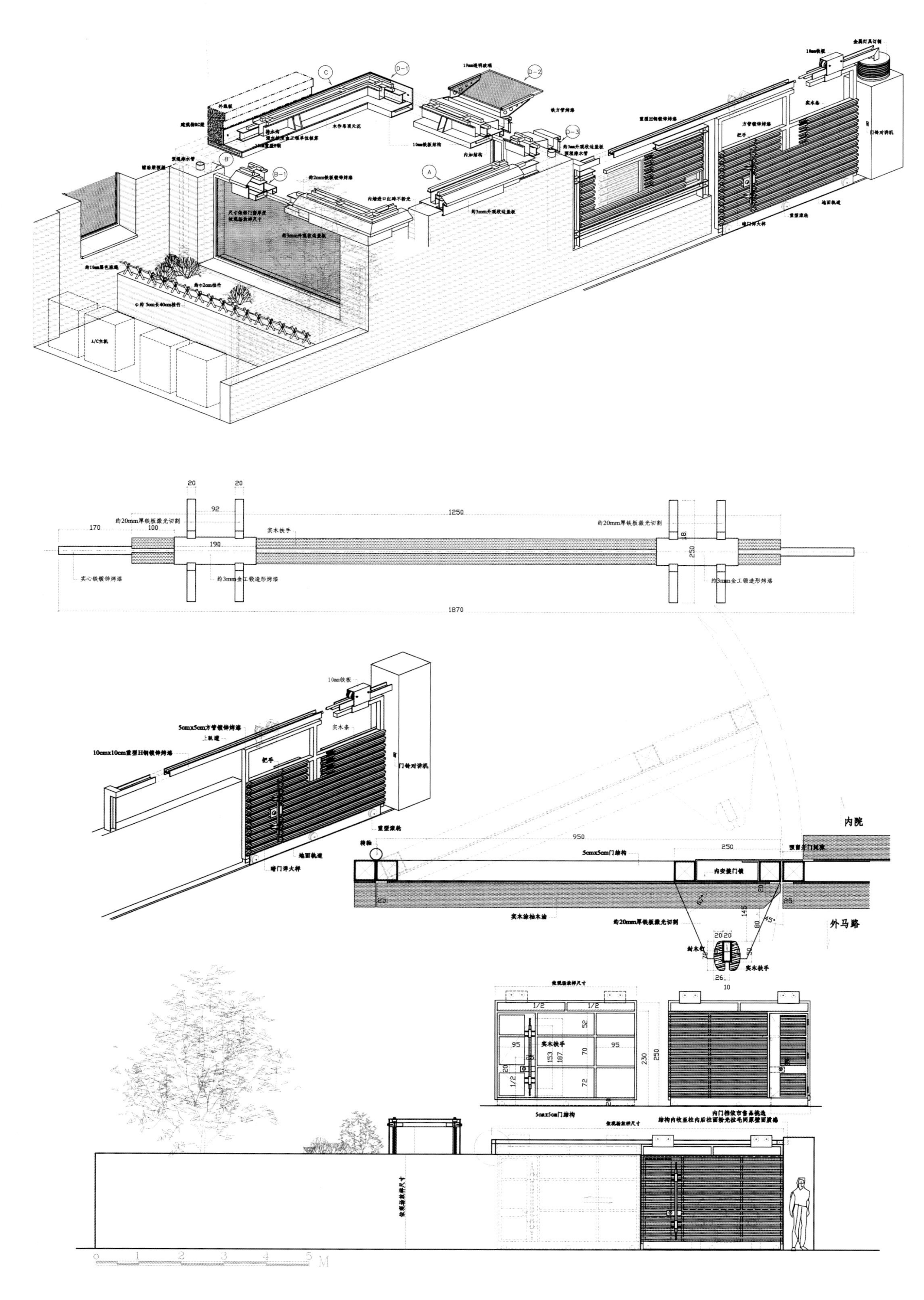
A/C主机
约20mm厚铁板激光切割
实木扶手
实心铁镀锌烤漆
约3mm全工锻造形烤漆
10mm铁板
5cmx5cm方管镀锌烤漆
上轨道
10cmx10cm重型H钢镀锌烤漆
实木条
把手
门铃对讲机
重型滚轮
地面轨道
暗门详大样
转轴
5cmx5cm门结构
内安装门锁
内院
外马路
实木涂柚木油
封木钉
依现场放样尺寸
内门柄依市售品挑选
结构内收至柱内后柱面粉光拉毛同屏整面质感

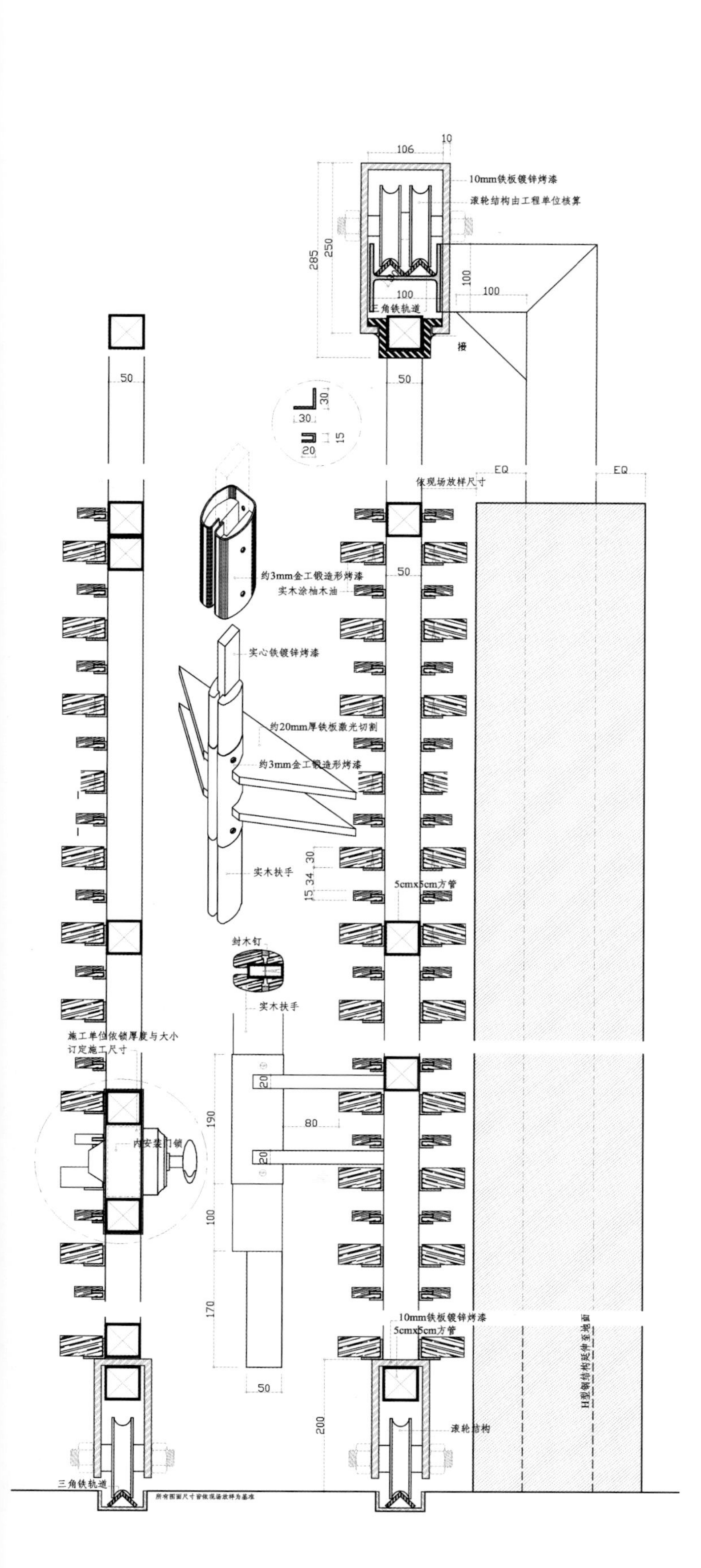
106
10
10mm铁板镀锌烤漆
滚轮结构由工程单位核算
285
250
100
100
100
三角铁轨道
50
30
30
20
15
50
EQ
EQ
依现场放样尺寸
约3mm金工锻造形烤漆
实木涂柚木油
50
实心铁镀锌烤漆
约20mm厚铁板激光切割
约3mm金工锻造形烤漆
实木扶手
30
30
15
34
5cmx5cm方管
封木钉
实木扶手
施工单位依锁厚度与大小
订定施工尺寸
190
80
20
20
内安装门锁
100
170
50
10mm铁板镀锌烤漆
5cmx5cm方管
H型钢结构延伸至地面
200
滚轮结构
三角铁轨道
所有图面尺寸皆依现场放样为基准

北京公馆大堂

设　　计：李玮珉建筑师事务所
工程地点：北京市北京公馆大堂
客户需求：大堂与游泳池之间的分隔墙面。
源　　由：既能划分出两个独立的空间，又能使两个空间的光线相互渗透。
方案计划：双层网点玻璃配合中间一层影像玻璃的处理方式，既能保证光线的相互穿透又能让行走的人有交错变化的视觉感受，再用拉丝面不锈钢镀黑钛框料勾勒出清晰的秩序感，使大堂呈现出简约华丽的质感。

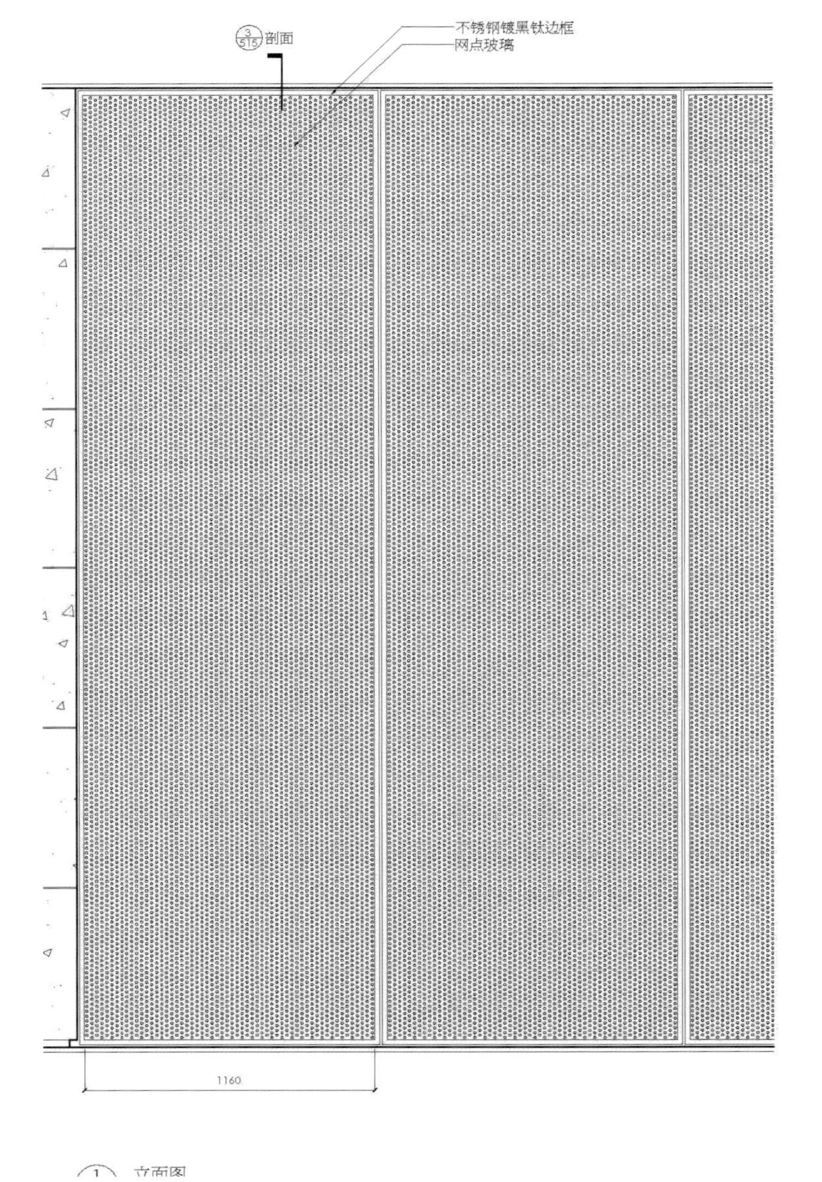

1 立面图

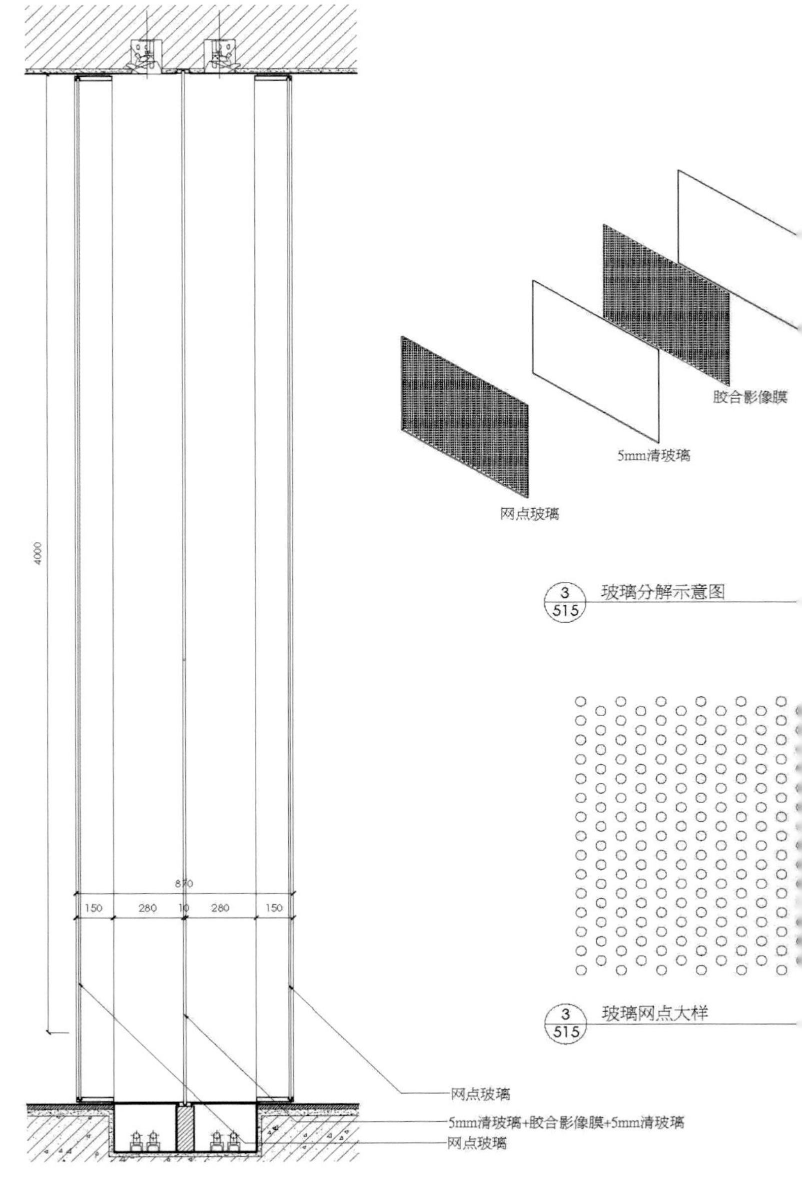

3/515 玻璃分解示意图

3/515 玻璃网点大样

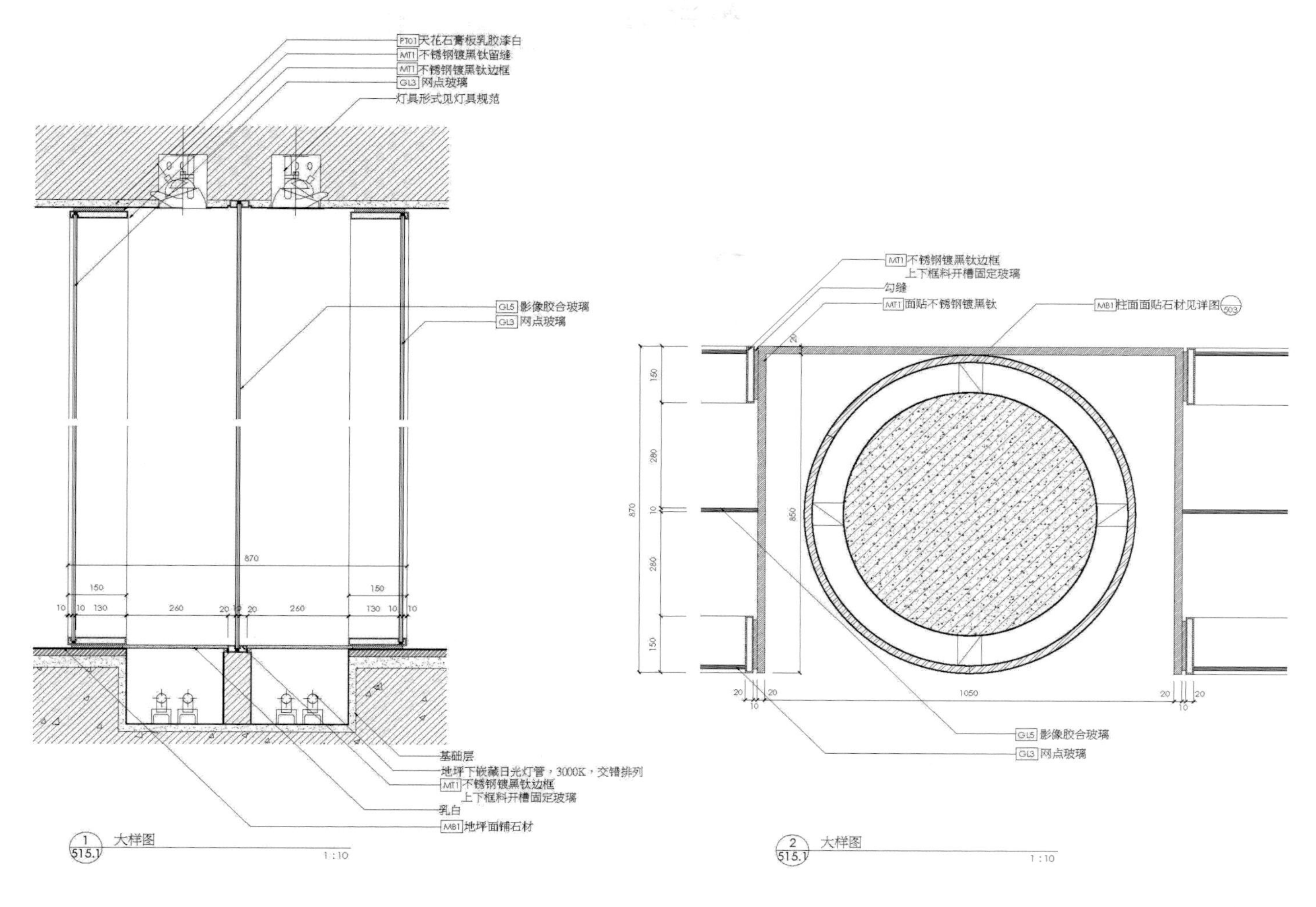
PT01 天花石膏板乳胶漆白
MT1 不锈钢镀黑钛留缝
MT1 不锈钢镀黑钛边框
GL3 网点玻璃
灯具形式见灯具规范
GL5 影像胶合玻璃
GL3 网点玻璃
870
150
150
10 10 130 260 20 10 20 260 130 10 10
基础层
地坪下嵌藏日光灯管，3000K，交错排列
MT1 不锈钢镀黑钛边框
上下框料开槽固定玻璃
乳白
MB1 地坪面铺石材
1
515.1
大样图
1:10
MT1 不锈钢镀黑钛边框
上下框料开槽固定玻璃
勾缝
MT1 面贴不锈钢镀黑钛
MB1 柱面面贴石材见详图 503
20
150
280
10
280
150
870
850
20 10 20 1050 20 10 20
GL5 影像胶合玻璃
GL3 网点玻璃
2
515.1
大样图
1:10

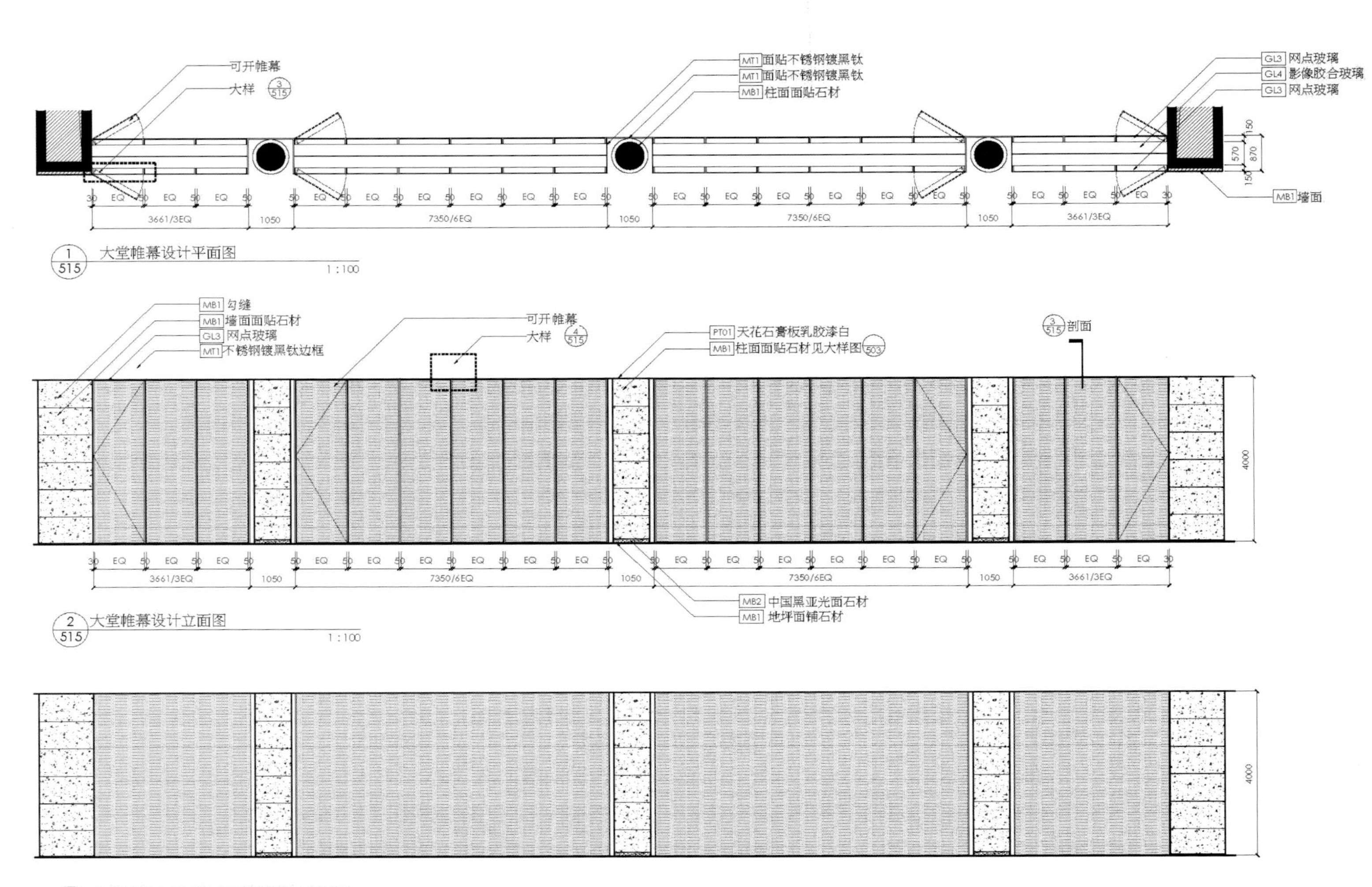

可开帷幕
大样 3/515
MT1 面贴不锈钢镀黑钛
MT1 面贴不锈钢镀黑钛
MB1 柱面面贴石材
GL3 网点玻璃
GL4 影像胶合玻璃
GL3 网点玻璃
MB1 墙面
3661/3EQ
1050
7350/6EQ
1 515 大堂帷幕设计平面图 1:100
MB1 勾缝
MB1 墙面面贴石材
GL3 网点玻璃
MT1 不锈钢镀黑钛边框
可开帷幕
大样 4/515
PT01 天花石膏板乳胶漆白
MB1 柱面面贴石材见大样图 503
3/515 剖面
4000
MB2 中国黑亚光面石材
MB1 地坪面铺石材
2 515 大堂帷幕设计立面图 1:100
2 大堂帷幕中间层胶合影像膜设计立面图

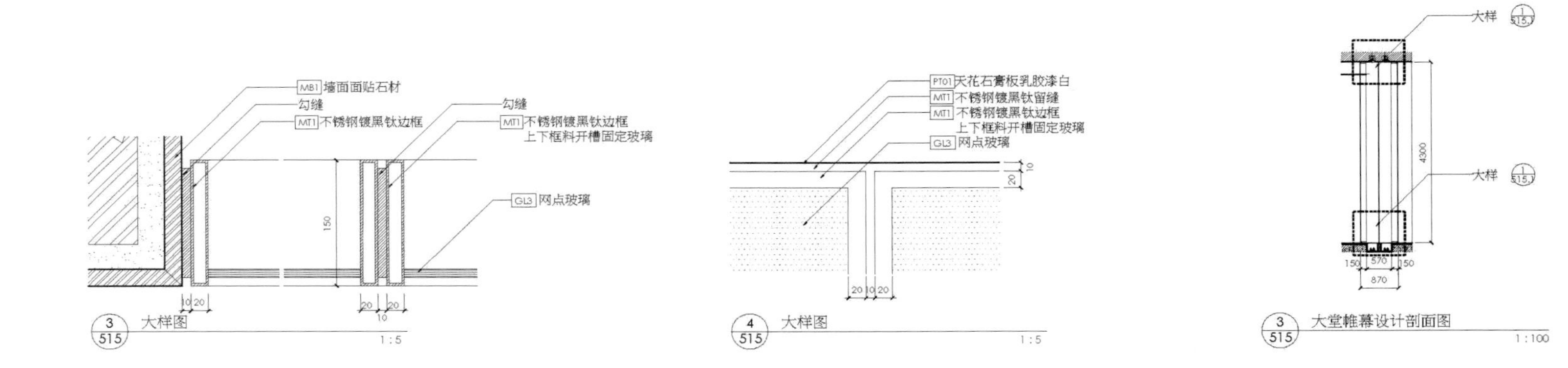

MB1 墙面面贴石材
勾缝
MT1 不锈钢镀黑钛边框
勾缝
MT1 不锈钢镀黑钛边框
上下框料开槽固定玻璃
GL3 网点玻璃
3 515 大样图 1:5
PT01 天花石膏板乳胶漆白
MT1 不锈钢镀黑钛留缝
MT1 不锈钢镀黑钛边框
上下框料开槽固定玻璃
GL3 网点玻璃
4 515 大样图 1:5
大样 1/515
4300
870
3 515 大堂帷幕设计剖面图 1:100

钓鱼台E2

设　　计：李玮珉建筑师事务所
工程地点：北京钓鱼台七号院E2样板房
客户需求：住宅实品样板房。
方案计划：柚木染色油漆饰面格栅、皮质硬包护墙板、大理石贴面、皮砖地面、紫铜氧化内衬搁板、玉砂玻璃、黄檀实木多层复合地板。

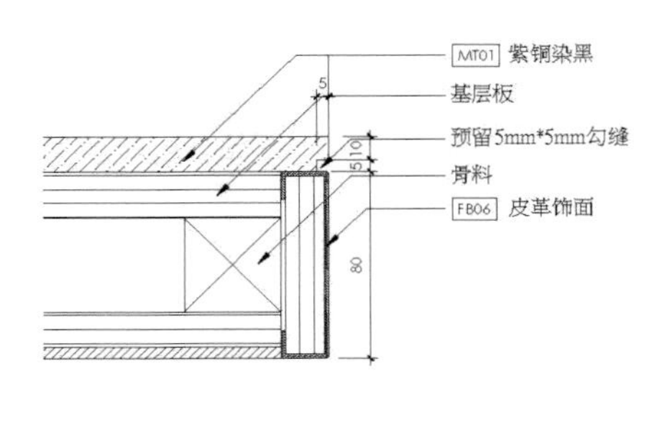

4/510 大样图

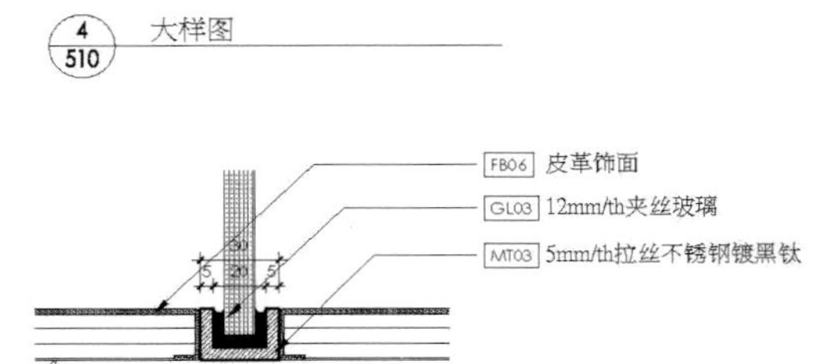

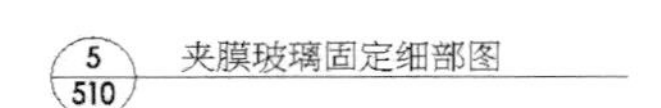

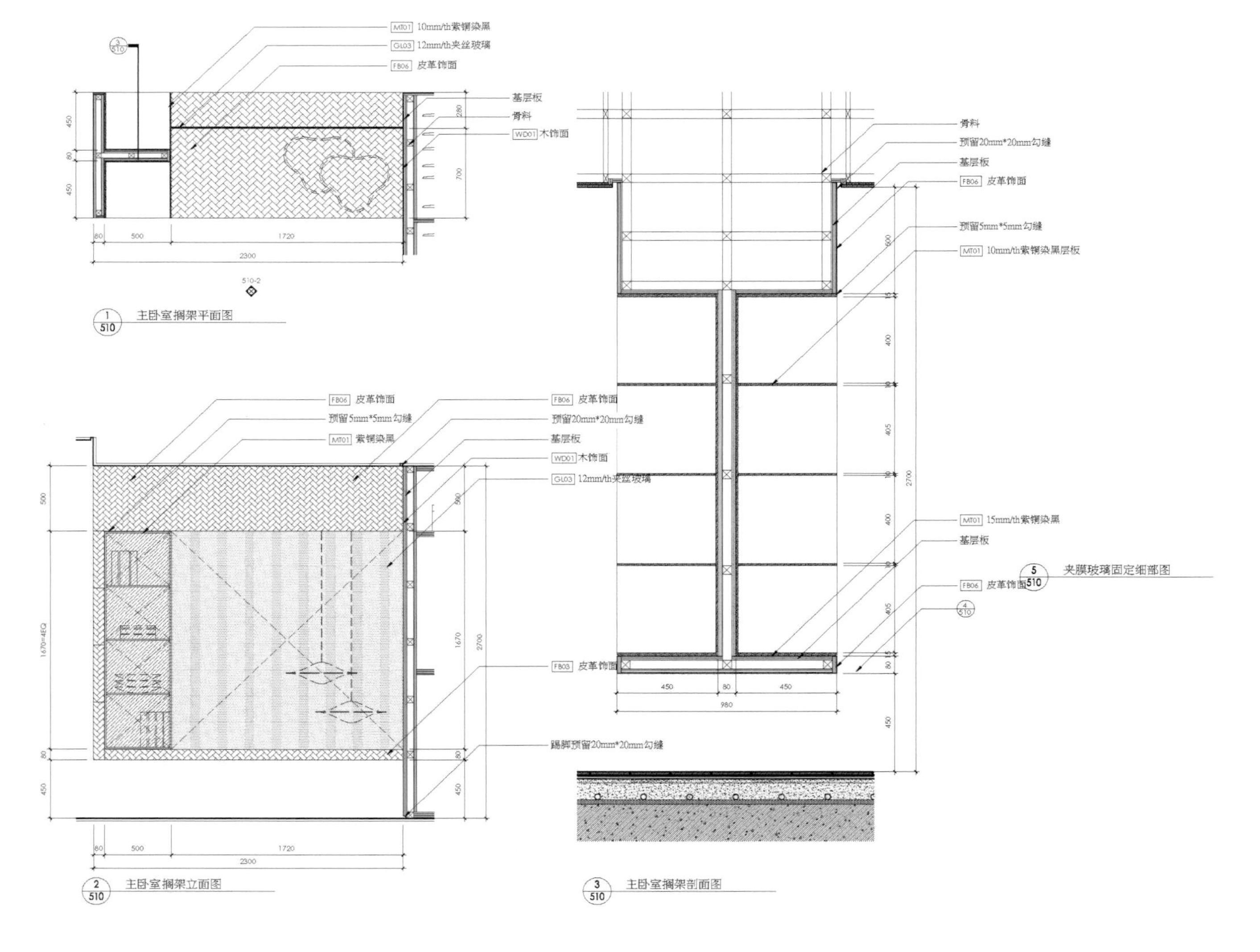

九间堂C4样板房

设　　计：李玮珉建筑师事务所
工程地点：上海九间堂22号样板房
客户需求：别墅实品样板房。
方案计划：运用木纹石大理石，意大利灰大理石、乳胶漆、拉丝不锈钢镀黑钛收边、木作混水油漆饰面格栅、订制金属镂空灯具。

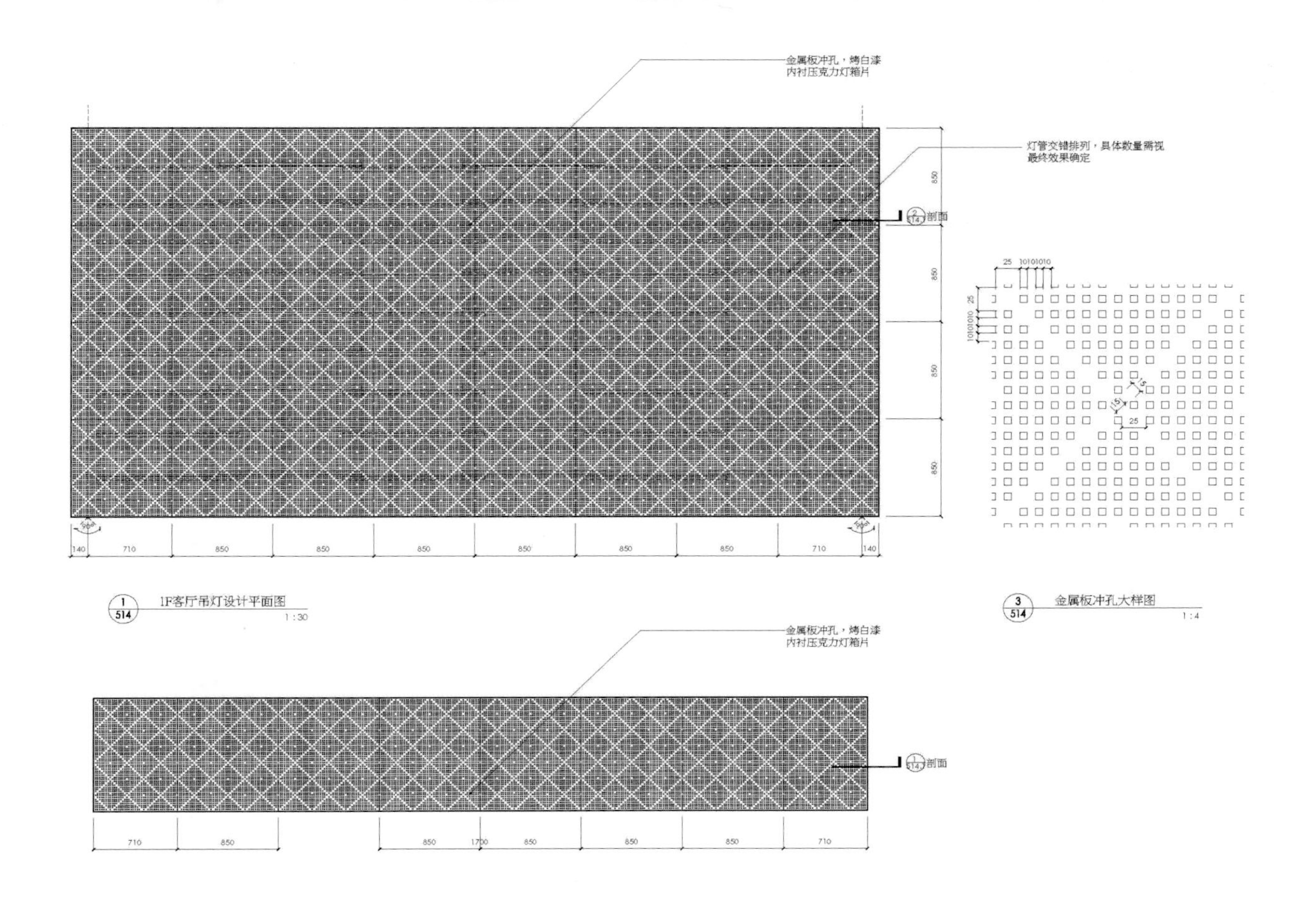
金属板冲孔，烤白漆
内衬压克力灯箱片
灯管交错排列，具体数量需视
最终效果确定
部面
1F客厅吊灯设计平面图
1:30
金属板冲孔大样图
1:4
金属板冲孔，烤白漆
内衬压克力灯箱片
部面
1F客厅吊灯设计立面图
1:30

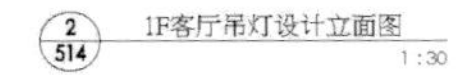

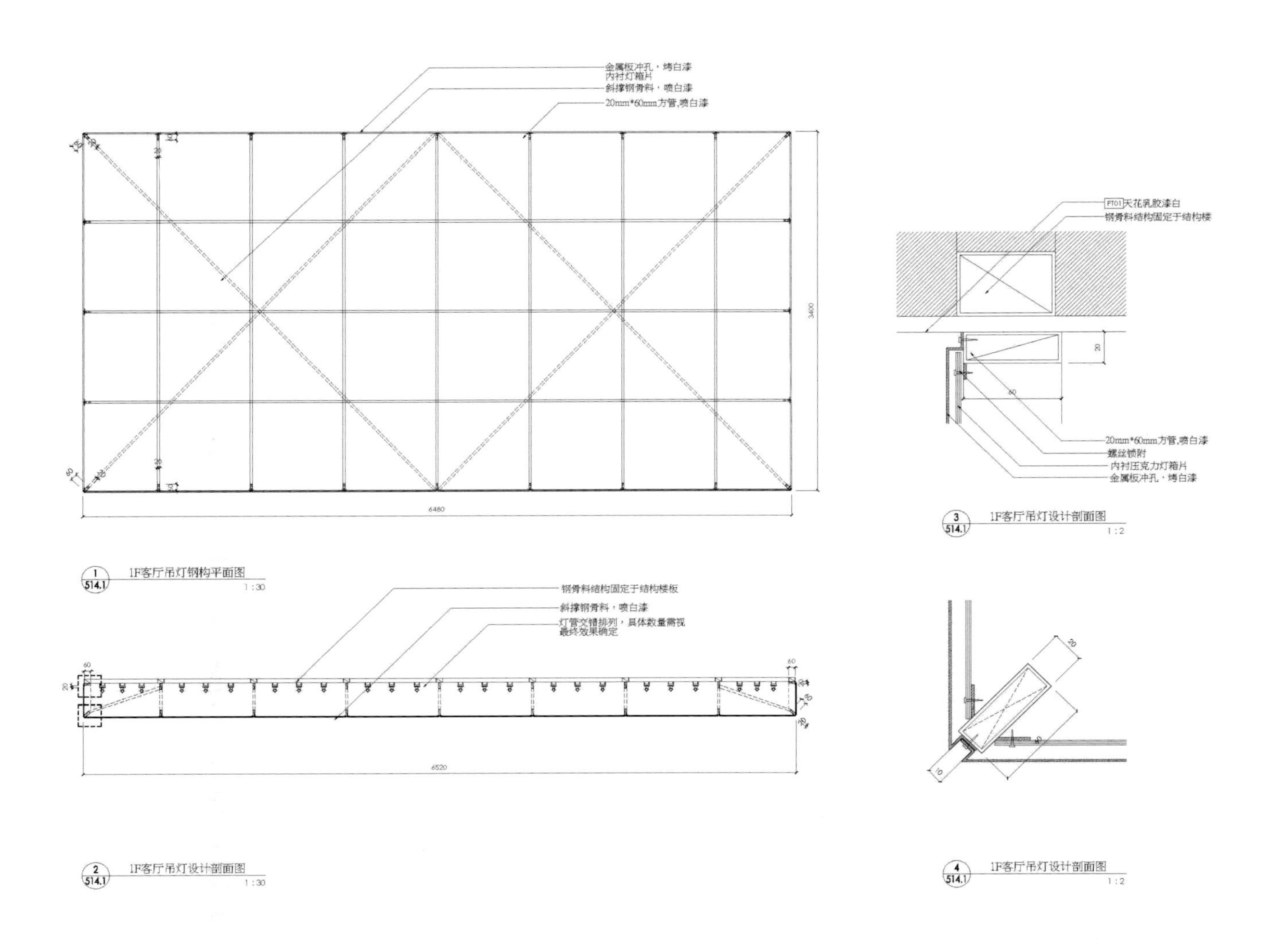
金属板冲孔，烤白漆
内衬灯箱片
斜撑钢骨料，喷白漆
20mm*60mm方管，喷白漆
1F客厅吊灯钢构平面图
1:30
天花乳胶漆白
钢骨料结构固定于结构楼
20mm*60mm方管，喷白漆
螺丝锁附
内衬压克力灯箱片
金属板冲孔，烤白漆
1F客厅吊灯设计剖面图
1:2
钢骨料结构固定于结构楼板
斜撑钢骨料，喷白漆
灯管交错排列，具体数量需视
最终效果确定
1F客厅吊灯设计剖面图
1:30
1F客厅吊灯设计剖面图
1:2

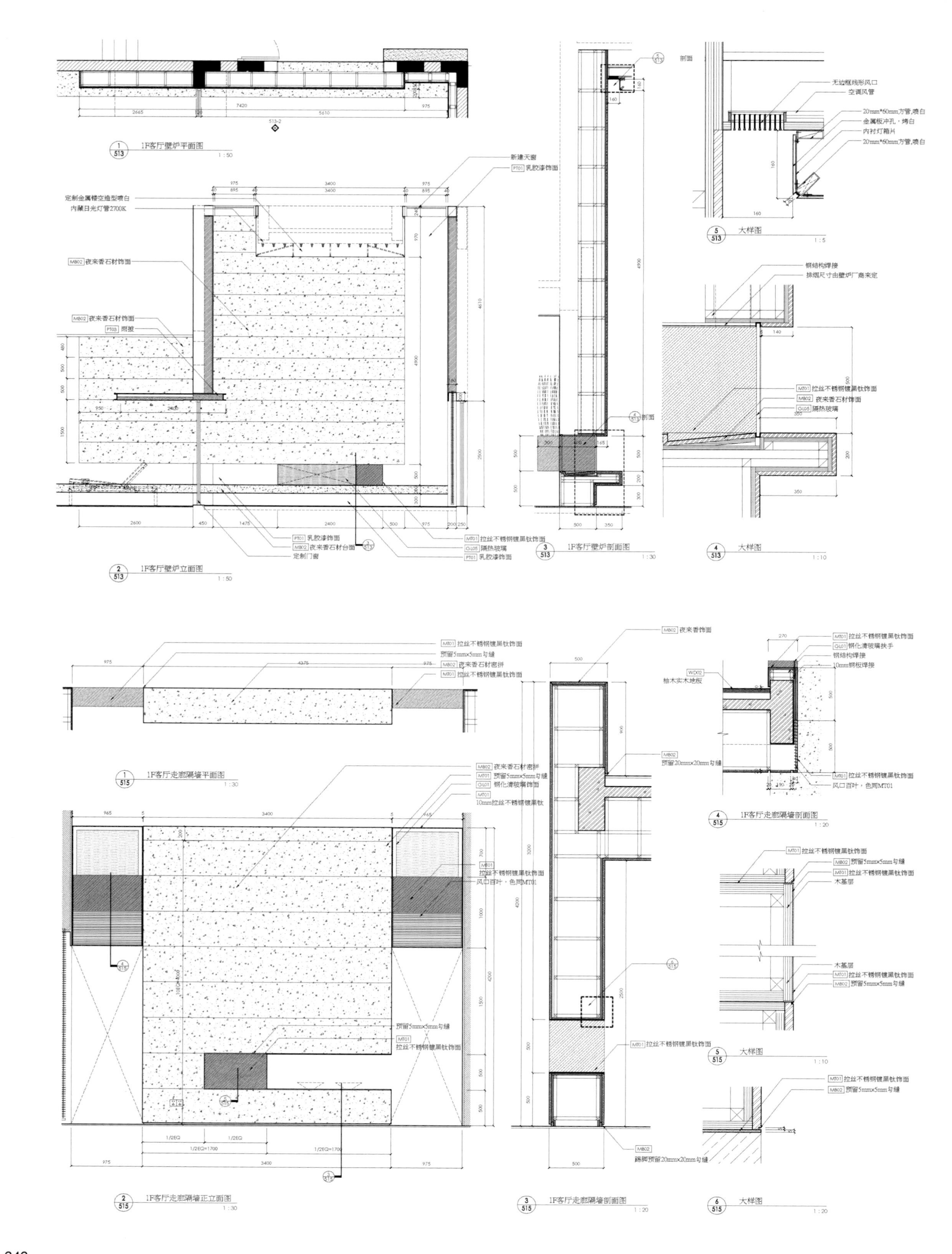
1F客厅壁炉平面图
1:50
新建天窗
PT01 乳胶漆饰面
定制金属镂空造型喷白
内藏日光灯管2700K
MB02 夜来香石材饰面
MB02 夜来香石材饰面
PT03 雨披
PT01 乳胶漆饰面
MB02 夜来香石材台面
定制门窗
MT01 拉丝不锈钢镀黑钛饰面
GL05 隔热玻璃
PT01 乳胶漆饰面
1F客厅壁炉立面图
1:50
剖面
1F客厅壁炉剖面图
1:30
无边框线形风口
空调风管
20mm*60mm方管,喷白
金属板冲孔，烤白
内衬灯箱片
20mm*60mm方管,喷白
大样图
1:5
钢结构焊接
排烟尺寸由壁炉厂商来定
MT01 拉丝不锈钢镀黑钛饰面
MB02 夜来香石材饰面
GL05 隔热玻璃
大样图
1:10
MT01 拉丝不锈钢镀黑钛饰面
预留5mm×5mm勾缝
MB02 夜来香石材密拼
MT01 拉丝不锈钢镀黑钛饰面
1F客厅走廊隔墙平面图
1:30
MB02 夜来香石材密拼
MT01 预留5mm×5mm勾缝
GL01 钢化清玻璃饰面
MT01 10mm拉丝不锈钢镀黑钛
MT01 拉丝不锈钢镀黑钛饰面
风口百叶，色同MT01
预留5mm×5mm勾缝
MT01 拉丝不锈钢镀黑钛饰面
1F客厅走廊隔墙正立面图
1:30
MB02 夜来香面
MB02 预留20mm×20mm勾缝
MT01 拉丝不锈钢镀黑钛饰面
MB02 踢脚预留20mm×20mm勾缝
1F客厅走廊隔墙剖面图
1:20
MT01 拉丝不锈钢镀黑钛饰面
GL01 钢化清玻璃扶手
钢结构焊接
10mm钢板焊接
WD02 柚木实木地板
MT01 拉丝不锈钢镀黑钛饰面
风口百叶，色同MT01
1F客厅走廊隔墙剖面图
1:20
MT01 拉丝不锈钢镀黑钛饰面
MB02 预留5mm×5mm勾缝
MT01 拉丝不锈钢镀黑钛饰面
木基层
木基层
MT01 拉丝不锈钢镀黑钛饰面
MB02 预留5mm×5mm勾缝
大样图
1:10
MT01 拉丝不锈钢镀黑钛饰面
MB02 预留5mm×5mm勾缝
大样图
1:20

昆仑公寓百叶墙

设　　计：李玮珉建筑师事务所
工程地点：北京市北京昆仑公寓
客户需求：入口玄关墙面
方案计划：利用拉丝面不锈钢镀黑钛百叶交错有韵律的排列，使光线相互穿透后呈现出丰富温暖的视觉层次，打破了黑色金属冰凉冷酷的属性，呈现给人们高贵温馨的感觉。

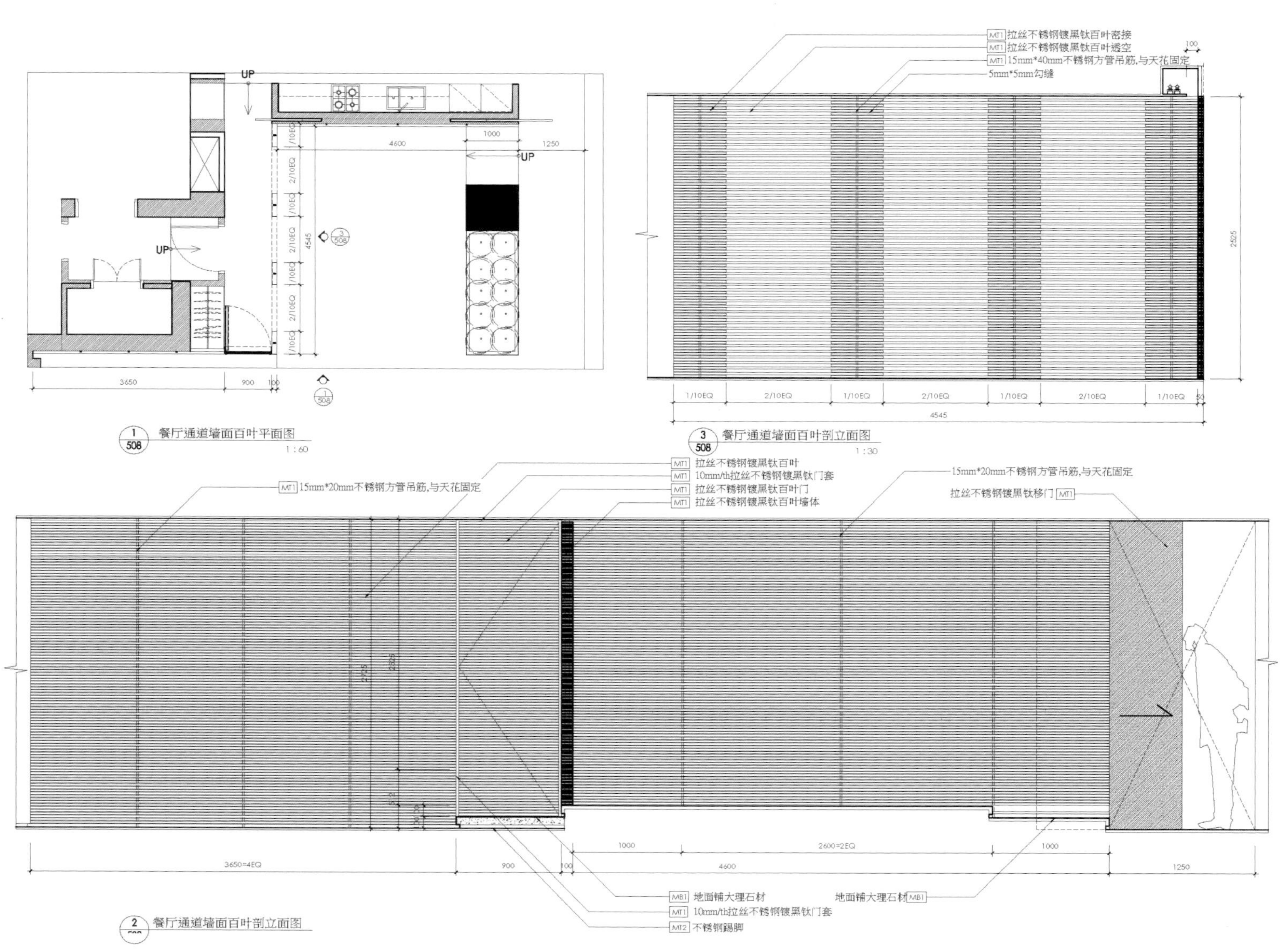

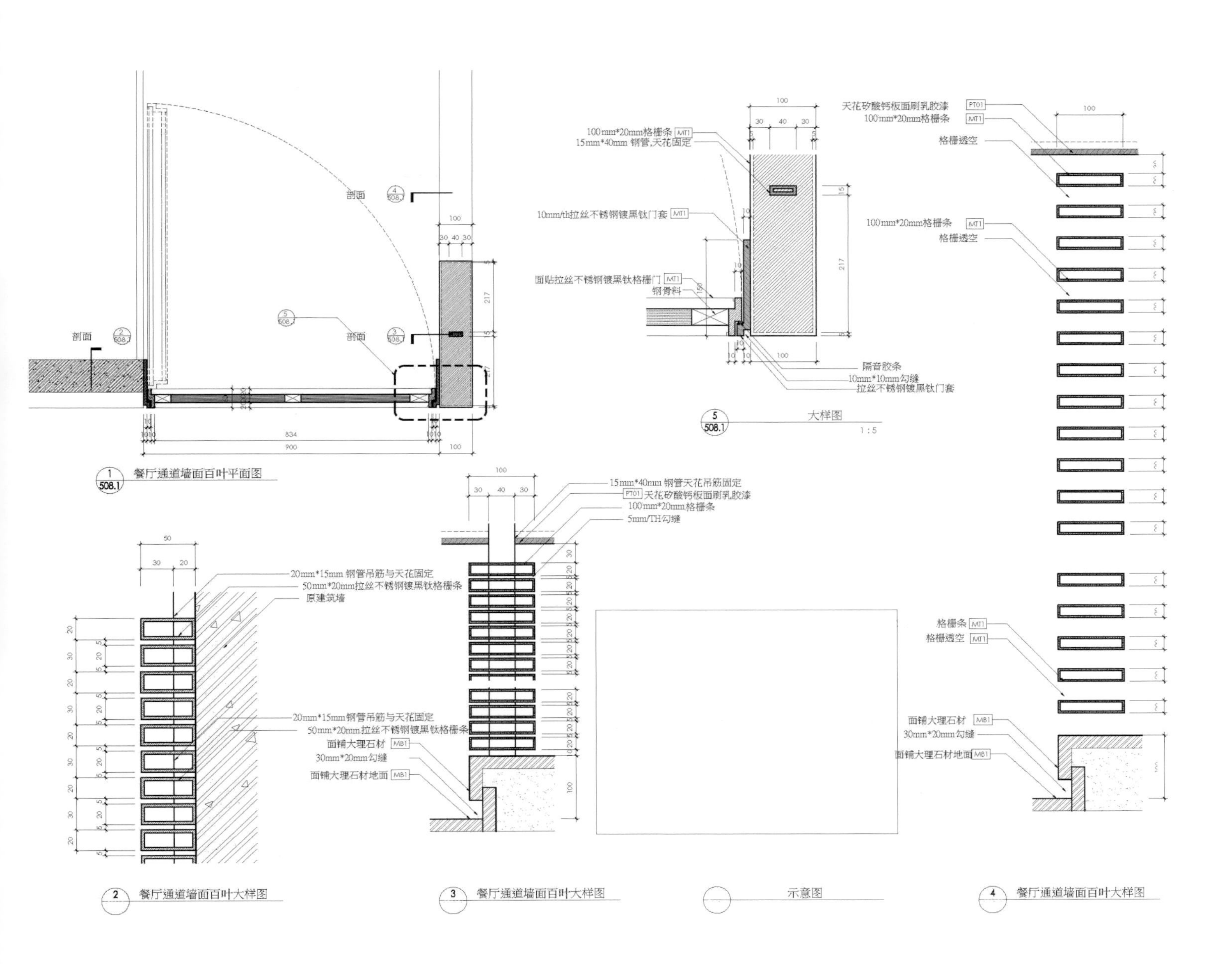
剖面
剖面
剖面
1 508.1 餐厅通道墙面百叶平面图
100mm*20mm格栅条 MT1
15mm*40mm 钢管,天花固定
10mm/th拉丝不锈钢镀黑钛门套 MT1
面贴拉丝不锈钢镀黑钛格栅门 MT1
钢骨料
隔音胶条
10mm*10mm勾缝
拉丝不锈钢镀黑钛门套
5 508.1 大样图
1 : 5
天花矽酸钙板面刷乳胶漆 PT01
100mm*20mm格栅条 MT1
格栅透空
100mm*20mm格栅条 MT1
格栅透空
格栅条 MT1
格栅透空 MT1
面铺大理石材 MB1
30mm*20mm勾缝
面铺大理石材地面 MB1
15mm*40mm 钢管天花吊筋固定
PT01 天花矽酸钙板面刷乳胶漆
100mm*20mm格栅条
5mm/TH勾缝
面铺大理石材 MB1
30mm*20mm勾缝
面铺大理石材地面 MB1
20mm*15mm 钢管吊筋与天花固定
50mm*20mm拉丝不锈钢镀黑钛格栅条
原建筑墙
20mm*15mm钢管吊筋与天花固定
50mm*20mm拉丝不锈钢镀黑钛格栅条
2 餐厅通道墙面百叶大样图
3 餐厅通道墙面百叶大样图
示意图
4 餐厅通道墙面百叶大样图

昆仑公寓电视背景墙

设　　计：李玮珉建筑师事务所
工程地点：北京市北京昆仑公寓
客户需求：电视背景墙面。
方案计划：电视背景墙通过白色大体块石材和咖啡色皮革背墙前后的转折构成，配合拉丝面不锈钢镀黑钛的细部收边，使电视墙面看起来既稳重内敛又不失细节。

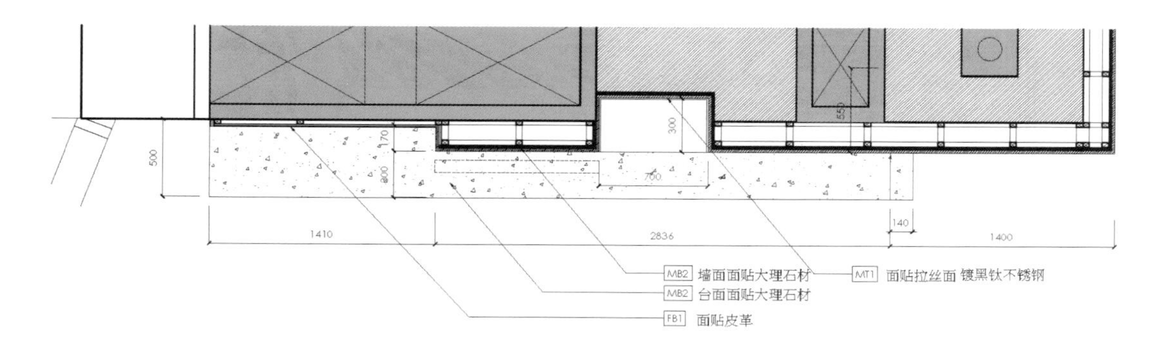

1/509 客厅主墙平面 1:30

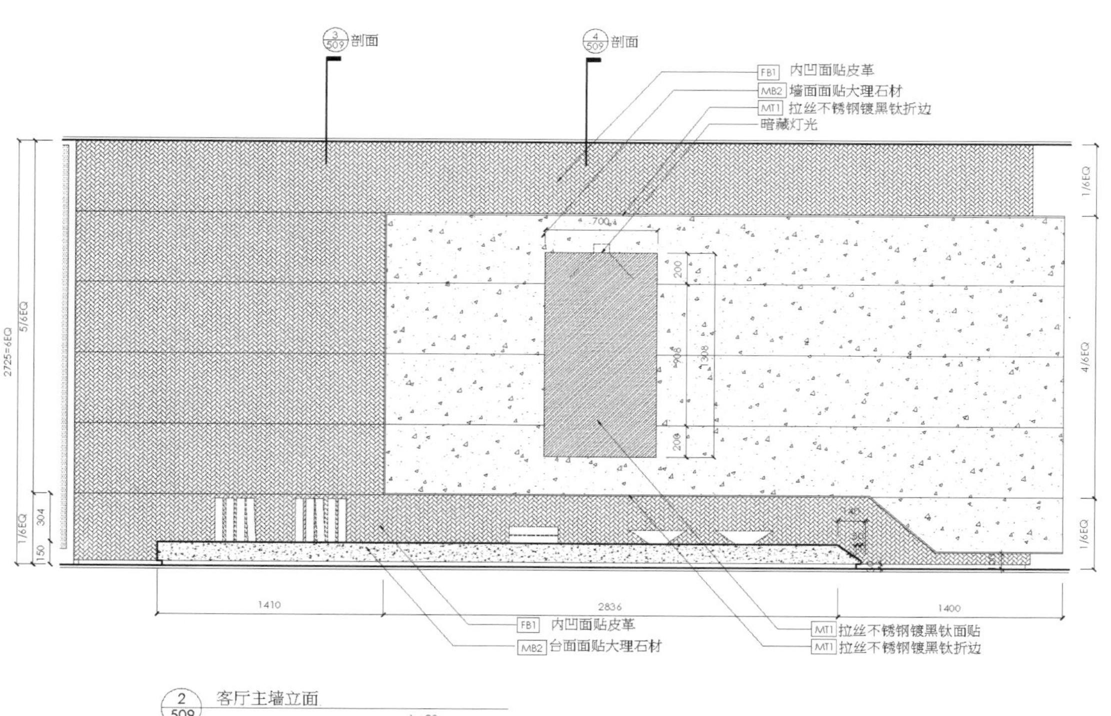

2/509 客厅主墙立面 1:30

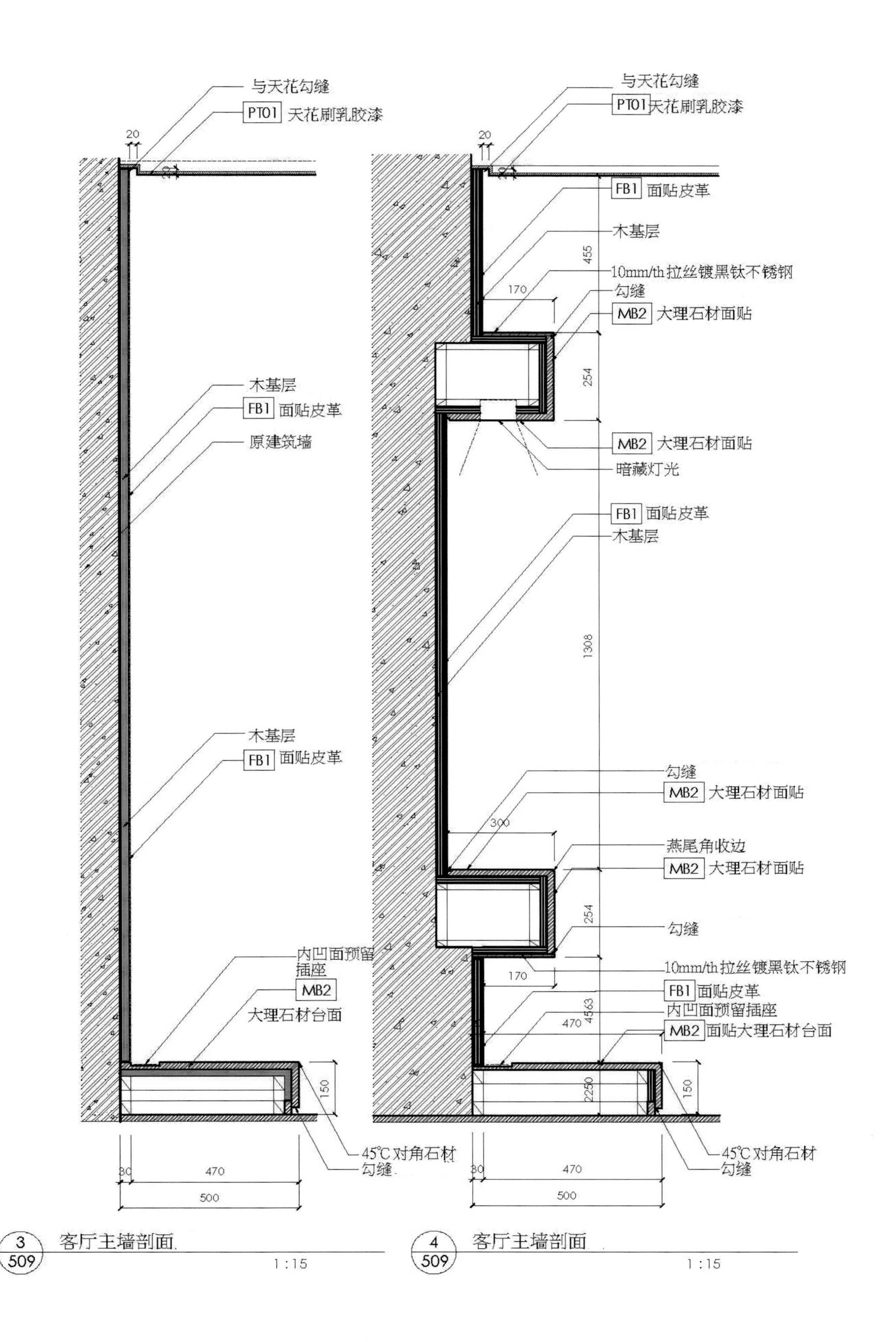
与天花勾缝
PT01 天花刷乳胶漆
20
木基层
FB1 面贴皮革
原建筑墙
木基层
FB1 面贴皮革
内凹面预留插座
MB2
大理石材台面
150
45℃对角石材
勾缝
30
470
500
3
509
客厅主墙剖面
1:15
与天花勾缝
PT01 天花刷乳胶漆
20
FB1 面贴皮革
木基层
455
10mm/th 拉丝镀黑钛不锈钢
170
勾缝
MB2 大理石材面贴
254
MB2 大理石材面贴
暗藏灯光
FB1 面贴皮革
木基层
1308
勾缝
MB2 大理石材面贴
300
燕尾角收边
MB2 大理石材面贴
254
勾缝
10mm/th 拉丝镀黑钛不锈钢
170
FB1 面贴皮革
4563
内凹面预留插座
470
MB2 面贴大理石材台面
2250
150
45℃对角石材
勾缝
30
470
500
4
509
客厅主墙剖面
1:15

娜鲁湾公寓样板房 | 户型

设　　计：李玮珉建筑师事务所
工程地点：山东胶南市
客户需求：酒店公寓样板房，主题为建筑师之家。
方案计划：通过钢板白色架、钢化清玻璃、白膜胶合玻璃、明镜、石材等几种材质多种组合形式的虚实处理，光线的相互穿透，用冷、硬的材料营造出温馨浪漫的空间层次，呈现出建筑师的理性和多元化的思考方式。

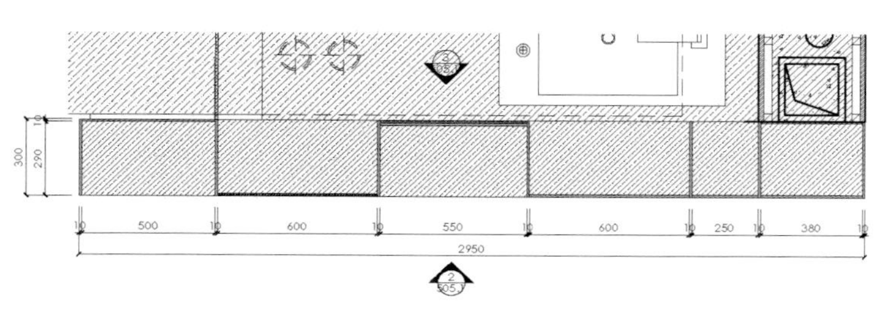

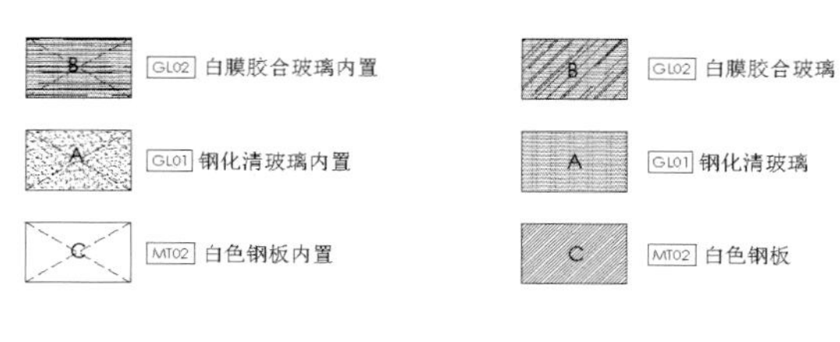

A　GL01 钢化清玻璃　7个

B　GL02 白膜胶合玻璃　5个

C　MT02 白色钢板　18个

D　GL03 明镜　1个

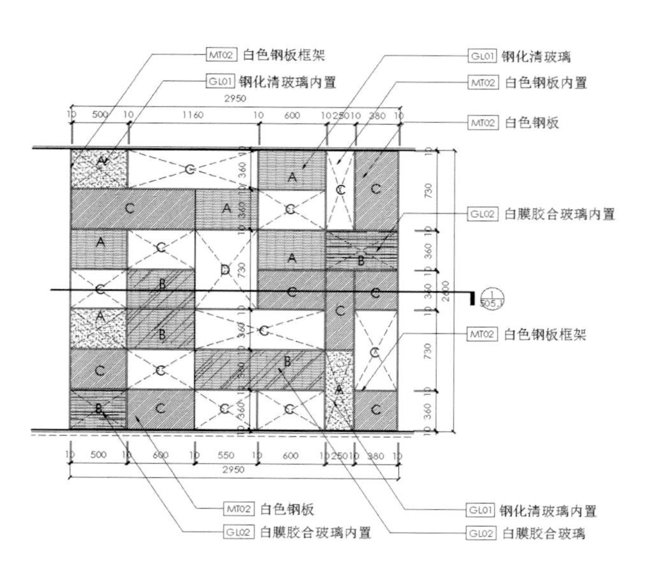

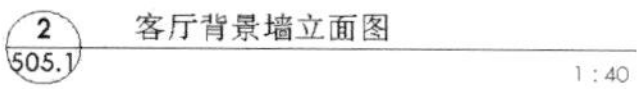

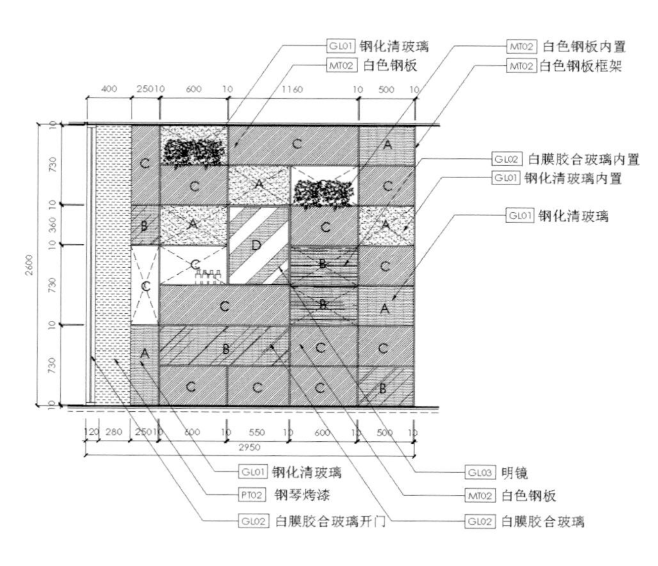

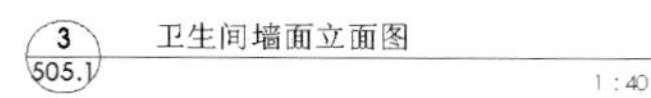

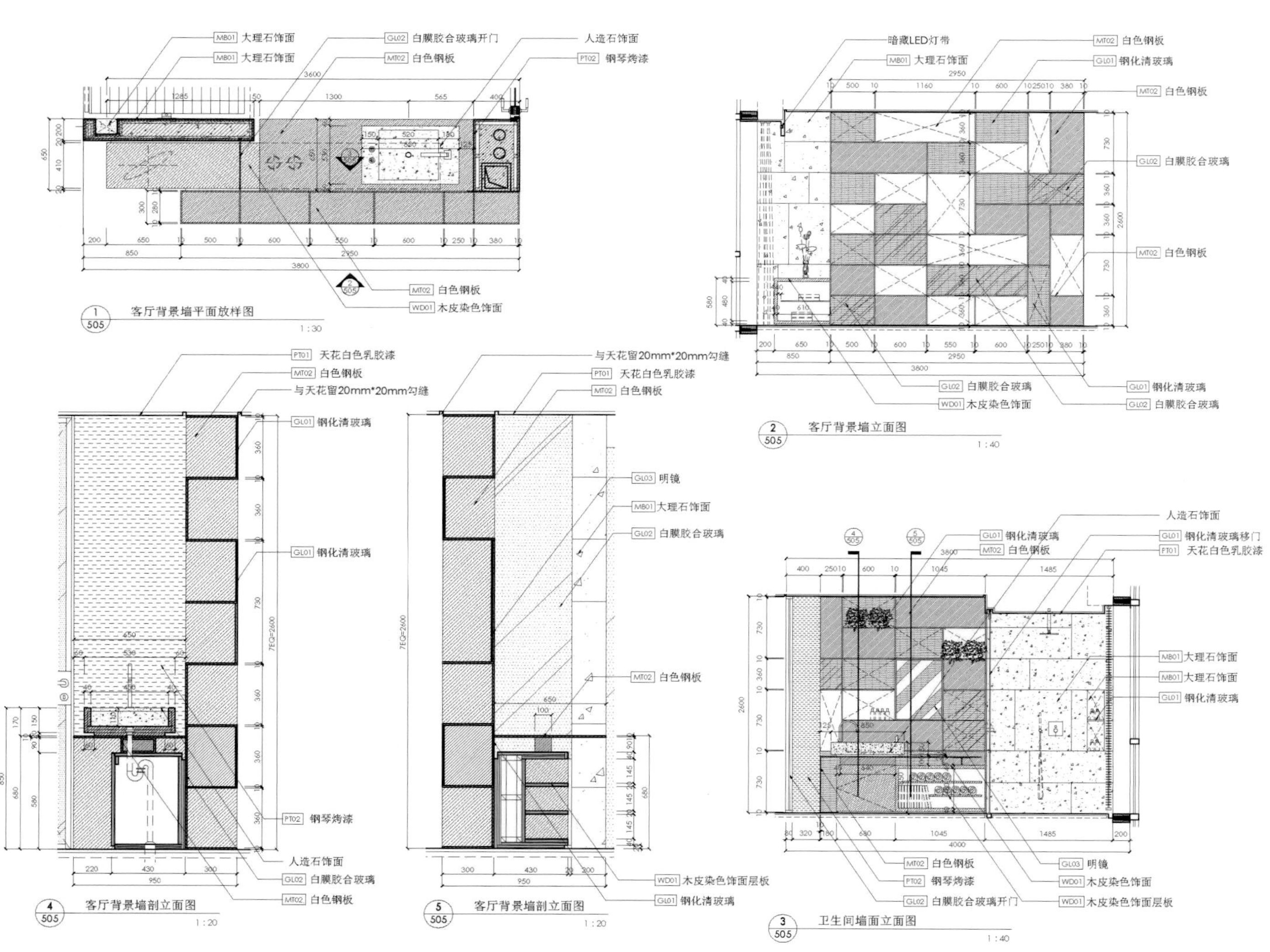

MB01 大理石饰面
MB01 大理石饰面
GL02 白膜胶合玻璃开门
MT02 白色钢板
人造石饰面
PT02 钢琴烤漆
MT02 白色钢板
WD01 木皮染色饰面
1 505 客厅背景墙平面放样图 1:30
暗藏LED灯带
MB01 大理石饰面
MT02 白色钢板
GL01 钢化清玻璃
MT02 白色钢板
GL02 白膜胶合玻璃
MT02 白色钢板
GL02 白膜胶合玻璃
WD01 木皮染色饰面
GL01 钢化清玻璃
GL02 白膜胶合玻璃
2 505 客厅背景墙立面图 1:40
PT01 天花白色乳胶漆
MT02 白色钢板
与天花留20mm*20mm勾缝
GL01 钢化清玻璃
GL01 钢化清玻璃
PT02 钢琴烤漆
人造石饰面
GL02 白膜胶合玻璃
MT02 白色钢板
4 505 客厅背景墙剖立面图 1:20
与天花留20mm*20mm勾缝
PT01 天花白色乳胶漆
MT02 白色钢板
GL03 明镜
MB01 大理石饰面
GL02 白膜胶合玻璃
MT02 白色钢板
WD01 木皮染色饰面层板
GL01 钢化清玻璃
5 505 客厅背景墙剖立面图 1:20
人造石饰面
GL01 钢化清玻璃
MT02 白色钢板
GL01 钢化清玻璃移门
PT01 天花白色乳胶漆
MB01 大理石饰面
MB01 大理石饰面
GL01 钢化清玻璃
MT02 白色钢板
PT02 钢琴烤漆
GL02 白膜胶合玻璃开门
GL03 明镜
WD01 木皮染色饰面
WD01 木皮染色饰面层板
3 505 卫生间墙面立面图 1:40

娜鲁湾公寓样板房Ⅱ户型

设　　计：李玮珉建筑师事务所
工程地点：山东胶南
客户需求：酒店公寓样板房，主题为海上钢琴师之家。
方案计划：通过白色薄钢板、白色冲孔钢板、白色钢琴烤漆板、钢化清玻璃、咖啡色壁布硬包面等材料的组合处理及对材质细节的处理和穿透性的掌控，呈现出浪漫而不失理性的创作态度。

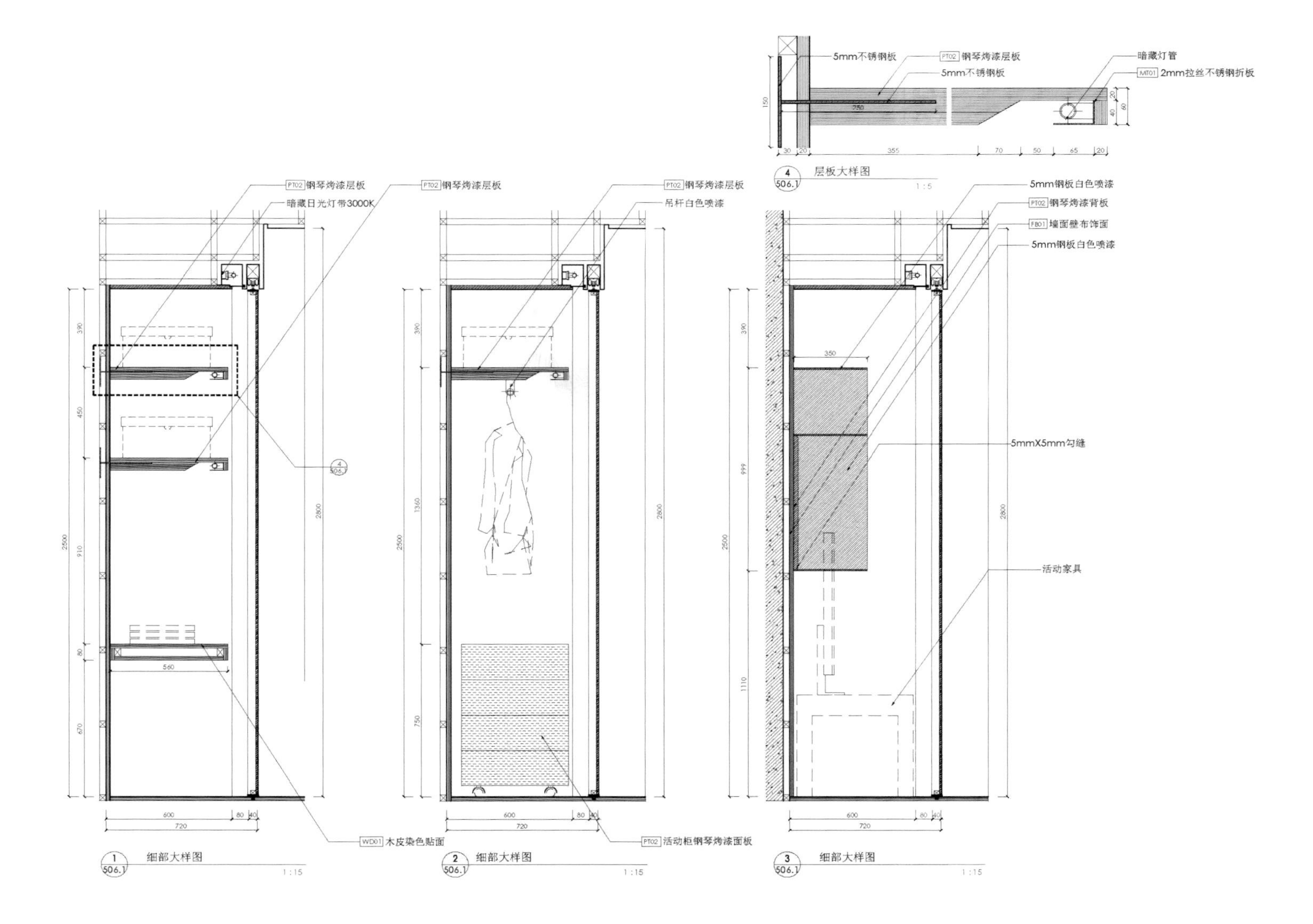

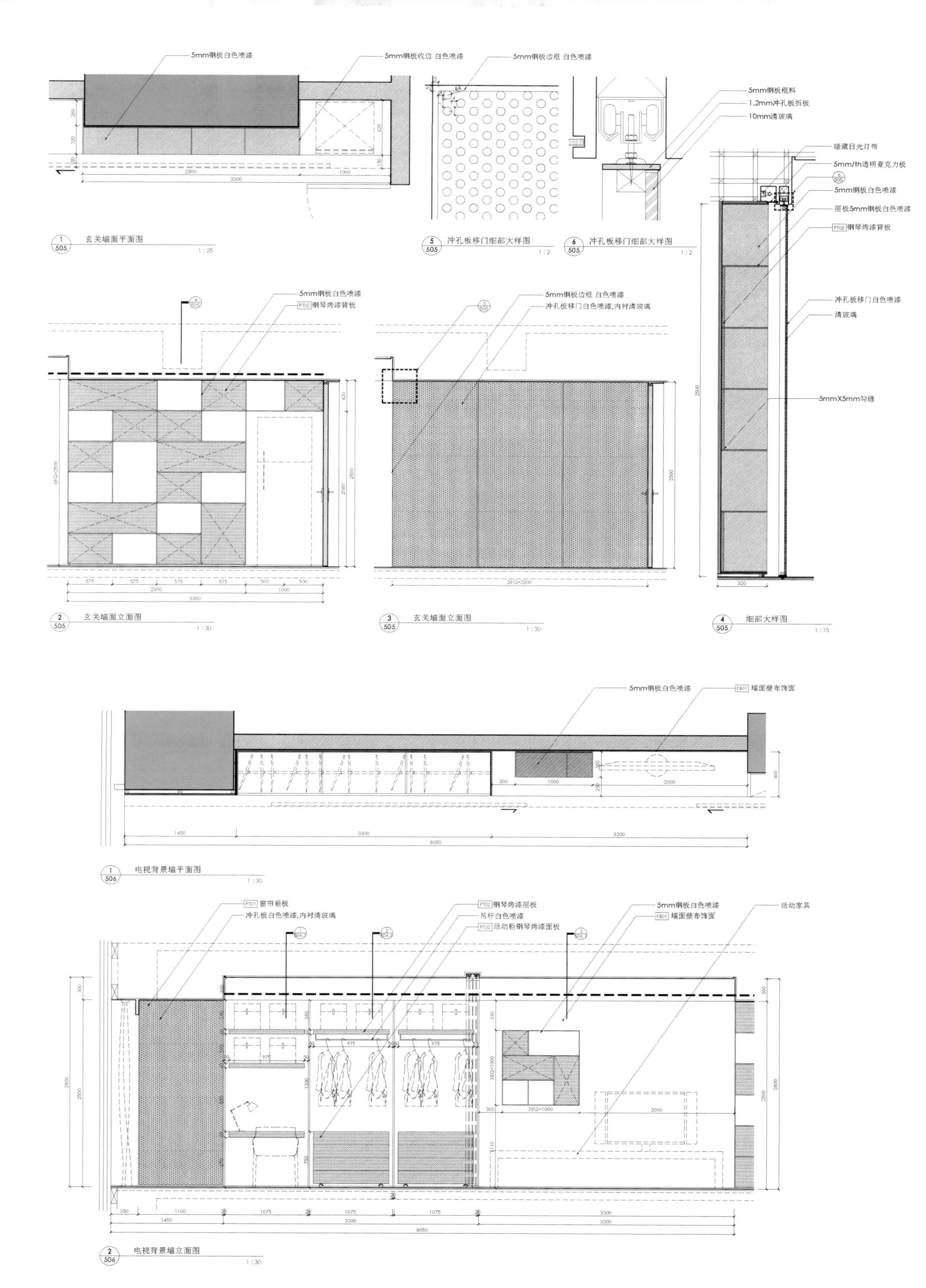
5mm钢板白色喷漆
5mm钢板收边 白色喷漆
5mm钢板边框 白色喷漆
5mm钢板框料
1.2mm冲孔板折板
10mm清玻璃
暗藏日光灯带
5mm/th透明亚克力板
5mm钢板白色喷漆
层板5mm钢板白色喷漆
PT02 钢琴烤漆背板
1 505 玄关墙面平面图 1:25
5 505 冲孔板移门细部大样图 1:2
6 505 冲孔板移门细部大样图 1:2
5mm钢板白色喷漆
PT02 钢琴烤漆背板
5mm钢板边框 白色喷漆
冲孔板移门白色喷漆,内衬清玻璃
冲孔板移门白色喷漆
清玻璃
5mmX5mm勾缝
2 505 玄关墙面立面图 1:30
3 505 玄关墙面立面图 1:30
4 505 细部大样图 1:15
5mm钢板白色喷漆
FB01 墙面壁布饰面
1 506 电视背景墙平面图 1:30
PT01 窗帘垂板
冲孔板白色喷漆,内衬清玻璃
PT02 钢琴烤漆层板
吊杆白色喷漆
PT02 活动柜钢琴烤漆面板
5mm钢板白色喷漆
FB01 墙面壁布饰面
活动家具
2 506 电视背景墙立面图 1:30

青晨涵璧湾

设　　计：李玮珉建筑师事务所

工程地点：上海青浦区练西公路

缘　　由：利用格栅形式将材质统一起来，将不规则开窗隐藏其后，并从背后隐约透出灯光，不同功能的空间分别隐藏于各个角落，既保证了开放空间的整体美观，又合理地保证了私密性。

方案计划：采用观音石整体石材台面，橡木实木格栅由地面延伸至墙面再转向天花，氧化铜的结构配件穿插点缀其中。

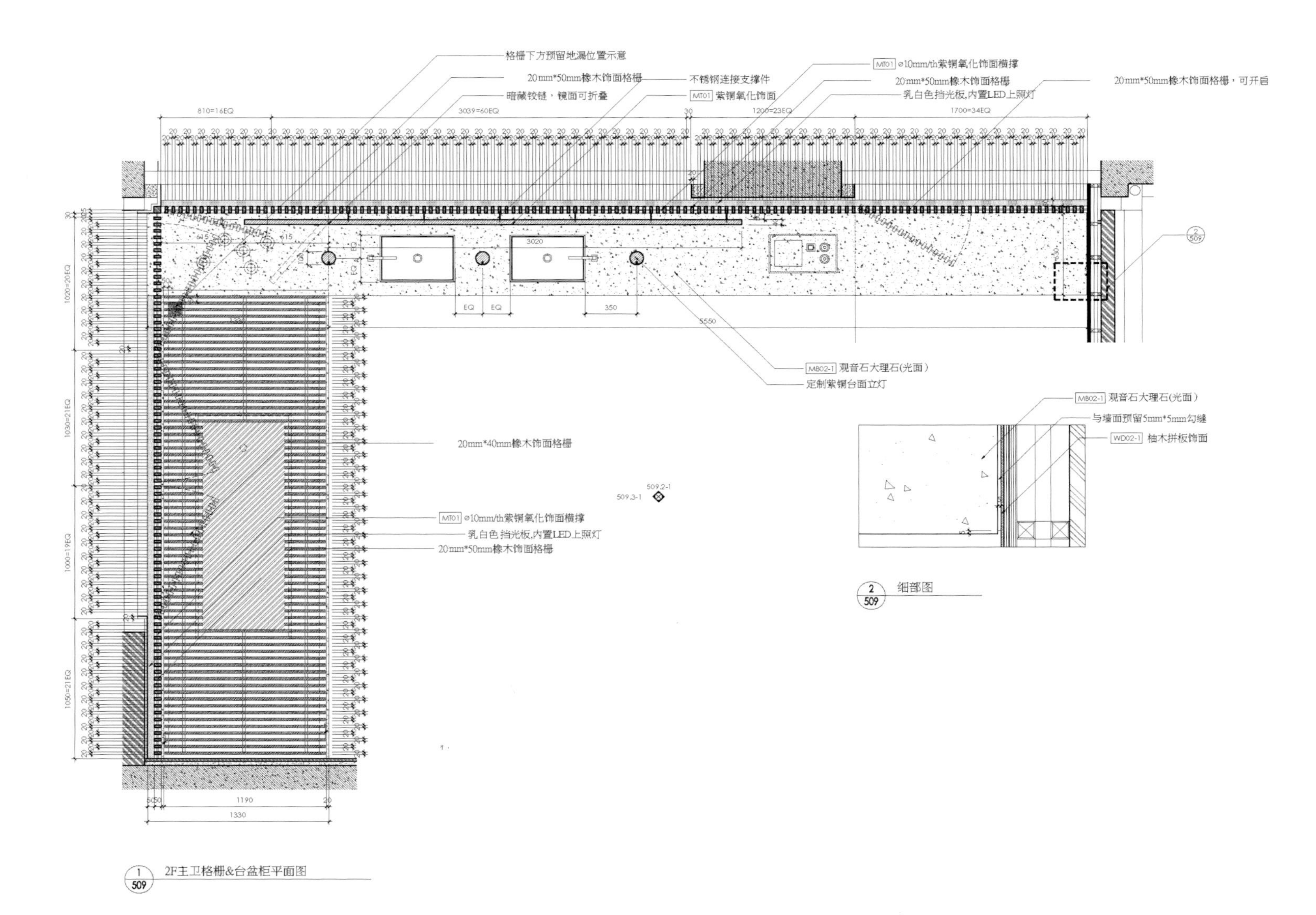

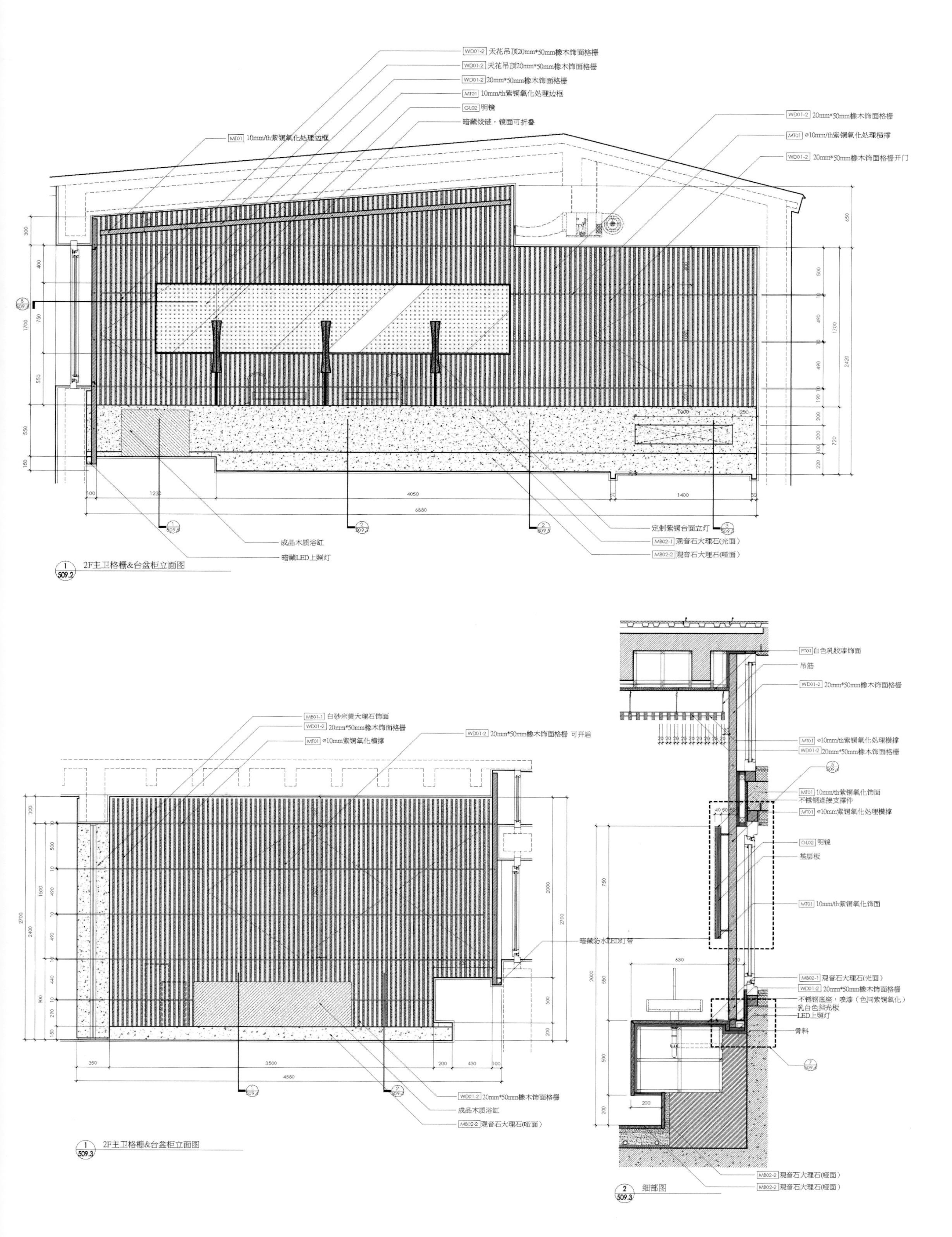
WD01-2 天花吊顶20mm*50mm橡木饰面格栅
WD01-2 天花吊顶20mm*50mm橡木饰面格栅
WD01-2 20mm*50mm橡木饰面格栅
MT01 10mm/th紫铜氧化处理边框
GL02 明镜
暗藏铰链，镜面可折叠
MT01 10mm/th紫铜氧化处理边框
WD01-2 20mm*50mm橡木饰面格栅
MT01 ⌀10mm/th紫铜氧化处理横撑
WD01-2 20mm*50mm橡木饰面格栅开门
定制紫铜台面立灯
MB02-1 观音石大理石(光面)
MB02-2 观音石大理石(哑面)
成品木质浴缸
暗藏LED上照灯
2F主卫格栅&台盆柜立面图
MB01-1 白砂米黄大理石饰面
WD01-2 20mm*50mm橡木饰面格栅
MT01 ⌀10mm紫铜氧化横撑
WD01-2 20mm*50mm橡木饰面格栅 可开启
WD01-2 20mm*50mm橡木饰面格栅
成品木质浴缸
MB02-2 观音石大理石(哑面)
2F主卫格栅&台盆柜立面图
PT01 白色乳胶漆饰面
吊筋
WD01-2 20mm*50mm橡木饰面格栅
MT01 ⌀10mm/th紫铜氧化处理横撑
WD01-2 20mm*50mm橡木饰面格栅
MT01 10mm/th紫铜氧化饰面
不锈钢连接支撑件
MT01 ⌀10mm紫铜氧化处理横撑
GL02 明镜
基层板
MT01 10mm/th紫铜氧化饰面
暗藏防水LED灯带
MB02-1 观音石大理石(光面)
WD01-2 20mm*50mm橡木饰面格栅
不锈钢底座，喷漆（色同紫铜氧化）
乳白色挡光板
LED上照灯
骨料
MB02-2 观音石大理石(哑面)
MB02-2 观音石大理石(哑面)
细部图

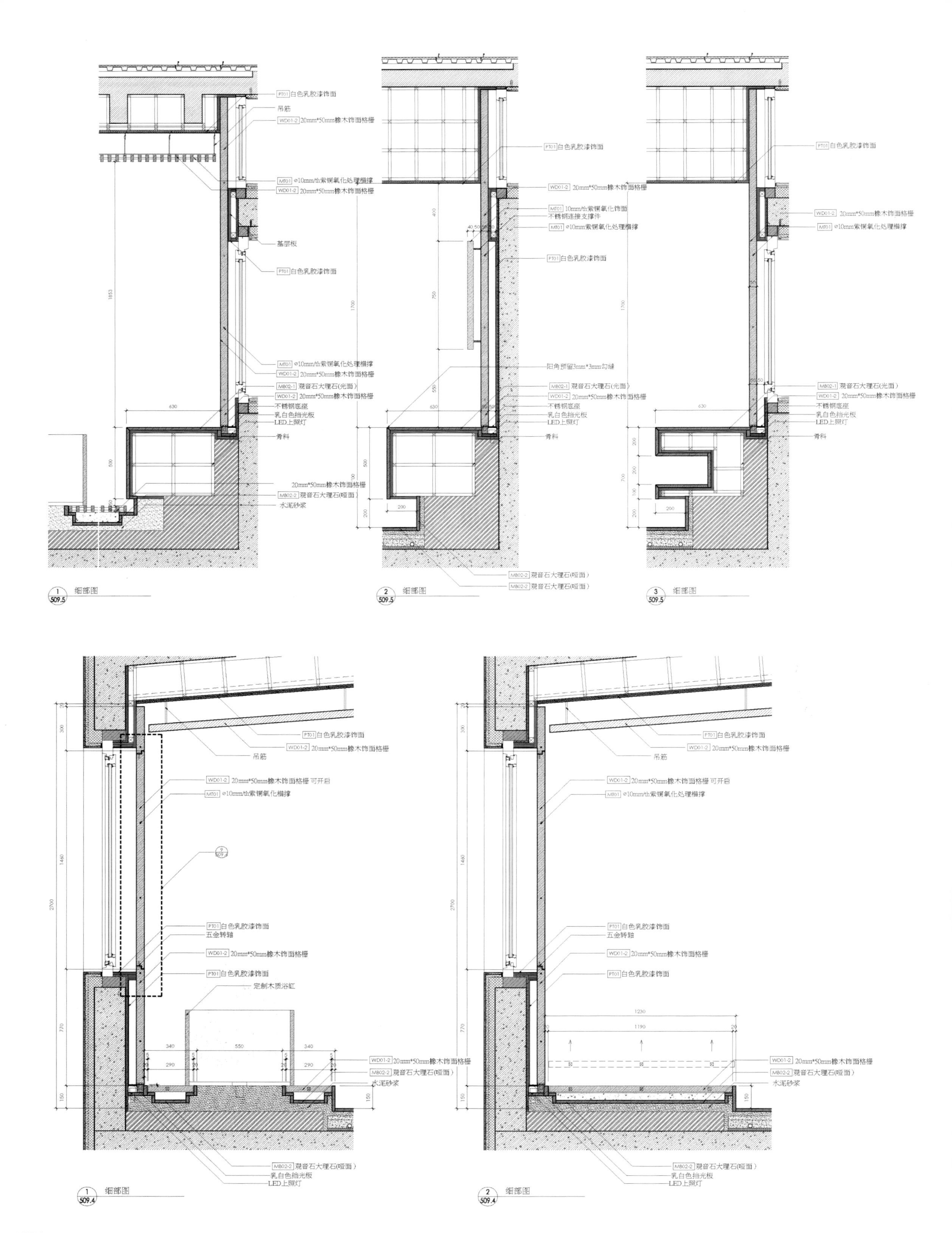
PT01 白色乳胶漆饰面
吊筋
WD01-2 20mm*50mm橡木饰面格栅
MT01 ⌀10mm/th紫铜氧化处理横撑
WD01-2 20mm*50mm橡木饰面格栅
基层板
PT01 白色乳胶漆饰面
MT01 ⌀10mm/th紫铜氧化处理横撑
WD01-2 20mm*50mm橡木饰面格栅
MB02-1 观音石大理石(光面)
WD01-2 20mm*50mm橡木饰面格栅
不锈钢底座
乳白色挡光板
LED上照灯
骨料
20mm*50mm橡木饰面格栅
MB02-2 观音石大理石(哑面)
水泥砂浆
1 509.5 细部图
PT01 白色乳胶漆饰面
WD01-2 20mm*50mm橡木饰面格栅
MT01 10mm/th紫铜氧化饰面
不锈钢连接支撑件
MT01 ⌀10mm紫铜氧化处理横撑
PT01 白色乳胶漆饰面
阳角预留3mm*3mm勾缝
MB02-1 观音石大理石(光面)
WD01-2 20mm*50mm橡木饰面格栅
不锈钢底座
乳白色挡光板
LED上照灯
骨料
MB02-2 观音石大理石(哑面)
MB02-2 观音石大理石(哑面)
2 509.5 细部图
PT01 白色乳胶漆饰面
WD01-2 20mm*50mm橡木饰面格栅
MT01 ⌀10mm紫铜氧化处理横撑
MB02-1 观音石大理石(光面)
WD01-2 20mm*50mm橡木饰面格栅
不锈钢底座
乳白色挡光板
LED上照灯
骨料
3 509.5 细部图
PT01 白色乳胶漆饰面
WD01-2 20mm*50mm橡木饰面格栅
吊筋
WD01-2 20mm*50mm橡木饰面格栅 可开启
MT01 ⌀10mm/th紫铜氧化横撑
PT01 白色乳胶漆饰面
五金转轴
WD01-2 20mm*50mm橡木饰面格栅
PT01 白色乳胶漆饰面
定制木质浴缸
WD01-2 20mm*50mm橡木饰面格栅
MB02-2 观音石大理石(哑面)
水泥砂浆
MB02-2 观音石大理石(哑面)
乳白色挡光板
LED上照灯
1 509.4 细部图
PT01 白色乳胶漆饰面
WD01-2 20mm*50mm橡木饰面格栅
吊筋
WD01-2 20mm*50mm橡木饰面格栅 可开启
MT01 ⌀10mm/th紫铜氧化处理横撑
PT01 白色乳胶漆饰面
五金转轴
WD01-2 20mm*50mm橡木饰面格栅
PT01 白色乳胶漆饰面
WD01-2 20mm*50mm橡木饰面格栅
MB02-2 观音石大理石(哑面)
水泥砂浆
MB02-2 观音石大理石(哑面)
乳白色挡光板
LED上照灯
2 509.4 细部图

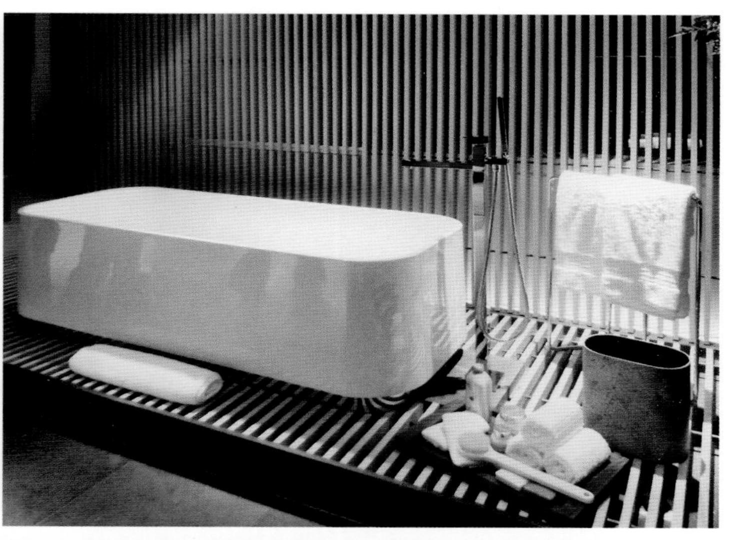

捷丝旅

设　　计：李玮珉、施彦伯
工程地点：台湾台北市晶华捷丝旅饭店
客户需求：在极小的空间下利用墙体收纳饭店房间所需的备品服务。
缘　　由：在房间空间四周墙面只是漆面处理的情况下，如何再让新元素可以参与其中，并发挥最大的功能，满足低限的服务质量。
方案计划：利用墙体原本10 cm的虚空间，让杯子、瓶装水、镜子、面纸甚至于衣架都有容身之处。让住房者能直接地与它产生使用上的互动。端看使用者如何使用，它是一道墙也是一个柜子，也有更多的可能。

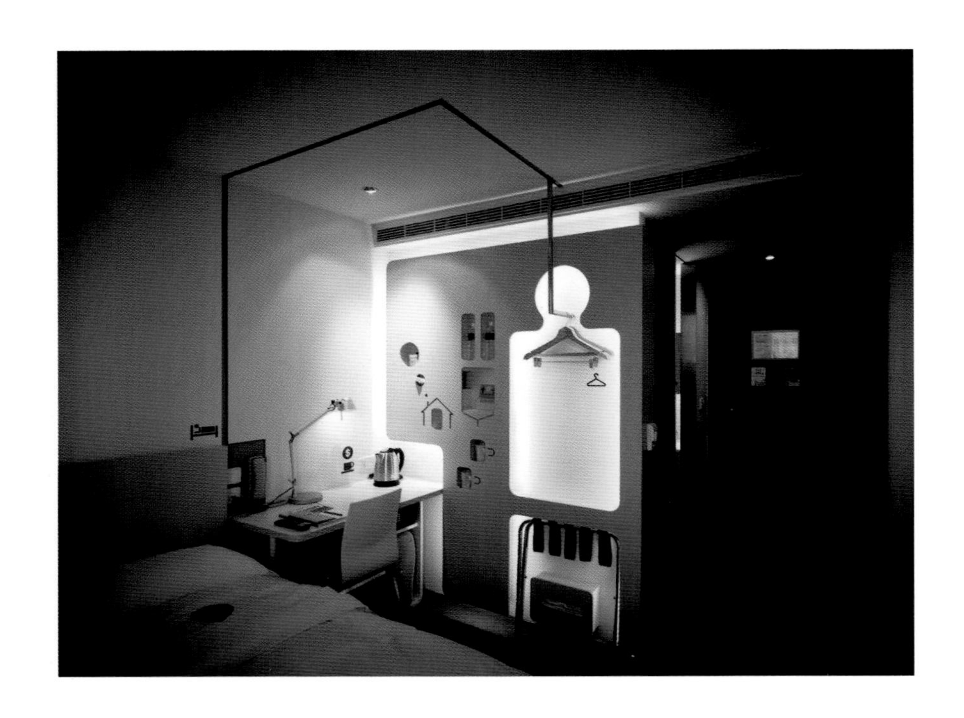

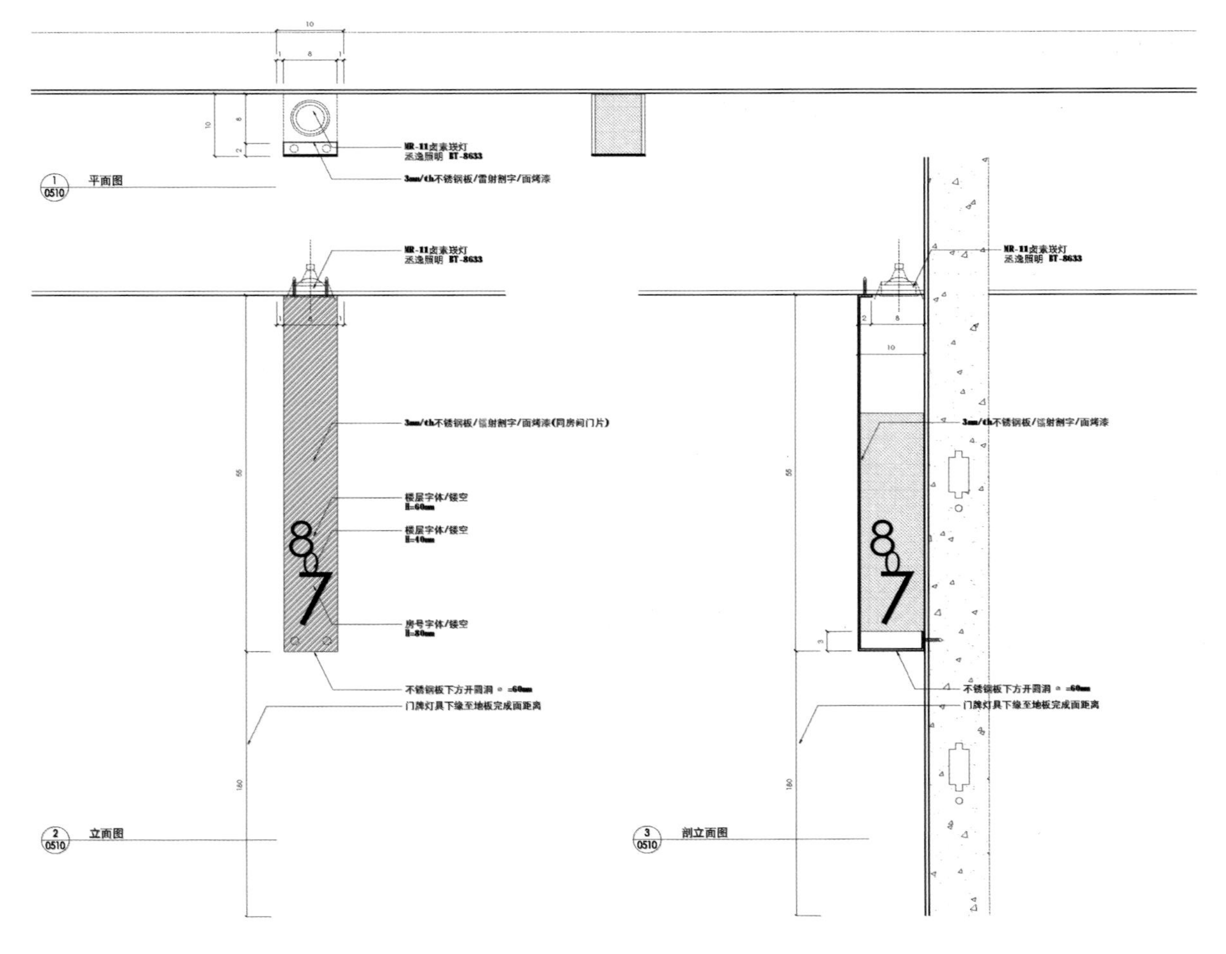

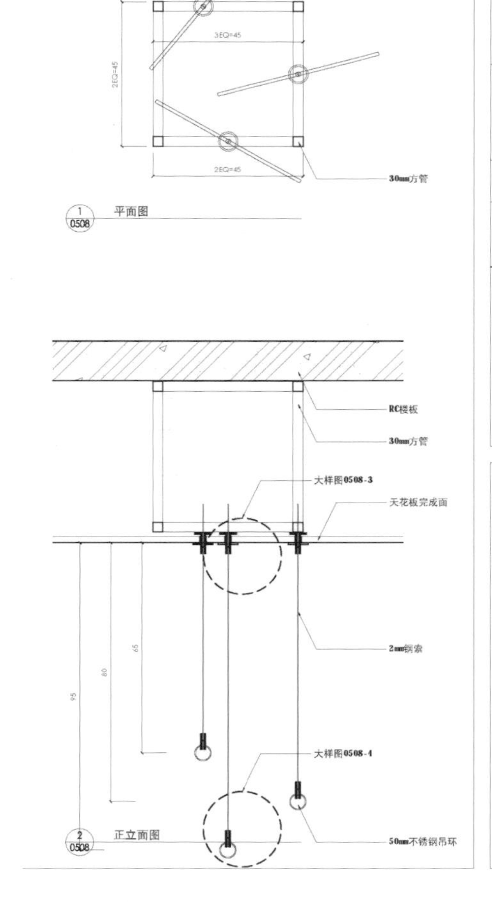
3EQ=45
2EQ=45
2EQ=45
30mm方管
1
0508
平面图
RC楼板
30mm方管
大样图0508-3
天花板完成面
2mm钢索
65
80
95
大样图0508-4
50mm不锈钢吊环
2
0508
正立面图

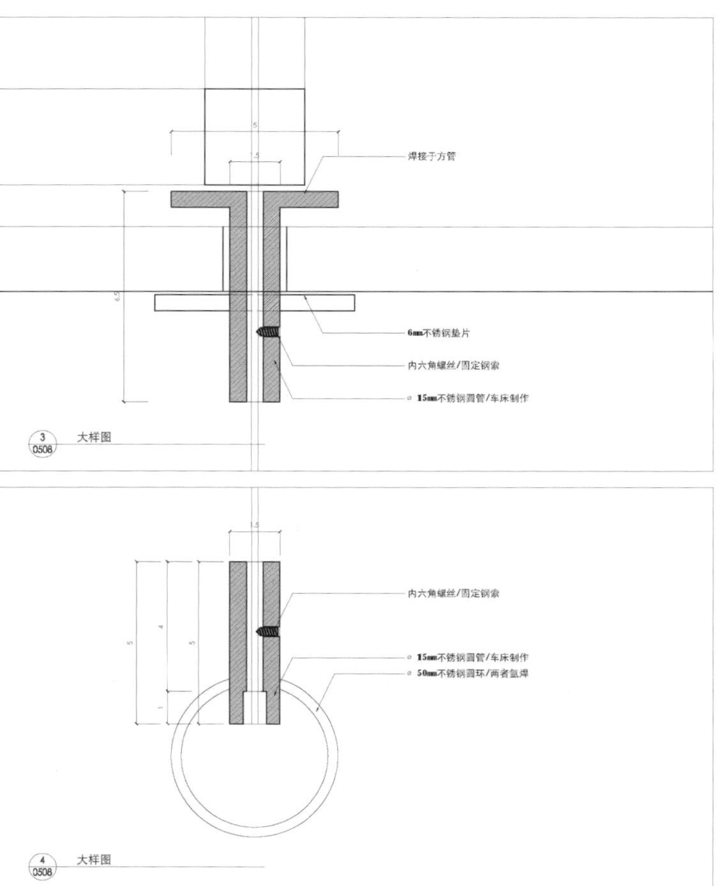
5
1.5
焊接于方管
6.5
6mm不锈钢垫片
内六角螺丝/固定钢索
⌀ 15mm不锈钢圆管/车床制作
3
0508
大样图
1.5
5
4
5
1
内六角螺丝/固定钢索
⌀ 15mm不锈钢圆管/车床制作
⌀ 50mm不锈钢圆环/两者氩焊
4
0508
大样图

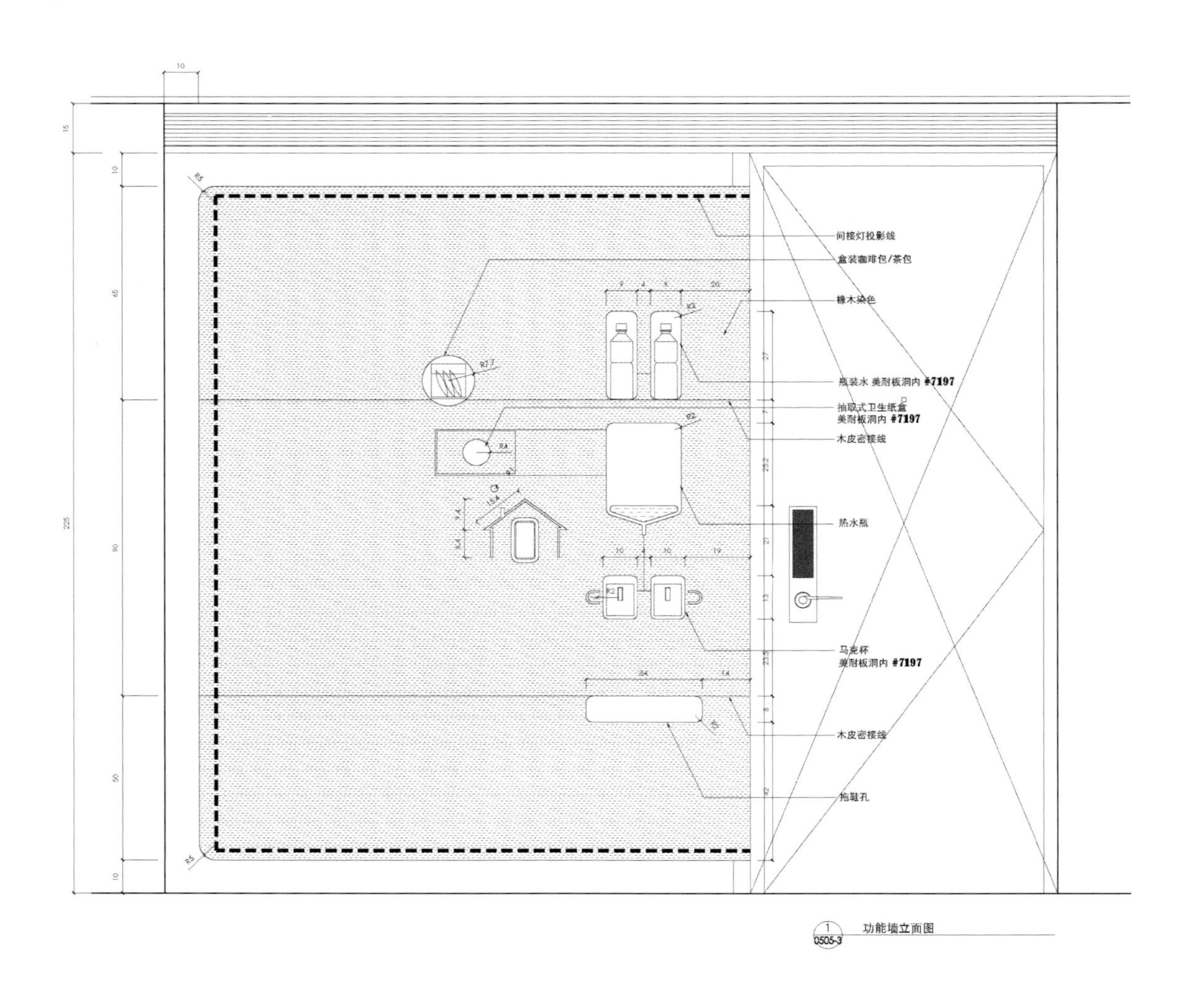

功能墙立面图

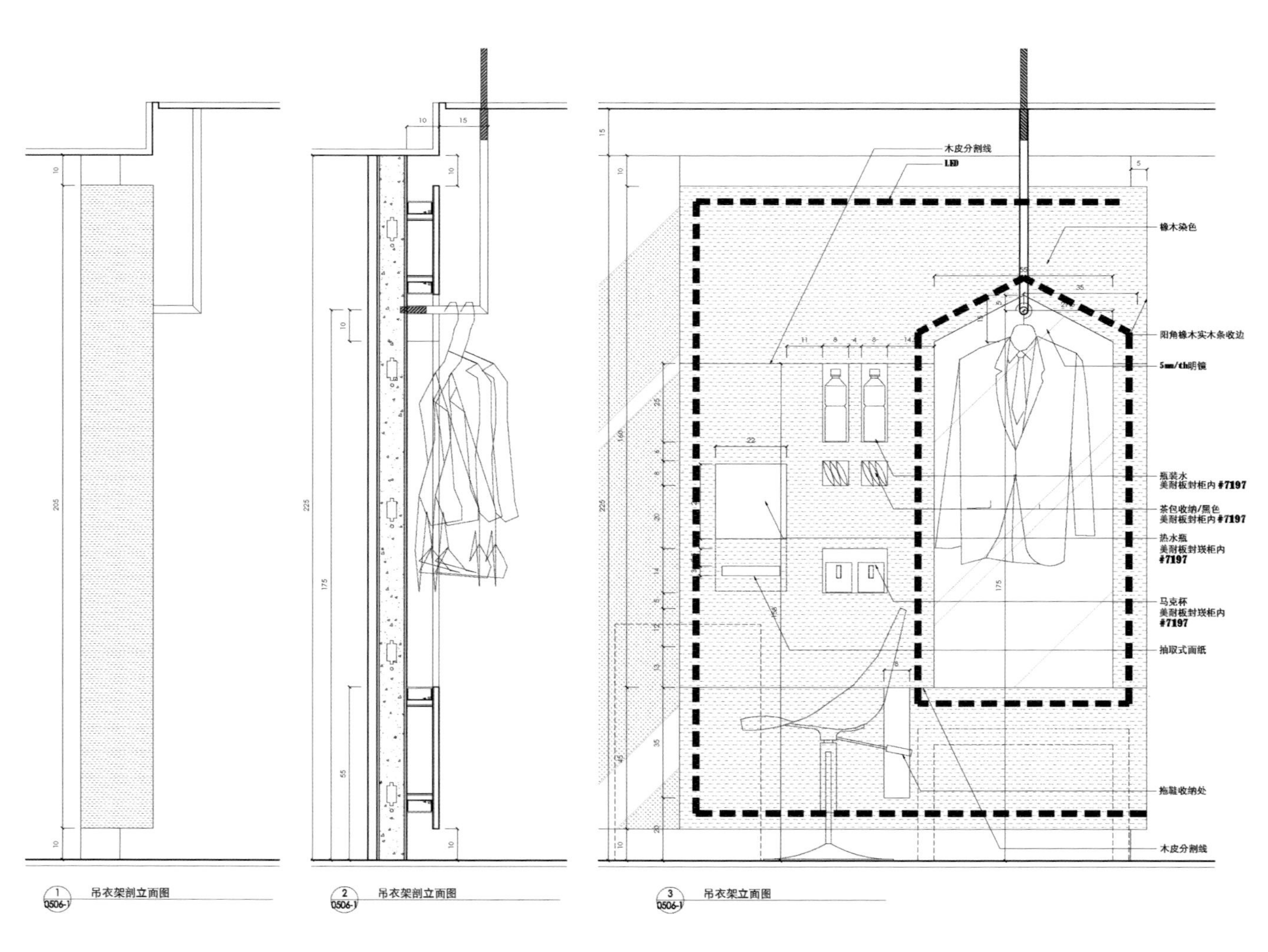

吊衣架剖立面图

吊衣架剖立面图

吊衣架立面图

603

杨公馆室内楼梯

设　　计：李玮珉、施彦伯、秦裕琪
工程地点：福建厦门
客户需求：将原两栋别墅合并为一栋。
缘　　由：业主拟将原两栋别墅合并为一栋。
方案计划：留出中庭空间将原两栋别墅合并为一栋，增加采光及通风，不仅将空间串接在一起，也使得原本昏暗无法通风采光的地下室得到充分的使用。

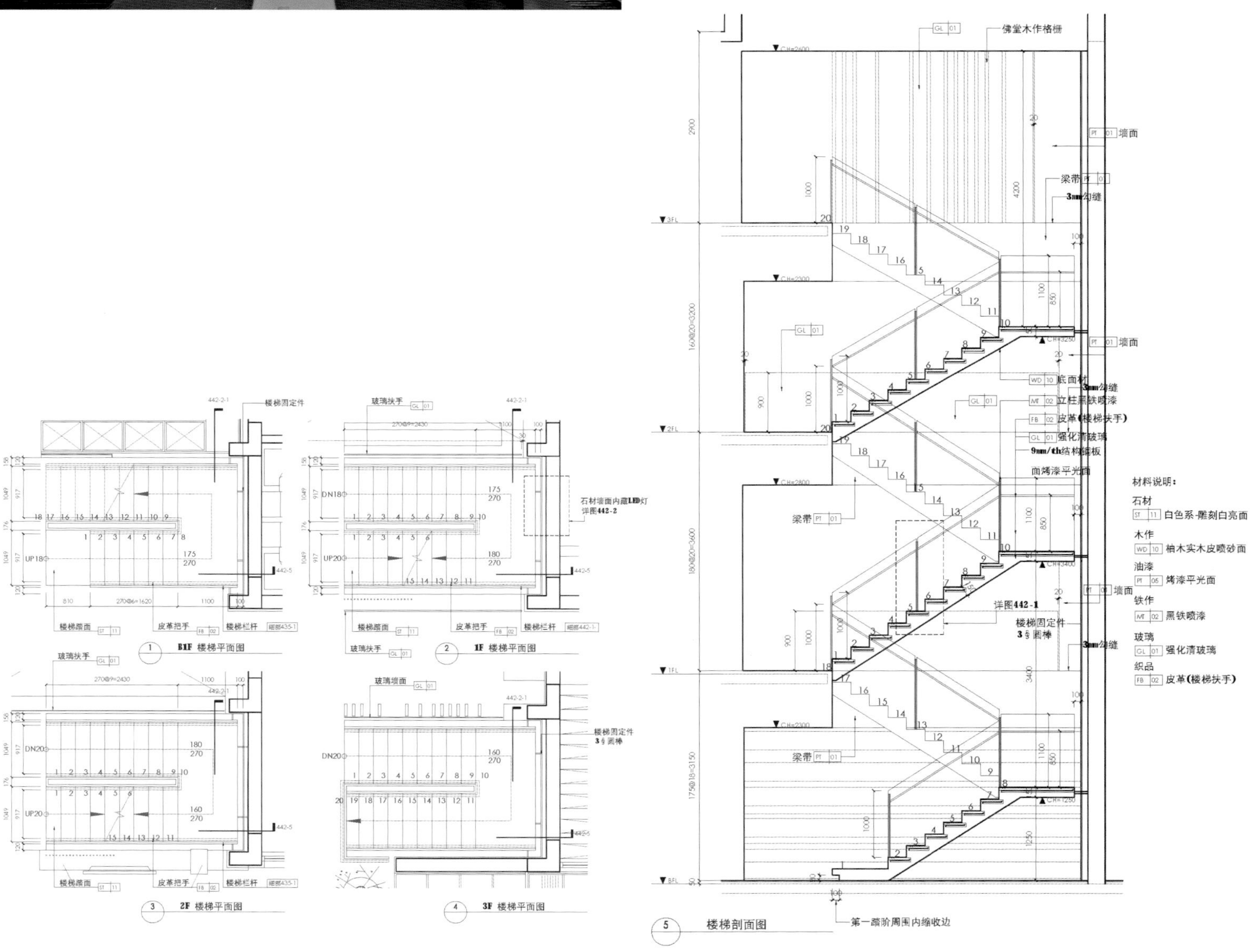

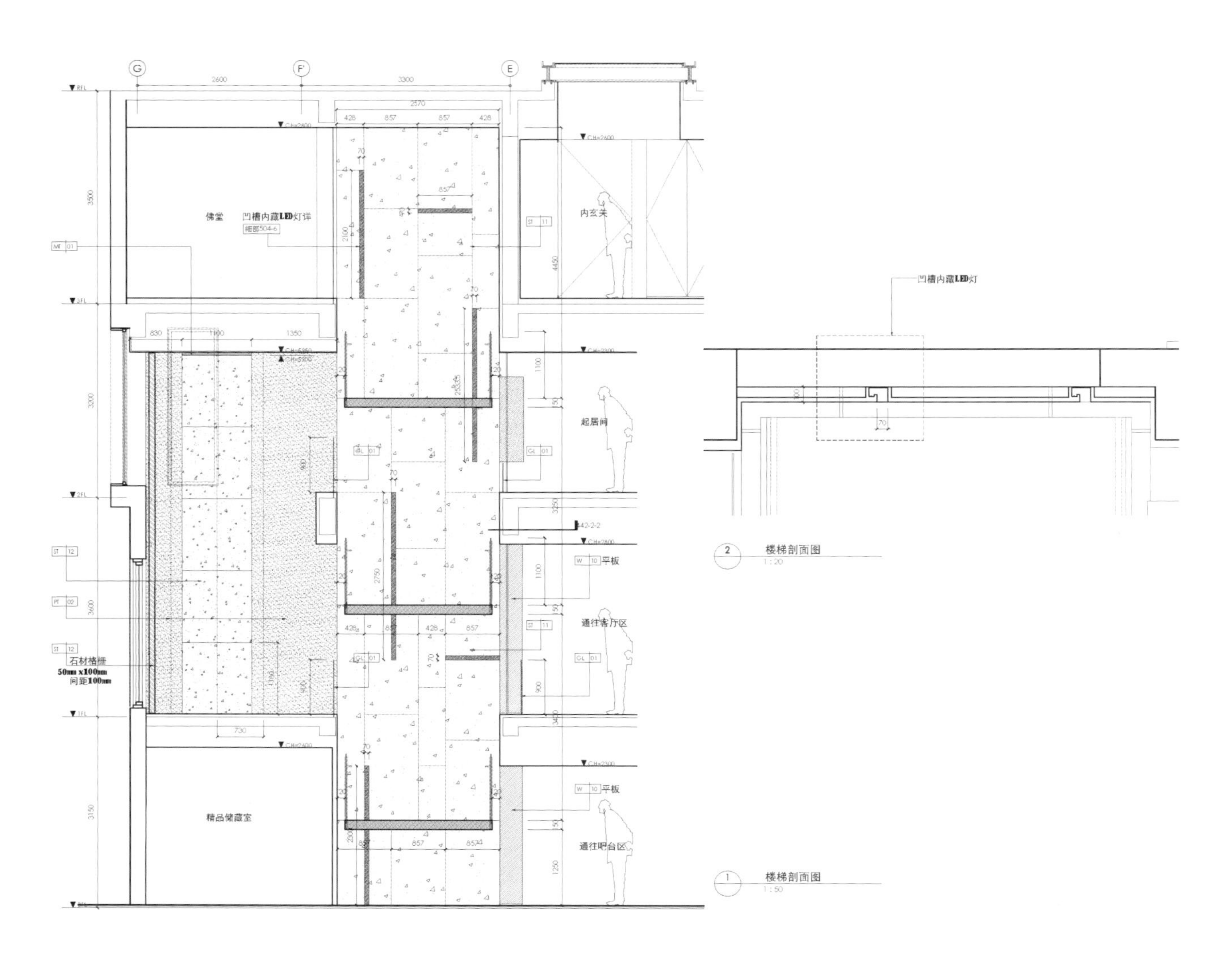
佛堂
凹槽内藏LED灯详
细部504-6
内玄关
起居间
通往客厅区
通往吧台区
精品储藏室
石材格栅
50mm x100mm
间距100mm
平板
凹槽内藏LED灯
2 楼梯剖面图 1:20
1 楼梯剖面图 1:50

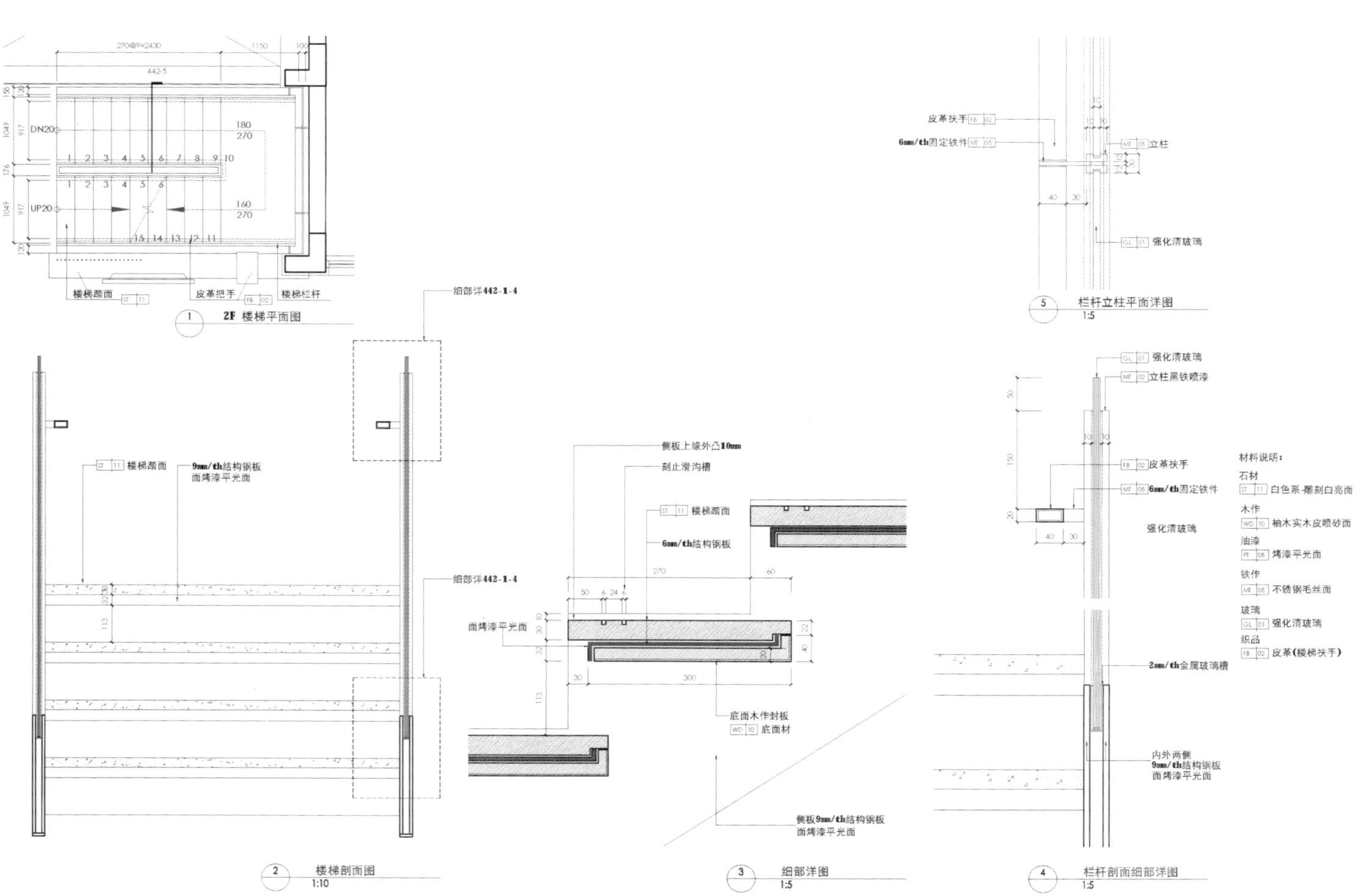
DN20
UP20
楼梯踏面
皮革把手
楼梯栏杆
1 2F 楼梯平面图
细部详442-1-4
楼梯踏面
9mm/th结构钢板
面烤漆平光面
侧板上缘外凸10mm
刻止滑沟槽
6mm/th结构钢板
面烤漆平光面
底面木作封板
底面材
侧板9mm/th结构钢板
面烤漆平光面
皮革扶手
6mm/th固定铁件
立柱
强化清玻璃
5 栏杆立柱平面详图 1:5
立柱黑铁喷漆
2mm/th金属玻璃槽
内外两侧
9mm/th结构钢板
面烤漆平光面
材料说明：
石材
白色系-雕刻白亮面
木作
柚木实木皮喷砂面
油漆
烤漆平光面
铁件
不锈钢毛丝面
玻璃
强化清玻璃
织品
皮革(楼梯扶手)
2 楼梯剖面图 1:10
3 细部详图 1:5
4 栏杆剖面细部详图 1:5

杨公馆中庭天桥

设　　计：李玮珉、施彦伯、秦裕琪
工程地点：福建厦门
客户需求：将原两栋别墅合并为一栋。
缘　　由：业主拟将原两栋别墅合并为一栋。
方案计划：留出中庭空间将原两栋别墅合并为一栋，增加采光及通风，不仅将空间串接在一起，也使得原本昏暗无法通风采光的地下室得到充分的使用。

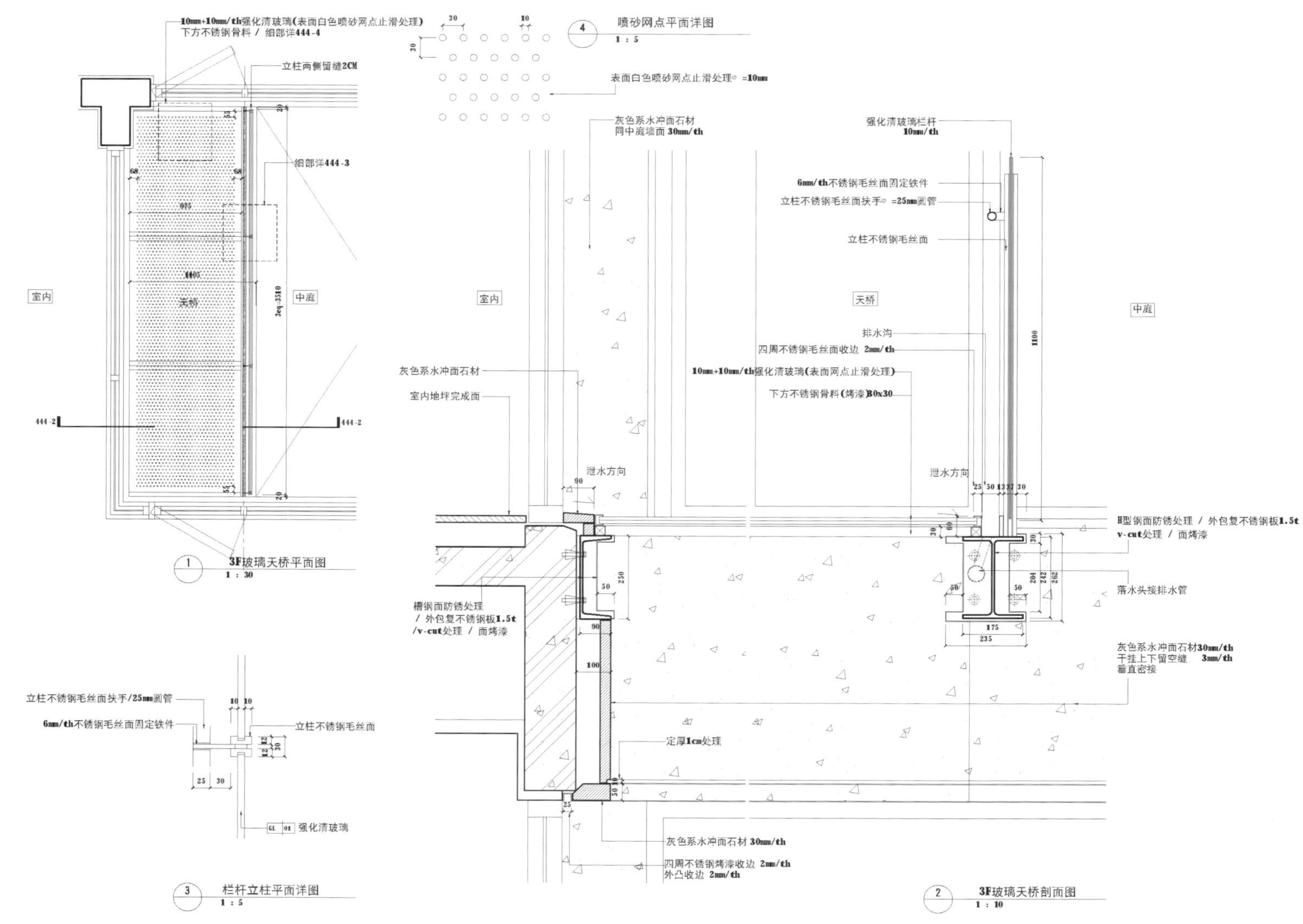

杨公馆酒窖

设　　计：李玮珉、施彦伯、秦裕琪
工程地点：福建厦门
客户需求：将原两栋别墅合并为一栋。
缘　　由：业主拟将原两栋别墅合并为一栋。
方案计划：留出中庭空间将原两栋别墅合并为一栋，增加采光及通风，不仅将空间串接在一起，也使得原本昏暗无法通风采光的地下室得到充分的使用。

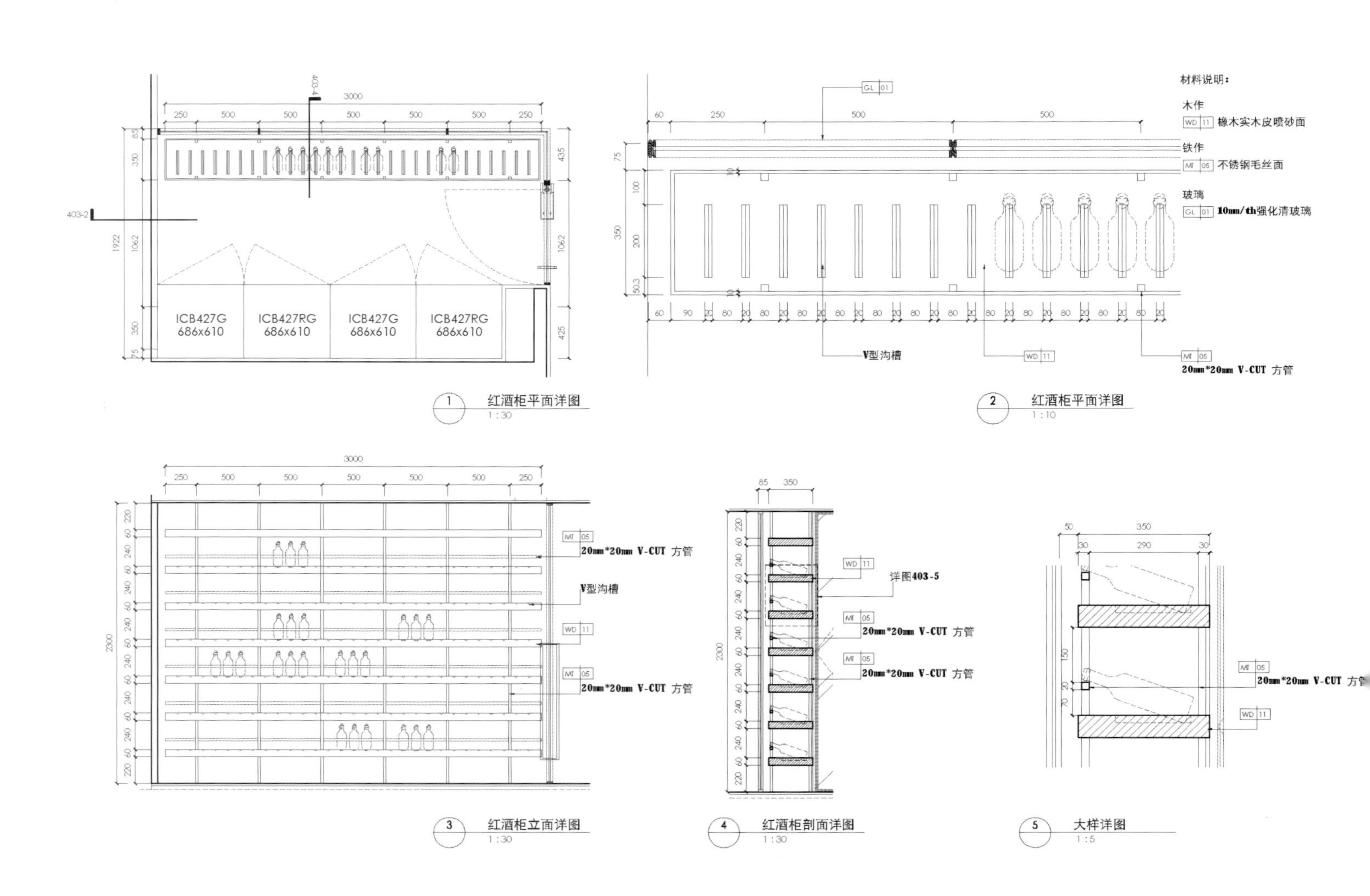

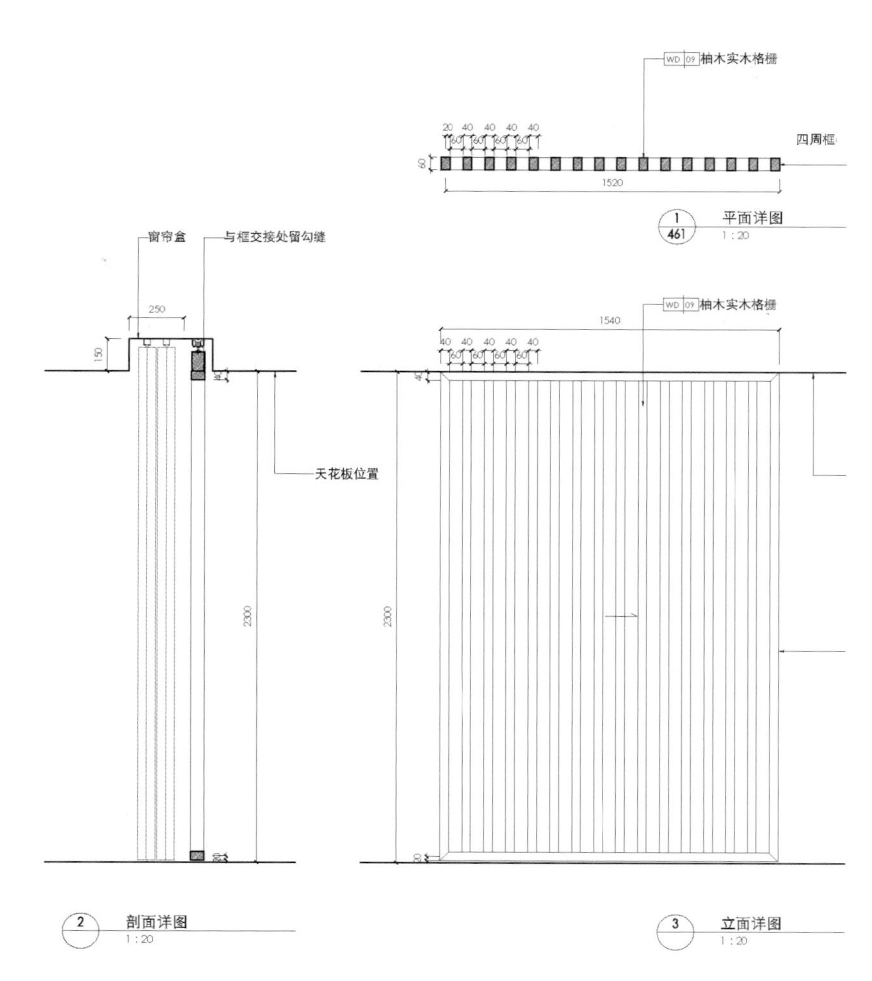

WD 09 柚木实木格栅
20 40 40 40 40
60 60 60 60
60
四周框
1520
1
461
平面详图
1 : 20
窗帘盒
与框交接处留勾缝
250
150
天花板位置
2300
WD 09 柚木实木格栅
1540
40 40 40 40 40
60 60 60 60
2300
2
剖面详图
1 : 20
3
立面详图
1 : 20

公司简介

DCI思亚国际设计集团

DCI思亚国际设计集团作为业内知名的“首选”商业建筑设计事务所，在全球提供专业设计服务，包括城市综合体、商业购物中心、百货商店、酒店、餐饮娱乐、办公公寓以及商业品牌空间设计。近20年来在中国及整个东亚市场，DCI思亚国际创造了200个经得起时间考验的城市目的地，并坚持实现了商业价值与当地社会效益最大化。DCI思亚国际的资深专家包括来自美国纽约总部、中国上海亚太总部和北京分公司的设计精英以及各专业领域的国际顾问，这个成功整合的全球设计团队正在为不同地区不同阶段的城市设计项目共同努力。

专长

DCI思亚国际坚持投入一流的专家型设计力量，提供专注于商业城市综合体的全方位专业服务，包括项目总体规划、建筑设计、商业规划、室内设计、品牌设计和环境艺术设计。

同时，对于无论是处于初始拿地阶段，还是处于设计进行阶段的商业项目，DCI思亚国际提供满足其不同阶段商业策划要求的商业规划与设计评估服务，尤其擅长在城市综合体和商业项目中将商业策略融于设计，达到开发与运营“双赢”的目标，满足经济发展速度居全球之首的中国市场的需求。

作品

DCI思亚国际的理念是把每一个项目打造成适合其地理和文化环境的独特个体，使其成为标志性的和极具吸引力的城市目的地，为体验者带来愉悦，并以全亚洲优质业主的开发与经营理念与其独特的优势策略，为商业项目的业主带来附加价值。近20年中，DCI思亚国际参与建设了中国和韩国境内各大主要城市，地标性作品包括：韩国乐天百货总店、日本大阪中心、北京西单大悦城、上海百联金山购物中心，新世界武汉K11购物中心，华地无锡八佰伴购物中心，台北101MALL，乐天银泰百货等。

客户

DCI思亚国际在为各行业内领导型客户提供优质、高效、全面性服务的同时，持续发展与客户的长久战略合作关系，不仅满足开发与运营的不同需求，更致力于实现开发商与承租商户的“双赢”局面。DCI思亚国际的客户包括中国及亚洲商业地产领袖企业：上海百联集团，中粮集团，银泰百货集团，国芳百货集团，香港新世界地产，香港华地集团，韩国乐天集团，日本阪急百货等。

团队

今天，DCI思亚国际的建筑师、设计师、规划师和咨询顾问来自10多个国家和地区，用多种语言进行交流。就是这些睿智而富有创造力的专家，为中国及整个东亚地区的城市建设创造了更好的解决方案，为客户带来了预期外的价值，也为DCI思亚国际赢得了声誉。

HKG GROUP

上海HKG建筑咨询有限公司

上海HKG建筑咨询有限公司是以室内设计为主业的专业设计公司，兼顾前期策划咨询和建筑、景观、艺术等专业设计。我们的设计融合了东西方的文化和理念，致力于各种高端酒店、会所、文化特色建筑、大型办公建筑、公共建筑及商业空间的室内设计，从设计和管理上精心地、全方位地为各方客户提供极具创意的设计及全面的项目控制管理，力图使每个项目都做到尽善尽美、独具匠心。本着客户至上和传承、融合、创新的宗旨，孜孜以求。作为以上海为基地的设计公司，我们将继续不遗余力地为社会奉献我们的设计智慧，不断超越自我，不断去迎接新的挑战。

我们的宗旨

服务至上，从业主角度去思考并解决问题。

高素质的专业技能与敬业精神，确保项目功能的完美。

高标准的服务意识与质量控制，确保项目品质的卓越。

出类拔萃

我们的设计是由别具一格的品味、独具匠心的灵感、广博丰富的知识、扎实过硬的技术汇聚而成的。

尽心尽责

用专业和才智来控制和管理，从整体入手，也注重设计过程每一个细小环节。

全心投入，在不断的沟通与完善中，与业主一起共同完成每一个优秀的作品。

协同合作

设计的灵感可能来源于个体，但其最终实施一定是依靠团队和不同的专业合作得以实现的。

我们的理念

传承：对传统与经典的尊重。

融合：对古今与中外的贯通。

创新：对科技与艺术的追求。

我们的服务

随着目前对室内品质设计要求的不断提高，我们更注重项目全过程的服务和控制，在设计及技术运用上不断进步。

我们的服务已涉及– 前期策划、咨询

– 概念设计、方案设计、扩初设计、施工图设计

– 艺术、标识、声学设计的控制

– 相关的产品设计

– 软装采购总包

– 项目施工阶段装饰效果控制与管理

公司拥有一批极富理想和创意的高学历优秀设计师。技术人员全部为科

班出身，从事室内设计行业多年，技术管理团队极富工作经验。公司始终致力于以人为本、注重生态的设计创作。公司崇尚团队，崇尚合作，以群体之智慧成就梦想。

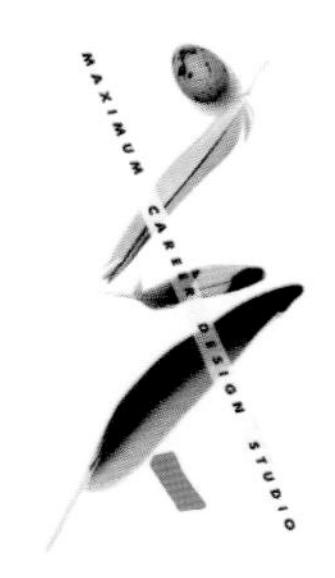

季铁生 Max Ji Tieh-Sheng （号：骥朋）

季铁生生于台湾省台北市，意大利米兰DOMUS学院设计硕士（主修：人类文化行为），西班牙SEVILLE大学建筑研究所博士，作品收藏于台北“故宫博物院“现代馆。

参与台湾薪传奖、工艺之梦、外贸协会家具设计竞赛等评审。

执教于实践管理学院、东海大学工业设计系、辅仁大学应用美术系、大叶大学视觉传达系、高雄树德科技大学室内设计系，在上海交通大学媒体与设计学院客座教授。

展览经历：

1982——台北春之艺廊
1985——米兰Galeria Cenobio Milano 画廊
1986——都林青年画廊Galeria Torino Italy
——米兰Galeria Cenobio Milano画廊
1987——台北“故宫博物院”现代馆
1990——台中省立美术馆（从传统到创新）
——高雄串门子画廊
1992——台北国际传统工艺大展当代作品馆
1993——第一届创意家具设计展
——台北亚太空间设计师年会展
1995——第十四届全国美展
1996——台北县文化中心
2002——台中市20号仓库画廊
2003——创意家具设计展
2007——上海浦东国际会展中心

LWMA

李玮珉

学历：淡江大学建筑学士，1980
美国哈佛大学建筑暨都市设计硕士，1984
美国哥伦比亚大学建筑硕士，1986

经历：新加坡城市重建局建筑师暨都市设计师，1984——1986
美国纽约市Ehrenkrantz&Eckstut,Architects建筑师事务所建筑师，1987年——1991
李玮珉建筑师事务所，1991年至今
越界室内装修工程顾问股份有限公司，1995年至今

教学：中原大学室内设计系，1991——1992
淡江大学建筑学系，1992年——1993
实践大学室内设计系，1993年——1996
淡江大学建筑研究所，2000年——2001

专业：美国纽约州注册建筑师
中国台湾注册建筑师

专业顾问：金宝山事业股份有限公司建筑顾问
台北医学院建筑前瞻发展景观设计及室内规划顾问

荣誉：Martell 2007年度精英人物

睿智汇设计公司

睿智汇设计公司是由中国台湾著名设计师王俊钦创立，是中国著名的台湾高端室内设计企业。

服务范畴包括娱乐空间、餐饮空间、会所空间的高端主导产业，以娱乐空间设计著称于中国设计界。荣获2012年度金堂奖市场拓展奖， 2011中国十大最具影响力餐饮娱乐类设计机构，2009年度中国最具价值室内设计企业等荣誉。

目前合作客户遍布世界各地，其中包含全国大型连锁客户：麦乐迪（中国）餐饮娱乐管理公司，净雅餐饮集团，海德集团，多佐餐饮管理公司，金百万餐饮公司，海底捞餐饮公司，COSTA集团，棕榈泉控股有限公司，北京城建集团等。在提供优秀设计服务的同时，睿智汇设计在设计技术上不断进步，获得很多设计大奖，赢得国际荣誉。

公司拥有一个约40人组成的高水平的国际化设计师团队，主体设计由台湾设计师领衔。代表作品有：麦乐迪KTV系列、净雅餐厅、北京多佐日式料理餐厅、海德餐厅、如意私人商务会所、棕榈泉会所、海德售楼处、法蓝瓷旗舰店、东方普罗旺斯艺术豪宅等高端项目，时刻为客户创造商业价值和品牌效益，做中国最专业的设计引导者，创百年品牌而奋斗。